中 等 职 业 教 育 国 家 规 划 教 材

全国中等职业教育教材审定委员会审定

# 化学实验技术基础

## 第三版

初玉霞　主编

化学工业出版社

·北京·

本书是依据中等职业教育化工技术类专业化学实验技术基础课程教学大纲，以训练学生化学实验操作技能为主要目的编写的教材。主要内容包括化学实验的基础知识、化学实验的基本操作技术、物质的物理参数测定技术、物质的制备技术、物质的定量分析技术以及化学实验技术综合实训等。

本教材突破了传统的四大化学实验体系，建立了基础化学实验教学新体系。全书符合中等职业教育特点，内容简明扼要，文字通俗易懂，具有实用性。在讲述各类实验技术前编有“知识目标”和“技能目标”，在每个实验项目中编有“预习指导”和“实验指南与安全提示”等内容，对教与学都具有较强的指导性。适当选编的“小资料”，内容新颖，可读性强，既可激发学生学习兴趣，又可拓宽学生知识视野。书中有关实验操作项目配有 PPT 课件、小视频等多媒体教学资料，便于采用现代化手段进行教学。

本书供中等职业教育化工技术类专业及相关专业教学使用，也可作为技工学校、职业高中、成人教育化工及相关专业的教材，还可供从事化工技术专业的工作人员参考。

**图书在版编目（CIP）数据**

化学实验技术基础/初玉霞主编. —3 版. —北京：化学工业出版社，2020.5（2024.3 重印）
中等职业教育国家规划教材
ISBN 978-7-122-36363-3

Ⅰ.①化… Ⅱ.①初… Ⅲ.①化学实验-中等专业学校-教材 Ⅳ.①O6-3

中国版本图书馆 CIP 数据核字（2020）第 035274 号

---

责任编辑：王 婧 杨 菁　　装帧设计：张 辉
责任校对：王佳伟

---

出版发行：化学工业出版社（北京市东城区青年湖南街 13 号 邮政编码 100011）
印 刷：北京云浩印刷有限责任公司
装 订：三河市振勇印装有限公司
787mm×1092mm 1/16 印张 15½ 字数 377 千字 2024 年 3 月北京第 3 版第 7 次印刷

---

购书咨询：010-64518888　　售后服务：010-64518899
网 址：http://www.cip.com.cn
凡购买本书，如有缺损质量问题，本社销售中心负责调换。

---

定 价：39.00 元

# 前言

《化学实验技术基础》第二版于2011年出版，经过9年的教学实践检验及发行量表明，广大使用者对本教材的认可度较高。特别是我们根据多年教学经验将教材内容合理加工、分段，并精心提炼出简明扼要的小标题，使教学内容层次更加分明，条理性更强，更便于教师组织教学，也便于指导学生操作。

本次修订在保持了原教材基本内容与特色的基础上，主要做了以下调整和更新：

1. 考虑到目前染料化工、日用化工产品在生产、生活中的需求量日益加大，在“第4章物质的制备技术”中增加了“甲基橙的制备”和“十二烷基硫酸钠的制备”两个实验项目。另外，为进一步调动学生学习化学实验的积极性，同时扩展学生知识面，让其更多了解化学在生活实际中的应用，还增加了“实用化学品的配制”项目。

2. 为进一步强化对学生实验操作的指导性，在较为复杂的制备实验项目中，都给出了操作流程示意图，可使学生对实验操作程序一目了然，便于指导操作，减免失误，提高实验成功率。

3. 鉴于当前数字化教学手段的普及度越来越高，第三版教材中的实验操作项目都制作了PPT课件，可扫描二维码或在化学工业出版社教学资源网 www.cipedu.com.cn 下载使用；并适当配有视频短片，可联系 cipedu@163.com 索取。纸质教材上配有“小资料”二维码数字资源供学生拓展阅读，数字化资源建设将不断改进和完善。

PPT课件

4. 教材中编入了适量的选学内容，并用“*”标记，使教学内容安排具有一定的弹性，便于各校根据实际情况灵活安排教学。

本书可作为中等职业教育化学、化工、纺织、制药、环保以及分析检验等专业教学用书，还可供相关专业技术人员参考。

参加本次修订工作的有吉林工业职业技术学院初玉霞、王文姣、赫奕梅、高兴。梁克瑞教授审阅全书并提出了修改意见，在此表示诚挚的感谢。限于编者水平，书中错误与疏漏之处，敬请读者批评指正。

编　者

2020年1月

# 第一版前言

本教材是依据教育部审定的中等职业学校化学工艺专业“化学实验技术基础课程教学大纲”，以训练学生化学实验操作技能为主要目的编写的。适用于中等职业教育化学工艺类专业及其他相关专业。根据中职化工专业培养目标的需求，以训练学生基本操作技能和培养其能力素质为主线，本着“实用为主、够用为度、应用为本”的原则，本书的编写突出了以下特点。

（1）优化组合，建立化学实验教学新体系　本教材突破了传统的化学实验教学体系，将化学实验的基础知识、基本原理和操作技术进行整体优化组合，构建了以化学实验的基本知识、化学实验的基本操作技术、物质的物理常数测定技术、混合物的分离与提纯技术、物质的定性鉴定技术、物质的制备技术、物质的定量分析技术以及化学和物理变化参数的测定技术为知识框架的新体系。内容删繁就简，避免了不必要的重复，加强了知识的连贯性。编排上本着由易到难、循序渐进、全面提高的原则，既可使学生掌握有关化学实验的基本知识，又便于全面训练和提高学生的基本操作技能。

（2）降低难度，突出教学内容的实用性　与传统的四大化学实验教材相比，本教材较大幅度地精简了实验内容，降低了理论难度。尽量选编与生产、生活实际联系较为密切、毒性较小、实用性较强、操作较为简便又具有一定代表性的实验项目，以利于激发学生学习兴趣和动手操作的积极性，培养其理论联系实际的良好作风。根据中职的教学实际，教材中对于实验原理部分的阐述，尽可能简化到既浅显易懂又可指导实验的程度。书中语言文字力求通俗、简练、流畅，便于学生理解接受。

（3）加强指导，注意培养学生独立动手能力　教材中充分考虑中职的教学特点，除对各类实验技术的操作要点都作了较为详尽的描述外，还配有丰富直观的操作示意图，以便指导学生规范操作，减免失误，正确掌握实验技能，提高独立动手能力。在讲述每类实验技术前都编有“知识目标”和“技能训练”项目，旨在帮助教师和学生明确本部分内容中应该把握的知识点、所要训练的实验技能以及要求达到的教学目标。在每个实验项目后还编有“实验指南与安全提示”“预习指导”及“思考与习题”等内容，以便于教师进行课前辅导和学生顺利完成实验，并养成良好的实验工作习惯与较强的环保、安全防护意识，提高独立分析问题、解决问题的能力。

（4）采用国标，体现教材科学性与先进性　全书采用现行国家标准规定的术语、符号和法定计量单位，某些物理常数的测定及产品定量分析按国家标准规定的试验方法编写，充分体现了面向21世纪新教材的科学性和先进性。

（5）富有弹性，便于灵活进行教学安排　教材中编入了适量的选学（做）内容，并加“*”标记，使教学内容的安排具有一定弹性，便于各校根据实际情况灵活安排教学。

参加本书编写工作的有吉林化工学校初玉霞（第1、2、5、6章），河北化工学校刘军（第3、4章），广东化工学校胡斌（第7章）和上海信息技术学校朱伟（第8章）。全书由初玉霞统一修改定稿。

吉林化工学校赵杰民校长、河北化工学校程桂花校长和北京化工学校潘茂椿副校长自始至终关注、支持并具体指导本书的编写工作；吉林化工学校张振宇高级讲师审阅全书初稿并提出了极具价值的修改意见；贵州化工学校袁红兰副校长、河北化工学校雷和稳老师也对书稿提出了宝贵的意见；吉林化工学校黄桂芝、曹喜民、韩丽艳、李素婷等老师参与了部分实验项目的校核及插图的绘制工作；全书最后由清华大学戴猷元教授和清华工业开发研究院张谨副教授审定。在此一并表示衷心的谢意。

由于编写时间仓促，编者水平有限，书中不足之处在所难免，敬请同行与读者批评指正。

**初玉霞**

**2002 年 2 月于吉林**

# 第二版 前言

《化学实验技术基础》第一版作为中等职业教育国家规划教材，于2002年出版，至今已近十年。该教材是2001年由教育部职成教司以竞标的方式组织编写，并通过了由企业工程技术人员、中专和技校教师以及职业教育专家组成的评审组的严格审查，最终由清华大学与清华工业研究院两位教授共同审定出版的，也是中等职业教育教学改革的重大成果。该教材在国内首次突破了传统的化学实验教学体系，将化学实验的基础知识、基本原理和操作技术进行整体优化组合，构建了化学实验教学新体系。经多年的教学实践检验，得到广泛的认可和好评。

随着科学技术、社会经济的快速发展和职业教育改革的不断深入以及化工企业对技能型人才需求的变化，我们的教材也必须与时俱进，及时更新、修订。本次修订的新教材主要适用于中专、技校和职高的化学、化工、制药、纺织、环保以及分析检验等专业的教学，也可供相关专业技术人员参考。

第二版《化学实验技术基础》在保留了原教材精华与特色的基础上，拓宽了教材的适用范围，精简了教学内容，适当扩展了知识面，更加注重实用性和指导性。主要做了如下调整与更新：

1. 主体框架由8章缩减为6章，删除了以验证性实验为主的"5 物质的定性鉴定技术"和实用性偏低的"8 化学和物理变化参数的测定技术"；删除了制备实验中填写实验流程图的项目，有效降低了学生撰写实验报告的难度；将原来的"4 化合物的分离与提纯技术"中的主要内容并入"2 化学实验的基本操作技术"；增加了"6 化学实验技术综合实训"内容，以利于培养学生综合运用化学实验技术的能力和独立工作能力，进一步强化其动手操作技能。

2. 注重强调环保概念，提倡化学实验绿色化。本次修订编入了"化学实验绿色化的意义与途径"等内容，目的在于教育学生加强环保意识，注重"三废"处理。在化学实验过程中，尽可能减少环境污染，避免化学物质对人体健康造成危害。

3. 在相关章节中选编了具有内容新颖、信息量大、可读性强等特点的"小资料"，有利于拓宽学生知识视野，及时掌握与本学科相关的前沿信息。

4. 本次修订加大了选学（做）内容的比例，使教学内容的安排更具弹性和灵活性，便于各校根据实际情况灵活安排教学。

参加本次修订工作的有肖鹏、刘洋、关海鹰、韩丽艳、高兴和初玉霞，全书由初玉霞统一修改定稿，由梁克瑞审定。

由于编者水平有限，书中难免存在疏漏，敬请同行和读者批评、指正。

**编　者**

**2011年10月**

第三版

# 前　言

# 目　录

## 1　化学实验的基础知识　001



## 2　化学实验的基本操作技术　028

## 3 物质的物理参数测定技术 070



## 4 物质的制备技术 094

## 6 化学实验技术综合实训 193



## 附录 218

## 参考文献 235

# 1 化学实验的基础知识

知识目标

- 了解化学实验的意义、目的、内容及学习方法
- 了解化学实验的一般知识及实验室规则
- 了解化学实验绿色化的意义及化学实验的安全防护知识

技能目标

- 会清洗与干燥玻璃仪器
- 会使用量筒（杯）和托盘天平
- 会取用化学试剂

化学实验是在特定的环境下进行的实验操作训练，实验者必须首先了解有关化学实验的一些基本知识和规则，才能保证实验的顺利进行并取得预想的结果。

化学实验的基础知识主要包括化学实验技术的任务、目的、内容、学习方法以及化学试剂、实验用水、数据处理与安全防护等化学实验的基本常识。

## 1.1 化学实验技术及其学习方法

化学是以实验为基础的自然科学。化学的理论、原理和定律都是在实践的基础上产生，又依靠理论与实践的结合而发展的。随着知识经济时代的到来，化学学科也正以日新月异的变化向前发展。许多高科技新产品的开发和应用、工业三废的处理、生产技术攻关、环境保护、生命与健康领域的科学研究等都依赖于化学实验技术的应用。因此，化学实验技术是中等职业学校化工类及其相关专业学生必备的知识素质之一，是培养21世纪化学、化工类应用型人才，提高其职业岗位技能的重要组成部分。

### 1.1.1 化学实验技术的任务和目的

#### 1.1.1.1 化学实验技术的任务

化学实验技术的主要任务是通过化学实验教学训练学生的基本操作技能，提高其实际动手能力，培养理论联系实际的工作作风、实事求是的科学态度和良好的实验习惯，为学习后续课程以及将来从事化工生产操作、管理或化工产品小试工作奠定基础。

#### 1.1.1.2 化学实验技术的目的

化学实验技术的教学目的是使学生具备高素质专门人才所必需的化学实验知识和实验操

作技能。具体要求是：

（1）了解化学实验的类型和化学实验的基本知识；

（2）能正确选择和使用实验室常用仪器设备，了解常用仪器的构造、性能和工作原理；

（3）能正确理解各类实验的操作原理，熟练掌握各类实验操作技术；

（4）学会观察实验现象，正确测量、记录实验数据，并能根据各类实验性质，正确处理实验数据；

（5）学会分析处理实验中出现的各种问题，能正确科学地表达实验结论，规范地完成各类实验报告。

### 1.1.2 化学实验技术的分类

为便于学习和训练，根据实验目的、方法和要求不同，可将化学实验技术分为以下几类。

（1）*化学实验基本操作技术* 化学实验基本操作技术主要包括加热、冷却、溶解、搅拌、蒸发、沉淀、萃取、洗涤、结晶、过滤、干燥、升华等基本操作以及普通蒸馏、简单分馏、减压蒸馏和水蒸气蒸馏等实验装置的安装和操作方法。

（2）*物质的物理参数测定技术* 物质的物理参数测定技术主要包括液体物质的密度、黏度、沸点、折射率，固体物质的熔点、凝固点以及溶液的旋光度和电导率等物理量的测定原理、实验装置和测定方法等。

（3）*物质的制备技术* 物质的制备技术主要包括物质的制备原理、反应装置、制备方法以及粗产物的纯化方法等。

（4）*物质的定量分析技术* 物质的定量分析技术主要包括利用滴定分析法、电位分析法、吸光光度法和色谱法对物质化学成分进行定量分析检验的原理和方法。

### 1.1.3 化学实验技术的学习方法

我国著名化学家，中国科学院前任院长卢嘉锡教授说过：科学工作者应具备“C3H3”，即 clear head（清醒的头脑），clever hand（灵巧的双手），clean habit（整洁的习惯）。这对于我们学好化学实验技术有着重要的指导意义。因为实验课就是要手脑并用、认真思考、认真操作、认真整理。化学实验的程序主要包括预习实验、实施实验和总结实验等三个环节。认真对待、很好把握这三个环节，就能使实验顺利进行，并从中学到相关的实验技术，提高操作技能。从而有力保证化学实验技术的学习效果。

#### 1.1.3.1 预习实验

实验前是否充分预习是实验成败的关键之一。预习的方法主要是读、查、写。

读，是指仔细阅读教材中与本实验相关的内容，明确目的要求和实验原理，清楚操作步骤及所需仪器、药品，了解实验的操作注意事项，做到实验前心中有数。

查，是指根据实验所需，查阅有关手册和资料，了解与本实验相关物质的性能和物理参数。

写，是指写好预习笔记。每个学生都应准备专用的实验预习和记录本，不可用散页纸张代替。在认真阅读教材和查阅资料的基础上，将实验的题目、目的、原理、反应式（主反应及主要的副反应）、主要试剂和产物的物理参数及规格、用量等写在预习笔记本上；将实验操作步骤以流程图的形式用简单明了的文字及符号写出来（如试剂写分子式，克写“g”，毫升写“mL”，加热写“△”，加入写“＋”，沉淀写“↓”，气体逸出写“↑”，等等）。对于做好实验的关键所在和可能出现的问题，要特别予以标明，以提示自己在操作时加以注意。

#### 1.1.3.2 实施实验

实施实验时，应严格按操作规程和预定步骤进行。不得随意更改试剂用量、加料顺序、反应时间及操作程序。实验中应认真操作，仔细观察，积极思考。并将观察到的实验现象如实地记录下来。对于实验中出现的异常现象特别要详细、及时地记录，以便分析原因，总结讨论。

实验记录是原始资料，不能随便涂改，更不能事后凭记忆补写“回忆录”。字迹要工整，内容应简明扼要。

#### 1.1.3.3 总结实验

实验结束后要认真总结，分析实验现象，整理有关数据和资料，做出结论。制备实验要计算产率并描述产品表观特征。对于实验中出现的问题要加以讨论并提出对实验的改进意见或建议。在总结整理的基础上，撰写出规范、准确、完整的实验报告。

根据实验类型不同，实验报告可以采取不同的格式。扫描二维码看实验报告格式示例，供参考。

### 1.1.4 化学实验数据的记录与处理

在化学实验过程中，不仅要准确测量有关物理量，还要及时正确地记录数据并加以归纳整理，最后才能以适当的方式表达实验的准确结果。

#### 1.1.4.1 数据的记录与有效数字

(1) *数据的记录* 实验过程中，各种测量数据都应及时、准确、详细地记录下来。为确保记录真实可靠，实验者应备有专门的实验原始记录本，并按顺序编排页码，一般不得随意撕去造成缺页。原始记录是化学实验工作原始情况的真实记载，所记录的内容不能带有主观因素。原始数据不能缺项，不得随意涂改，更不能抄袭拼凑或伪造数据。如发现某数据因测错、记错或算错而需要改动时，可将该数据用一横线划去，并在其上方写上正确数值。

实验中所记录的测量值，不仅要表示出数量的大小，而且要正确地反映出测量的精确程度。例如用精确度为万分之一克的分析天平（其称量误差为±0.0001g）称得某份试样的质量为0.5780g，则该数值中0.578是准确的，其最后一位数字“0”是可疑的，可能有正负一个单位的误差，即该试样的实际质量是在(0.5780±0.0001)g范围内的某一数值。此时称量的绝对误差为±0.0001g，相对误差为：

$$\frac{\pm 0.0001}{0.5780}\times 100\% = \pm 0.02\%$$

若将上述称量结果记作0.578g，则意味着该份试样的实际质量是在(0.578±0.001)g范围内的某一数值，即称量的绝对误差为±0.001g，相对误差也将变为±0.2%。由此可见，在记录测量结果时，小数点后末位的“0”写与不写对于测量数据精确度的影响很大。

（2）有效数字　正确记录的数据应该是除最末一位数字为可疑的，可能有±1的偏差外，其余数字都是准确的。这样的数字称为有效数字。

应当注意，“0”在数字中有几种意义。数字前面的0只起定位作用，本身不算有效数字；数字之间的0和小数点末位的0都是有效数字；以0结尾的整数，最好用10的幂指数表示，这时前面的系数代表有效数字。由于pH为氢离子浓度的负对数值，所以pH的小数部分才是有效数字。

下面列举几例化学实验中经常用到的各类数据。

| | | |
|---|---|---|
| 试样的质量 | 9.5g | 二位有效数字（用托盘天平称量） |
| | 0.2030g | 四位有效数字（用分析天平称量） |
| 溶液的体积 | 24mL | 二位有效数字（用量筒量取） |
| | 25.34mL | 四位有效数字（用滴定管计量） |
| 溶液的浓度 | 0.1010mol/L | 四位有效数字 |
| | 0.2mol/L | 一位有效数字 |
| 质量分数 | 34.26% | 四位有效数字 |
| 电离常数 | $1.8\times10^{-5}$ | 二位有效数字 |
| pH | 8.40 | 二位有效数字 |

#### 1.1.4.2　有效数字的运算和修约规则

对有效数字进行运算处理时，应遵循下列规则。

（1）几个数字相加、减时，应以各数字中小数点后位数最少（即绝对误差最大）的数字为依据来决定结果的有效位数。

（2）几个数字相乘、除时，应以各数字中有效数字位数最少（即相对误差最大）的数字为依据来决定结果的有效位数。若某个数字的第一位有效数字≥8，则有效数字的位数应多算一位。

（3）需要弃去多余数字时，按“四舍六入五取双”原则进行修约，即当尾数≤4时，舍去；当尾数≥6时，进入；当尾数为5而后面数为0时，若5的前一位是奇数则入，是偶数（包括0）则舍；若5后面还有不是0的任何数皆入。

应注意，若所拟舍去的为两位以上数字时，不得逐级多次修约，只能对原始数据进行一次修约到所需要的位数。

**例1.1**

完成下列计算

（1）$34.37+6.3426+0.034=40.7466\xrightarrow{\text{修约}}40.75$

（2）$\dfrac{15.3\times0.1988}{8.6}=0.35367\xrightarrow{\text{修约}}0.354$

**例1.2**

将下列数据修约到二位有效数字

2.412→2.4

0.626→0.63

34.52→35

9.050→9.0

44.50→44

3.6498→3.6

#### 1.1.4.3 实验数据的处理与表达方法

实验中测得的数据经归纳、处理后，其结果应以简明的方式表达出来。化学实验中，数据处理和结果的表达通常采用列表法、图解法或数学方程法。

(1) *列表法* 列表法是将实验数据按自变量与因变量一一对应列表，并把相应的计算结果填入表中。

使用列表法应注意以下几点。

① 每个表格应有序号及完整的表名。

② 表格中每一横行或纵行应标明项目名称和单位，有时也可采用符号表示，如 $V$/mL，$p$/Pa，m. p. /℃等，斜线后表示单位。

③ 表中所列有效数字的位数应取舍相当；同一纵行中数字的小数点应上下对齐，以便相互比较；数字为零时计作“0”；数值空缺时应记一横划“—”。

④ 必要时可在表的下方注明数据的处理方法或计算公式。

列表法简单明了，便于参考比较，不仅适于表达实验结果，也可用于原始数据的记录。

(2) *图解法* 图解法是将实验数据按自变量与因变量的对应关系绘制成图形，这种图形可将变量间的变化趋向、变化速率、极大值、极小值、转折点以及周期性等主要特征清楚直观地表现出来，便于分析研究。

图形的绘制方法如下。

① 正确建立坐标轴和分度 选择大小适当的直角坐标纸，以 $x$ 轴代表自变量、$y$ 轴代表因变量，每个坐标轴均应标明名称和单位，如 $c/\mathrm{mol \cdot L^{-1}}$、$\lambda/\mathrm{nm}$ 等。坐标分度应便于从图上读出任一点的坐标值，而且其精度应与测量精度一致。对于主线间为十等分的坐标纸，每格代表的变量值取 1，2，4，5 等数量较为方便。曲线若为直线或近乎直线，则应使图形位于坐标纸的中央位置或对角线附近。比例尺的选择要得当，以便使图形准确显示变化规律。

② 按原始数据标出作图点 用圆点（•）或叉（×）等符号将实验测得的原始数据标绘在坐标纸相应的位置上。若需在同一张坐标纸上表示几种不同的测量结果时，可选用不同符号加以标记，并需在图上注明不同符号所代表的含义。

③ 按作图点绘制曲线 若各数据点成直线关系，则用铅笔和直尺依各点的趋向，在点群之间画出一直线，注意应使直线两侧点数及其与直线间距离接近相等。若数据点为曲线，则先用铅笔沿各点的变化趋向轻轻描绘，再以曲线板逐渐拟合，绘出光滑曲线。描绘曲线时，不一定通过图上所有点及两端的点，但应力求使各点均匀地分布在曲线两侧邻近处。

④ 标注图名 每图都应标有简明的图题，并注明取得数据的主要实验条件等。

(3) *数学方程法* 数学方程法是将实验数据经过整理，总结为一个数学方程表达式。还可按数学方程式编制计算程序，由计算机完成数据处理和表图制作等。数学方程法可更精确地表达自变量和因变量之间的函数关系。

### 1.1.5 化学实验文献资料简介

化学文献资料是有关化学方面的科学研究、生产实践等的记录和总结。通过查阅有关文献资料或手册，可帮助实验者了解实验所用药品、溶剂及产物的物理参数、化学性质、制备方法和检验标准等，以便更好地控制实验条件并指导实验操作。这里简单介绍几种化学实验中常用的文献资料。

(1) 化工辞典（第五版） 姚虎卿主编，化学工业出版社出版，2014 年 5 月

这是一本综合性的化工工具书，1969 年初版，曾四次再版，多次重印，每次重印都有增删和修改。其中收集了包括各种化学、化工、医药、材料、环保等词目共 16000 多条。对所涉及的化合物都列出了分子式、结构式、基本的物理化学性质、熔点、沸点、密度及溶解度等数据，并有简要的制法和用途说明。书前附有汉语拼音检字索引及汉字笔画检字索引，书末附有英文索引。具有收词全面、新颖、实用，释义科学、准确、简明、规范，检索查阅方便等特点。

(2) 化学实验规范 北京师范大学《化学实验规范》编写组编著，北京师范大学出版社出版，1990 年 3 月

该书编入了各类化学实验的教学要求和操作规范。书中还编有各类实验仪器或装置的构造、原理、使用方法与注意事项等。对于规范化学实验的操作具有很好的指导作用。

(3) 实验化学原理与方法（第三版） 刘洪来等编，化学工业出版社出版，2017 年 9 月

该书是根据原国家教委批准立项的“面向 21 世纪工科化学课程系列改革与实践”课题所编写的教材。全书将各类基础化学实验的教学要求、实验原理与操作方法归纳为：实验室的一般知识、测量误差与实验数据处理、基本物理量的测量原理和技术、物质分离原理与操作、化学合成与物质组分分析、常见离子的分离和鉴定以及实验方法概述等八章内容。对于化学实验教学具有一定的参考价值。

(4) 化学工业标准汇编 中国标准出版社出版

这套汇编汇集了国家技术监督局和原化学工业部批准发布的全国化工方面的国家标准和行业标准，共分无机化工、有机化工、橡胶、塑料、染料、涂料、化肥、农药、化学试剂、食品添加剂、化工综合及化学气体等 15 个分册。当进行精确度要求较高的实验或对某产品质量进行权威性检测时，可参照书中规定方法操作。

#### 思 考 题

(1) 为什么要学习化学实验技术？学习要求有哪些？

(2) 化学实验技术一般可分为哪些种类？

(3) 化学实验的程序主要包括哪些环节？

(4) 实验前为什么要进行预习？应该预习哪些内容？

(5) 什么叫做实验的原始记录？

(6) 什么是有效数字？有效数字进行运算时，应遵循哪些规则？

(7) 按有效数字的运算规则，计算下列各式的结果。

① $0.0025+2.5\times10^{-3}+0.1025$

② $(1.213\times2.14)+9.2\times10^{-4}-(0.0121\times0.008214)$

③ $\dfrac{(50.00\times1.020-30.00\times0.1000)\times\frac{1}{2}\times100.09}{2.500\times1000}$

④ $\dfrac{0.0892}{1.050\times\dfrac{25}{250}}$

(8) 用列表法、图解法和数学方程法表达实验结果各有什么特点?

(9) 绘制坐标图时，若比例尺选择不当会出现什么后果?

(10) 描绘曲线时，必须通过所有作图点吗？应如何描绘?

# 1.2 化学实验常识

化学实验是在较为特殊的环境中进行的科学实验。在化学实验中，往往要使用一些易燃（如酒精、丙酮等)、易爆（如金属钠、乙炔等)、有毒（如重铬酸钾、苯肼等）及有腐蚀性（如浓硫酸、溴等）的化学试剂。这些化学试剂如果使用不当，就有可能发生着火、爆炸、中毒和灼伤等事故，造成人身伤亡并使国家财产遭受损失。此外，玻璃器皿、电器设备等如果使用或处理不当还会发生割伤或触电事故。为有效维护人身安全、确保实验顺利进行，每个实验者必须熟悉和遵守实验室规则、严格按实验规程进行操作，还应该了解常用仪器设备和化学药品的性能与危害、一般事故的预防与处理等安全防护知识。

## 1.2.1 化学实验室规则

(1) 实验前应认真预习，了解实验中所用危害性药品的安全操作方法。

(2) 进入实验室后，应首先熟悉水、电、煤气开关及灭火器材等安全用具的放置地点和使用方法。

(3) 实验前应认真检查所有仪器是否完整无损，装置是否正确稳妥，确保无误后方可进行实验。

(4) 实验中所用的任何化学药品，都不得随意散失、遗弃和污染，使用后必须放回原处。实验后的残渣、废液等应倒入指定容器内，统一处理。

(5) 对于有可能发生危险的实验，应在防护屏后面进行或使用防护眼镜、面罩和手套等防护用具。

(6) 实验过程中不得擅离岗位，应随时观察反应现象是否正常、仪器有无漏气和破裂等。要如实详细地记录实验现象和结果。

(7) 实验室内严禁吸烟、饮食、嬉笑和打闹。

(8) 实验结束后，应及时洗手、清理实验台面，关闭水、电开关，经教师检查允许后方可离开实验室。

## 1.2.2 化学实验的安全与防护常识

### 1.2.2.1 防止火灾

防止火灾就是防止意外燃烧。只要控制意外燃烧的条件，就可有效地防止火灾。

实验室中，使用或处理易燃试剂时，应远离明火。不能用敞口容器盛放乙醇、乙醚、石油醚和苯等低沸点、易挥发、易燃液体，更不能用明火直接加热。这些物质应在回流或蒸馏装置中用水浴或蒸汽浴进行加热。

某些易燃或可发生自燃的物质如红磷、五硫化二磷、黄（白）磷及二硫化碳等，不宜在实验室内大量存放，少量的也要密闭存放于阴凉避光和通风处，并远离火源、电源和暖气等。实验用后的易挥发、易燃物质，不可随意乱倒，应专门回收处理。

若一旦不慎发生火情，应立刻切断电源，迅速移开附近一切易燃物质，再根据具体情况，采取适当的灭火措施，将火熄灭。如容器内着火，可用石棉网或湿布盖住容器口，使火熄灭；实验台面或地面小范围着火，可用湿布或黄沙盖灭；电器着火，可用二氧化碳灭火器熄灭；衣服着火时，切忌惊慌失措、四处奔跑，应用厚的外衣淋湿后包裹使其熄灭，较严重时应卧地打滚（以免火焰烧向头部），同时用水冲淋将火熄灭。

#### 1.2.2.2 防止爆炸

爆炸事故会造成严重后果，实验室中应认真加以防范，杜绝此类事故的发生。

实验室中的气体钢瓶应远离热源，避免曝晒与强烈震动。使用钢瓶或自制的氢气、乙炔、乙烯等气体做燃烧实验时，一定要在除尽容器内的空气后，方可点燃。

某些有机过氧化物、干燥的金属炔化物和多硝基化合物等都是易爆的危险品，不能用磨口容器盛装，不能研磨，不能使其受热或受剧烈撞击。使用时必须严格按操作规程进行。

金属钠、钾、钙等遇水易起火爆炸，需保存在煤油或液体石蜡中；银氨溶液久置后会产生爆炸性物质，因此不能长期存放；液氨和液氯接触、硝酸与松节油、高锰酸钾与甘油混合都易发生爆炸，这些物质绝对不能随意混合或放置一处。

仪器安装不正确，也会引发爆炸。在进行蒸馏或回流操作时，全套装置必须与大气相通，绝不能造成密闭体系。减压或加压操作时，应注意事先检查所用器皿的质量是否能承受体系的压力，器壁过薄或有伤痕都容易发生压炸。有时由于反应过于剧烈，致使某些化合物受热分解，使体系热量突增，气体体积膨胀而引起爆炸。遇此情形，可采取迅速撤离热源、降温和停止加料等措施来缓解险情。

#### 1.2.2.3 防止中毒

化学药品大多具有不同程度的毒性。在实验室中，人体的中毒主要是通过呼吸道、皮肤渗透及误食等途径发生的。

在进行有毒或有刺激性气体产生的实验时，应在通风橱内操作或采用气体吸收装置。若不慎吸入少量氯气或溴气，可用碳酸氢钠溶液漱口，然后吸入少量酒精蒸气，并到室外空气流通处休息。

任何药品都不得直接用手接触。取用毒性较大的化学试剂时，应戴防护眼镜和橡皮手套。洒落在桌面或地面上的药品应及时清理。

所有沾染过有毒物质的器皿，实验结束后都应立即进行清洗并做消毒处理。

实验室内严禁饮食。不得将烧杯作饮水杯用，也不得用餐具盛放任何药品。若误食或有毒物质溅入口中，尚未咽下者应立即吐出，再用大量水冲洗口腔；如已吞下，则需根据毒物性质进行解毒处理。如果吞入强酸，先饮大量水，然后再服用氢氧化铝膏、鸡蛋清；如果吞入强碱，则先饮大量水后，再服用醋、酸果汁和鸡蛋清，无论酸或碱中毒，服用鸡蛋清后，都需灌注牛奶，不要吃呕吐剂。

#### 1.2.2.4 防止化学药品灼伤

许多化学药品如高浓度的硫酸、盐酸、硝酸、苯酚、溴、三氯化磷、硫化钠、氨水、强碱等都具有较强的腐蚀性，如果使用不当，与皮肤直接接触，就会造成灼伤。取用这类药品时，应戴防护眼镜和橡皮手套，以防药品溅入眼内或触及皮肤。加热试管时，管口不要指向自己或他人。倾注试剂、开启盛有挥发性物质的试剂瓶和加热液体时，不要俯视容器口，以防液体（或气体）溅出（或冲出）伤人。一旦因不慎发生灼伤，首先应立即用大量水冲洗；

如果是酸灼伤，再用弱碱稀溶液（如1%碳酸钠溶液）洗；如果是碱灼伤，再用弱酸稀溶液（如1%硼酸溶液）洗；溴液灼伤，用石油醚洗后，再用2%硫代硫酸钠溶液洗，最后都应再用大量水冲洗，严重者必须送医院诊治。

#### 1.2.2.5 防止玻璃割伤

玻璃仪器容易破损，在安装仪器时要特别注意保护其薄弱部位。如蒸馏烧瓶的支管和温度计的汞球等都属于易损部位，在将其插入橡胶塞孔时，应涂上少许凡士林或水，以增加润滑性。不得强行用力插入，以免仪器破裂，割伤皮肤。

用铁夹固定仪器时，施力要适当，用力过猛不仅会损坏仪器，还会被玻璃碎片割伤。切割玻璃管（棒）时，其断面应随即熔光，以防锋利的断面划伤皮肤。

发生割伤后，应先将伤口处的玻璃碎片取出，用蒸馏水清洗伤口后，涂上红药水或敷上创可贴、药膏。如伤口较大或割破了主血管，则应用力按紧主血管，防止大量出血，急送医院治疗。

#### 1.2.2.6 防止电伤害

实验室中应注意安全用电，防止由于用电不当造成人身伤害。

使用电器设备前，应先用验电笔检查电器是否有漏电现象。使用过程中如察觉有焦糊异味，应立即切断电源，检查维修，绝不能“带病作业”，以免造成严重后果。

连接仪器的电线接头不能裸露，要用绝缘胶带缠扎。手湿时不能去触及电源开关，也不能用湿布去清擦电器及开关。

一旦发生触电事故，应立即切断电源，或用不导电物使触电者脱离电源，然后对其进行人工呼吸并急送医院抢救。

#### 1.2.2.7 防止环境污染

对于化学实验过程中产生的废气、废液和废渣等有毒、有害的废弃物，应及时进行妥善处理，以消除或减少其对环境的污染。

实验室排出少量毒性较小的气体，允许直接放空，被空气稀释。根据有关规定，放空管不得低于屋顶3m。若废气量较多或毒性较大，则需通过化学方法进行处理后再放空。例如$CO_2$、$NO_2$、$SO_2$、$Cl_2$、$H_2S$等酸性废气可用碱溶液吸收；$NH_3$等碱性废气可用酸溶液吸收；CO可先点燃转变成$CO_2$后再用碱性溶液吸收等等。

有毒、有害的废液和废渣不可直接倾入垃圾堆，必须经过化学处理使其转化为无害物再行排放。例如氰化物可用硫代硫酸钠溶液处理，使其生成毒性较低的硫氰酸盐；含硫、磷的有机剧毒农药可先与氧化钙作用再用碱液处理，使其迅速分解失去毒性；硫酸二甲酯先用氨水、再用漂白粉处理；苯胺可用盐酸或硫酸中和成盐；汞可用硫黄处理生成无毒的HgS；含汞盐或其他重金属离子的废液中加入硫化钠，便可生成难溶性的氢氧化物、硫化物等，再将其深埋地下。

### 1.2.3 化学实验绿色化的意义与途径

在全球掀起绿色化学革命的今天，环保理念已日益深入人心，化学实验的绿色化也成为化学工作者需要认真研究的课题之一。

#### 1.2.3.1 化学实验绿色化的意义

20世纪化学工业的飞速发展在保证和提高人类生活质量方面起到了无可替代的作用。但与此同时，随着化学品的大量生产和广泛应用，也给人类原本和谐的生态环境带来了污水、烟尘、难以处置的废物和各种各样的毒物，严重地威胁着人们的健康，危害着我们的地球。这种情况引起了越来越多人的关注。1990年，美国国会通过了《污染预防法案》，明确提出了污染预防这一概念，要求杜绝污染源。指出最好的防止有毒化学物质危害的办法是从一开始就不生产有毒物质、不形成废弃物。这个法案推动了化学界为预防污染、保护环境做进一步的努力。人们赋予这一新事物以十分贴切的名称：绿色化学。

随着人类跨入21世纪，“绿色化学”已成为化学学科研究的热点和前沿，被视为新世纪化学发展的方向之一。绿色化学已提升到“是对人类健康和生存环境有益的正义事业”的高度。

绿色化学就是环境友好化学，它主张从源头消除污染，不再使用有毒、有害物质，不再产生废物，不再处理废物。在化学实验中，虽然每次实验排放污染物的量不是很大，但因所用药品种类繁多，试剂变化较大，排放的废弃物成分复杂，累积的污染也就不容忽视。提倡绿色化学实验，尽量做无毒害的实验，无害化处理实验的废弃物，实现零排放，已是化学实验教学中不可忽略的内容之一。如果在化学实验过程中，处处体现绿色化学理念，尽量防止或减小化学实验造成的环境污染及对人体的危害，就能使化学实验逐步实现绿色化。

#### 1.2.3.2 化学实验绿色化的途径

(1) *加强环境保护教育，培养绿色化学意识* 现行教材中，涉及污染与环保的内容较多，应结合有关教学内容对学生进行环境保护教育。可把环境污染的典型事例自然、生动地渗透到化学实验教学中，让学生了解污染给人们带来的危害，培养学生对环境保护的责任感，提高他们对绿色化学实验重要性的认识。要通过化学实验培养学生环保习惯，使学生能够自发产生防止环境污染的行为和意识，知道如何阻断污染源，真正实现化学实验绿色化。

(2) *在化学实验中体现“原子经济”思想* 原子经济是指反应原料分子中的原子百分之百地转变成产物，而没有副产物或废物生成，实现废物的“零排放”。在可能的情况下，化学实验的制备反应应尽量选择“原子经济反应”，例如在

$$Si+C \xrightarrow{\triangle} SiC$$

这一化学反应中原子的利用率可达100%。

(3) *采用无毒无害的实验原料及溶剂* 教学实验的主要目的是训练学生的实验操作技能。因此应尽可能选用无毒无害的实验原料，以避免污染的产生。例如在训练学生“水蒸气蒸馏”的操作技术时，将传统的实验原料乙酰苯胺改为白苏叶或八角茴香，既避免了乙酰苯胺的毒性危害，又增强了实验内容的实用意义。

在物质的制备、萃取及重结晶提纯等实验中，常需使用大量的挥发性有机溶剂。这些有机溶剂在使用过程中有的会引起地面臭氧的形成，有的会造成水源污染。因此采用无毒无害的溶剂代替挥发性有机溶剂已成为绿色化学的重要研究方向。例如开发无毒性、不可燃、价格低廉的超临界二氧化碳作溶剂。超临界二氧化碳是指温度和压力均在其临界点（311℃、7477.7kPa）以上的二氧化碳流体。它通常具有液体的密度，因而有常规液态溶剂的溶解能力；在相同条件下，它又具有气体的黏度，因而有很高的传质速度；此外，由于还具有较大的可压缩性，因此其密度、溶解度和黏度等性能均可由压力和温度的变化来调节。

(4) *采用无毒无害的催化剂* 许多液体酸催化剂如氢氟酸、硫酸、三氯化铝等，不仅容易腐蚀实验设备，还产生三废，污染环境并对人体造成危害。近年来开发的固体酸催化剂在物质的合成中收到了十分理想的效果。化学实验中应尽量选择这类催化剂。例如在“乙烯的

制备”实验中，用硫酸铝代替浓硫酸催化反应，取得了令人满意的结果。

（5）倡导微型化、少量化实验　微型化学实验是20世纪80年代在西方掀起的一种实验方法，其优点是药品用量小，微量排放，减少污染。在保证实验现象明显、实验结果正确的前提下，对不可避免会形成污染的实验应尽可能使其微型化、少量化，本着能小不大，能少不多的原则设计实验原料及其他试剂用量，使污染程度降到最低。

（6）药物回收利用，废弃物集中处理　化学实验中，有许多溶剂回收后可重复使用，有些实验产品可作为另一实验的原料。及时回收、充分利用这些溶剂和产品，不仅可防止其对环境产生污染，还可降低消耗，节约开支。例如“从茶叶中提取咖啡因”这一实验中所用的溶剂乙醇，经蒸馏回收后可循环使用；在“重结晶”实验中提纯的苯甲酸可用作“熔点测定”实验的原料，等等。

对于化学实验中不可避免产生的污染性废弃物，可统一收集起来进行集中处理，使其转化为非污染物。例如废酸和废碱液经中和至中性后排放；含重金属废液通过适当的化学反应转化为难溶物后填埋；某些有机废弃物（如苯、甲苯等）可焚烧使其转变为无害气体，等等。

总之，在全球倡导绿色化学的今天，我们应当把化学实验绿色化的理念贯穿于实验教学的全过程，为减少污染，保护环境做出应有的贡献。

**思　考　题**

（1）进行化学实验时，应遵守实验室的哪些规则？

（2）实验室中如何防止火灾事故的发生？衣服着火时应如何处理？

（3）在化学实验中，应采取哪些环保措施来减少环境污染？

### 1.2.4　化学实验常用玻璃仪器的洗涤和干燥

#### 1.2.4.1　常用仪器

化学实验常用玻璃仪器及其他器材的名称、图示和主要用途见表1-1。

**表1-1　常用玻璃仪器和器材**

| 名称与图示 | 主要用途 | 备注 | 名称与图示 | 主要用途 | 备注 |
|---|---|---|---|---|---|
| 试管与试管架 | 用作少量试剂的反应容器或收集少量气体<br>试管架用于承放试管 | 可直接加热 | 锥形瓶 | 用于储存液体、混合溶液及少量溶液的加热，在滴定分析中用作滴定反应容器 | 可放在石棉网或电炉上直接加热，但不能用于减压蒸馏 |
| 烧杯 | 用于溶解固体、配制溶液、加热或浓缩溶液等 | 可放在石棉网或电炉上直接加热 | 碘量瓶 | 用途与锥形瓶相同。因带有磨口塞，封闭较好，可用于防止液体挥发和固体升华的实验 | 与锥形瓶相同 |

续表

| 名称与图示 | 主要用途 | 备注 | 名称与图示 | 主要用途 | 备注 |
|---|---|---|---|---|---|
|  表面皿 | 用来盖在烧杯或蒸发皿上，防止液体溅出或落入灰尘。也可用作称取固体试剂的容器 | 不能用火直接加热 |  试剂瓶 | 可分为广口、细口、棕色和无色等几种<br>广口瓶用于盛放固体试剂。细口瓶用于盛放液体试剂。棕色瓶用于盛放见光易分解的试剂 | ①不能加热<br>②试剂瓶上标签必须保持完好，倾倒试剂时标签要对着手心 |
| 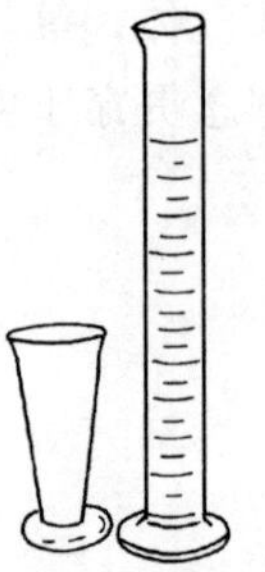 量筒和量杯 | 量取液体 | 不能加热，不能作反应容器 | 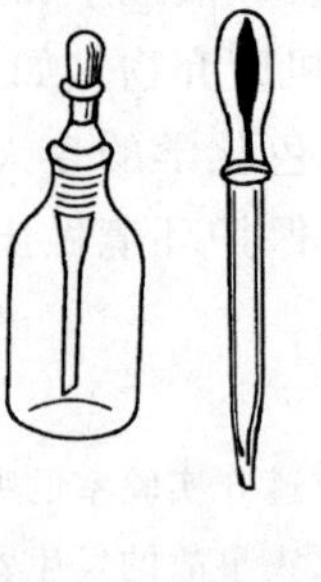 滴瓶　滴管 | 滴瓶用于盛放少量液体试剂<br>滴管用于取用少量液体试剂 | 滴管专用。不能倒置，应保证液体不进入胶帽 |
| 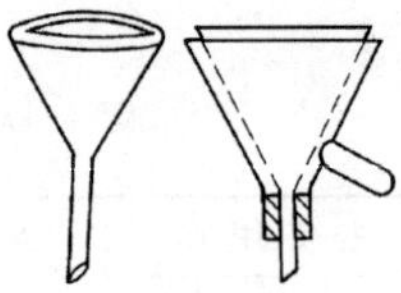 (a)　(b)<br>漏斗 | (a)用于普通过滤或将液体倾入小口容器中<br>(b)用于保温过滤 | (a)不能用火直接加热<br>(b)可用小火加热支管处 |  称量瓶 | 在定量分析中用于盛放被称量的试剂或试样 | ①不能加热<br>②塞子不能互换<br>③不用时洗净，在磨口处垫上纸条 |
|  比色管 | 用于盛装溶液进行比色分析 | ①比色时必须选用质量和规格相同的一套比色管<br>②不能用毛刷擦洗，不能加热 | 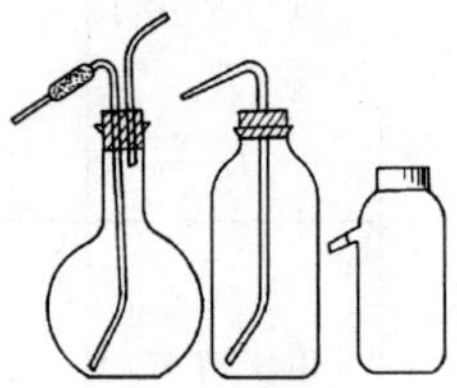 洗瓶 | 有玻璃瓶和塑料瓶两种。盛装蒸馏水，用于洗涤沉淀或冲洗容器内壁 | |

续表

| 名称与图示 | 主要用途 | 备注 | 名称与图示 | 主要用途 | 备注 |
| --- | --- | --- | --- | --- | --- |
| 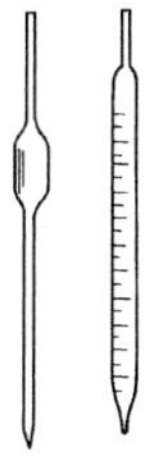 吸量管 | 用于准确量取一定体积的液体 | 不能加热 | 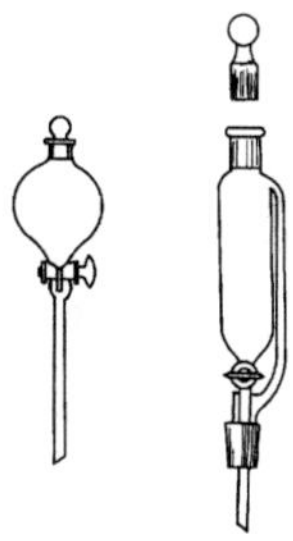 (a) (b)<br>滴液漏斗 | (a)为用于滴加液体。(b)为恒压滴液漏斗，当反应体系内有压力时，仍可顺利滴加液体 | 不能直接用火加热。活塞不能互换 |
| 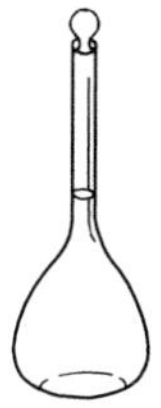 容量瓶 | 用于配制准确浓度的溶液 | 瓶塞配套使用，不能互换 | 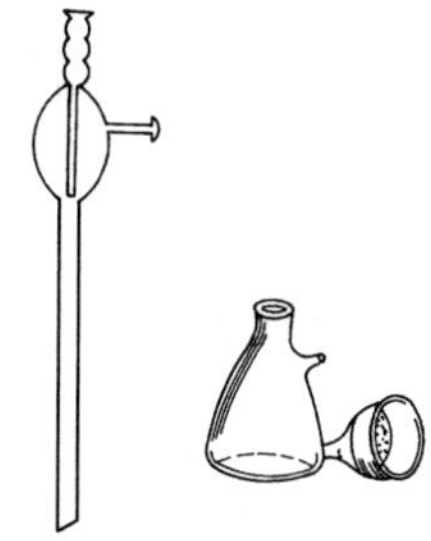 水泵　吸滤瓶　布氏漏斗 | 用于减压过滤 | 不能直接用火加热 |
| 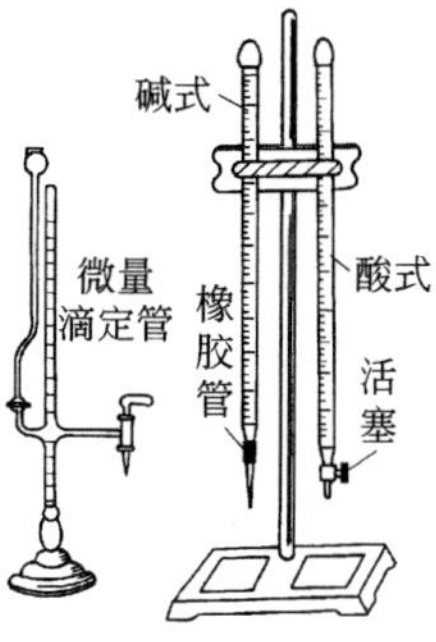 碱式　微量滴定管　橡胶管　酸式　活塞<br>滴定管 | 用于滴定分析中准确测量溶液的体积 | 酸式滴定管的活塞不能互换，不能盛放碱溶液 | 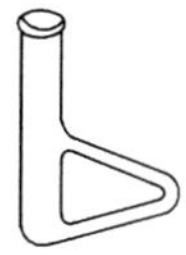 熔点测定管 | 用于测定熔点 | |
| 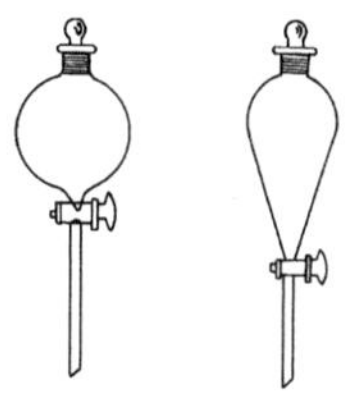 圆形分液漏斗　梨形分液漏斗<br>分液漏斗 | 用于液体的洗涤、萃取和分离。有时也可用于滴加液体 | 不能直接用火加热。活塞不能互换 | 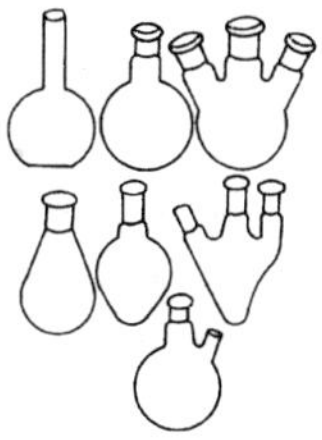 烧瓶 | 在常温或加热条件下作反应容器。多口的可装配温度计、冷凝管和搅拌器等 | 平底的不耐压，不能用于减压蒸馏 |

续表

| 名称与图示 | 主要用途 | 备注 | 名称与图示 | 主要用途 | 备注 |
|---|---|---|---|---|---|
| 蒸馏头 | 与烧瓶组装后用于蒸馏 | 双口的为克氏蒸馏头，可作减压蒸馏用 | 蒸发皿 | 蒸发或浓缩溶液用，也可用于灼烧固体 | 能耐高温，但不宜骤冷 |
| (a)空气冷凝管 (b)直形冷凝管 (c)球形冷凝管 (d)蛇形冷凝管<br>分馏柱 | 冷凝管用于蒸馏、回流装置中<br>分馏柱用于分馏装置中 | 普通蒸馏常用直形冷凝管，回流常用球形冷凝管，沸点高于140℃时常用空气冷凝管，沸点很低时可用蛇形冷凝管 | 研钵 | 用于混合、研磨固体物质 | 常为玻璃或瓷质，不能加热 |
| 接液管 | 用于蒸馏中承接冷凝液。带支管的用于减压蒸馏中 | | 水浴锅 | 用于盛装浴液 | 可加热 |
| 干燥管 | 盛放干燥剂，用于无水反应装置中 | | 三脚架与石棉网 | 常配合使用，承放受热容器并使其受热均匀 | |

续表

| 名称与图示 | 主要用途 | 备注 | 名称与图示 | 主要用途 | 备注 |
|---|---|---|---|---|---|
| 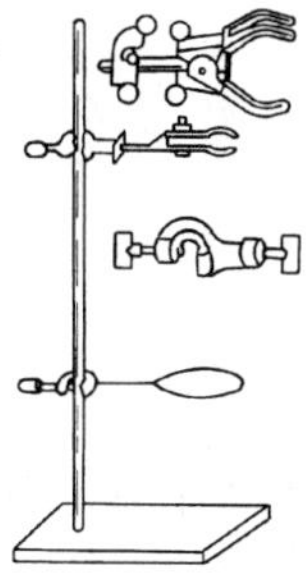 铁架台、铁夹与铁圈 | 用于固定仪器。铁圈还可承放容器和漏斗 | | 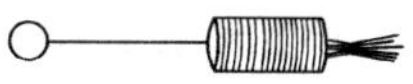 毛刷 | 用于洗刷玻璃仪器 | 顶部毛脱落后便不能使用 |
| 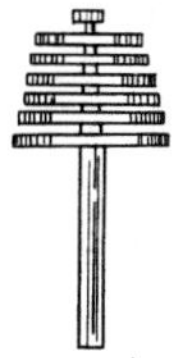 钻孔器 | 用于塞子钻孔 | | 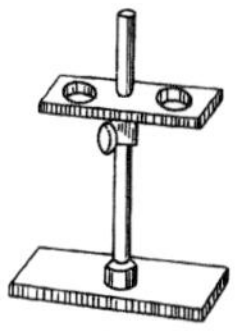 漏斗架 | 用于过滤时承放漏斗 | |
|  泥三角 | 用于承放直接加热的坩埚或蒸发皿 | | 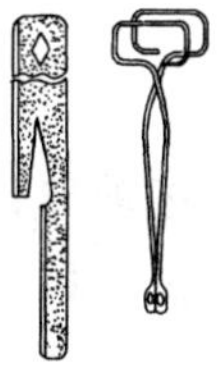 试管夹 | 用于夹持试管 | 使用时，不能将拇指按在管夹的活动部位 |
| 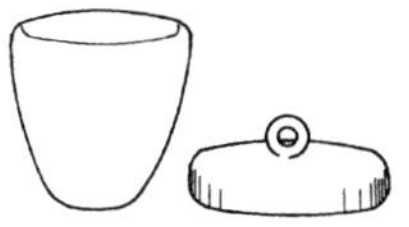 坩埚 | 用于熔融或灼烧固体 | 耐高温，可直接用火加热，但不宜骤冷 | 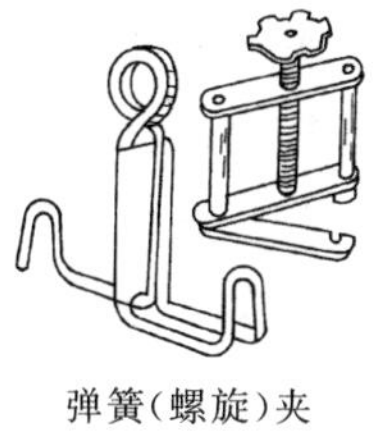 弹簧（螺旋）夹 | 用于夹在胶管上控制流体通路 | |
|  坩埚钳 | 用于夹持受热的坩埚或蒸发皿 | 用前需预热 | | | |

#### 1.2.4.2 玻璃仪器的洗涤

化学实验需要使用洁净的玻璃仪器。使用后的玻璃仪器常黏附有化学药品、灰尘或其他污物。因此，实验结束后应立即清洗所用仪器，久置不洗会使污物牢固地黏附在器壁上而难以除去。实验者应养成及时清洗、干燥玻璃仪器的良好实验习惯。

玻璃仪器的洗涤应根据实验的要求、污物的性质及沾污程度，有针对性地选择不同的洗涤方法进行清洗。

对于水溶性污物，只要在仪器中加入适量自来水，稍用力振荡后倒掉，再反复冲洗几次即可洗净。振荡方法如图 1-1 所示。

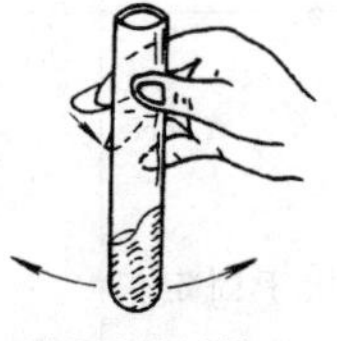


图 1-1　振荡洗涤玻璃仪器方法

对于冲洗不掉的污物，可用毛刷蘸水和去污粉或洗涤液进行刷洗。其操作方法如图 1-2 所示。

如果仪器上黏结了“顽固”的污垢，则需根据污物性质选择合适的化学试剂进行浸泡后再刷洗。无论用哪种方法洗涤，最后都应用少量蒸馏水淋洗 2～3 次。

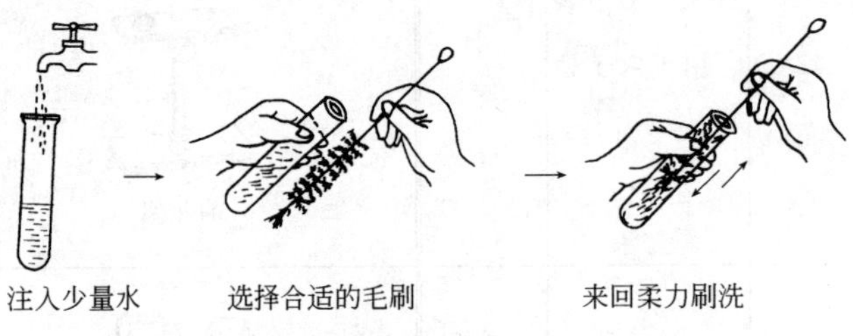


图 1-2　用毛刷洗涤试管操作方法

玻璃仪器洗净的标志是把玻璃仪器倒置时，有均匀的水膜顺器壁流下，不挂水珠。洗净后的仪器不能再用纸或布擦拭，以免纸或布的纤维再次污染仪器。

**1.2.4.3　玻璃仪器的干燥**

某些化学实验要求在无水条件下进行，这种情况需要使用干燥的仪器。玻璃仪器的干燥除水常用以下方法：

（1）自然干燥　对于不急用的仪器，可在洗净后，倒置在仪器架上，自然晾干。

（2）烘箱干燥　将清洗过的仪器倒置沥水后，放入烘箱内，在 105～110℃恒温约 0.5h，即可烘干。一般应在烘箱温度自然下降后，再取出仪器。如因急用，在烘箱温度较高时取用仪器，应用干布垫上后取出，在石棉网上放置，冷却至室温后方可使用。

注意，有刻度的仪器（如量筒）和厚壁器皿（如吸滤瓶）等不耐高温，不宜用烘箱干燥。

烘箱又叫电热恒温干燥箱，是实验室中干燥玻璃仪器和化学试剂的常用设备，其构造如图 1-3 所示。

使用烘箱前要熟读随箱所附的说明书。一般操作程序为：

① 接通电源；

② 开启加热开关，将控温器旋钮顺时针方向旋至最高点，指示灯亮，箱内开始升温，同时开启鼓风开关；

③ 当温度升到所需工作温度时，将控温器旋钮逆时针方向缓慢旋回至指示灯熄灭，再微调至指示灯复亮，此指示灯明暗交替处即为所需温度的恒定点。

玻璃仪器放入烘箱前，应尽量将水沥干，然后按瓶（管、杯）口朝下、自上而下的顺序

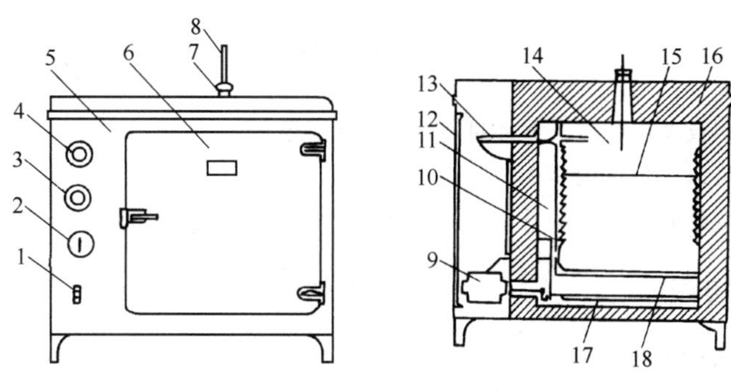


图 1-3　电热恒温干燥箱

1—鼓风开关；2—加热开关；3—指示灯；4—控温器旋钮；5—箱体；6—箱门；
7—排气阀；8—温度计；9—鼓风电动机；10—隔板支架；11—风道；12—侧门；
13—温度控制器；14—工作室；15—试样隔板；16—保温层；17—电热器；18—散热板

放入。

易燃、易爆、易挥发、有毒、有腐蚀性的物质不能放入烘箱内干燥。

烘箱停止使用时，应切断电源，以确保安全。

(3) 热气干燥　利用电吹风机的热空气可将小件急用仪器快速吹干。其方法是先用热风吹，再用冷风吹［见图 1-4(a)］。使用气流干燥器也能使玻璃仪器较快干燥。方法是将仪器倒置在气流干燥器的气孔柱上，打开干燥器的热风开关，气孔中排出的热气流即把仪器烘干［见图 1-4(b)］。

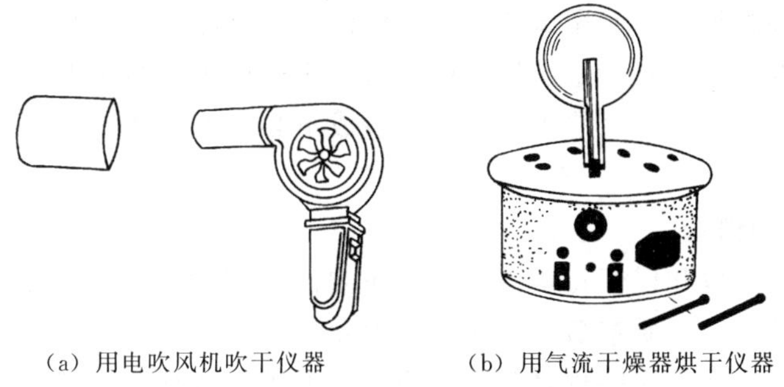

(a) 用电吹风机吹干仪器　　(b) 用气流干燥器烘干仪器

图 1-4　热气干燥仪器

(4) 烘烤干燥　对于可直接用火加热的仪器，如试管、烧杯、烧瓶等，可先将仪器外壁擦干，然后用小火烘烤。烧杯可放在石棉网上烘干，如图 1-5(a) 所示。试管可用试管夹夹持在灯焰上来回移动烘烤，开始时试管口应倾斜向下，以便使水流出，直至试管内不见水珠后，再将管口倾斜朝上，以便赶尽水气，如图 1-5(b) 所示。

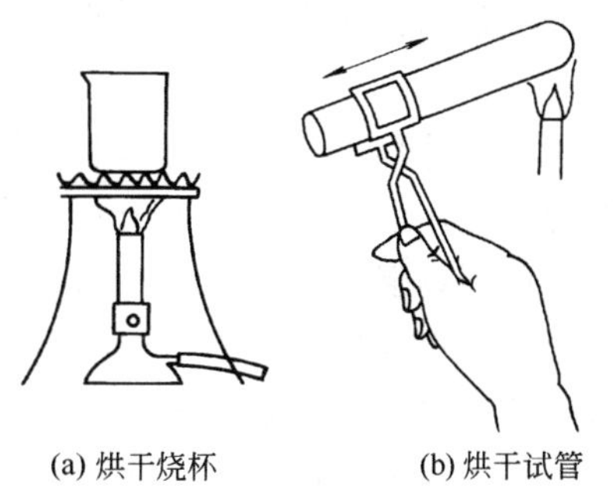

(a) 烘干烧杯　　(b) 烘干试管

图 1-5　烘烤干燥仪器

(5) 有机溶剂干燥　对于一些不能加热的厚壁或有精密刻度的仪器，如试剂瓶、吸滤瓶、比色皿、容量瓶、滴定管和吸量管等，可加入少量易挥发且与水互溶的有机溶剂（如丙酮、无水乙醇等），转动仪器使溶剂浸润内壁后倒出。如此反复操作 2～3 次，便可借助残余溶剂的挥发将水分带走。如果实验中急用干燥的玻璃仪器，也可用此法进行快速干燥。

### 思 考 题

(1) 清洗干净的玻璃仪器用纸或干布擦拭可以吗?为什么?

(2) 量筒和吸滤瓶可以在烘箱内烘干吗?为什么?

(3) 在灯焰上烘烤试管时,若开始就将试管口朝上,将可能造成什么后果?

## 1.2.5 化学试剂知识

### 1.2.5.1 化学试剂的规格

化学试剂的规格是根据试剂的纯度划分的,通常可分为四个等级。

(1) 一级品 一级品为优级纯试剂,又叫保证试剂。其试剂标签为绿色标志,符号为G.R.。优级纯试剂的纯度很高,适用于精密度要求较高的化学分析和科学研究工作。

(2) 二级品 二级品为分析纯试剂,又叫分析试剂。其试剂标签为红色标志,符号为A.R.。分析纯试剂的纯度仅次于一级品,常用于定性、定量分析和一般的科学研究工作。

(3) 三级品 三级品为化学纯试剂。其试剂标签为蓝色标志,符号为C.P.。化学纯试剂的纯度较二级品低,适用于一般的定性分析和化学实验。

(4) 四级品 四级品为实验试剂。其试剂标签常为棕色标志,符号为L.R.。实验试剂的纯度较低,常用作实验的辅助试剂。

此外,还有一些高纯度的专用试剂,如光谱试剂、色谱试剂、基准试剂等。

化学试剂的纯度越高,其价格越贵。使用时,应根据实验的需求,本着节约的原则来选择不同规格的试剂。既不能盲目追求高纯度而造成不必要的浪费,也不可随意降低规格而影响实验结果的准确性。

### 1.2.5.2 化学试剂的保管

实验室中,正确存放和保管化学试剂十分重要。若保管不当,不仅会使试剂变质失效,影响实验结果,而且造成物质浪费,有时还会引发事故。

化学试剂的存放与保管应根据试剂的性质、周围的环境及实验室的条件等不同,加以区别对待。在确保不发生火灾、爆炸、泄漏及中毒等事故的前提下,又要防止试剂吸湿潮解、标签脱落及变质失效。一般应保存在通风良好、清洁干燥的房间内,以防水分、灰尘或其他杂质的沾污。对于具有特殊性质的化学试剂,还应按其性能要求不同,以不同的方法和条件进行保管。

(1) 易燃性试剂 易燃性气体,如氢气、甲烷、乙烯、乙炔、煤气和液化石油气等,应储存于专用的钢瓶内,置于专门库房中阴凉通风处,温度不超过30℃。不得与其他易发生火花的器物混放。

易燃性液体或固体,如乙醚、丙酮、汽油、苯、乙醇、甘油、赤磷、黄磷及三硫化磷、五硫化磷等,应单独存放于危险药品柜中,加贴易燃品标志,远离热源及易发生火花的器物。其保存温度以低于25℃为宜,闪点在25℃以下的物质,则应在−4~4℃的温度条件下存放。

(2) 易爆性试剂 有些化学试剂本身是炸药或容易发生爆炸,如苦味酸、三硝基甲苯、硝化纤维、乙炔银及氯酸钾等;有些化学试剂遇水猛烈反应,发生燃烧爆炸,如钠、钾、电石、氢化锂及硼化物等；还有些化学试剂在受热、冲击、摩擦或与氧化剂接触时易发生燃烧爆炸，如红磷、镁粉、锌粉、铝粉、萘、樟脑及硫化磷等，这些试剂宜用防爆架放置，隔绝水汽、易燃物和氧化剂，并加以特殊标记。储存温度最好在20℃以下。

(3) 剧毒性试剂　有些化学试剂毒性较大，可通过皮肤、呼吸道和消化道侵入体内，破坏人体正常生理机能，导致中毒甚至死亡，如氰化物、三氧化二砷（砒霜）、升汞、苯、铬酸盐及硫酸二甲酯等。这些剧毒试剂应设专柜，加贴剧毒标志，由专人妥善保管。取用时要严格做好记录，不得超量领取。

(4) 腐蚀性强的试剂　有些化学试剂对人体皮肤、黏膜、眼睛及呼吸器官等具有强烈的刺激作用或腐蚀性，有的还严重腐蚀金属，如发烟硫酸、浓硫酸、浓盐酸、硝酸、醋酐、冰醋酸、苛性碱、溴、苯酚、氨水、硫化钠及三氯化磷等。这些试剂需选用抗腐蚀材料做存放架，架的高度以保证存取试剂方便安全为宜。保管温度应在30℃以下，于阴凉通风处并与其他试剂隔离放置。

有些试剂容易侵蚀玻璃，如氢氟酸、含氟酸盐及氢氧化钠等。这些试剂应保存在塑料瓶内。

(5) 氧化性强的试剂　氯酸钾、硝酸盐、高锰酸盐、重铬酸盐和过氧化物等试剂都具有较强的氧化性，当受热、撞击或混入还原性物质时，就可能引起爆炸。这类试剂绝不能与还原性或可燃性物质混放，应于阴凉、通风、干燥、室温不超过30℃的条件下储存，其包装也不宜过大。

(6) 吸水性强的试剂　有些试剂容易吸收空气中的水分发生潮解或生成结晶水合物，如氢氧化钠、氯化钙、无水碳酸钠及无水硫酸镁等。盛放这些试剂的瓶口应严格密封，储存于通风干燥处。

(7) 易氧化、分解的试剂　有些试剂与空气接触容易发生氧化，如苯甲醛、氯化亚锡、硫酸亚铁等；有些试剂见光容易发生分解，如硝酸银、碘化钾、高锰酸钾等，这些试剂应于棕色瓶中密封储存，放置在阴暗避光处。

(8) 易聚合的试剂　某些高分子化合物的单体，如苯乙烯、丙烯腈及乙烯基乙炔等，在常温下久置容易发生聚合。这类试剂需在低于10℃的温度条件下保存。

(9) 具有放射性的试剂　某些含有放射性元素的化学试剂，如铀酰、硝酸钍、氧化钍及$^{60}Co$等，具有放射性，能对人体造成伤害。这类试剂宜盛装在磨口玻璃瓶内，再放入塑料或铅制容器中保存，并需远离易燃易爆物质。

(10) 较为贵重的试剂　某些价格昂贵的特纯试剂、稀有元素及其化合物，如钯黑、锗、四氯化钛、铂及其化合物等，应采用小包装，单独存放，妥善保管。各种指示剂则应设专柜按用途分类存放。

#### 1.2.5.3　化学试剂的取用

取用化学试剂时，必须首先核对试剂瓶标签上的试剂名称、规格及浓度等，确保准确无误后方可取用。打开瓶塞后应将其倒置在桌面上，不能横放，以免受到污染。取完试剂后，应立即盖好瓶塞（绝不可盖错！），并将试剂瓶放回原处，注意标签应朝外放置。

(1) 固体试剂的取用　固体试剂通常盛放在便于取用的广口瓶中。取用固体试剂要用洁净干燥的药匙，它的两端分别是大小两个匙，取较多试剂使用大匙一端，取少量试剂或所取试剂欲加入较小口径的试管中时，则用小匙一端。用过的药匙必须洗净干燥后存放在洁净的器皿中。任何化学试剂都不得用手直接取用（见图 1-6）。

取用试剂时，不要超过指定用量，多取的试剂不能倒回原瓶，可以放入指定的容器中留作他用（见图 1-7）。

往试管（特别是湿试管）中加入粉末状固体时，可用药匙或将试剂放在对折的纸槽中，伸入平放的试管中约 2/3 处，然后竖直试管，使试剂落入试管底部（见图 1-8）。

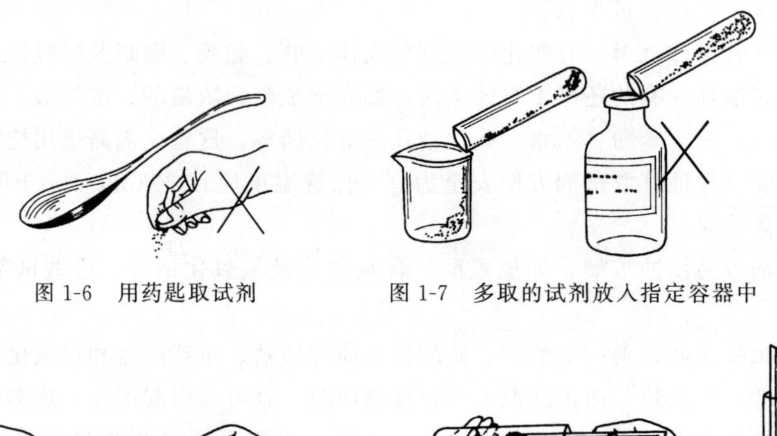

图 1-6　用药匙取试剂　　　　图 1-7　多取的试剂放入指定容器中

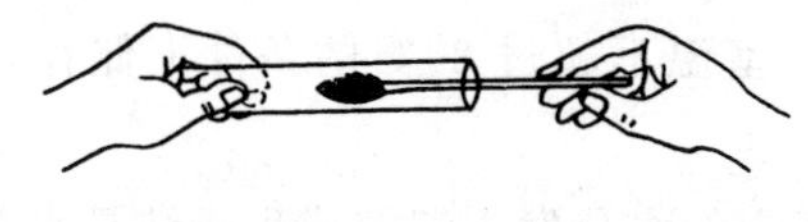

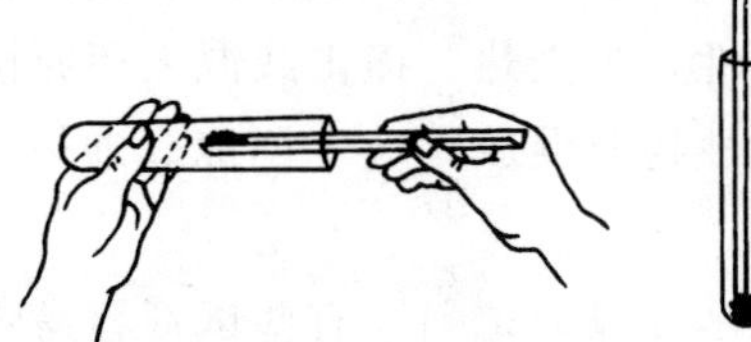

图 1-8　向试管中加入粉末状固体

向试管中加入块状固体时，应将试管倾斜，使其沿管壁缓慢滑下。不得垂直悬空投入，以免击破管底（见图 1-9）。

固体的颗粒较大时，可在洁净干燥的研钵中研磨后再取用（见图 1-10）。

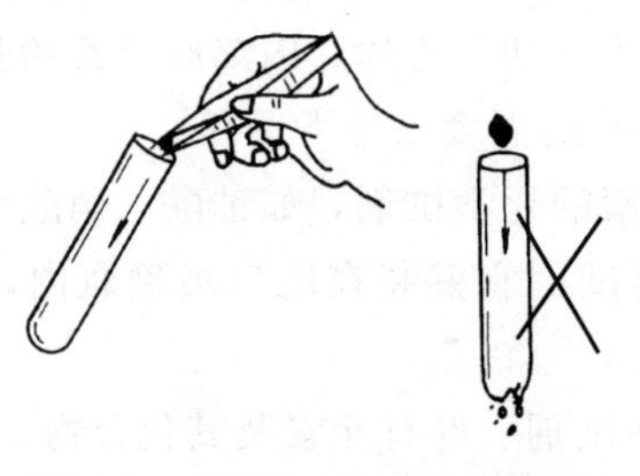

图 1-9　向试管中加入块状固体

图 1-10　研磨固体

取用一定质量的试剂时，应选用适当容器在天平上称量。

（2）液体试剂的取用　液体试剂和配制的溶液通常放在细口瓶或带有滴管的滴瓶中。

① 从细口瓶中取用试剂　从细口瓶中取用液体试剂时采用倾注法。先将瓶塞取下倒置在桌面上，再把试剂瓶贴有标签的一面握在手心中，然后逐渐倾斜瓶子让试剂沿试管内壁流下，或沿玻璃棒注入烧杯中［见图 1-11(a)、(b)］。取足所需量后，应将试剂瓶口在试管口或玻璃棒上靠一下，再逐渐竖起以免遗留在试剂瓶口的液滴流到瓶的外壁［见图 1-11(c)］。应注意绝不能悬空向容器中倾倒液体试剂或使瓶塞底部直接与桌面接触

[见图 1-11(d)]。

当需要量取一定体积的液体试剂时，可根据试剂用量不同选用适当容量的量筒（或量杯）。对量筒（杯）内液体体积读数时，视线的位置很重要，一定要平视，偏高或偏低都会造成 较大的误差。对于浸润玻璃的无色透明液体，读数时，视线要与凹液面下部最低点相切（见图 1-12）；对于浸润玻璃的有色或不透明液体，读数时，视线要与凹液面上缘相切；对于水银或其他不浸润玻璃的液体，读数时则需要看液面的最高点。

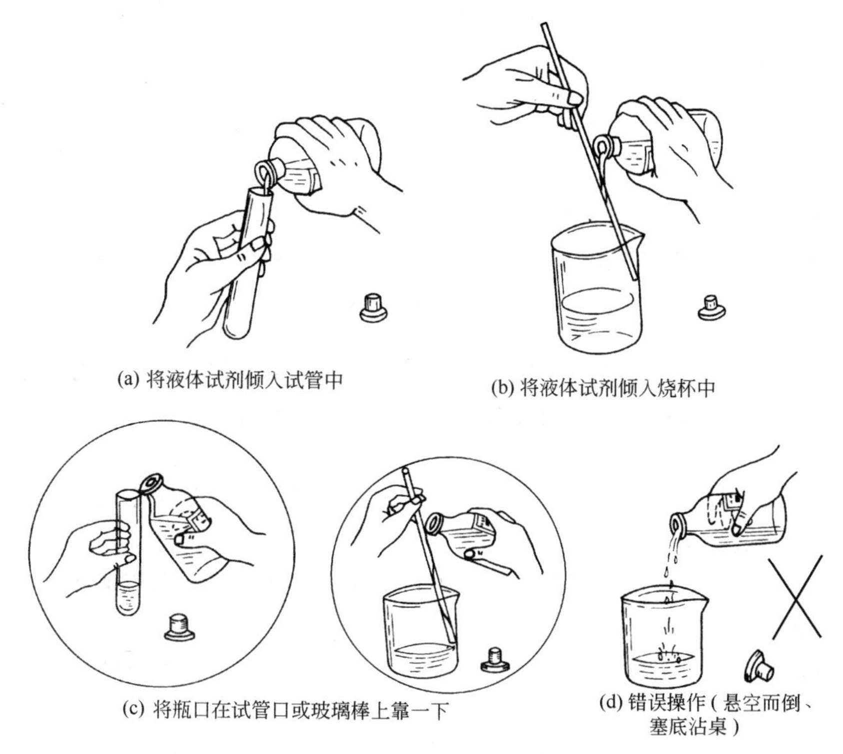


图 1-11　用倾注法取用液体试剂

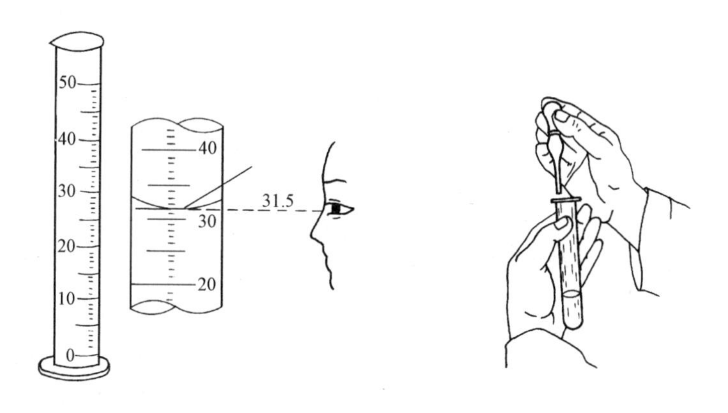


图 1-12　对量筒内无色透明液体体积读数　　图 1-13　用滴管滴加试剂

② 从滴瓶中取用试剂　从滴瓶中取用少量液体试剂时，先提起滴管，使管口离开液面，再用手指紧捏胶帽排出管内空气。然后将滴管插入试液中，放松手指吸入试剂。再提起滴管，垂直放在试管口或其他容器上方将试剂逐滴加入（见图 1-13）。

从滴管中取用液体试剂时，应注意避免出现下列错误操作：

a. 将滴管伸入试管内滴加试剂［见图 1-14(a)］；

b. 滴管用后放在桌面或他处［见图 1-14(b)］；

c. 滴管盛液倒置［见图 1-14(c)］；

d. 滴管充满试液放置［见图 1-14(d)］。

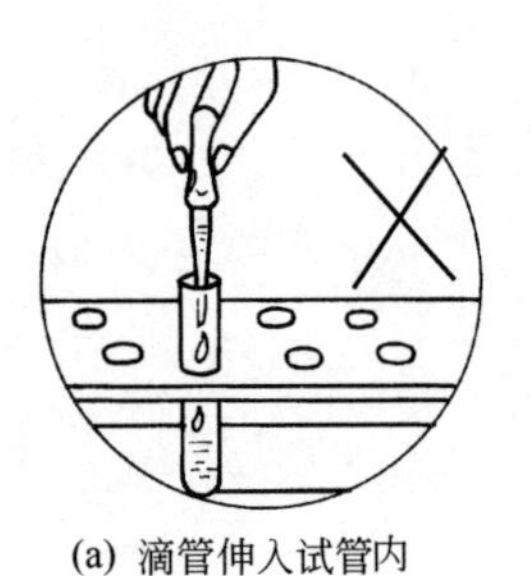

(a) 滴管伸入试管内

(b) 滴管用后未放入瓶中

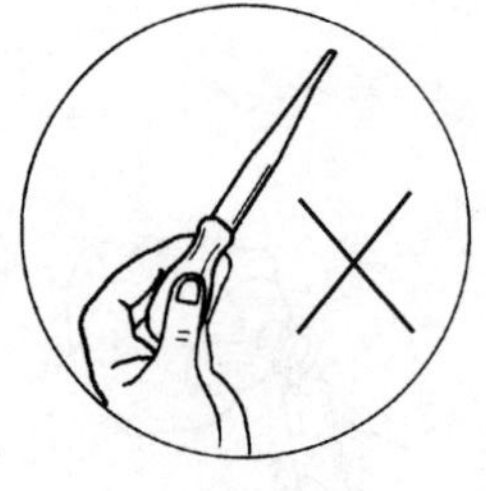

(c) 滴管盛液倒置

(d) 滴管充满试液放置

图 1-14　使用滴管的错误操作

向试管中滴加试液时，滴管只能接近试管口，不能远离或伸入试管口内。远离容易将试液滴落到试管外部，伸入试管口内则容易沾污滴管，而将其他物质带回滴瓶，使瓶内试剂受到污染。

滴瓶上的滴管只能配套专用，不能随意串换。使用后应立即放回原瓶中，不可放在桌面或他处，以免沾污或拿错。

用滴管吸取试液后，应始终保持胶帽朝上，不能平持或斜持，以防试液流入胶帽中，腐蚀胶帽并沾污试剂。

滴管用后，应将剩余试剂挤回滴瓶中。注意不能捏着胶帽将滴管放回滴瓶，以免其中充满试液。

（3）试剂的估量　当实验中不需准确要求试剂的用量时，可不必使用天平或量筒量取，根据需要粗略估量即可。

① 固体试剂的估量　一些实验提出取固体试剂少许或绿豆粒、黄豆粒大小等，这时可根据其要求按所取量与之相当即可。

② 液体试剂的估量　用滴管取用液体试剂时，一般滴出 20～25 滴即约为 1mL。在容量为 10mL 的试管中倒入约占其体积 1/5 的试液，则相当于 2mL（见图 1-15）。

不同的滴管，滴出 1 滴液体的体积也不相同。要知道 1mL 液体的滴数，可用滴管将液体滴入干燥的小量筒中，测量滴至 1mL 时的滴数，进而还可求算出 1 滴液体的体积相当于多少毫升。

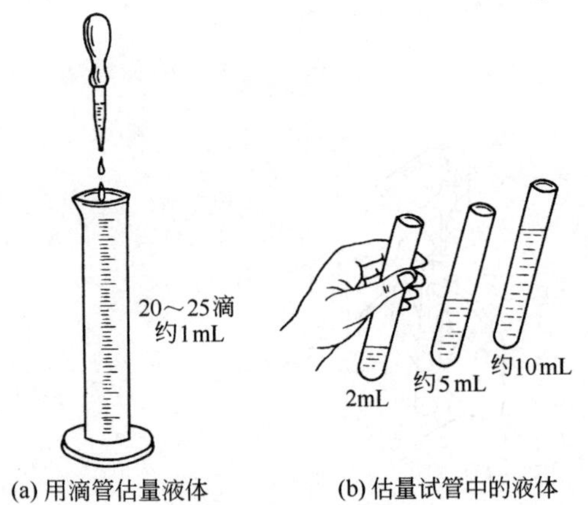


(a) 用滴管估量液体　(b) 估量试管中的液体

图 1-15　液体试剂的估量

（4）试剂的称量　当实验中需要较为准确要求试剂的用量时，可使用台秤进行称量。台秤又叫托盘天平，是化学实验室常用的称量仪器。一般能称准至 0.1g，可用于对称量精确度要求不高的实验。

① 托盘天平的构造　常用的托盘天平有游码托盘天平（如图 1-16 所示）和快速架盘天平（如图 1-17 所示）。

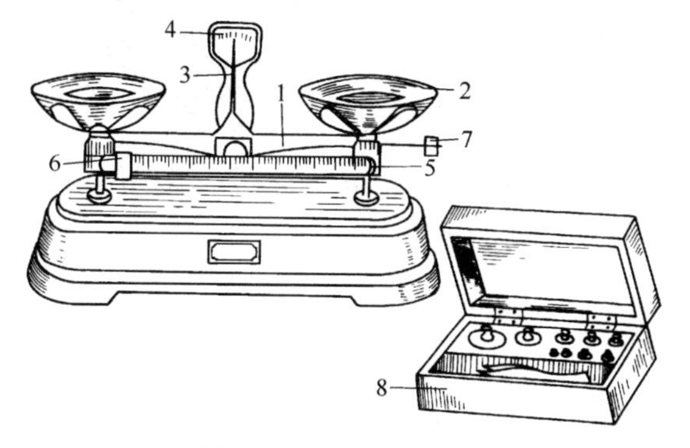


图 1-16　游码托盘天平

1—横梁；2—秤盘；3—指针；4—刻度盘；

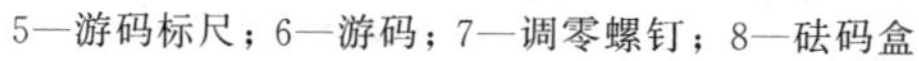

5—游码标尺；6—游码；7—调零螺钉；8—砝码盒

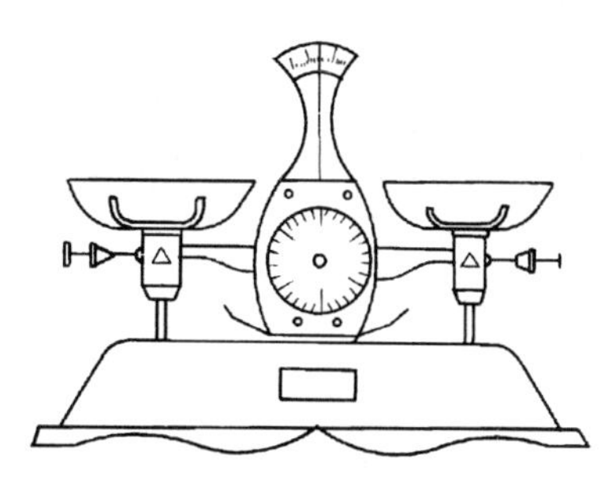

图 1-17　快速架盘天平

二者构造类似，都是由一根横梁架在底座上，横梁的左右各有一个秤盘，横梁的中部有指针与刻度盘相对，根据指针在刻度盘左右摆动的情况可以看出托盘天平是否处于平衡状态。游码天平和快速架盘天平都附有砝码盒，内盛各种不同质量的砝码和夹取砝码的镊子。游码天平上带有游码标尺，快速架盘天平则以刻度盘代替游码标尺，用来称量质量为 10g 以内的物品。

② 托盘天平的使用方法（以游码天平为例）

a. 调节零点　使用游码天平前，先将游码拨到游码标尺的“0”刻度处，检查天平的指针是否停止在刻度盘的中间位置。如果不在中间位置，可通过调节托盘下面的调零螺钉（见图 1-18），使指针停在刻度盘中央（或在刻度盘左右摆动的距离相等），此时即为天平的零点。

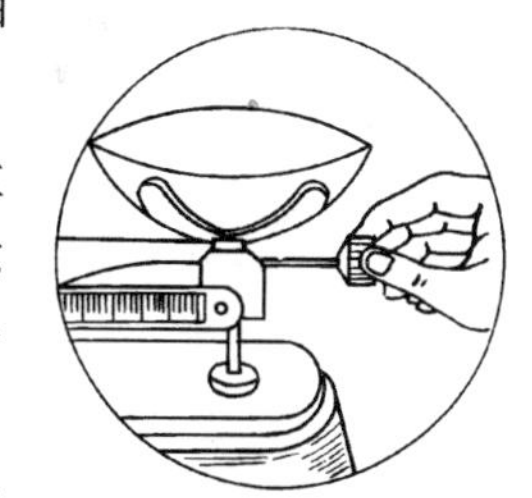

图 1-18　调节托盘天平的零点

b. 称量物品　称量物品时，应将被称量物放在天平的左盘中，砝码放在右盘中［见图 1-19(a)］。称量化学药品时，应先称出容器（如表面皿或烧杯）或称量纸的质量，再加入药品，然后进行称量［见图 1-19(b)］。砝码要用镊子夹取［见图 1-19(c)］，先加大砝码，后加小砝码，最后用游码调节，直到指针停在刻度盘中央位置（或左右摆动距离相等）时为止。这时天平处于平衡状态，其指针所停的位置叫做天平的停点，停点与零点应基本相符（托盘天平的停点和零点之间允许有一小格的偏差）。记下砝码质量和游码在标尺上的数值，两者相加即为所称量物品的质量。称量完毕，将砝码放回盒中，游码退到标尺的“0”刻度处，取下被称物品，将秤盘放在一侧［见图 1-19(d)］，以免天平摆动。

③ 注意事项　使用托盘天平称量物品时，应注意避免出现以下错误操作：

a. 称量热的物品［见图 1-20(a)］；

b. 将被称量物直接放在秤盘中［见图 1-20(b)］；

c. 用手直接拿取砝码［见图 1-20(c) ］；

d. 将化学药品洒入秤盘中［见图 1-20(d)］。

(a) 左盘放被称物，右盘放砝码

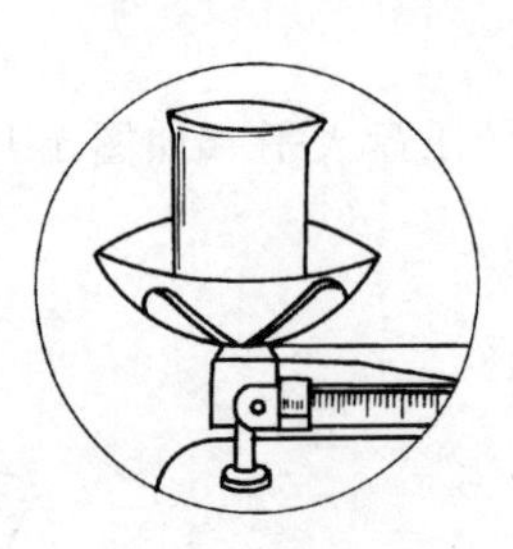

(b) 用容器（或称量纸）盛放被称量物品

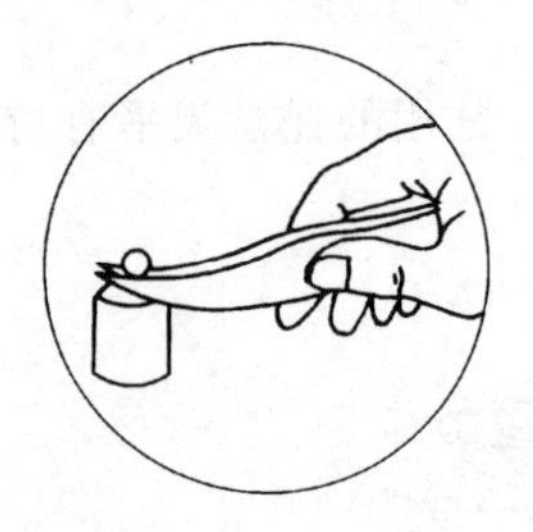

(c) 用镊子夹取砝码

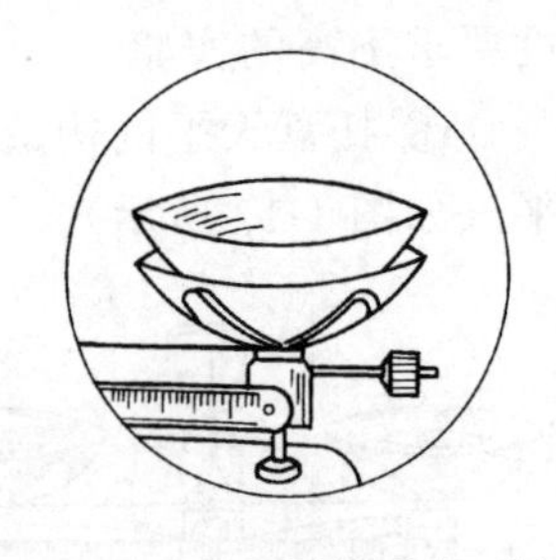

(d) 称量完毕，将秤盘放在一侧

图 1-19 称量操作

(a) 称量热的物品

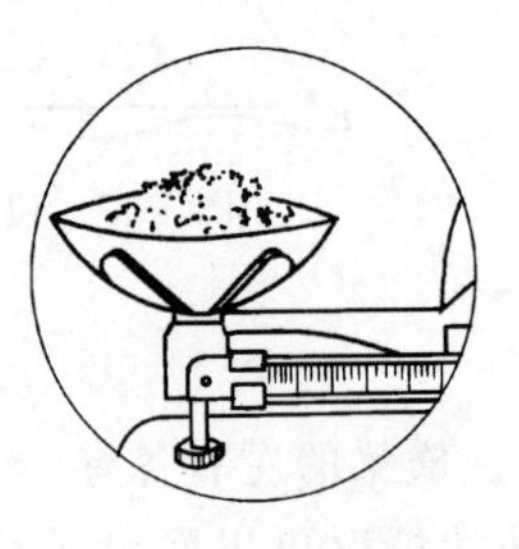

(b) 秤盘上直接放药品

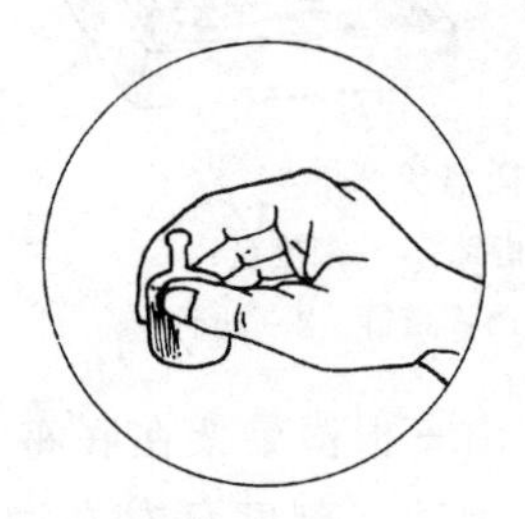

(c) 用手拿取砝码

(d) 将药品洒落秤盘上

图 1-20 错误的称量操作

热的物品应放置冷却至室温后再称量，以免造成称量结果不准确。化学药品直接放入秤盘中，不仅容易造成药品污染，有时还会腐蚀（或污染）秤盘，因此必须根据被称量物的性质（如液体、固体及吸湿性、挥发性、腐蚀性等），酌情选用洁净干燥的烧杯、表面皿或称量纸来盛放物品进行称量。托盘天平应保持清洁，如果不小心将药品洒落在秤盘上，应立即清除。托盘天平不用时，应加罩防尘。

### 思考题

(1) 化学试剂若保管不当，会造成哪些不良后果？

(2) 取用化学试剂时，瓶塞应如何放置？为什么？

(3) 用剩的化学试剂倒回原瓶可以吗？为什么？

(4) 用倾注法从细口试剂瓶中取用液体试剂时，为什么要将标签一侧握在手心中？

(5) 吸有液体试剂的滴管倒置时会出现哪些不良后果？

(6) 将滴管伸入试管中滴加试剂可以吗？为什么？

(7) 对量筒中无色透明液体和有色液体的体积读数时，视线部位有什么区别？如果读数结果偏高，可能是什么原因造成的？

(8) 托盘天平的称量精确度是多少？

(9) 托盘天平在使用前为什么要调整零点？如何调整？

(10) 什么叫做天平的停点？停点和零点之间允许有多大的偏差？

(11) 将物品直接放在秤盘上进行称量可以吗？为什么？

## 1.2.6 化学实验用水

水是化学实验中使用最多的试剂，也是最为常用的廉价溶剂和洗涤液。水质的好坏往往直接影响实验结果的准确性。天然水和自来水中通常溶有无机盐（如钙、镁的酸式碳酸盐、硫酸盐和氯化物等）、气体（如氧气、二氧化碳等）和某些低沸点易挥发的有机物等杂质。因此，天然水和自来水不能直接用于化学实验，必须经过净化处理，制备较为纯净的实验室用水。实验室中常用的制纯水方法有蒸馏法和离子交换法。经蒸馏或离子交换制得的纯水可用物理和化学方法检验其质量。

#### 1.2.6.1 蒸馏法

通过蒸馏器将天然水汽化后再冷凝下来，便可得到较为纯净的蒸馏水。天然水中大部分无机盐杂质因不挥发而被除去；有机物杂质可通过加入少量碱性高锰酸钾溶液予以破坏后，进行二次蒸馏除去；再经煮沸使溶于水中的 $CO_2$ 和 $O_2$ 逸出，便可得到 pH≈7 的高纯水。

#### 1.2.6.2 离子交换法

离子交换法是利用离子交换树脂对水进行净化。离子交换树脂是分子中含有可交换的活性基团的固态高分子聚合物，包括阳离子交换树脂和阴离子交换树脂。其中阳离子交换树脂中含有酸性交换基团 $H^+$，可与水中的 $Na^+$、$K^+$、$Ca^{2+}$、$Mg^{2+}$、$Fe^{3+}$ 等阳离子进行交换，使这些杂质离子结合到树脂上，而 $H^+$ 则进入水中；阴离子交换树脂中含有碱性交换基团 $OH^-$，可与水中的 $Cl^-$、$SO_4^{2-}$、$CO_3^{2-}$、$HCO_3^-$ 等阴离子进行交换，除去这些杂质，而 $OH^-$ 进入水中，交换出来的 $H^+$ 和 $OH^-$ 结合成水。

通过离子交换法制取的水叫做去离子水。实验室中制取去离子水是在离子交换柱（通常由有机玻璃材料制成）中进行的。交换柱的安装方法有复合床式、混合床式和联合床式等几种。其中复合床式由几个阳离子交换柱（内装阳离子交换树脂）和几个阴离子交换柱（内装阴离子交换树脂）交替串联而成，天然水（或自来水）经过几次阴、阳离子交换后得到净化。混合床式是将阴、阳离子交换树脂装在同一个交换柱内，水经过交换柱时，阴、阳离子的交换一次性完成。联合床式由一个阳离子交换柱、一个阴离子交换柱和一个混合交换柱组成，见图 1-21。

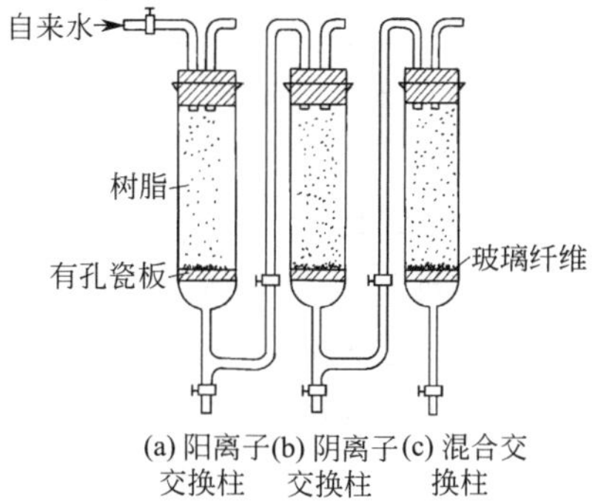

图 1-21 联合床式离子交换装置

天然水（或自来水）由阳离子交换柱的顶部进入柱中，从底部流出时，大部分阳离子杂质已被交换；再由顶部进入阴离子交换柱，从底部流出时，大部分阴离子杂质已被交换；最后由混合交换柱顶进入，经由混合交换柱时，残余的阴、阳离子被交换除去，从混合交换柱底部流出时，便成为纯度较高的去离子水了。

#### 1.2.6.3 水质检验

（1）*物理法* 物理法主要是通过测定水的电导率来检验水的纯度。

纯水是一种极弱的电解质，电导率很小（理论值为 0.0546μS/cm）。水中若含有杂质离子会使其导电能力增强，电导率升高。显然，水中杂质离子的含量越低，其电导率越小。实验室所用蒸馏水的电导率一般为 1.0～10.0μS/cm，化学分析中所用去离子水的电导率一般为 0.5μS/cm 以下。

测定电导率的仪器叫电导率仪，其使用方法详见本书 3.7。

（2）化学法　化学法是用化学试剂检验纯水中是否含有 $Mg^{2+}$ 、$Ca^{2+}$ 、$Cl^-$ 、$SO_4^{2-}$ 等杂质离子。具体方法如下。

① $Mg^{2+}$ 的检验　向水样中滴加氨水，调节溶液 pH＝8～11，再向其中滴加铬黑 T 指示剂，若溶液呈红色，说明该水样中含有 $Mg^{2+}$（在 pH＝8～11 时，铬黑 T 与 $Mg^{2+}$ 可形成红色配合物）。

② $Ca^{2+}$ 的检验　向水样中滴加氢氧化钠溶液，调节溶液 pH＞12，再向其中滴加钙指示剂，若溶液变成红色，说明该水样中含有 $Ca^{2+}$（在 pH＞12 时，钙指示剂可与 $Ca^{2+}$ 形成红色螯合物）。

③ $Cl^-$ 的检验　向水样中滴加硝酸银溶液，若有白色沉淀生成，说明该水样中含有 $Cl^-$（$Ag^+$ 与 $Cl^-$ 作用生成难溶性的 AgCl 沉淀）。

④ $SO_4^{2-}$ 的检验　向水样中滴加氯化钡溶液，若有白色沉淀生成，说明该水样中含有 $SO_4^{2-}$（$Ba^{2+}$ 与 $SO_4^{2-}$ 作用生成难溶性的 $BaSO_4$ 沉淀）。

## 1.2.7　滤纸与试纸

### 1.2.7.1　滤纸

滤纸是用精制木浆或棉浆等纯纤维制成的具有良好过滤性能的纸。纸质疏松多孔，对液体有强烈的吸收性能。某些优良滤纸在湿润时也有相当强度，不致在过滤时被液体重力和负压的吸力所损坏。

（1）滤纸的分类　化学实验所用滤纸按其用途不同可分为定量滤纸和定性滤纸；按滤纸的孔隙大小不同可分为“快速”“中速”和“慢速”滤纸；按直径大小不同还可分为 7cm、9cm、11cm 等不同类型。不同类型滤纸的外包装盒上均具有分类标识。其中不同滤速的标识还常用不同颜色的纸带加以区分：“快速”滤纸的纸带通常为黑色或白色；“中速”滤纸的纸带通常为蓝色；“慢速”滤纸的纸带通常为红色或橙色。

（2）滤纸的选择　定量滤纸纯度很高，与沉淀一起灼烧时基本无灰烬残留，适用于物质的重量分析。定性滤纸一般含有微量杂质，常用于无机物沉淀的分离和有机物重结晶的过滤。

滤纸的孔隙大小不同，其过滤速度也不同。“快速”滤纸的滤速为 1～1.5min/100mL，适合于胶状沉淀的过滤（如 $Fe_2O_3 \cdot nH_2O$ 等）；“中速”滤纸的滤速为 1.5～2.5min/100mL，适合于粗晶形沉淀的过滤（如等 $MgNH_4PO_4$）；“慢速”滤纸的滤速为 2.5～4min/100mL，适合于细晶形沉淀的过滤（如 $BaSO_4$ 等）；可根据沉淀的性质进行选择。还可根据沉淀量的多少选用不同大小的滤纸，一般要求沉淀的总体积不得超过滤纸锥体高度的 1/3。

### 1.2.7.2　试纸

试纸是用滤纸浸渍了指示剂或试剂溶液后制成的干燥纸条。常用来定性检验一些溶液的性质或某些物质的存在，具有操作简单、使用方便、反应快速等特点。各种试纸都应密封保存，以防被实验室中的气体或其他物质污染而变质、失效。

（1）试纸的分类　试纸的种类很多，实验室中常用的有酸碱试纸和特制专用试纸。酸碱试纸是用来检验溶液酸碱性的，常见的有石蕊试纸、刚果红试纸和 pH 试纸等。特制专用试纸具有专属性，通常是专门为检测某种（类）物质的存在而特殊制作的。常见的有淀粉-碘化钾试纸、醋酸铅试纸和硝酸银试纸等。

① 石蕊试纸　石蕊试纸分蓝色和红色两种，蓝色试纸在酸性溶液中变成红色，红色试纸在碱性溶液中变成蓝色。

② 刚果红试纸　刚果红试纸自身为红色，遇酸变为蓝色，遇碱又变回红色。

③ pH 试纸　pH 试纸可分为两种，一种是广泛 pH 试纸，另一种是精密 pH 试纸。广泛 pH 试纸测试的 pH 范围较宽，pH 值为 1～14 之间，其颜色由红-橙-黄-绿至蓝色逐渐变化。溶液的 pH 值不同，试纸的变色程度也不同，通常附有色阶卡，以便通过比较确定溶液的 pH 值范围。这种试纸测得的 pH 值较为粗略。精密 pH 试纸按其变色范围分为很多类型，如 pH 值为 2.7～4.7、3.8～5.4、5.4～7.0、6.8～8.4、8.2～10.0、9.5～13.0 等等。精密 pH 试纸测得的 pH 值变化较小，较为精确。精密 pH 试纸很容易受空气中酸碱性气体的侵扰，不易保存。

④ 淀粉-碘化钾试纸　淀粉-碘化钾试纸是浸渍了淀粉-碘化钾溶液的滤纸，晾干后剪成条状储存于棕色瓶中。自身为白色，当遇到氧化性物质（如 $Cl_2$、$Br_2$、$NO_2$、$O_2$、HClO、$H_2O_2$ 等）时，试纸变蓝。这是因为氧化剂将试纸上的 $I^-$ 氧化成 $I_2$，$I_2$ 与淀粉作用而呈现蓝色。

⑤ 醋酸铅试纸　醋酸铅试纸是将滤纸用醋酸铅溶液浸泡后晾干制成的白色纸条。它是专门用来检验 $H_2S$ 的。润湿的醋酸铅试纸遇到 $H_2S$ 气体时，试纸上的 $Pb(Ac)_2$ 与之反应生成黑褐色带有金属光泽的 PbS 沉淀，借以证明 $H_2S$ 的存在。

⑥ 硝酸银试纸　硝酸银试纸是将滤纸用硝酸银溶液浸泡后晾干制成的黄色纸条，通常保存在棕色瓶中，它是用来检验 $AsH_3$ 的。润湿的硝酸银试纸遇到 $AsH_3$ 气体时，发生氧化还原反应，析出的单质银沉积在试纸上，形成黑色斑点，这一特征反应用来证明 $AsH_3$ 的存在。

（2）试纸的使用

① 酸碱试纸的使用　使用酸碱试纸检验溶液的酸碱性时，先用镊子夹取一条试纸，放在干燥洁净的表面皿中，再用玻璃棒沾取少量待测溶液滴在试纸上，观察试纸颜色的变化（若为 pH 试纸，则需与色阶卡的标准色阶进行比较），以确定溶液的酸碱性（或 pH 值范围）。

注意不能将试纸投入溶液中进行检测。

② 专用试纸的使用　使用专用试纸检验气体时，先将试纸润湿后粘在玻璃棒的一端，然后悬放在盛有待测物质的试管口的上方，观察试纸颜色的变化，以确定某种气体是否存在。

注意不能将试纸伸入试管中进行检测。

无论哪种试纸，都不要直接用手取用，以免手上不慎带有的化学品污染试纸。从容器中取出所需试纸后，应立即封闭容器，以免剩余试纸受到空气中某些气体的污染。用过的试纸应投入废物箱中。

小资料

头发可监测环境污染

## 思考题

（1）检验实验室用水的纯度常用哪些方法？

（2）在化学实验中，可以直接用手取用试纸吗？为什么？

（3）试纸有哪些类型？各有哪些用途？

（4）测定溶液的酸碱性应选择哪些试纸？

（5）鉴定硫化氢、砷化氢气体应选择什么试纸？各出现什么现象？

# 2 化学实验的基本操作技术

**知识目标**

- 了解化学实验中常用的基本操作技术，初步掌握其操作方法
- 了解利用萃取、蒸馏、分馏、重结晶及升华等方法分离提纯物质的基本原理
- 初步掌握分离提纯技术的一般过程和操作方法

**技能目标**

- 能应用加热、溶解、搅拌、蒸发、沉淀、结晶、过滤和升华等基本操作技术
- 会使用分液漏斗和脂肪提取器
- 能安装与操作普通蒸馏、简单分馏、水蒸气蒸馏和减压蒸馏等仪器装置

在化学实验中，经常要用到加热、冷却、溶解、蒸发、沉淀、过滤、结晶、干燥、蒸馏、分馏、萃取、升华、玻璃管的简单加工、塞子的钻孔以及仪器的连接等操作，实验者必须熟练掌握这些化学实验的基本操作技术。

## 2.1 加热与冷却技术

### 2.1.1 加热

在化学实验中，许多物质的溶解、混合物的分离以及化学反应的发生，都需要在加热的情况下进行。因此，选择适当的加热器具和加热方法、正确进行加热操作往往是决定实验成败的关键之一。

#### 2.1.1.1 加热器具及其用法

实验室中常用的加热器具有酒精灯、酒精喷灯、煤气灯、电炉和电加热套等。

(1) 酒精灯　酒精灯由灯壶、灯芯和灯帽等三部分组成，其构造如图 2-1(a) 所示。酒精灯的加热温度不高，为 400～500℃。其灯焰可分为外焰、内焰和焰心［见图 2-1(b)］，其中外焰的温度较高，内焰的温度较低，焰心的温度最低。

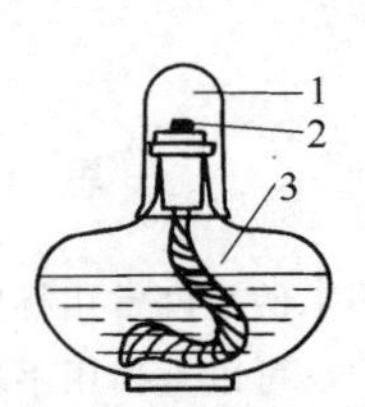


(a) 酒精灯的构造 1—灯帽；2—灯芯；3—灯壶　(b) 酒精灯的灯焰 1—外焰；2—内焰；3—焰心

图 2-1　酒精灯

点燃酒精灯需用燃着的火柴，切不可用燃着的酒精

灯对火，以免酒精洒出，引起火灾。需要向灯壶内添加酒精时，可借助小漏斗。酒精不得装得太满，以不超过灯壶容积的 2/3 为宜。绝不允许在灯焰燃着时添加酒精，以防造成着火事故。加热完毕，只要盖上灯帽，灯焰即可自行熄灭，切忌用嘴吹灭。熄灭后应将灯帽提起重盖一次，以便使空气进入，免得冷却后盖内产生负压难以打开。

酒精灯的使用方法如图 2-2 所示。

（2）酒精喷灯　酒精喷灯有挂式和座式两种，其构造如图 2-3 所示。

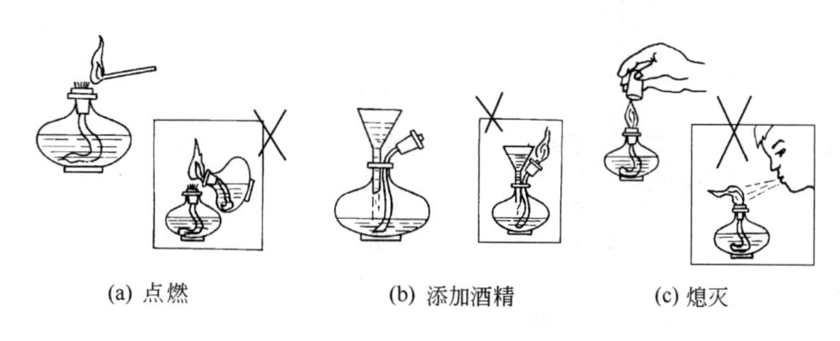

(a) 点燃　　(b) 添加酒精　　(c) 熄灭

图 2-2　酒精灯的使用

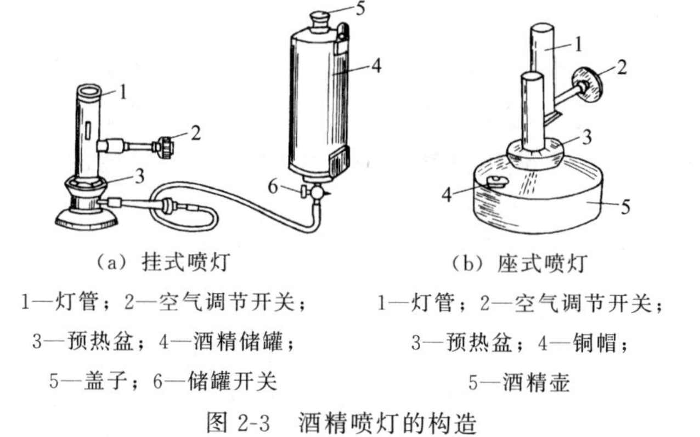


（a）挂式喷灯

1—灯管；2—空气调节开关；3—预热盆；4—酒精储罐；5—盖子；6—储罐开关

（b）座式喷灯

1—灯管；2—空气调节开关；3—预热盆；4—铜帽；5—酒精壶

图 2-3　酒精喷灯的构造

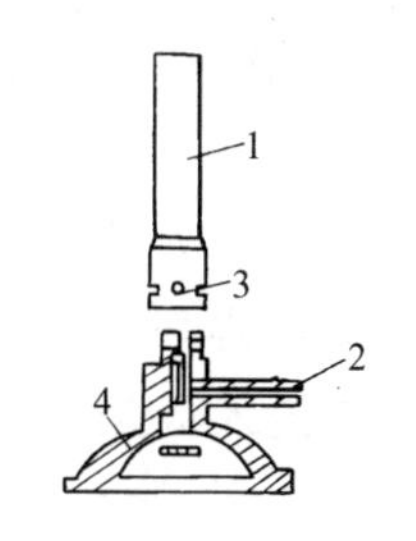


图 2-4　煤气灯的构造

1—灯管；2—煤气入口；3—空气入口；4—螺旋形针阀

挂式喷灯的用法如下：

① 装酒精　在酒精储罐中，用漏斗加入 2/3 容积的酒精。

② 排空气　手持酒精储罐，低于灯座后打开储罐开关，缓慢地将储罐上提，赶出胶管中的空气，当灯管的喷嘴中有酒精溢出时，关闭开关，将储罐挂在高处。

③ 预热　开启储罐开关，酒精从喷口溢出，流入预热盆，待将要流满时，关闭开关，点燃预热盆中的酒精。

④ 点燃　当预热盆中的酒精接近燃完时，开启开关，一般可自行喷出火焰。如果只有气体喷出而无火焰时，可用火柴点燃。

⑤ 调节　调节空气开关的螺旋，可控制火焰的大小。

⑥ 熄灭　用毕，先关闭储罐开关，再向右旋紧空气开关的螺钉，即可使灯焰熄灭。

座式喷灯的使用方法与挂式喷灯大体相同。

（3）煤气灯　煤气灯的构造如图 2-4 所示。它由灯座和灯管两部分组成。灯管下部有几个圆孔是空气进口，旋动灯管可以调节空气的进入量。灯座侧面有煤气进口，另一侧有螺旋形针阀，用来调节煤气的进入量。

使用时，将空气入口关闭，先划着火柴，再打开煤气开关并将灯点燃［见图 2-5(a)］。然后打开空气入口，逐渐调节空气进入量，直至灯焰分为三层为止［见图 2-5(b)］。

煤气灯的三层灯焰分别为氧化焰、还原焰和焰心［见图 2-5(c)］。焰心的温度低，约为 300℃；还原焰温度较高，火焰呈淡蓝色；氧化焰温度最高，火焰呈蓝紫色。

(a) 点燃　(b) 调节　(c) 正常灯焰

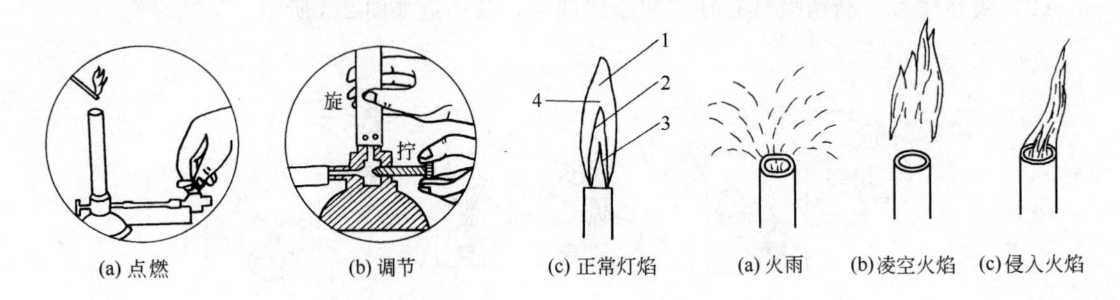

图 2-5　煤气灯的使用

1—氧化焰；2—还原焰；3—焰心；4—最高温度处

(a) 火雨　(b) 凌空火焰　(c) 侵入火焰

图 2-6　不正常火焰

停止加热时，关闭煤气开关即可。

使用酒精喷灯（或煤气灯）时，应注意下列情况：

一是火雨。由于灯体预热程度不够，酒精在灯管内没有气化，点燃时便会以液态喷射而出，形成“火雨”［见图 2-6(a)］，此时应关闭开关，重新预热后再点燃。

二是凌空火焰。当酒精蒸气（或煤气）量和空气量均过大时，会在燃烧的火焰与灯管之间形成隔段，产生“凌空火焰”［见图 2-6(b)］，此时应将开关调小一些。

三是侵入火焰。当酒精蒸气（或煤气）量较小、而空气量较大时，就会发生火焰在灯管内燃烧的现象［见图 2-6(c)］，此时应调节空气量并适当加大酒精（或煤气）进入量。

(4) 电炉　电炉是实验室经常使用的加热器具之一，最简单的盘式电炉如图 2-7 所示。它由电阻丝、耐火泥盘和金属盘座组成。按功率不同分为 500W、800W、1000W 和 2000W 等不同规格，常与调压变压器（见图 2-8）配套使用。通过调节供电电压，可控制电炉的温度。

使用电炉时，受热的金属容器不能接触电阻丝，以免造成短路发生触电事故。在受热的玻璃容器和电炉之间最好加置石棉网，这样既可使容器受热均匀，又能避免炉丝受到化学品侵蚀。电炉的耐火泥盘不耐碱性物质，实验时应注意勿把碱类物质洒落炉盘上。应经常清除炉盘内灼烧焦糊的物质，以保证炉丝传热良好，延长电炉使用寿命。

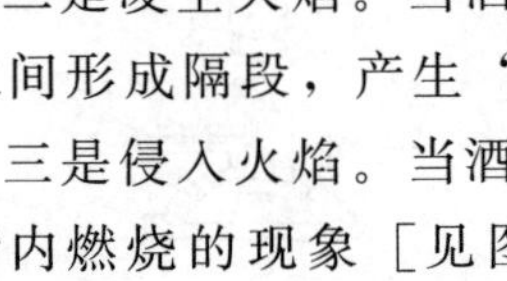

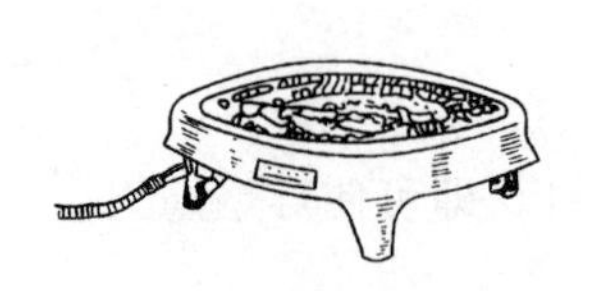

图 2-7　盘式电炉

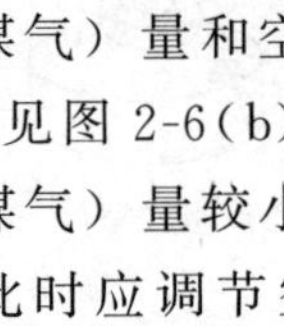

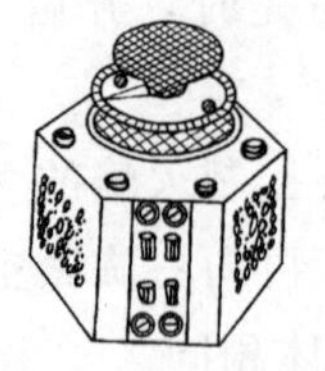

图 2-8　调压变压器

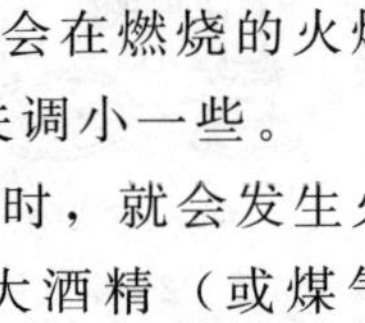

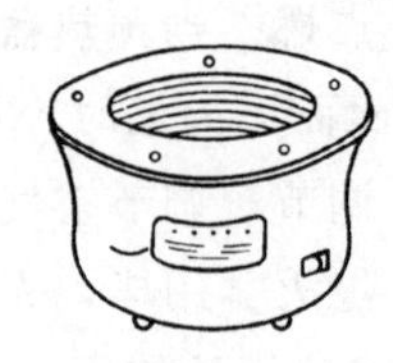

图 2-9　电加热套

(5) 电加热套　又叫电热包（见图 2-9），是目前实验室中广为使用的一种以空气浴形式加热的热源，它实质上是一种改装的封闭式电炉，其电阻丝包在玻璃纤维内，为非明火加热，使用较为方便、安全。常用调压器调节温度，适当保温时，加热温度可达 400℃以上。适用于对圆底容器进行加热，按容积不同，可分为 100mL、250mL、500mL 等不同规格。使用时，将受热容器悬置在电热包中央，不得接触内壁，形成一个均匀的空气浴加热环境。电热包应保持清洁，不得洒入或溅入化学药品。

近年来，又出现一种新型热源——微波加热器。其安全可靠、温度可调，属非明火热源，具有广泛的应用前景。

#### 2.1.1.2　加热方式

化学实验中常用的加热方式有直接加热和间接加热两种。

(1) 直接加热　对于热稳定性较好的物质，可在试管、烧杯、烧瓶或坩埚、蒸发皿等耐热容器中直接加热。加热前必须将器皿外壁的水擦干，加热后不能立即与水或潮湿物接触，不能骤冷骤热。

① 加热试管中的液体　加热试管中的液体时，液体量不得超过试管容积的 1/3。用试管夹夹持住试管中上部，管口稍微倾斜向上，先在火焰上方往复移动试管，使其均匀预热后，再放入火焰中加热（见图 2-10）。为使其受热均匀，可先加热试管中液体的中上部，再缓慢向下移动加热，以防局部过热产生的大量蒸气带动液体冲出管外。

加热试管中的液体时，应避免出现直接用手拿取试管进行加热［见图 2-11(a)］、试管夹夹取试管中部直立加热［见图 2-11(b)］、试管口朝向自己或他人进行加热［见图 2-11(c)］以及集中加热某一部位，致使局部过热液体溅出［见图 2-11(d)］等错误操作。

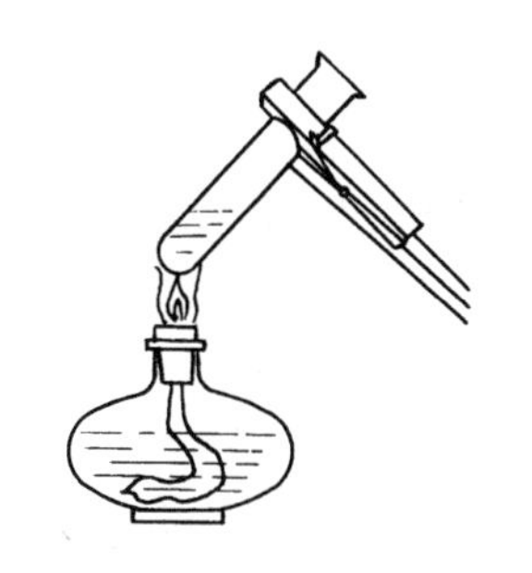

图 2-10　加热试管中的液体

(a) 手拿试管加热

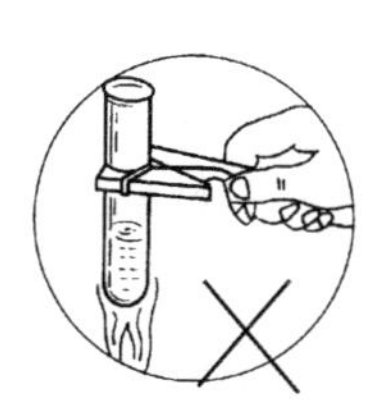

(b) 夹持中部并直立加热

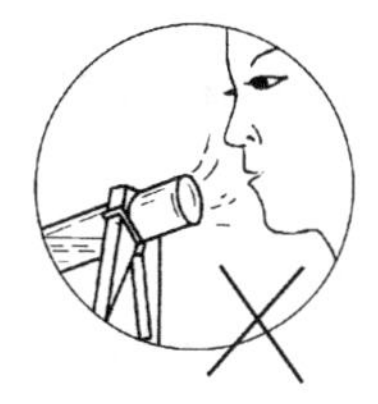

(c) 试管朝人加热

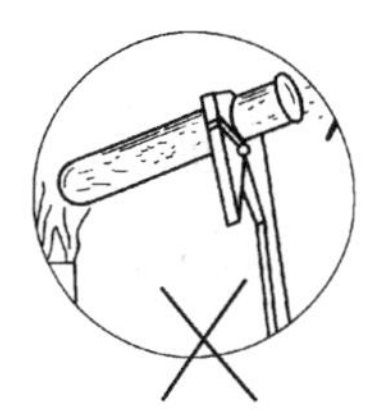

(d) 局部过热液体溅出

图 2-11　加热试管中液体的错误操作

② 加热试管中的固体　固体试剂应放入试管底部并铺匀，块状或粒状固体一般应先研细后再加入试管中。加热时，用铁夹夹持试管的中上部，将试管口稍微倾斜向下（也可将其固定在铁架台上），先用灯焰对整个试管预热，然后从盛有固体试剂的前部缓慢向后移动加热（见图 2-12）。

加热试管中的固体时，应避免出现将药品集中堆放在试管底部，致使加热时外层药物形成硬壳而阻止内部继续反应，或内部产生的气体将固体药品冲出试管外［见图 2-13(a)］，以及将试管口朝上加热，致使产生的液体流向灼热的管底发生炸裂［见图 2-13(b)］等错误操作。

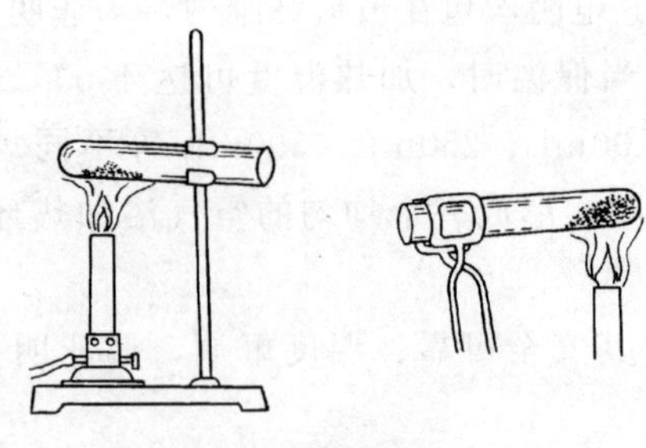

图 2-12　加热试管中的固体

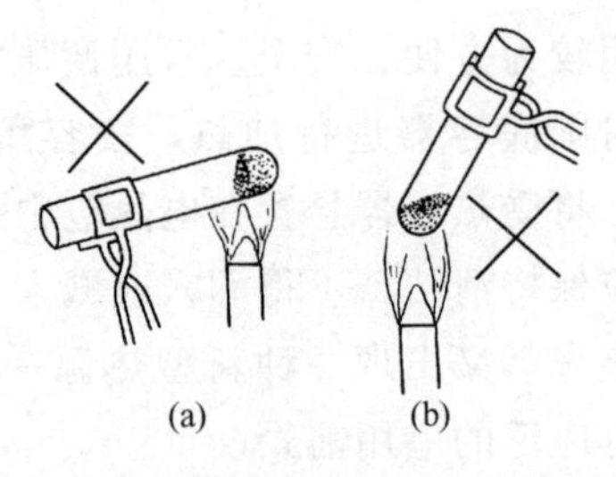


图 2-13　加热试管中固体的错误操作

③ 加热烧杯（或烧瓶）中的液体　直接加热烧杯（或烧瓶）中的液体时，应在热源上放置石棉网，以防容器因受热不均匀而发生炸裂（见图 2-14）。烧杯中所盛放的液体不得超过其容积的 1/2，烧瓶中所盛放的液体不得超过其容积的 1/3。

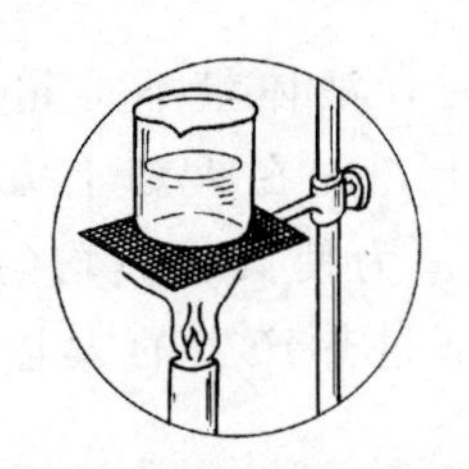

图 2-14　加热烧杯中的液体

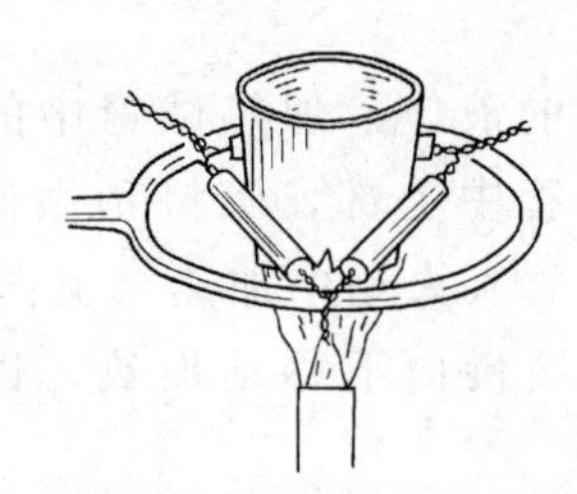

图 2-15　加热坩埚中的固体

④ 加热坩埚中的固体　实验室中灼烧或熔融某些固体物质需在坩埚内进行。坩埚通常用泥三角支承，如图 2-15 所示。加热时，先用小火预热，再加大火力使坩埚烧至红热。停止加热或移动坩埚时，需用预热的坩埚钳夹持坩埚，热的坩埚和坩埚钳应放置在石棉网上。

加热蒸发皿中的液体或固体时，其操作方法与坩埚加热大体相同。

（2）间接加热　有些物质的热稳定性较差，过热时会发生氧化、分解或大量挥发逸散。这类物质不宜直接加热，可采用间接加热法。

间接加热法是通过传热介质以热浴的方式进行加热。具有受热面积较大，受热均匀，浴温可控制和非明火加热等优点。常用的热浴有水浴、油浴、砂浴和空气浴等。

加热温度在 90℃以下的可采用水浴。水浴加热方便、安全，但不适于需要严格无水操作的实验（如制备格氏试剂或进行付氏反应）。

加热温度在 90～250℃之间的可用油浴。常用的油类有甘油、硅油、食用油和液体石蜡等。油类易燃，加热时应注意观察，发现有油烟冒出时，应立即停止加热。

加热温度在 250～350℃之间的可用砂浴。砂浴使用安全，但升温速度较慢，温度分布不够均匀。

### 2.1.2　冷却

有些化学反应需要在低温下进行，还有些化学反应因大量放热而难以控制，为除去过剩的热量，就需要冷却。结晶时，为降低物质在溶剂中的溶解度，便于结晶析出完全，也需要进行冷却。

最简单的冷却方法就是把盛有待冷却物质的容器浸入冷水或冰-水（碎冰与水的混合物）浴中，以降低温度。

如果需要冷却的温度在0℃以下时，可采用冰和盐的混合物作冷却剂（详见表2-1）。

把干冰与某些有机溶剂（如乙醇、氯仿等）混合，可以得到更低的温度（−50～−70℃）。

必须注意：当温度低于−38℃时，不能使用水银温度计（水银在−38.87℃凝固），而应使用内装有机液体的低温温度计。

**表2-1 冰盐冷却剂**

| 盐类 | 盐/(g/100g碎冰) | 冰浴最低温度/℃ | 盐类 | 盐/(g/100g碎冰) | 冰浴最低温度/℃ |
|---|---|---|---|---|---|
| $NH_4Cl$ | 25 | −15 | $CaCl_2 \cdot 6H_2O$ | 100 | −29 |
| NaCl | 30 | −20 | $CaCl_2 \cdot 6H_2O$ | 143 | −55 |
| $NaNO_3$ | 50 | −18 | | | |

### 思考题

(1) 实验室中常用的加热器具有哪些？

(2) 燃着的酒精灯需要添加酒精时，应如何操作？

(3) 酒精喷灯出现“凌空火焰”是什么原因造成的？如何处理？

(4) 加热试管中液体与加热试管中固体的操作方法有何不同？为什么？

(5) 受热的液体冲出试管外是什么原因造成的？如何预防这种情况的发生？

(6) 将灼热的坩埚或坩埚钳直接放在实验桌上可以吗？为什么？

(7) 什么样的物质可以直接加热？什么样的物质需要间接加热？

(8) 某化学反应需在约120℃的温度条件下进行，试选择一适当的加热方式。

(9) 冷却操作适用于哪些情况？

(10) 用水银温度计测试干冰-乙醇冷却剂的温度可以吗？为什么？

## 2.2 溶解与蒸发技术

### 2.2.1 固体的溶解

在化学实验中，为使反应物混合均匀，以便充分接触、迅速反应，或为提纯某些固体物质，常需将固体溶解，制成溶液。为加速溶解，一般还需配以适当的搅拌。

#### 2.2.1.1 溶解固体的步骤

(1) 选择溶剂　溶解前，需根据固体的性质，选择适当的溶剂。水通常是溶解固体的首选溶剂。它具有不易带入杂质、容易分离提纯以及价廉易得等优点。因此凡是可溶于水的物质应尽量选择水作为溶剂。

某些金属的氧化物、硫化物、碳酸盐以及钢铁、合金等难溶于水的物质，可选用盐酸、硝酸、硫酸或混合酸等无机酸加以溶解。

大多数有机化合物需要选择极性相近的有机溶剂进行溶解。

(2) 研磨固体　块状或颗粒较大的固体，需要在研钵中研细成粉末状，以便使其迅速、完全溶解。

(3) 溶解固体　先将固体粉末放入烧杯中，再借助玻璃棒加入溶剂（溶剂的用量可根据固体在该溶剂中的溶解度或实验的具体需要来决定），然后轻轻搅拌，直到固体全部溶解并成为均相溶液为止。

通常情况下，大多数固体物质的溶解度随温度的升高而增大，即加热能使固体的溶解速度加快。必要时可根据物质的热稳定性，选择适当方式进行加热，促其溶解。固体的溶解操作如图 2-16 所示。

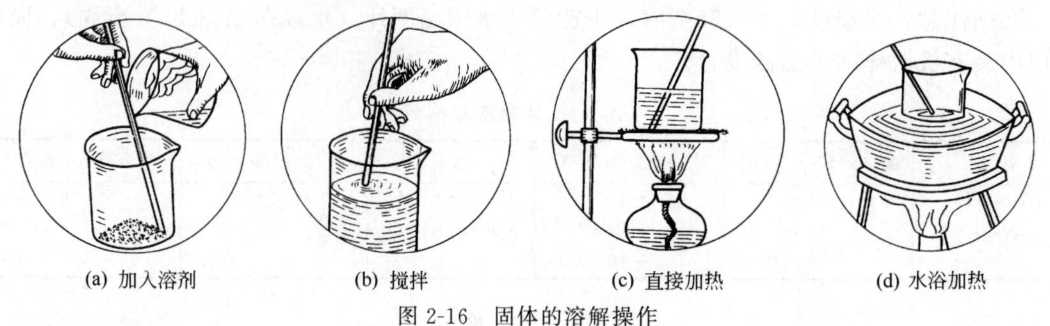
(a) 加入溶剂　(b) 搅拌　(c) 直接加热　(d) 水浴加热

图 2-16　固体的溶解操作

#### 2.2.1.2　搅拌与搅拌器

搅拌可以加快溶解速度，也可以使加热、冷却或化学反应体系中溶液的温度均匀。实验室中常用的搅拌器有玻璃棒、磁力搅拌器和电动搅拌器等。

（1）玻璃棒及其使用　玻璃棒是化学实验中最常用的搅拌器具。使用时，手持玻璃棒上部，轻轻转动手腕用微力使其在容器中的液体内均匀搅动。

搅拌液体时，应注意不能将玻璃棒沿容器壁滑动［见图 2-17(a)］，也不能朝不同方向乱搅使液体溅出容器外［见图 2-17(b)］，更不能用力过猛以致击破容器［见图 2-17(c)］。

(a) 沿器壁滑动　(b) 乱搅使液体溅出　(c) 击破容器

图 2-17　搅拌时的错误操作

（2）磁力搅拌器及其使用　磁力搅拌器又叫电磁搅拌器，其构造如图 2-18 所示。

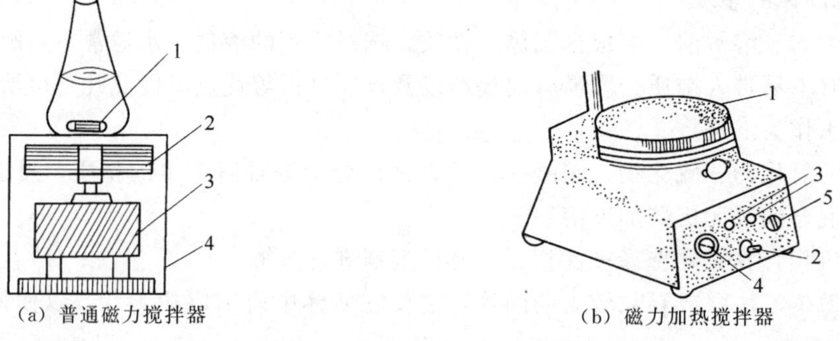

(a) 普通磁力搅拌器　(b) 磁力加热搅拌器

1—转子；2—磁铁；3—电动机；4—外壳　1—磁场盘；2—电源开关；3—指示灯；4—调速旋钮；5—加热旋钮

图 2-18　磁力搅拌器

使用时，在盛有溶液的容器中放入转子（密封在玻璃或合成树脂内的强磁性铁条），将容器放在磁力搅拌器上。通电后，底座中的电动机使磁铁转动，所形成的磁场使置于容器中的转子跟着转动，转子又带动了溶液的转动，从而起到搅拌作用。

带有加热装置的磁力搅拌器，可在搅拌的同时进行加热，使用十分方便。

使用磁力搅拌器时应注意以下几点：

① 转子要沿器壁缓慢放入容器中；

② 搅拌时应逐渐调节调速旋钮，速度过快会使转子脱离磁铁的吸引。如出现转子不停跳动的情况时，应迅速将旋钮调到停位，待转子停止跳动后再逐步加大转速；

③ 实验结束后，应及时清洗转子。

磁力搅拌适用于溶液量较小、黏度较低的情况。如果溶液量较大或黏度较高，可采用电动搅拌器进行搅拌。电动搅拌器及其使用方法详见本书 4.4.1。

### 2.2.2 溶液的蒸发

溶液的蒸发是指用加热的方式使一部分溶剂在液体表面发生气化，从而提高溶液浓度或使固体溶质析出的过程。

实验室中，蒸发浓缩通常在蒸发皿中进行，因其可耐高温，表面积大，蒸发速度较快。

蒸发皿中盛放溶液的体积不得超过其容积的 2/3。若溶液量较多，可随溶剂的不断蒸发分次添加，有时也可改用大烧杯作为蒸发容器。对于热稳定性较好的物质，蒸发可在石棉网或泥三角上直接加热进行。有些物质遇热容易分解，则应采用水浴控温加热。有机溶剂的蒸发常在通风橱中进行。

随着蒸发的进行，溶液的浓度逐渐变大，应注意适当调节加热温度，并不断加以搅拌，以防局部过热而发生迸溅。

蒸发的程度取决于实验的具体要求和溶质的溶解性能。当蒸发是为了便于结晶析出时，对于溶解度随温度降低而显著减小的物质，如 $KNO_3$、$H_2C_2O_4$ 等，只要将其溶液浓缩至表面出现晶体膜，即可停止加热。对于溶解度随温度变化不大、冷却高温的过饱和溶液也不能析出较多晶体的物质，如 NaCl、KCl 等，则需要在溶液中析出结晶后继续蒸发母液，直至呈粥状后再停止加热。

#### 思 考 题

（1）溶解水溶性固体时，为什么最好选用水作溶剂？

（2）块状或颗粒状固体物质在溶解前进行研磨的目的是什么？

（3）用玻璃棒搅拌烧杯中的液体时，若朝不同方向快速乱搅并经常触及杯壁，会造成什么后果？

（4）某固体物质的热分解温度低于 100℃，试选择适宜的加热方式进行溶解操作。

（5）磁力搅拌适于什么情况下使用？

（6）对于低沸点、易燃有机溶剂的蒸发，可以直接用明火加热吗？为什么？

（7）蒸发浓缩氯化钠溶液时，如果在溶液表面刚刚出现晶体膜就停止加热，对析出结晶的量会有什么影响，为什么？

## 2.3 沉淀与过滤技术

### 2.3.1 沉淀

沉淀是指利用化学反应生成难溶性物质的过程。生成的难溶性沉淀物质通常也简称沉淀。沉淀有时是所需要的产品，有时是欲除去的杂质。在化学分析中，可利用沉淀反应，使待测组分生成难溶化合物沉淀析出，以进行定量测量。在物质的制备中，可通过选用适当的沉淀剂，将可溶性杂质转变成难溶性物质再加以除去的方法来精制粗产物。

无论出于何种目的产生的沉淀，都需与母液分离开来，并加以洗涤。

**2.3.1.1　沉淀操作**

根据沉淀过程的目的和生成物的性质不同，可采用不同的沉淀条件和操作方式。例如，有些沉淀反应要求在热溶液中进行；为使沉淀完全，多数沉淀反应需要加入过量的沉淀剂等。

沉淀操作通常在烧杯中进行，为了得到颗粒较大、便于分离的沉淀，应在不断搅拌下慢慢滴加沉淀剂。操作时，一手持玻璃棒充分搅拌，另一手用滴管滴加沉淀剂，滴管口要接近溶液的液面滴下，以免溶液溅出。

检查是否沉淀完全时，需将溶液静置，待沉淀下沉后，沿杯壁向上层清液中滴加 1 滴沉淀剂，观察滴落处是否出现混浊。如不出现混浊即表示沉淀完全，否则应补加沉淀剂至检查沉淀完全为止。

**2.3.1.2　沉淀的分离**

沉淀的分离可根据沉淀的性质以及实验的需要采用倾泻法、离心法或过滤法。

(1) 倾泻法　如果沉淀的颗粒或密度较大，静置后能沉降至容器底部，便可利用倾泻的方法将沉淀与母液快速分离开。

操作时，先使混合物静置，不要搅动，待沉淀沉降完全后，将上层清液小心地沿玻璃棒倾出，使沉淀仍留在容器中（见图 2-19）。

(2) 离心法　当沉淀量很少时，可使用离心机（见图 2-20）进行分离。使用时，把盛有混合物的离心试管放入离心机的套管内。然后慢慢启动离心机并逐渐加速。由于离心作用，沉淀紧密地聚集于离心试管的底部，上层则是澄清的溶液。可用滴管小心地吸取上层清液（见图 2-21），也可用倾泻法将其倾出。

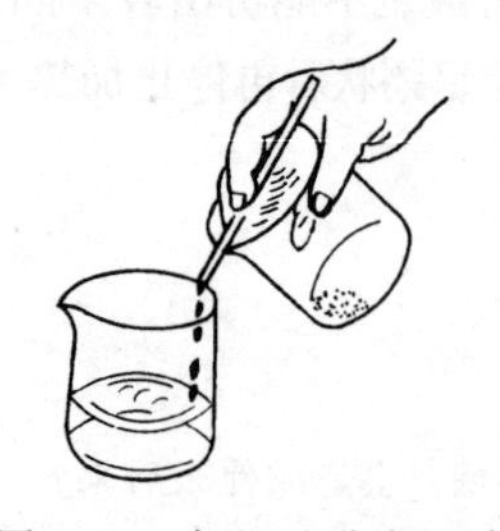

图 2-19　倾泻法分离沉淀

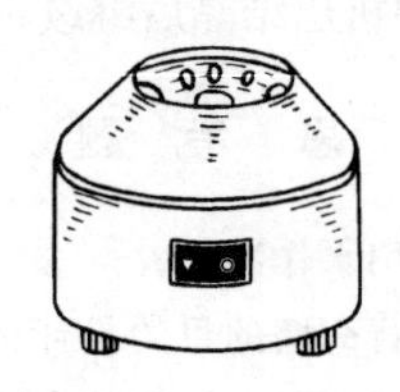

图 2-20　电动离心机

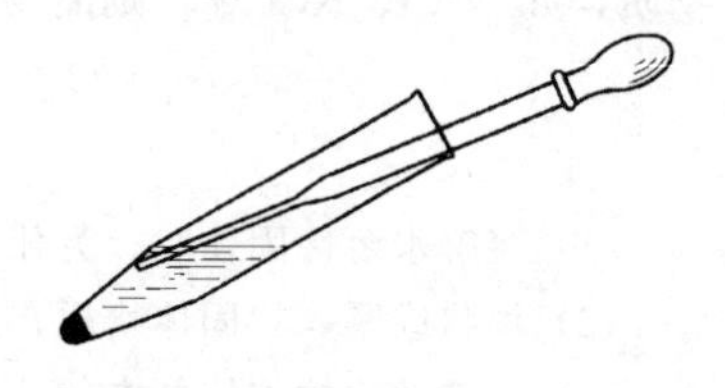

图 2-21　用滴管吸取上层清液

使用电动离心机时，应注意以下几点。

① 为防止旋转过程中碰破离心管，离心机的套管底部应铺垫适量棉花或海绵。

② 离心试管应对称放置，若只有一支盛有欲分离物的试管时，可在与其对称的位置上放一支盛有等体积水的离心试管，以使离心机保持平衡。

③ 离心机启动时要先慢后快，不可直接调至高速。用完后，关闭电源开关，使其自然停止转动，决不能强制停止，以防造成事故。

(3) 过滤法　过滤法是采用过滤装置将沉淀与母液分离。

**2.3.1.3　沉淀的洗涤**

洗涤沉淀时，先用洗瓶挤（吹）出少量洗涤液注入盛有沉淀的烧杯或试管中，再用玻璃棒充分搅拌，然后静置（或离心），待沉淀沉降后，将上层清液倾出（或用滴管吸出）。如此重复操作 2～3 次，一般即可将沉淀洗涤干净。

对转移至滤纸上的沉淀进行洗涤时，若需要搅拌，应特别注意玻璃棒不得触及滤纸，以免捅破滤纸造成透滤。

洗涤沉淀所用的溶剂量不可太多，否则将增大沉淀的溶解损失。要本着“少量多次”的原则进行洗涤，即总体积相同的洗涤液，应尽可能分多次洗涤，每次用量要少，以便提高洗涤效率。

## 2.3.2 过滤

通过置于漏斗中的滤纸将沉淀（或晶体）与液体分离开的操作称为过滤。常用的过滤方法有普通过滤、保温过滤和减压过滤，可根据实验的不同需要进行选择。

### 2.3.2.1 普通过滤

普通过滤一般在常温下进行。通常使用 60°角的圆锥形玻璃漏斗与滤纸组成滤器。操作步骤如下。

（1）*滤纸的折叠与安放* 选择与漏斗大小相宜的圆形滤纸，对折两次后展开即成 60°角的圆锥体。锥体的一个半边为三层，另一个半边为一层。为使滤纸和漏斗内壁贴紧，常将三层厚的外两层撕下一小块。滤纸放入漏斗后，用手按住其三层的一边，从洗瓶中注入少量水把滤纸润湿，轻压滤纸赶去气泡，使滤纸与漏斗壁刚好贴合。应注意放入的滤纸要比漏斗边缘低 0.5～1cm。滤纸的折叠与安放操作见图 2-22。

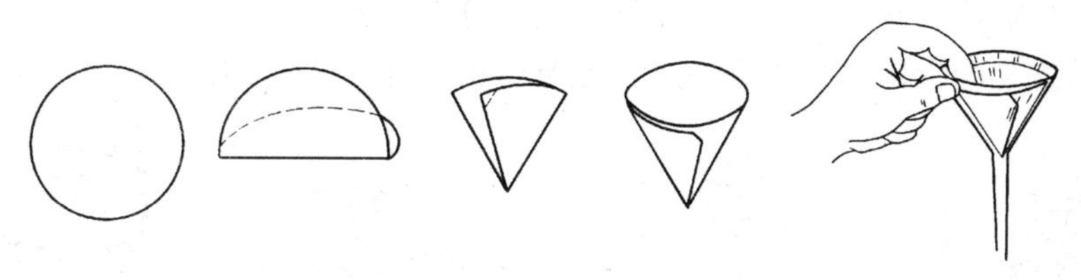

图 2-22 滤纸的折叠与安放操作

（2）*滤器的处理* 过滤前，先向漏斗中加水至滤纸边缘，使漏斗颈内全部充满水而形成水柱。若颈内不形成水柱，可用手指堵住漏斗下口，同时稍稍掀起滤纸的一边，用洗瓶向滤纸和漏斗之间的空隙加水，使漏斗颈和锥体的大部分被水充满，然后压紧滤纸边，松开堵在下口的手指，一般即能形成水柱。具有水柱的漏斗，由于水柱的重力曳引漏斗内的液体，从而加快过滤速度。

（3）*沉淀（或结晶）的过滤* 将准备好的漏斗置于漏斗架上，漏斗下面放一洁净的烧杯，用以接收滤液。漏斗颈口长的一边应紧靠烧杯壁，以便使滤液沿杯壁留下，不致溅出。

过滤时，左手持玻璃棒，垂直地接近滤纸三层的一边，右手拿烧杯，将杯嘴贴着玻璃棒并慢慢倾斜，使烧杯中上层清液沿玻璃棒流入漏斗中。随着溶液的倾入，应将玻璃棒逐渐提高，避免其触及液面。待漏斗中液面达到距滤纸边缘 5mm 处，应暂时停止倾注，以免少量沉淀因毛细作用越过滤纸上缘，造成损失。停止倾注溶液时，将烧杯嘴沿玻璃棒向上提，并逐渐扶正烧杯，以避免烧杯嘴上的液滴流到烧杯外壁，再将玻璃棒放回烧杯中，但不得放在烧杯嘴处。

用洗瓶沿烧杯壁旋转着吹入一定量洗涤液，再用玻璃棒将沉淀搅起充分洗涤后静置，待沉淀沉降后，按前面的方法过滤上层清液，如此重复 4～5 次。

最后，向烧杯中加入少量洗涤液并将沉淀搅起，立即将此混合液转移至滤纸上。残留在烧杯内的少量沉淀可按此法转移：左手持烧杯，用食指按住横架在烧杯口上的玻璃棒，玻璃棒下端应比烧杯嘴长出 2～3 cm，并靠近滤纸的三层一边，右手拿洗瓶吹洗烧杯内壁，直至洗净烧杯。沉淀全部转移到滤纸上后，再用洗瓶从滤纸边缘开始向下螺旋形移动吹入洗涤液，将沉淀冲洗到滤纸底部，反复几次，将沉淀洗涤干净。

普通过滤装置及操作见图 2-23。

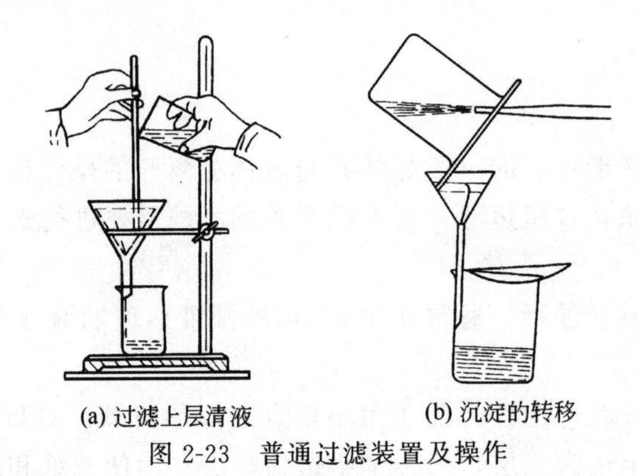

(a) 过滤上层清液　(b) 沉淀的转移

图 2-23　普通过滤装置及操作

进行普通过滤时，应注意避免出现下列错误操作：

① 用手拿着漏斗进行过滤［见图 2-24(a)］；

② 漏斗颈远离烧杯壁和液面［见图 2-24(b)］；

③ 不通过玻璃棒，直接往漏斗中倾倒溶液［见图 2-24(c)］；

④ 引流的玻璃棒指向滤纸单层一边或触及滤纸［见图 2-24(d)］。

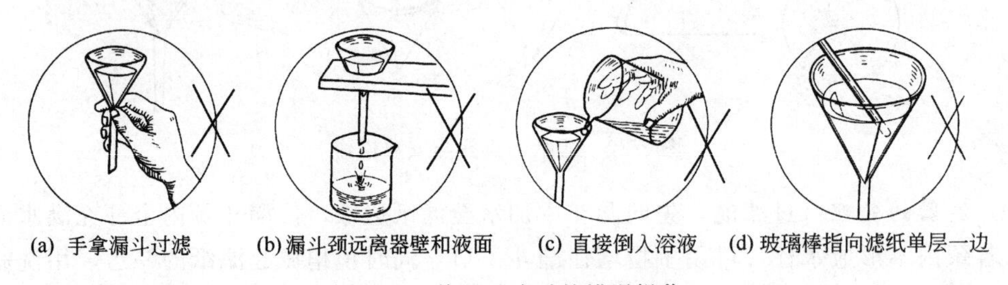

(a) 手拿漏斗过滤　(b) 漏斗颈远离器壁和液面　(c) 直接倒入溶液　(d) 玻璃棒指向滤纸单层一边

图 2-24　普通过滤时的错误操作

### 2.3.2.2　保温过滤

保温过滤又叫热过滤，常用于重结晶操作中。用普通玻璃漏斗过滤热的饱和溶液时，常常由于温度降低而在漏斗颈中或滤纸上析出结晶，不仅造成损失，而且使过滤产生困难。如果使用保温漏斗（又叫热水漏斗）趁热过滤，就不会发生这种情况。

(1) 保温过滤装置　保温过滤装置如图 2-25 所示。将一支普通的短颈玻璃漏斗通过胶塞与带有侧管的金属夹套装配在一起制成保温漏斗，用铁夹夹住胶塞部位，将其固定在铁架台上，夹套中充热水，侧管处加热。这样就可使玻璃漏斗维持较高温度，保证热溶液通过时不降温，顺利过滤。注意若溶剂为易燃性物质，过滤时侧管处应停止加热。

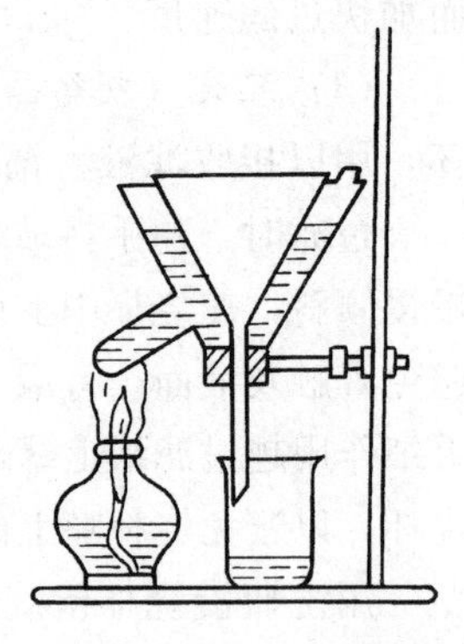

图 2-25　保温过滤装置

(2) 扇形滤纸的折叠　热过滤时，为充分利用滤纸的有效面积，加快过滤速度，常使用扇形滤纸，其折叠方法如图 2-26 所示。

先将圆形滤纸对折成半圆形，再对折成 1/4 圆形，展开后得折痕 1～2、2～3 和 2～4［见图 2-26(a)］。再以 1 对 4 折出 5、3 对 4 折出 6、1 对 6 折出 7、3 对 5 折出 8［见图 2-26(b)］；以 3 对 6 折出 9、1 对 5 折出 10［见图 2-26(c)］；然后在每两个折痕间向相反方向对折一次，展开后呈双层扇面形［见图 2-26(d)，(e)］，拉开双层，在 1 和 3 处各向内折叠一个小折面［见图 2-26(f)］，即可放入漏斗中使用。

注意：折叠时，折纹不要压至滤纸的中心处，以免多次压折造成磨损，过滤时容易破裂透滤。

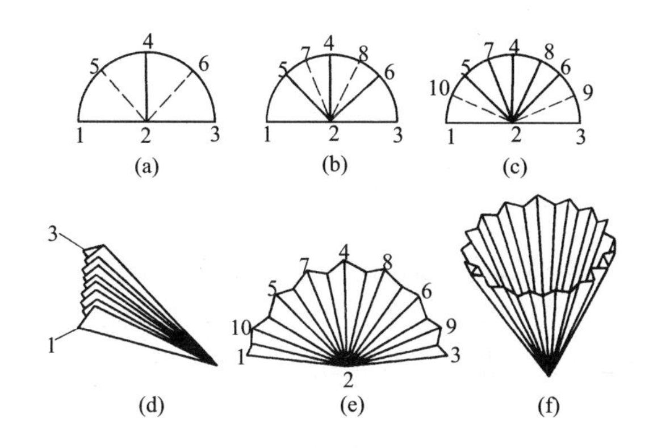

图 2-26　扇形滤纸的折叠方法

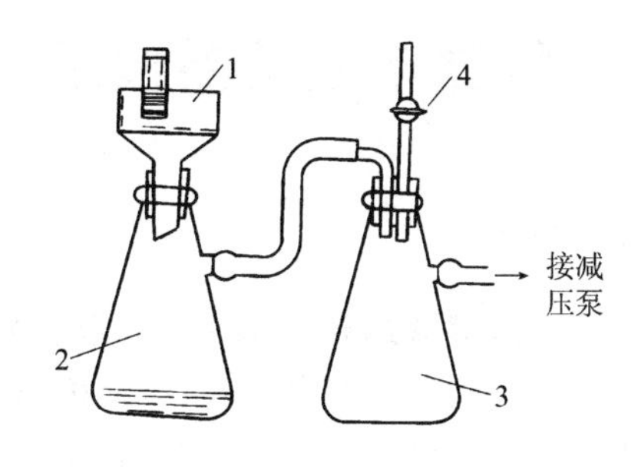

图 2-27　减压过滤装置
1—布氏漏斗；2—吸滤瓶；
3—缓冲瓶；4—二通活塞

在热过滤操作时，可分多次将溶液倒入漏斗中，每次不宜倒入过多（溶液在漏斗中停留时间长易析出结晶），也不宜过少（溶液量少散热快，易析出结晶）。未倒入的溶液应注意随时加热保持较高温度，以便顺利过滤。

#### 2.3.2.3　减压过滤

减压过滤又叫抽气过滤（简称抽滤）。采用抽气过滤，既可缩短过滤时间，又能使结晶与母液分离完全，易于干燥处理。

(1) 减压过滤装置　减压过滤装置由布氏漏斗、吸滤瓶、缓冲瓶和减压泵等四部分组成(见图 2-27)。

(2) 减压过滤操作　减压过滤前，需检查整套装置的严密性，布氏漏斗下端的斜口要正对着吸滤瓶的侧管，放入布氏漏斗中的滤纸应剪成比漏斗内径小一些的圆形，以能全部覆盖漏斗滤孔为宜。不能剪得比内径大，那样滤纸周边会起皱褶；抽滤时，晶体就会从皱褶的缝隙被抽入滤瓶，造成透滤。

抽滤时，先关闭缓冲瓶上的二通活塞，再用同种溶剂将滤纸润湿，打开减压泵将滤纸吸住，使其紧贴在布氏漏斗底面上，以防晶体从滤纸边缘被吸入瓶内。然后倾入待分离混合物，要使其均匀地分布在滤纸面上。

母液抽干后，暂时停止抽气。用玻璃棒将晶体轻轻搅动松散（注意玻璃棒不可触及滤纸），加入少量冷溶剂浸润后，再抽干（可同时用玻璃瓶塞在滤饼上挤压）。如此反复操作几次，可将滤饼洗涤干净。

停止抽气时，应先打开缓冲瓶上的二通活塞（避免水倒吸），然后再关闭减压泵。

## 思 考 题

(1) 用倾泻法分离沉淀时，为什么要求沉淀完全，如何检验是否沉淀完全？

(2) 洗涤沉淀时，若使用洗涤液过多，对实验结果有什么不良影响？

(3) 在保温过滤中，若滤纸上有结晶析出，可能是什么原因造成的？应如何处理？

(4) 判断下列操作是否正确，若有错误，请指明原因。

① 进行保温过滤时，溶剂为易燃物质，在侧管处同时加热；

② 洗涤布氏漏斗中的沉淀（或结晶时），暂时停止抽气；

③ 停止抽气时，直接关闭减压泵；

④ 进行普通过滤操作时，将溶液直接倒入漏斗中或使玻璃棒触及滤纸。

# 2.4 结晶与重结晶技术

## 2.4.1 结晶

结晶是指溶液达到过饱和后，从溶液中析出晶体的过程。通常将经过蒸发浓缩的溶液冷却放置一定时间后，晶体就会自然析出。对于溶解度随温度变化较大的物质，可减小蒸发量，甚至不经蒸发，而酌情采用冰-水浴或冰-盐浴进行冷却，以促使结晶析出完全。在结晶过程中，一般需要适当加以搅拌，以避免结成大块。

从溶液中析出晶体的纯度与晶体颗粒的大小有关。小颗粒生成速度较快，晶体内不易裹入母液或其他杂质，有利于纯度的提高。大颗粒生长速度较慢，晶体内容易带入杂质，影响纯度。但是，颗粒过细或参差不齐的晶体容易形成稠厚的糊状物，不便过滤和洗涤，也会影响纯度。

晶体颗粒的形成与结晶条件有关。当溶液浓度较大、溶质溶解度较小、冷却速度较快或结晶过程中剧烈搅拌时，较易析出细小的晶体；反之，则容易得到较大的晶体。适当控制结晶条件，就能得到颗粒均匀、大小适中的较为理想的晶体。

进行结晶操作时，如果溶液已经达到过饱和状态，却不出现结晶，可用玻璃棒摩擦容器内壁，或者投入少许同种物质的晶体作为“晶种”，以诱导的方式促使晶体析出。

## 2.4.2 重结晶

固体物质的溶解度一般随着温度的升高而增大。将固体物质溶解在热的溶剂中，制成饱和溶液，再将溶液冷却、重新析出结晶的过程叫做重结晶。通过重结晶可将在同种溶剂中具有不同溶解度的物质分离开来，这是提纯固体物质的重要方法，适用于提纯杂质含量在5％以下的固体物质。

### 2.4.2.1 溶剂的选择

正确选择溶剂是重结晶的关键。可根据“相似相溶”原理，极性物质选择极性溶剂，非极性物质选择非极性溶剂。同时，选择的溶剂还必须具备下列条件：

(1) 不能与被提纯物质发生化学反应；

(2) 溶剂对被提纯物质的溶解度随温度变化差异显著（温度较高时，被提纯物质在溶剂中的溶解度很大，而低温时，溶解度很小）；

(3) 杂质在溶剂中的溶解度很小或很大（前者当被提纯物溶解时，可将其过滤除去；后者当被提纯物析出结晶时，杂质仍留在母液中)；

(4) 溶剂的沸点较低，容易挥发，以便与被提纯物质分离。

选择的溶剂除符合上述条件外，还应该具有价格便宜、毒性较小、回收容易和操作安全等优点。

重结晶所用的溶剂，一般可从实验资料中直接查找，也可以通过试验的方法来确定。

取几支试管，分别装入 0.1g 待重结晶的样品，再分别滴加 1mL 不同的溶剂，小心加热至沸腾（注意溶剂的可燃性，严防着火!)，观察溶解情况。如果加热后完全溶解，冷却后析出的结晶量最多，则这种溶剂可认为是最适用的。如果加热后不能完全溶解，当补加热溶剂至 3mL 时，仍不能使样品全部溶解，或样品在 1mL 冷溶剂中便能迅速溶解，以及样品在 1mL 热溶剂中能溶解，但冷却后无结晶析出或结晶很少，则可认为这些溶剂不适用。

实验室中常用的重结晶溶剂见表 2-2。

**表 2-2 常用的重结晶溶剂**

| 溶 剂 | 沸点/℃ | 凝固点/℃ | 密度/($g/cm^3$) | 与水互溶性 | 易燃性 |
|---|---|---|---|---|---|
| 水 | 100 | 0 | 1.0 | + | 0 |
| 甲醇 | 64.7 | <0 | 0.79 | + | + |
| 95%乙醇 | 78.1 | <0 | 0.81 | + | + |
| 乙酸 | 118 | 16.1 | 1.05 | + | + |
| 丙酮 | 56.5 | <0 | 0.79 | + | +++ |
| 乙醚 | 34.6 | <0 | 0.71 | — | ++++ |
| 石油醚 | 35～65 | <0 | 0.63 | — | ++++ |
| 苯 | 80.1 | 5 | 0.88 | — | ++++ |
| 二氯甲烷 | 41 | <0 | 1.34 | — | 0 |
| 四氯化碳 | 76.6 | <0 | 1.59 | — | 0 |
| 氯仿 | 61.2 | <0 | 1.48 | — | 0 |

注：“+”表示溶或易燃；“—”表示不溶。

当使用单一溶剂效果不理想时，还可以使用混合溶剂。混合溶剂一般由两种能互溶的溶剂组成。其中一种易溶解被提纯物，而另一种则较难溶解被提纯物。常用的混合溶剂有：乙醇-水、乙酸-水、丙酮-水、乙醚-丙酮、乙醚-苯、石油醚-苯、石油醚-丙酮等。使用方法是：先将少量被提纯物溶于沸腾的易溶解溶剂中，趁热滴入难溶的溶剂至溶液变混浊，再加热使之变澄清，或再逐滴加入易溶溶剂至溶液澄清，静置冷却，使结晶析出，观察结晶形态。如结晶晶形不好，或呈油状物，则重新调整两种溶剂的比例或更换另一种溶剂。也可以将选择的混合溶剂事先按比例配制好，其操作与使用某一单独溶剂的方法相同。

#### 2.4.2.2 重结晶操作

重结晶的操作程序一般可表示如下：

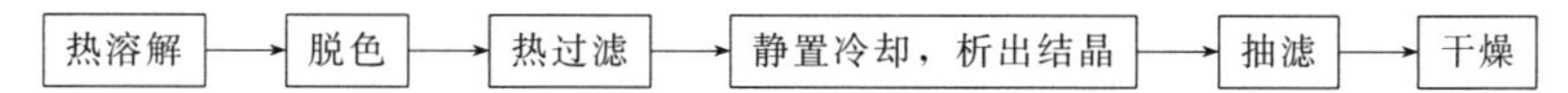


(1) 热溶解　在适当的容器中，用选好的溶剂将被提纯的物质溶解，制成接近饱和的热溶液。如果选用的是易挥发或易燃的有机溶剂，则热溶解应在回流装置中进行；若以水为溶剂，采用烧杯或锥形瓶等作为容器即可。

(2) 脱色　若溶液中含有色杂质，可待溶液稍冷后，加入适量活性炭，在搅拌下煮沸 5～10min，利用活性炭的吸附作用将有色杂质除去。活性炭的用量一般为样品量的 1%～5%，不宜过多，否则会吸附样品，造成损失。

（3）热过滤　将经过脱色的溶液趁热在保温漏斗中过滤，除去活性炭及其他不溶性杂质。

若样品溶解后，溶液澄清透明，无任何不溶性杂质和有色杂质，则可省去脱色和热过滤这两步操作。

（4）结晶　将热过滤后所得滤液静置到室温或接近室温，然后在冰-水或冰-盐水浴中充分冷却，使结晶析出完全。如果溶液冷却后，不出现结晶，可投入少量纯净的同种物质作为晶种，促使溶液结晶，或用玻璃棒摩擦器壁引发结晶形成；如果溶液冷却后析出油状物，可剧烈搅拌，使油状物分散并呈结晶析出。

（5）抽滤　用减压过滤装置将结晶与母液分离开。再用冷的同一溶剂洗涤结晶两次，最后用洁净的玻璃钉或玻璃瓶盖将其压紧并抽干。

（6）干燥　挤压抽干后的结晶习惯上称为滤饼。将滤饼小心转移到洁净的表面皿上，经自然晾干或在100℃以下烘干即得纯品，称量后保存。

#### 2.4.2.3　操作注意事项

（1）溶解样品时，若溶剂为低沸点易燃物质，应选择适当热浴并装配回流装置，严禁明火加热；若溶剂有毒性应在通风橱内进行。

（2）脱色时，切不可向正在加热的溶液中投入活性炭，以免引起暴沸。

（3）热过滤后所得滤液要自然冷却，不能骤冷和振摇，否则所得结晶过于细小，容易吸附较多杂质。但结晶也不宜过大（超过2mm以上），这样往往在结晶中包裹溶液或杂质，既不容易干燥，也保证不了产品纯度。当发现有生成大结晶的趋势时，可稍微振摇一下，使晶体均匀规则、大小适度。

（4）使用有机溶剂进行重结晶后，应采用适当方法回收溶剂，以利节约。

**思　考　题**

（1）如何控制结晶条件才能得到较为理想的晶体？

（2）用于重结晶的溶剂应具有哪些条件？

（3）向正在加热的溶液中加入活性炭可以吗？为什么？

（4）晶体颗粒的大小与晶体的纯度有什么关系？是否结晶越小，纯度越高？为什么？

## 2.5　干燥与干燥剂

干燥是指除去潮湿物质中的少量水分。干燥的方法有物理法和化学法两种。

物理法是通过吸附、分馏、共沸蒸馏等除去物质中的水分。其中分馏和共沸蒸馏主要用于除去液体物质中较大量的水分。化学法是利用干燥剂吸收水分，通常是吸收物质中的微量水分。

### 2.5.1　气体物质的干燥

气体的干燥可采用吸附法。常用的吸附剂是氧化铝和硅胶。氧化铝的吸水量可达到其自身质量的15%～20%，硅胶可达到20%～30%。也可使气体通过装有干燥剂的干燥管、干燥塔或洗涤瓶进行干燥。干燥剂的选择需依气体的性质而定。如氧化钙、碱石灰、氢氧化钠或氢氧化钾等干燥剂可用来干燥氨、胺类等碱性气体；氯化钙可用来干燥氢气、氯化氢、一氧化碳、二氧化碳、氮气、氧气及低级烷烃、烯烃、醚、卤代烃等气体；五氧化二磷可用来干燥氢气、氧气、二氧化碳、二氧化硫及烷烃、乙烯等气体；浓硫酸可用来干燥氧气、氮气、氯气、二氧化碳和烷烃等气体。

干燥管或干燥塔中盛放的块状或粒状固体干燥剂不能装得太实，也不宜使用粉末，以便气流通过。

使用装在洗气瓶中的浓硫酸做干燥剂时，其用量不可超过洗气瓶容量的 1/3，通入气体的流速也不宜太快，以免影响干燥效果。

几种常见的气体干燥装置如图 2-28 所示。

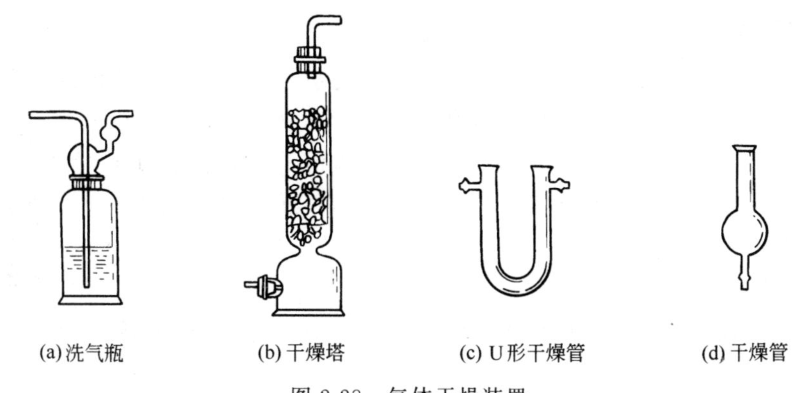


图 2-28　气体干燥装置

## 2.5.2　液体物质的干燥

需要进行干燥的液体物质大多为有机化合物，液体有机物中的微量水分可通过选用适当的干燥剂予以脱除。

### 2.5.2.1　常用的干燥剂

干燥剂的种类很多，效能也不尽相同（详见表 2-3），选用时应考虑以下因素：

（1）不与被干燥物质发生化学反应；

（2）不能溶解于被干燥物质中；

（3）吸水量大，干燥效能高；

（4）干燥速度快，节省实验时间；

（5）价格低廉，用量较少，利于节约。

**表 2-3　有机物常用的干燥剂**

| 干燥剂 | 酸碱性 | 适用有机物 | 干燥效能 |
| --- | --- | --- | --- |
| $H_2SO_4$(浓) | 强酸性 | 饱和烃、卤代烃 | 吸湿性较强 |
| $P_2O_5$ | 酸　性 | 烃、醚、卤代烃 | 吸湿性很强，吸收后需蒸馏分离 |
| Na | 强碱性 | 烃、醚、叔胺 | 干燥效果好，但速度慢 |
| $Na_2O$,CaO | 碱　性 | 醇、醚、胺 | 效率高，作用慢，干燥后需蒸馏分离 |
| KOH,NaOH | 强碱性 | 醇、醚、胺、杂环 | 吸湿性强，快速有效 |
| $K_2CO_3$ | 碱　性 | 醇、酮、胺、酯、腈 | 吸湿性一般，速度较慢 |
| $CaCl_2$ | 中　性 | 烃、卤代烃、酮、醚、硝基化合物 | 吸水量大，作用快，效率不高 |
| $CaSO_4$ | 中　性 | 烷、醇、醚、醛、酮、芳香烃 | 吸水量小，作用快，效率高 |
| $Na_2SO_4$ | 中　性 | 烃、醚、卤代烃、醇、酚、醛、酮、酯、胺、酸 | 吸水量大，作用慢，效率低，但价格便宜 |
| $MgSO_4$ | 中　性 | 同 $Na_2SO_4$ | 较 $Na_2SO_4$ 作用快，效率高 |
| 3A 分子筛<br>4A 分子筛 |  | 各类有机物 | 快速有效吸附水分，并可再生使用 |

#### 2.5.2.2 干燥剂的用量

干燥剂的用量可根据被干燥物质的性质、含水量及干燥剂自身的吸水量来决定。分子中有亲水基团的物质（如醇、醚、胺、酸等），其含水量一般较大，需要的干燥剂多些。如果干燥剂吸水量较小，效能较低，需要量也较大。一般每 10mL 液体约加 0.5 ～1g 干燥剂即可。

#### 2.5.2.3 干燥操作

液体有机物的干燥通常在锥形瓶中进行。将已初步分离水分的液体倒入锥形瓶中，加入适量干燥剂，塞紧瓶口，轻轻振摇后静置观察，如发现液体混浊或干燥剂粘在瓶壁上，应继续补加干燥剂并振摇，直至液体澄清后，再静置半小时或放置过夜。若干燥剂能与水发生反应生成气体，还应装配气体出口干燥管，如图 2-29 所示。可用无水硫酸铜（白色，遇水变为蓝色）检验干燥效果。

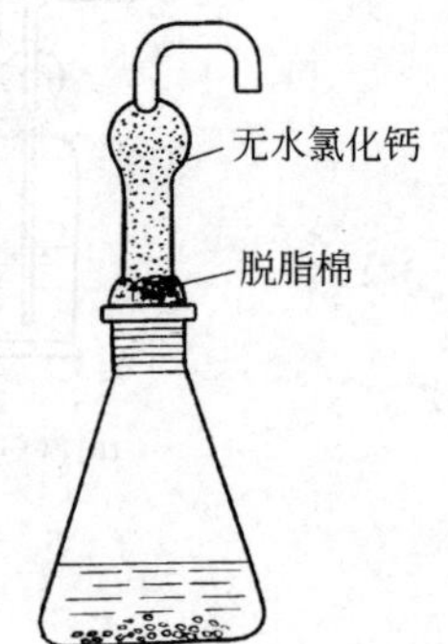

图 2-29 液体有机物的干燥

加入干燥剂的颗粒大小要适中，太大吸水缓慢、效果差；若过细则吸附有机物多，影响收率。

### 2.5.3 固体物质的干燥

固体物质的干燥是指除去残留在固体中的微量水分或有机溶剂。可根据实验需要和物质的性质不同，选择适当的干燥方法。

#### 2.5.3.1 自然晾干

对于在空气中稳定、不分解、不吸潮的固体物质，可将其放在洁净干燥的表面皿上，摊成薄层，上面盖一张滤纸，以防污染，在空气中自然晾干，此法既简便又经济。

#### 2.5.3.2 烘干

对于熔点较高且遇热不分解的固体物质，可放在表面皿或蒸发皿中，用烘箱烘干。固体有机物烘干时应注意加热温度必须低于其熔点。定量分析中使用的基准试剂或固体试剂应按实验要求的温度干燥至恒重。

#### 2.5.3.3 用干燥器干燥

对于易吸潮、易分解或易升华的固体物质，可放在干燥器内进行干燥，但一般需要时间较长。

干燥器是磨口的厚壁玻璃器皿，磨口处涂有凡士林，以便使其更好地密合。内有一带孔的瓷板，用以承放被干燥物品。瓷板下面装有干燥剂。常用的干燥剂有硅胶、氯化钙（可吸收微量水分）和石蜡片（可吸收微量有机溶剂）等。干燥剂吸水较多后应及时更换。

有一种干燥器的盖上带有磨口活塞，叫做真空干燥器。将活塞与真空泵连接抽真空，可使干燥速度加快，干燥效果更好。

开启干燥器时，一手扶住底部，一手向相反方向拉（或推）动盖子（不能向上用力掀起），取放物品后，应按同样方式及时盖好，以避免空气中的水汽侵入。移动干燥器时，应以双手托住，并将两个拇指压住盖沿，以免盖子滑落打碎。

干燥器及其使用方法如图 2-30 所示。

(a) 普通干燥器

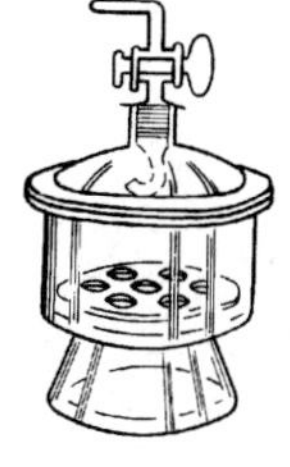

(b) 真空干燥器

(c) 开启干燥器

(d) 移动干燥器

图 2-30　干燥器及其使用方法

**思　考　题**

(1) 用吸附法干燥气体时，常用哪些吸附剂？其吸水量如何？
(2) 干燥塔（管）中盛放粉末状固体干燥剂可以吗？为什么？
(3) 干燥液体物质时，对干燥剂的选择有哪些要求？
(4) 干燥剂的用量是否越多越好？为什么？
(5) 请为乙醇、乙醚、丙酮、苯胺选择适当的干燥剂。
(6) 在烘箱内干燥固体有机物时，对温度控制有什么要求？
(7) 使用干燥器应注意哪些问题？

## 实验 2-1　粒食盐的提纯

**预习指导**

做实验前，请认真阅读“2.2 溶解与蒸发技术”和“2.3 沉淀与过滤技术”等内容，并简要写出本实验的操作流程。

**【目的要求】**

(1) 了解粗食盐提纯的原理和方法；
(2) 初步掌握加热、溶解、搅拌、沉淀、过滤、蒸发、结晶和干燥等基本操作技术。

**【实验原理】**

粗食盐中主要含有钙、镁、铁、钾的硫酸盐和氯化物等可溶性杂质以及泥沙等不溶性杂质。将粗食盐溶解于水中，不溶性杂质经过滤便可除去。根据可溶性杂质的性质，在溶液中加入适当的化学试剂，使其转变成难溶性物质，即可分离除去。具体方法如下。

(1) 加入 $BaCl_2$ 溶液，使 $SO_4^{2-}$ 生成难溶的 $BaSO_4$ 沉淀，经过滤分离除去：

$$Ba^{2+} + SO_4^{2-} = BaSO_4 \downarrow (白)$$

(2) 加入 NaOH 和 $Na_2CO_3$ 溶液，使 $Mg^{2+}$、$Fe^{3+}$、$Ca^{2+}$ 和稍过量的 $Ba^{2+}$ 等离子生成沉淀，再经过滤除去：

$$Mg^{2+} + 2OH^- = Mg(OH)_2 \downarrow (白)$$

$$Fe^{3+} + 3OH^- = Fe(OH)_3 \downarrow (红棕)$$

$$Ca^{2+} + CO_3^{2-} = CaCO_3 \downarrow (白)$$

$$Ba^{2+}+CO_3^{2-} = BaCO_3\downarrow(白)$$

(3) 加入盐酸中和过量的 NaOH 和 $Na_2CO_3$：

$$OH^- + H^+ = H_2O$$

$$CO_3^{2-} + 2H^+ = H_2O + CO_2\uparrow$$

稍过量的盐酸在加热浓缩时，氯化氢即挥发除去；少量可溶性杂质 KCl，由于含量较低，溶解度较大，在 NaCl 结晶时，难于析出仍留在母液中。

**【实验用品】**

| | | |
|---|---|---|
| 托盘天平 | 试管 | 盐酸溶液（2mol/L） |
| 布氏漏斗 | 酒精灯 | 氢氧化钠溶液（2mol/L） |
| 缓冲瓶 | 石棉网 | 氯化钡溶液（1mol/L） |
| 吸滤瓶 | 三脚架 | 碳酸钠溶液（1mol/L） |
| 减压泵 | 玻璃棒 | 碳酸铵溶液（0.5mol/L） |
| 烧杯（200mL） | pH 试纸 | 硫氰酸钾溶液（0.5mol/L） |
| 蒸发皿（100mL） | 滤纸 | 镁试剂 |
| 玻璃漏斗 | 粗食盐 | 蒸馏水 |

**【实验步骤】**

**(1) 溶解粗食盐** 在托盘天平上称取 10g 粗食盐，置于 200mL 烧杯中，加入 50mL 自来水，在石棉网上用酒精灯加热并不断搅拌，使粗食盐全部溶解。

**(2) 除去 $SO_4^{2-}$ 和不溶性杂质** 在搅拌下向上述溶液中滴加 $BaCl_2$ 溶液，直到溶液中的 $SO_4^{2-}$ 全部生成沉淀为止[1]。再继续加热 10min[2]，取下烧杯静置片刻，用普通玻璃漏斗过滤，滤液收集在另一干净的烧杯中。用少量水洗涤沉淀，洗涤液并入滤液中。弃去滤渣，保留滤液。

**(3) 除去 $Ca^{2+}$、$Mg^{2+}$、$Ba^{2+}$、$Fe^{3+}$ 等杂质离子** 在搅拌下向上述滤液中加入 1mL NaOH 溶液和 3mL $Na_2CO_3$ 溶液，加热煮沸 10min。取下烧杯静置，用 pH 试纸检验溶液是否呈碱性（pH=9～10，若 pH 值在 9 以下，则应在上层清液中滴加 $Na_2CO_3$ 溶液至不再产生混浊为止）。用普通玻璃漏斗过滤，弃去滤渣，保留滤液。

**(4) 中和过量的 NaOH 和 $Na_2CO_3$** 向盛有滤液的烧杯中逐滴加入 HCl 溶液并不断搅拌，同时测试 pH 值，直至溶液呈微酸性（pH=5～6）为止。

**(5) 蒸发结晶** 将溶液移入洁净的蒸发皿中，在石棉网上用酒精灯加热，蒸发浓缩至稀粥状稠液为止（不可蒸干！）[3]。自然冷却使结晶析出完全。

**(6) 减压过滤** 安装减压过滤装置，将冷却后的结晶及母液转移至布氏漏斗中，减压过滤。

**(7) 干燥、称量** 将抽干后的结晶移至洁净干燥的蒸发皿中，在石棉网上用小火缓慢烘干便得精制食盐。冷却至室温后称量质量并按下式计算收率。

$$收率=\frac{精制食盐的质量}{粗食盐的质量}\times100\%$$

**(8) 检验产品纯度** 称取 1g 粗食盐和 1g 精制食盐，分别用 5mL 蒸馏水溶解后，再各自分装在 4 支试管中，然后按下列方法检验并比较其纯度：

① $SO_4^{2-}$ 的检验 分别向盛有精盐和粗盐溶液的试管中各加入几滴 $BaCl_2$ 溶液，振荡后静置，观察并记录实验现象。精盐溶液中应无沉淀析出。

② $Ca^{2+}$的检验　分别向盛有精盐和粗盐溶液的试管中各加入2滴$(NH_4)_2CO_3$溶液，振荡后静置，观察并记录实验现象。精盐溶液中应无沉淀产生。

③ $Mg^{2+}$的检验　先分别向盛有精盐和粗盐溶液的试管中加入2滴NaOH溶液，使其呈碱性。再各加入2滴镁试剂，如溶液变成蓝色，说明有$Mg^{2+}$存在[4]。精盐溶液应无颜色变化。

④ $Fe^{3+}$的检验　先分别向盛有精盐和粗盐溶液的试管中加入2滴HCl溶液，使其呈酸性。再各加入1滴KSCN溶液，若变成红色，说明有$Fe^{3+}$存在[5]。精盐溶液应无颜色变化。

---

**注释**　[1] 可按2.3.1.1所述方法检验$SO_4^{2-}$是否沉淀完全。

[2] 此时继续加热的目的是使$BaSO_4$颗粒长大，从而便于过滤和洗涤。

[3] 蒸发浓缩时不能将液体蒸干，因为此时KCl仍留在母液中，可在减压过滤时将其除去。

[4] 溶液中若存在$Mg^{2+}$，加入NaOH溶液时则生成$Mg(OH)_2$，$Mg(OH)_2$被镁试剂吸附便呈现蓝色。

[5] 溶液中若存在$Fe^{3+}$，便可在酸性介质中与KSCN生成血红色配合物，使溶液呈现红色。

## 实验指南与安全提示

**(1) 可利用溶液静置或冷却时准备过滤装置、折叠滤纸等，以便节省实验时间。**

**(2) 两次普通过滤都不必使溶液冷却，只要稍加静置使沉淀沉降完全即可。但减压过滤前必须使混合物充分冷却，以便结晶析出完全。**

**(3) 向漏斗中转移溶液时，必须借助玻璃棒，不可直接倾倒，以免将溶液倒入滤纸和漏斗的夹层中造成透滤或洒在漏斗外面造成损失。**

**(4) 在热源上取放蒸发皿时，必须使用坩埚钳，切不可直接用手去拿，以防造成烫伤！**

### 思　考　题

(1) 本实验中是根据哪些原理精制食盐的？

(2) 粗食盐中的不溶性杂质是何时除去的？

(3) 影响精盐收率的因素有哪些？

(4) 可否采用$Ba(NO_3)_2$代替$BaCl_2$、$K_2CO_3$代替$Na_2CO_3$作沉淀剂来除去粗食盐中的$SO_4^{2-}$和$Ca^{2+}$？为什么？

## 实验2-2　苯甲酸的重结晶

**预习指导**

做实验前，请认真阅读“2.3 沉淀与过滤技术”和“2.4 结晶与重结晶技术”等内容。

**【目的要求】**

(1) 了解利用重结晶提纯固体物质的原理和方法；

(2) 掌握溶解、加热、保温过滤和减压过滤等基本操作。

【实验原理】

苯甲酸俗称安息香酸，为白色晶体（粗苯甲酸因含杂质而呈微黄色），熔点122℃。本实验利用它在水中的溶解度随温度变化差异较大的特点（如18℃时为0.27g，100℃时为5.7g），将粗苯甲酸溶于沸水中并加活性炭脱色，不溶性杂质与活性炭在热过滤时除去，可溶性杂质在溶液冷却后，苯甲酸析出结晶时留在母液中，从而达到提纯目的。

【实验用品】

| | | |
|---|---|---|
| 台秤 | 石棉网 | 表面皿 |
| 烧杯（200mL） | 玻璃棒 | 苯甲酸（粗品） |
| 锥形瓶（250mL） | 铁架台 | 活性炭 |
| 保温漏斗 | 酒精灯 | 蒸馏水 |
| 减压过滤装置 | 滤纸 | |

【实验步骤】

(1) **热溶解**　在小台秤上称取2g苯甲酸粗品，放入250mL锥形瓶中，加入60mL蒸馏水。在石棉网上加热至沸腾，并不断搅拌使苯甲酸完全溶解。如不能全溶可补加适量水[1]。

(2) **脱色**　将锥形瓶取离热源，加入5mL冷水[2]，再加入0.1g活性炭，稍加搅拌后，继续煮沸5min。

(3) **热过滤**　将保温漏斗固定在铁架台上，夹套中充注热水，并在侧管处用酒精灯加热。将折叠好的扇形滤纸放入漏斗中，当夹套中的水接近沸腾（发出响声）时，迅速将混合液倾入漏斗中趁热过滤。滤液用洁净的烧杯接收。待所有溶液过滤完毕后，用少量热水洗涤锥形瓶和滤纸。洗涤液并入滤液中。

(4) **结晶**　所得滤液在室温下静置、冷却10min后，再于冰-水浴中冷却15min，以使结晶完全。

(5) **抽滤**　待结晶析出完全后，减压过滤，用玻璃塞挤压晶体，尽量将母液抽干。暂时停止抽气，用10mL冷水分两次洗涤晶体，并重新压紧抽干。

(6) **干燥**　将晶体转移至表面皿上，摊开呈薄层，自然晾干或于100℃以下烘干。

(7) **称量**　干燥后，称量质量并计算收率。产品留作测熔点用（见实验3-2）。

---

**注释**　[1] 若未溶解的是不溶性杂质，可不必补加水。

[2] 此时加入冷水，可降低溶液温度，便于加入活性炭。又可补充煮沸时蒸发的溶剂，防止热过滤时结晶在滤纸上析出。

## 实验指南与安全提示

**(1) 注意：不可向正在加热的溶液中加活性炭，以防引起暴沸！**

**(2) 热过滤时，不要将溶液一次全倒入漏斗中，可分几次加入。此时，锥形瓶中剩下的溶液应继续加热，以防降温后析出结晶。**

**(3) 热过滤的准备工作应事先做好。向保温漏斗的夹套中注水时，应用干布垫手扶持，小心操作，以防烫伤。**

### 思　考　题

(1) 为什么可用水作溶剂，对苯甲酸进行重结晶提纯？

（2）重结晶时，为什么要加入稍过量的溶剂？

（3）热过滤时，若保温漏斗夹套中的水温不够高，会有什么后果？

（4）减压过滤时，若不停止抽气进行洗涤可以吗？为什么？

# 2.6 蒸馏与分馏技术

蒸馏和分馏是分离、提纯液态混合物常用的方法。根据混合物的性质不同，可分别采用用普通蒸馏、简单分馏、水蒸气蒸馏和减压蒸馏等操作技术。

## 2.6.1 普通蒸馏

在常温下，将液态物质加热至沸腾，使其变为蒸气，然后再将蒸气冷凝为液体，收集到另一容器中，这两个过程的联合操作叫做普通蒸馏。

显然，通过蒸馏可以将易挥发和难挥发的物质分离开来，也可将沸点不同的物质进行分离。普通蒸馏是在常压下进行的，因此又叫常压蒸馏。较适用于分离沸点差大于30℃的液态混合物。

纯净的液体物质，在蒸馏时温度基本恒定，沸程很小，所以通过常压蒸馏，还可测定液体物质的沸点或检验其纯度。

### 2.6.1.1 普通蒸馏装置

普通蒸馏装置如图2-31所示。主要包括气化、冷凝和接受三部分。

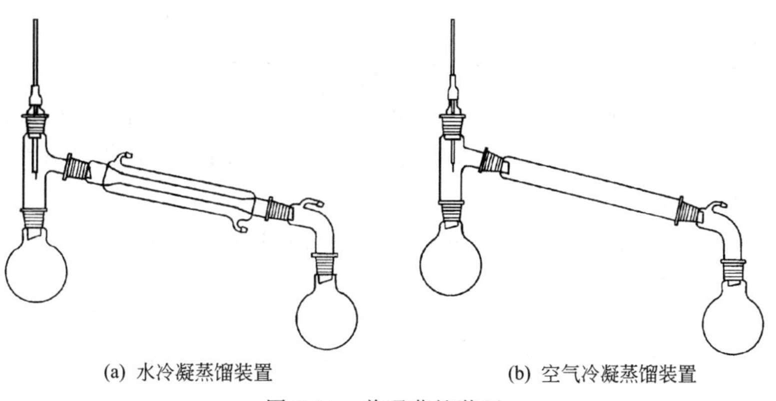

(a) 水冷凝蒸馏装置　　(b) 空气冷凝蒸馏装置

图2-31　普通蒸馏装置

（1）气化部分　由圆底烧瓶和蒸馏头、温度计组成。液体在烧瓶内受热气化后，其蒸气由蒸馏头侧管进入冷凝管中。选择烧瓶规格时，以被蒸馏物的体积不超过其容量的2/3，不少于1/3为宜。

（2）冷凝部分　由冷凝管组成。蒸气进入冷凝管的内管时，被外层套管中的冷水冷凝为液体。当所蒸馏液体的沸点高于140℃时，应采用空气冷凝管，空气冷凝管是靠管外空气将管内蒸气冷凝为液体的。

（3）接收部分　由接液管和接收器（常用圆底烧瓶或锥形瓶）组成。在冷凝管中被冷凝的液体经由接液管收集到接收器中。如果蒸馏易燃或有毒物质时，应在接液管的支管上接一根橡胶管，并通入下水道内或引出室外，若被蒸馏物质沸点较低，还要将接收器放在冷水浴或冰水浴中冷却（如图2-32所示）。

安装普通蒸馏装置时，先根据被蒸馏物的性质选择合适的热源。再以热源高度为基准，

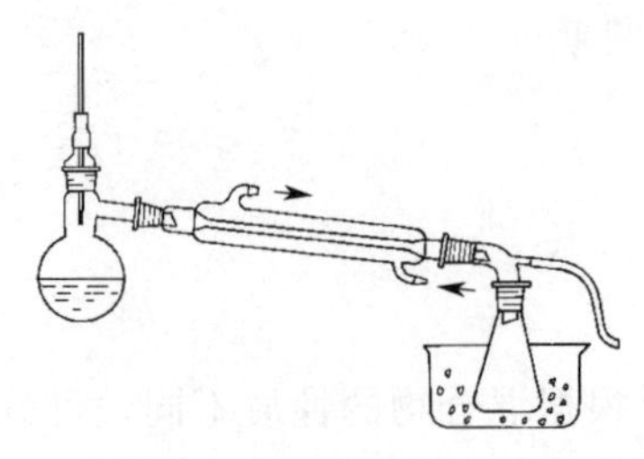

图 2-32　低沸点、易燃或有毒产品的蒸馏装置

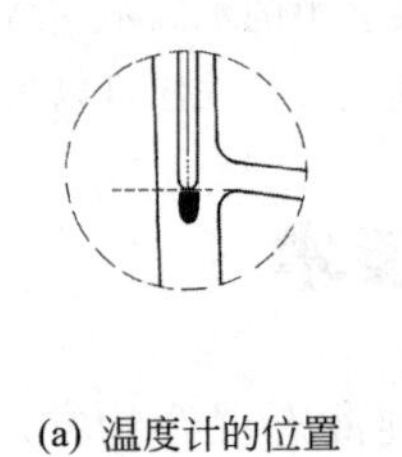

(a) 温度计的位置

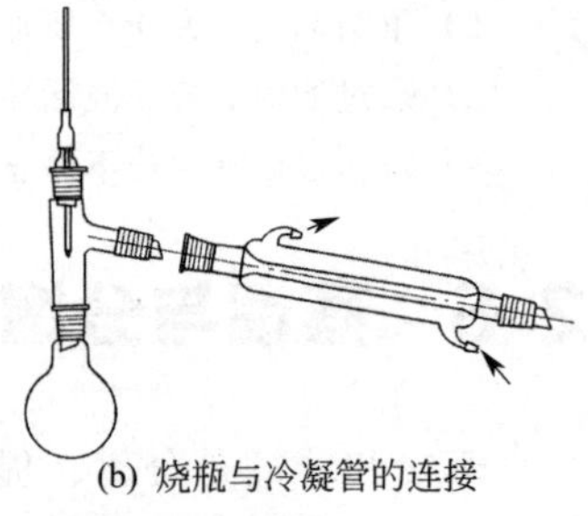

(b) 烧瓶与冷凝管的连接

图 2-33　仪器组装示意图

用铁夹将圆底烧瓶固定在铁架台上，然后由下而上，从左往右依次安装蒸馏头、温度计、冷凝管和接收器。

安装温度计时，应注意使水银球的上端与蒸馏头侧管的下沿处于同一水平线上［如图 2-33(a) 所示］。这样，蒸馏时水银球能被蒸气完全包围，才可测得准确的温度。

在连接蒸馏头与冷凝管时，要注意调整角度，使冷凝管和蒸馏头侧管的中心线成一条直线［如图 2-33(b) 所示］。若采用水冷凝管，冷凝水应从下口进入，上口流出，并使上端的出水口朝上，以使冷凝管套管中充满水，保证冷凝效果。若接液管不带支管，切不可与接收器密封，应与外界大气相通，以防系统内部压力过大而引起爆炸。

整套装置要求准确、端正、稳固。装置中各仪器的轴线应在同一平面内，铁架、铁夹及胶管应尽可能安装在仪器背面，以方便操作。

**2.6.1.2　普通蒸馏操作**

检查装置的稳妥性后，便可按下列程序进行蒸馏操作。

(1) *加入物料*　将待蒸馏液体通过长颈玻璃漏斗由蒸馏头上口倾入圆底烧瓶中（注意漏斗颈应超过蒸馏头侧管的下沿，以防液体由侧管流入冷凝管中），投入几粒沸石（防止暴沸），再装好温度计。

(2) *通冷却水*　检查装置的气密性和与大气相通处是否畅通后，打开水龙头，缓慢通入冷却水。

(3) *加热蒸馏*　开始先用小火加热，逐渐增大加热强度，使液体沸腾。然后调节热源，控制蒸馏速度，以 1s 馏出 1～2 滴为宜。此间应使温度计水银球下部始终挂有液珠，以保持气液两相平衡，确保温度计读数的准确。

(4) *观察温度、收集馏分*　记下第一滴馏出液滴入接收器时的温度。如果所蒸馏的液体中含有低沸点的前馏分，待前馏分蒸完，温度趋于稳定后，应更换接收器，收集所需要的馏分，并记录所需要的馏分开始馏出和最后一滴馏出时的温度，即该馏分的沸程。

(5) *停止蒸馏*　当维持原来的加热温度，不再有馏出液蒸出时，温度会突然下降，这时应停止蒸馏，即使杂质含量很少，也不能蒸干，以免烧瓶炸裂。

**2.6.1.3　操作注意事项**

(1) 安装普通蒸馏装置时，各仪器之间连接要紧密，但接收部分一定要与大气相通，绝不能造成密闭体系。

(2) 多数液体加热时，常发生过热现象，即在液体已经加热到或超过了其沸点温度，仍不沸腾。当继续加热时，液体会突然暴沸，冲出瓶外，甚至造成火灾。为了防止这种情况的发生，需要在加热前加入几粒沸石。沸石表面有许多微孔，能吸附空气，加热时这些空气可以成为液体的气化中心，避免液体暴沸。若事先忘记加沸石，绝不能在接近沸腾的液体中直接加入，应停止加热，待液体稍冷后再补加。若因故中断蒸馏，则原有的沸石即行失效，因而每次重新蒸馏前，都应补加沸石。

（3）蒸馏过程中，加热温度不能太高，否则会使蒸气过热，水银球上的液珠消失，导致所测沸点偏高；温度也不能过低，以免水银球不能充分被蒸气包围，致使所测沸点偏低。

（4）蒸馏过程中若需续加物料，必须在停止加热后进行，但不要中断冷却水。

（5）结束蒸馏时，应先停止加热，稍冷后再关冷却水。拆卸蒸馏装置的顺序与安装顺序相反。

## 2.6.2 简单分馏

对于沸点差较小（<30℃）的液体混合物，采用分馏的方法通常可达到较好的分离效果。实验室中进行的简单分馏是利用分馏柱使液体混合物经多次气化、冷凝，实现多次蒸馏的过程。液体混合物受热汽化后，其蒸气进入分馏柱，在上升过程中，由于受到柱外空气的冷却作用，蒸气中的高沸点组分被不断冷凝流回，使继续上升的蒸气中低沸点组分的相对含量不断增加。同时冷凝液在回流的过程中，与上升的蒸气相遇，二者进行热量交换，使上升蒸气中的高沸点组分又被冷凝，而低沸点组分则继续上升。这样，在分馏柱内，反复进行着多次气化、冷凝和回流的循环过程，相当于多次蒸馏。使最终上升到分馏柱顶部的蒸气接近于纯的低沸点组分，而冷凝流回的液体则接近于纯的高沸点组分，从而达到分离的目的。

分馏又叫精馏。工业上采用的分馏设备称为精馏塔。目前，有些精馏塔可将沸点仅相差1～2℃的液体混合物较好地分离开。

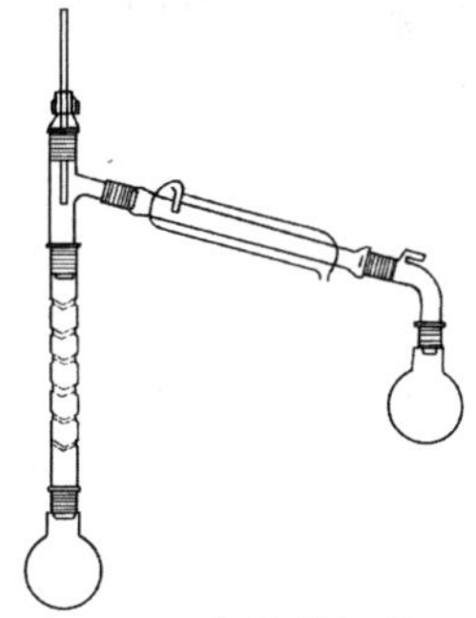

### 2.6.2.1 简单分馏装置

简单分馏装置与普通蒸馏装置基本相同，只是在圆底烧瓶与蒸馏头之间安装一支分馏柱（如图2-34所示）。

图2-34　简单分馏装置

分馏柱的种类很多，实验室中常用的有填充式分馏柱和刺形分馏柱（又叫韦氏分馏柱）。填充式分馏柱内装有玻璃球、钢丝棉或陶瓷环等，可增加气液接触面积，分馏效果较好；刺形分馏柱结构简单，黏附液体少，但分馏效果较填充式差些。

分馏柱效率与柱的高度、绝热性和填料类型有关。柱身越高分馏效果越好，但操作时间也相应延长，因此选择的高度要适当。

### 2.6.2.2 简单分馏操作

简单分馏操作的程序与普通蒸馏大致相同。将待分馏液体倾入圆底烧瓶中，加1～2粒沸石。安装并仔细检查整套装置后，先通冷却水，再开始加热，缓慢升温，使蒸气约10～15min后到达柱顶。调节热源，控制分馏速度，以馏出液每2～3s一滴为宜。待低沸点组分蒸完后，温度会骤然下降，此时应更换接收器，继续升温，按要求接收不同温度范围的馏分。

### 2.6.2.3 操作注意事项

（1）待分馏的液体混合物不得从蒸馏头或分馏柱上口直接倾入。

（2）为尽量减少柱内的热量损失，提高分馏效果，可在分馏柱外包裹石棉绳或玻璃棉等保温材料。

（3）要随时注意调节热源，控制好分馏速度，保持适宜的温度梯度和合适的回流比。回流比是指单位时间内由柱顶冷凝流回柱中液体的数量与馏出液的数量之比。回流比越大，分馏效果越好。但回流比过大，分离速度缓慢，分馏时间延长，因此应控制回流比适当为好。

(4) 开始加热时，升温不能太快，否则蒸气上升过多，会出现“液泛”现象（即柱中冷凝的液体被上升的蒸气堵住不能回流，而使分馏难以继续进行）。此时应暂时降温，待柱内液体流回烧瓶后，再继续缓慢升温进行分馏。

## *2.6.3 水蒸气蒸馏

将水蒸气通入有机物中，或将水与有机物一起加热，使有机物与水共沸而蒸馏出来的操作叫做水蒸气蒸馏。

根据道尔顿分压定律，两种互不相溶的液体混合物的蒸气压，等于两种液体单独存在时的蒸气压之和。当混合物的蒸气压等于大气压力时，就开始沸腾。显然，这一沸腾温度要比两种液体单独存在时的沸腾温度低。因此，在不溶于水的有机物中，通入水蒸气，进行水蒸气蒸馏，可在低于100℃的温度下，将物质蒸馏出来。

水蒸气蒸馏是分离和提纯具有一定挥发性的有机化合物的重要方法之一。可用于在常压下蒸馏，有机物会发生氧化或分解的情况；混合物中含有焦油状物质，用通常的蒸馏或萃取等方法难以分离的情况；液体产物被混合物中较大量的固体所吸附或要求除去挥发性杂质的情况。

利用水蒸气蒸馏进行分离提纯的有机化合物必须是不溶于水、也不与水发生化学反应，在100℃左右具有一定蒸气压的物质。

### 2.6.3.1 水蒸气蒸馏装置

水蒸气蒸馏装置如图2-35所示。主要包括水蒸气发生器、蒸馏、冷凝及接收等四部分。

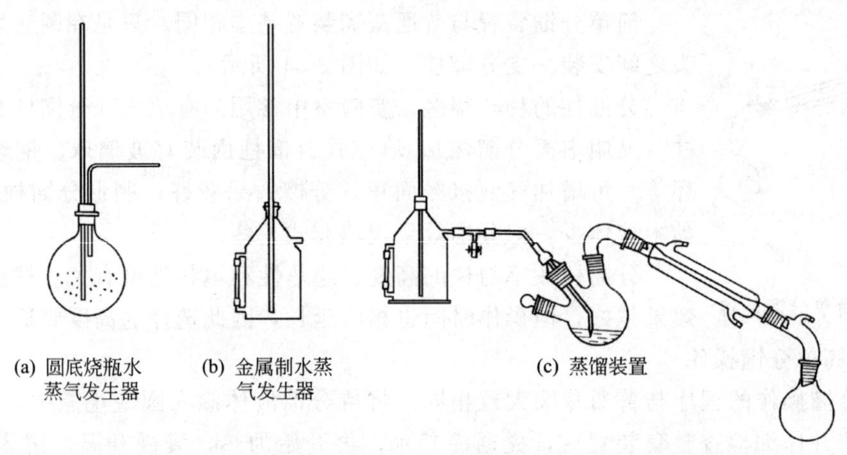


图2-35 水蒸气蒸馏装置

(1) 水蒸气发生器 一般为金属制品［见图2-35(b)］，也可用1000mL圆底烧瓶代替［见图2-35(a)］。通常加水量以不超过其容积的2/3为宜。在水蒸气发生器上口插入一支长约1m，直径约为5mm的玻璃管并使其接近底部，作安全管用。当容器内压力增大时，水就会沿安全管上升，从而调节内压。

水蒸气发生器的蒸气导出管经T形管与伸入三颈烧瓶内的蒸气导入管连接，T形管的支管套有一短橡胶管并配有螺旋夹。它的作用是可随时排除在此冷凝下来的积水，并可在系统内压力骤增或蒸馏结束时，释放蒸气，调节内压，防止倒吸。

(2) 蒸馏部分 一般采用三颈烧瓶（也可用带有双孔塞的长颈圆底烧瓶代替）。三颈烧瓶内盛放待蒸馏的物料，中口连接蒸气导入管，一侧口通过蒸馏弯头连接冷凝管，另一侧口用塞子塞上。

冷凝和接收部分与普通蒸馏相同。

#### 2.6.3.2 水蒸气蒸馏操作

水蒸气蒸馏的操作程序如下。

（1）*加入物料* 将待蒸馏的物料加入三颈烧瓶中，物料量不能超过其容积的 1/3。

（2）*安装仪器* 安装水蒸气蒸馏装置。

（3）*加热蒸馏* 检查整套装置气密性后，先开通冷却水并打开 T 形管的螺旋夹，再开始加热水蒸气发生器，直至沸腾。当 T 形管处有较大量气体冲出时，立即旋紧螺旋夹，蒸气便进入烧瓶中。这时可看到瓶中的混合物不断翻腾，表明水蒸气蒸馏开始进行。适当调节蒸气量，控制馏出速度每秒 2～3 滴。

（4）*停止蒸馏* 当馏出液无油珠并澄清透明时，便可停止蒸馏。这时应先打开螺旋夹，解除系统压力，然后停止加热，稍冷却后，再停通冷却水。

#### 2.6.3.3 操作注意事项

（1）用烧瓶作水蒸气发生器时，不要忘记加沸石。

（2）蒸馏过程中，若发现有过多的蒸气在三颈烧瓶内冷凝，可在烧瓶下面用酒精灯隔石棉网适当加热，以防液体量过多冲出烧瓶进入冷凝管中。还应随时观察安全管内水位是否正常，烧瓶内液体有无倒吸现象。一旦有类似情况发生，立即打开螺旋夹，停止加热，查找原因。排除故障后，才能继续蒸馏。

（3）加热烧瓶时要密切注视瓶内混合物的迸溅现象，如果迸溅剧烈，则应暂停加热，以免发生意外。

### *2.6.4 减压蒸馏

液体物质的沸点是随外界压力的降低而降低的。利用这一性质，降低系统压力，可使液体在低于正常沸点的温度下被蒸馏出来。这种在较低压力下进行的蒸馏叫做减压蒸馏。

一般的液体化合物，当外界压力降至 2.7kPa 时，其沸点可比常压下降低 100～120℃。因此，减压蒸馏特别适用于分离和提纯那些沸点较高、稳定性较差，在常压下蒸馏容易发生氧化、分解或聚合的液体物质。

#### 2.6.4.1 减压蒸馏装置

减压蒸馏装置如图 2-36 所示。由蒸馏、减压、测压和保护等部分组成。

（1）*蒸馏部分* 在圆底烧瓶上，安装克氏蒸馏头，在克氏蒸馏头的直管口插入一根末端拉成毛细管的厚壁玻璃管，毛细管末端距圆底烧瓶底部约 1～2mm，玻璃管的上端套上一段附有螺旋夹的橡胶管，用来调节空气进入量。其作用是在液体中形成气化中心，防止暴沸。温度计安装在克氏蒸馏头的侧管中，位置与普通蒸馏相同。常用耐压的圆底烧瓶作接收器，当需要分段接收馏分而又不中断蒸馏时，可使用多尾接液管（如图 2-37 所示）。转动多尾接液管，便可将不同馏分收入指定的接收器中。

（2）*减压部分* 实验室中常用水泵或油泵对体系抽真空来进行减压。水泵所能达到的最低压力为室温下水的蒸气压（25℃，3.16kPa；10℃，1.228kPa）。这样的真空度已能满足一般减压蒸馏的需要。使用水泵的减压蒸馏装置较为简便［见图 2-36(a)］。

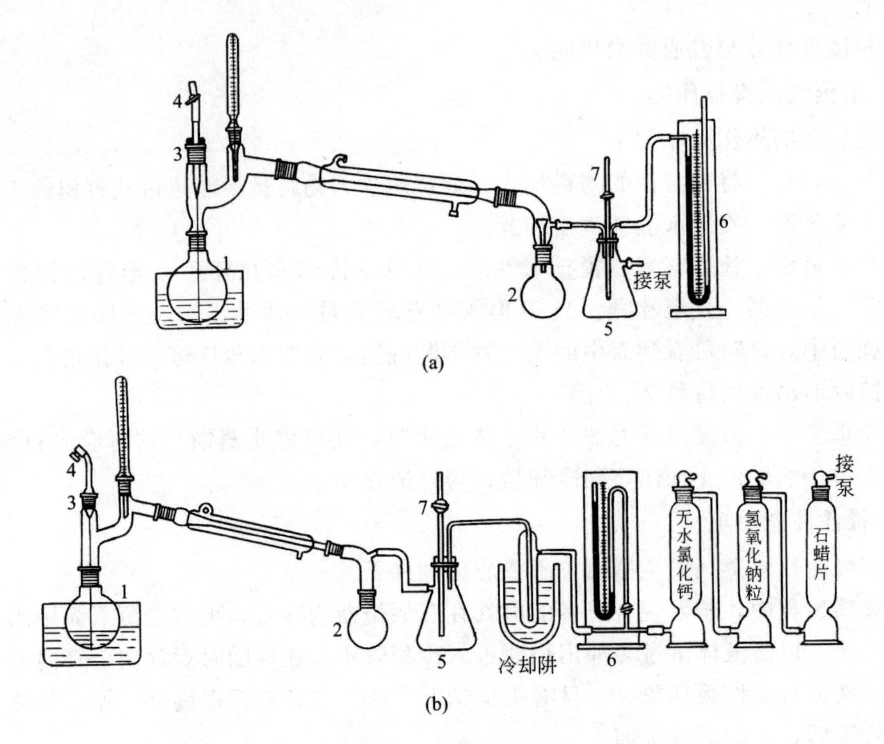

图 2-36　减压蒸馏装置

1—圆底烧瓶；2—接收器；3—克氏蒸馏头；4—毛细管；5—安全瓶；6—压力计；7—三通活塞

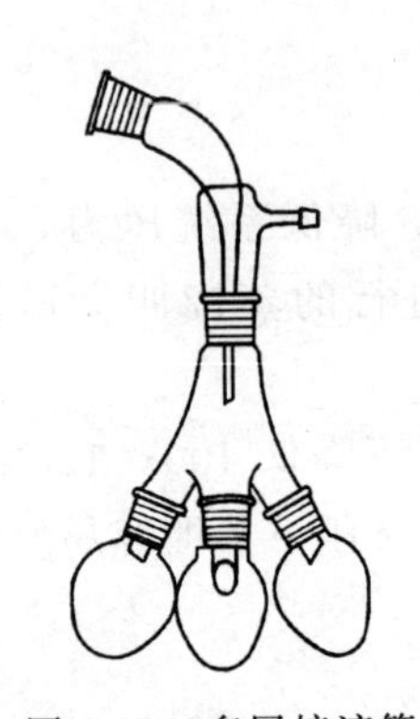
图 2-37　多尾接液管

使用油泵能达到较高的真空度（性能好的油泵可使压力减至 0.13kPa 以下）。但油泵结构精密，使用条件严格。蒸馏时，挥发性的有机溶剂、水或酸雾等都会使其受到损坏。因此，使用油泵减压时，需设置防止有害物质侵入的保护系统，其装置较为复杂［见图 2-36(b)］。

(3) 测压、保护部分　测量减压系统的压力常使用开口式或封闭式水银压力计（见图 2-38）。图 2-38(a) 为开口式压力计。其两臂汞柱高度之差，就是大气压力与被测系统压力之差。因此被测系统内的实际压力（真空度）等于大气压减去汞柱差值。相反，当被测系统压力高于大气压力时，被测系统内的实际压力等于大气压加上汞柱差值。这种压力计准确度较高，容易装汞。但若操作不当，汞易冲出，安全性差。

图 2-38(b) 为封闭式压力计。其两臂汞柱高度之差即为被测系统内的实际压力（真空度）。这种压力计读数方便，操作安全，但有时会因空气等杂质混入而影响其准确性。

使用不同的减压设备，其保护装置也不相同。利用水泵进行减压时，只需在接收器、水泵和压力计之间连接一个安全瓶（防止倒吸），瓶上装配三通活塞，以供调节系统压力及放入空气解除系统真空用。

利用油泵减压时，则需在接收器、压力计和油泵之间依次连接安全瓶、冷却阱（置于盛有冷却剂的广口保温瓶中）及 3 个分别装有无水氯化钙、粒状氢氧化钠、片状石蜡的吸收塔，以冷却、吸收蒸馏系统产生的水汽、酸雾及有机溶剂等，防止其侵害油泵。

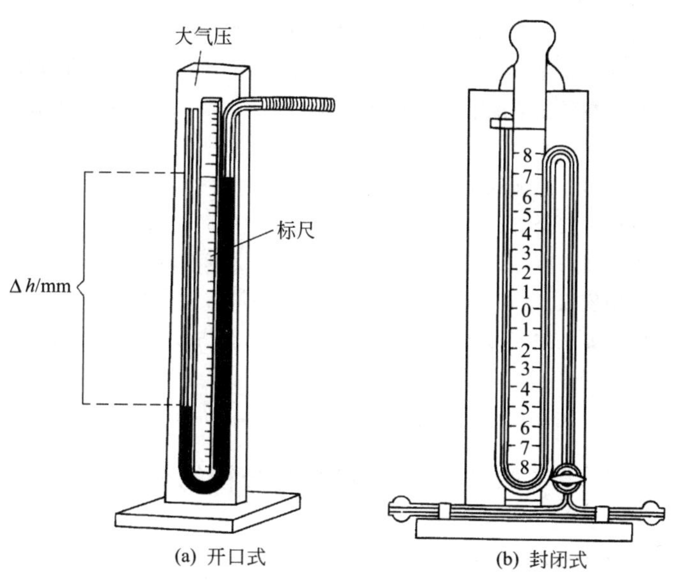


图 2-38 水银压力计

#### 2.6.4.2 减压蒸馏操作

减压蒸馏的操作程序如下：

(1) *安装并检查装置* 按图 2-36 所示安装减压蒸馏装置后，应仔细检查装置的气密性。先旋紧毛细管上的螺旋夹，再开动减压泵，然后逐渐关闭安全瓶上的活塞，观察体系的压力。若达不到需要的真空度，应检查装置各连接部位是否漏气，必要时可在塞子、胶管等连接处进行蜡封。若超过所需的真空度，可小心旋转活塞，缓慢引入少量空气，加以调节。当确认系统压力符合要求后，慢慢旋开活塞，放入空气，直到内外压力平衡，再关减压泵。

(2) *加入物料* 将待蒸馏的液体加入圆底烧瓶中（液体量不得超过烧瓶容积的 1/2）。关闭安全瓶上的活塞，开动减压泵，通过毛细管上的螺旋夹调节空气进入量，使烧瓶内液体能冒出一连串小气泡为宜。

(3) *加热蒸馏* 当系统内压力符合要求并稳定后，开通冷却水，用适当热浴加热。待液体沸腾后，调节热源，控制馏出速度为每秒 1～2 滴。记录第一滴馏出液滴入接收器及蒸馏结束时的温度和压力。

(4) *结束蒸馏* 蒸馏完毕，先撤去热源，慢慢松开螺旋夹，再逐渐旋开安全瓶上的活塞，使压力计的汞柱缓慢恢复原状。待装置内外压力平衡后，关闭减压泵，停通冷却水，结束蒸馏。

#### 2.6.4.3 操作注意事项

(1) 减压蒸馏装置中所用的玻璃仪器必须能耐压并完好无损，以免系统内负压较大时发生内向爆炸。

(2) 使用封闭式水银压力计时，一般先关闭压力计的活塞，当需要观察和记录压力时再缓慢打开，以免系统压力突变时水银冲破玻璃管而溢出。打开安全瓶上的活塞时，一定要缓慢进行。否则，汞柱快速上升，也会冲破压力计。

(3) 若中途停止蒸馏再重新开始时，应检查毛细管是否畅通，若有堵塞现象，需更换毛细管。

### 思 考 题

(1) 蒸馏和分馏在原理、装置以及操作上有哪些不同？

(2) 在蒸馏（或分馏）时加沸石的目的是什么？加沸石应注意哪些问题？

(3) 开始加热前，为什么要先检查装置的气密性？蒸馏或分馏装置中若没有与大气相通会有什么后果？

(4) 分离液体混合物，在什么情况下采用普通蒸馏，在什么情况下需用简单分馏？哪种方法分离效果更好些？

(5) 利用水蒸气蒸馏分离、提纯的化合物必须具备什么条件？

(6) 水蒸气蒸馏装置中的安全管和T形管在水蒸气蒸馏中各起什么作用？

(7) 物质的沸点与外界压力有什么关系？一般在什么条件下采用减压蒸馏？

(8) 在减压蒸馏装置中安装气体吸收塔的目的是什么？各塔有什么作用？

(9) 减压蒸馏开始时，要先抽气再加热；蒸馏结束时要先撤热源，再停止抽气；这一操作顺序为什么不能颠倒？

## 实验 2-3　丙酮-水混合物的分离

**预习指导**

做实验前，请认真阅读“2.6.1 普通蒸馏”和“2.6.2 简单分馏”等内容。

**【目的要求】**

(1) 了解普通蒸馏和简单分馏的基本原理及意义；

(2) 初步掌握蒸馏和分馏装置的安装与操作；

(3) 比较采用蒸馏和分馏分离液体混合物的效果。

**【实验原理】**

丙酮和水都是常用的极性溶剂，彼此互溶。丙酮的沸点为56℃，水的沸点为100℃。本实验利用普通蒸馏和简单分馏分别对它们的混合溶液进行分离，比较分离效果。

**【实验用品】**

| | |
|---|---|
| 圆底烧瓶 (100mL) | 蒸馏头 |
| 直形冷凝管 | 量筒 (10mL、25mL) |
| 接液管 | 长颈玻璃漏斗 |
| 锥形瓶 (100mL) | 丙酮 |
| 温度计 (100℃) | 蒸馏水 |
| 刺形分馏柱 | |

**【实验步骤】**

**(1) 蒸馏**　按图 2-31(a) 所示安装普通蒸馏装置，用量筒作接收器[1]，然后按以下程序进行蒸馏操作。

① 加入物料　量取25mL丙酮和25mL水，经长颈玻璃漏斗由蒸馏头上口倾入圆底烧瓶中，加3～4粒沸石，装好温度计。

② 蒸馏、收集馏分　认真检查装置的气密性后，接通冷却水，用水浴缓慢加热使液体平稳沸腾，记录第一滴馏出液滴入接收器时的温度。调节浴温，保证水银球底部始终挂有液珠，并控制蒸馏速度为每秒1～2滴。当温度升至80℃以上时，撤去水浴，直接加热。用量筒收集下列温度范围的各馏分，并进行记录。

| 温度范围/℃ | 馏出液体积/mL |
| --- | --- |
| 56～60 | ________ |
| 60～70 | ________ |
| 70～80 | ________ |
| 80～95 | ________ |
| 剩余液 | ________ |

③ 停止蒸馏　当温度升至95℃时，停止加热。将各馏分及剩余液分别回收到指定的容器中。

**(2) 分馏**　在烧瓶中重新装入25mL丙酮和25mL水，加3～4粒沸石，按图2-34所示改装成简单分馏装置。用水浴缓慢加热，使蒸气约15min到达柱顶，记录第一滴馏出液滴入接收器时的温度。调节浴温，控制分馏速度为每2～3s 1滴。当温度升至80℃以上时，撤去水浴，直接加热。用量筒收集下列温度范围的各馏分，并记录。

| 温度范围/℃ | 馏出液体积/mL |
| --- | --- |
| 56～60 | ________ |
| 60～70 | ________ |
| 70～80 | ________ |
| 80～95 | ________ |
| 剩余液 | ________ |

当温度升至95℃[2]时，停止加热。将各馏分及剩余液分别回收到指定的容器中。

**(3) 比较分离效果**　在同一张坐标纸上，以温度为横坐标，馏出液体积为纵坐标，将蒸馏和分馏的实验结果分别绘制成曲线。比较蒸馏与分馏的分离效果，做出结论。

---

**注释**　[1] 本实验用量筒作接收器，以方便及时准确地测量馏出液的体积。由于丙酮易挥发，接收时应在量筒口处塞上少许棉花。

[2] 80～95℃馏分只有几滴，需要直接用火小心加热。

## 实验指南与安全提示

**(1) 蒸馏与分馏装置必须与大气相通，绝不能造成密闭体系！**

**(2) 在蒸馏与分馏的操作中，温度计安装的位置正确与否直接影响测量的准确性。只有温度计水银球的上沿与蒸馏头侧管的下沿平齐时，水银球才可被即将通过侧管进入冷凝管的蒸气完全包围，所测得的温度才比较准确。**

**(3) 开始蒸馏（或分馏）时，一定要注意先通水，再加热。而停止蒸馏（或分馏）时，则应先停止加热，稍冷后方可停通冷却水。**

**(4) 切不可向正在加热的液体混合物中补加沸石！**

**(5) 蒸馏和分馏操作中，都应严格控制馏出速度，以确保分离效果。**

## 思　考　题

(1) 普通蒸馏与简单分馏在操作上有何不同？

(2) 为什么要控制蒸馏（或分馏）速度，快了会造成什么后果？

(3) 停止蒸馏（或分馏）时，应如何操作？

(4) 分离液体混合物时，普通蒸馏与简单分馏哪一种方法效果更好？为什么？

## *实验 2-4　八角茴香的水蒸气蒸馏

**预习指导**

做实验前，请认真阅读"2.6.3 水蒸气蒸馏"等内容。

**【目的要求】**

(1) 了解水蒸气蒸馏的原理和意义；

(2) 初步掌握水蒸气蒸馏装置的安装与操作；

(3) 学会从八角茴香中分离茴油的方法。

**【实验原理】**

八角茴香，俗称大料，常用作调味剂，也是一种中药材。八角茴香中含有一种精油，叫做茴油，其主要成分为茴香脑，是无色或淡黄色液体，不溶于水，易溶于乙醇和乙醚。工业上用作食品、饮料、烟草等的增香剂，也用于医药方面。由于其具有挥发性，可通过水蒸气蒸馏从八角茴香中分离出来。

**【实验用品】**

| | | |
|---|---|---|
| 水蒸气发生器 | 直型冷凝管 | 长玻璃管（80cm） |
| 三颈烧瓶（250mL） | 蒸馏弯头 | T 型管、螺旋夹 |
| 锥形瓶（250mL） | 接液管 | 八角茴香 |

**【实验步骤】**

**(1) 安装仪器**　按图 2-35 所示，安装水蒸气蒸馏装置，用锥形瓶作接收器。水蒸气发生器中装入约占其容积 2/3 的水。

**(2) 加入物料**　称取 10g 八角茴香，捣碎后放入 250mL 三颈烧瓶中，加入 30mL 热水[1]。连接好仪器。

**(3) 加热蒸馏**　检查装置气密性后，接通冷却水，打开 T 型管上的螺旋夹，开始加热。

当 T 型管处有大量蒸气逸出时，立即旋紧螺旋夹，使蒸气进入烧瓶，开始蒸馏，调节蒸气量，控制馏出速度为每秒 2～3 滴。

**(4) 停止蒸馏**　当馏出液体积达到约 200mL 时[2]，打开螺旋夹，停止加热，稍冷后，停通冷却水，拆除装置。将馏出液回收到指定容器中[3]。

---

**注释**　[1] 可事先将捣碎的八角茴香浸泡在热水中，以提高分离效果。

[2] 八角茴香的水蒸气蒸馏若达到馏出液澄清透明需要时间较长，所以本实验只要求接收 200mL 馏出液。

[3] 可以用 20mL 乙醚分两次萃取馏出液，将萃取液蒸馏除去乙醚，即可得到精油产品。

### 实验指南与安全提示

**(1) 在进行水蒸气蒸馏过程中，应随时观察安全管内水位上升情况，如发现异常，应立即打开螺旋夹，检查系统内是否有堵塞现象。**

**(2) 蒸馏中，应注意控制水蒸气通入量，以防烧瓶内翻腾剧烈，使物料冲出烧瓶进入冷凝管中。**

**(3) 为防止暴沸，可在水蒸气发生器中加入几粒沸石。**

### 思　考　题

(1) 为什么可采用水蒸气蒸馏的方法提取茴油？

(2) 结束蒸馏时，应如何操作？

## *实验 2-5　乙二醇的减压蒸馏

**预习指导**

做实验前，请认真阅读“2.6.4 减压蒸馏”等内容。

**【目的要求】**

（1）了解减压蒸馏的原理和意义；

（2）初步掌握减压蒸馏装置的安装与操作，熟悉压力计的使用方法；

（3）学会利用减压蒸馏提纯乙二醇的方法。

**【实验原理】**

乙二醇，俗称甘醇，是略带甜味的无色黏稠液体，沸点为 197.2℃。常用作高沸点溶剂和防冻剂，也用于制备树脂、增塑剂、合成纤维、化妆品和炸药等。因其沸点较高，一般采用减压蒸馏的方法加以分离提纯。本实验将体系压力减至（20～30）×133Pa，收集 92～100℃的馏分，即可得到纯净的乙二醇。

**【实验用品】**

| | | | |
|---|---|---|---|
| 圆底烧瓶（100mL，150mL） | 接液管 | 温度计（100℃） | 毛细管 |
| 克氏蒸馏头 | 安全瓶 | 减压泵 | 甘油 |
| 直形冷凝管 | 水银压力计 | 螺旋夹 | 乙二醇 |

**【实验步骤】**

**（1）安装仪器**　参照图 2-36 安装减压蒸馏装置，装置中各连接部位可涂少量凡士林，以防止漏气。检查实验装置，保证系统压力达到 20×133Pa。

**（2）加入物料**　在圆底烧瓶中加入 60mL 乙二醇。关闭安全瓶上的活塞，开启减压泵。然后调节毛细管上的螺旋夹，使空气进入烧瓶，以能冒出一连串的小气泡为宜。

**（3）加热蒸馏**　当系统压力达到约 20×133Pa 并稳定后，开通冷却水，用甘油浴加热[1]。液体沸腾后，记录第一滴馏出液滴入接收器时的温度和压力。调节热源，控制蒸馏速度为每秒 1～2 滴。当蒸出约 30mL 馏出液时，再记录此时的温度和压力。然后移去热源，缓缓旋开安全瓶上的活塞，调节压力到约 30×133Pa，重新加热蒸馏[2]，记录第一滴馏出液和蒸馏接近完毕时的温度和压力[3]。

**（4）停止蒸馏**　蒸馏完毕，先移去热源，按 2.6.4.2 所述方法，结束蒸馏。

---

注释　[1] 也可采用电热套加热。安装时，将圆底烧瓶离开电热套底部约 5mm，其周围也应留有一定空隙，以保证烧瓶受热均匀。

[2] 加热前，先检查毛细管是否畅通，若发生堵塞，需更换毛细管。

[3] 不要蒸干，以免引起爆炸。

### 实验指南与安全提示

**（1）为防止暴沸，要保证毛细管畅通并切忌直接用火加热。**

**（2）减压蒸馏操作中，要严格控制蒸馏速度。蒸馏速度过快，会使蒸馏瓶内的实际压力比压力计所示压力要高。**

**（3）停止蒸馏时，要缓慢打开安全瓶的活塞，否则，汞柱上升太快，可能会冲破压力计。**

**思 考 题**

(1) 减压蒸馏适用于分离提纯哪些物质?

(2) 若减压蒸馏装置的气密性达不到要求,应采取什么措施?

## 2.7 萃取技术

利用不同物质在选定溶剂中溶解度的不同进行分离和提纯混合物的操作,叫做萃取。通过萃取可以从混合物中提取出所需要的物质;也可以去除混合物中的少量杂质。通常将后一种情况称为洗涤。

### 2.7.1 萃取溶剂的选择

用于萃取的溶剂又叫萃取剂。常用的萃取剂为有机溶剂、水、稀酸溶液、稀碱溶液和浓硫酸等。实验中可根据具体需求加以选择。

(1) *有机溶剂* 苯、乙醇、乙醚和石油醚等有机溶剂可将混合物中的有机产物提取出来,也可除去某些产物中的有机杂质。

(2) *水* 水可用来提取混合物中的水溶性产物,又可用于洗去有机产物中的水溶性杂质。

(3) *稀酸(或稀碱)溶液* 稀酸或稀碱溶液常用于洗涤产物中的碱性或酸性杂质。

(4) *浓硫酸* 浓硫酸可用于除去产物中的醇、醚等少量有机杂质。

### 2.7.2 液体物质的萃取(或洗涤)

液体物质的萃取(或洗涤)常在分液漏斗中进行。分液漏斗的使用方法如下。

#### 2.7.2.1 使用前的准备

将分液漏斗洗净后,取下旋塞,用滤纸吸干旋塞及旋塞孔道中的水分,在旋塞微孔的两侧涂上薄薄一层凡士林,然后小心将其插入孔道并旋转几周,至凡士林分布均匀呈透明为止。在旋塞细端伸出部分的圆槽内,套上一个橡胶圈,以防操作时旋塞脱落。

关好旋塞. 在分液漏斗中装上水,观察旋塞两端有无渗漏现象,再开启旋塞,看液体是否能通畅流下,然后,盖上顶塞,用手指抵住,倒置漏斗. 检查其严密性。在确保分液漏斗顶塞严密、旋塞关闭时严密、开启后畅通的情况下方可使用。使用前须关闭旋塞。

#### 2.7.2.2 萃取(或洗涤)操作

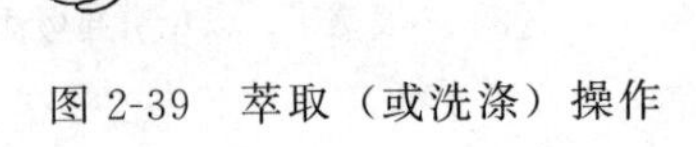

图 2-39 萃取(或洗涤)操作

由分液漏斗上口倒入混合溶液与萃取剂,盖好顶塞。为使分液漏斗中的两种液体充分接触,用右手握住顶塞部位,左手持旋塞部位(旋柄朝上),将漏斗颈端向上倾斜,并沿一个方向振摇(如图 2-39 所示)。振摇几下后,打开旋塞,排出因振摇而产生的气体。若漏斗中盛有挥发性的溶剂或用碳酸钠中和酸液时,更应特别注意排放气体。反复振摇几次后,将分液漏斗放在铁圈中,打开顶塞(或使顶塞的凹槽对准漏斗上口颈部的小孔),使漏斗与大气相通,静置分层。

#### 2.7.2.3 分离操作

当两层液体界面清晰后,便可进行分离操作。先把分液漏斗下端靠在接收器的内壁上,再缓慢旋开旋塞，放出下层液体（如图 2-40 所示）。当液面间的界线接近旋塞处时，暂时关闭旋塞，将分液漏斗轻轻振摇一下，再静置片刻，使下层液聚集得多一些，然后打开旋塞，仔细放出下层液体。当液面间的界线移至旋塞孔的中心时，关闭旋塞。最后把漏斗中的上层液体从上口倒入另一个容器中。

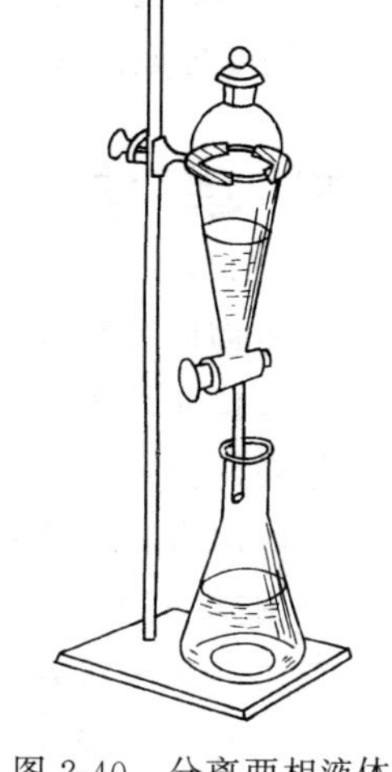

图 2-40　分离两相液体

**2.7.2.4　操作注意事项**

（1）分液漏斗中装入的液体量不得超过其容积的 1/2，因为液体量过多，进行萃取操作时，不便振摇漏斗，两相液体难以充分接触，影响萃取效果。

（2）在萃取碱性液体或振摇漏斗过于剧烈时，往往会使溶液发生乳化现象；有时两相液体的相对密度相差较小，或因一些轻质絮状沉淀夹杂在混合液中，致使两相界线不明显，造成分离困难。解决以上问题的办法是：

① 较长时间静置，往往可使液体分层清晰；

② 加入少量电解质，以增加水相的密度，利用盐析作用，破坏乳化现象；

③ 若因碱性物质而乳化，可加入少量稀酸来破坏；

④ 滴加数滴乙醇，改变液体表面张力，促使两相分层；

⑤ 当含有絮状沉淀时，可将两相液体进行过滤。

（3）分液漏斗使用完毕，应用水洗净，擦去旋塞和孔道中的凡士林，在顶塞和旋塞处垫上纸条，以防久置黏结。

## *2.7.3　固体物质的萃取

固体物质的萃取可以采用浸取法，即将固体物质浸泡在选好的溶剂中，其中的易溶成分被慢慢浸取出来。这种方法可在常温或低温条件下进行，适用于受热容易发生分解或变质物质的分离（如一些中草药有效成分的提取，即采用浸取法）。但这种方法消耗溶剂量大，时间较长，效率较低。在实验室中常采用脂肪提取器萃取固体物质。

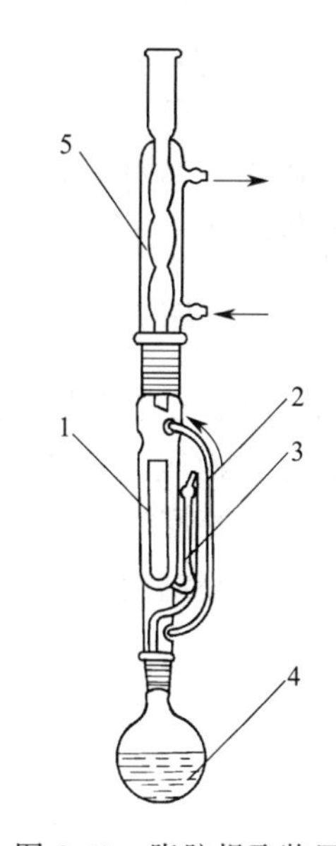


图 2-41　脂肪提取装置

1—滤纸套筒（内放固体）；
2—蒸气上升管；3—虹吸管；
4—圆底烧瓶（内盛萃取用溶剂）；
5—冷凝管

脂肪提取器又叫索氏（Soxhlet）提取器，它是利用溶剂回流和虹吸原理，使固体物质不断被新的纯溶剂浸泡，实现连续多次的萃取，因而效率较高。

脂肪提取装置如图 2-41 所示。主要由圆底烧瓶、提取器和冷凝管三部分组成。

使用时，先在圆底烧瓶中装入溶剂。将固体样品研细放入滤纸套筒内，封好上下口，置于提取器中，按图 2-41 安装好装置。检查各连接部位的严密性后，先通入冷却水，再对溶剂进行加热。溶剂受热沸腾时，蒸气通过蒸气上升管进入冷凝管内，被冷凝为液体，滴入提取器中，浸泡固体并萃取出部分物质，当萃取液液面超过虹吸管的最高点时，即虹吸流回烧瓶。这样循环往复，利用溶剂回流和虹吸作用，使固体中可溶物质富集到烧瓶中，然后再用适当方法除去溶剂，便可得到要提取的物质。

## 2.8 升华技术

有些固体物质具有较高的蒸气压。当对其进行加热时，可不经过液态直接变为气态，蒸气冷却后又直接凝结为固态，这个过程称为升华。

升华是提纯固体物质的一种重要方法。利用升华可以除去不挥发性杂质，还可分离不同挥发度的固体混合物。通过升华可以得到纯度较高的产品，但是只有具备下列条件的固体物质，才可以用升华的方法进行精制：一是欲升华的固体在较低温度下具有较高的蒸气压；二是固体与杂质的蒸气压差异较大。

可见，用升华法提纯固体物质具有一定局限性。此外，由于操作时间较长，损失也较大，通常仅用来提纯少量的固体物质。

升华可在常压或减压条件下进行。

### 2.8.1 常压升华

最简单的常压升华装置如图 2-42 所示，由蒸发皿、滤纸和玻璃漏斗组成。进行升华操作时，先将固体干燥并研细，放入蒸发皿中。用一张刺满小孔的滤纸（孔刺朝上）覆盖蒸发皿，滤纸上倒扣一个与蒸发皿口径相当的玻璃漏斗，漏斗颈部塞上一团疏松的棉花，以防蒸气逸出。

用砂浴缓慢加热，将温度控制在固体的熔点以下，使其慢慢升华。蒸气穿过小孔遇冷后凝结为固体，黏附在滤纸及漏斗壁上。

升华结束后用刮刀将产品从滤纸及漏斗壁上刮下，收集在干净的器皿中，即得纯净的产品。

### *2.8.2 减压升华

对于蒸气压较低或受热易分解的固体物质，一般采用减压升华。减压升华装置如图 2-43 所示，由吸滤管和指形冷凝管组成。将待升华的固体混合物放入吸滤管内，与减压泵连接，指形冷凝管中通入冷却水。进行升华时，打开减压泵和冷却水，缓慢加热。受热升华的蒸汽遇冷凝结为固体吸附在指形冷凝管的外表面，收集后即得纯净产品。

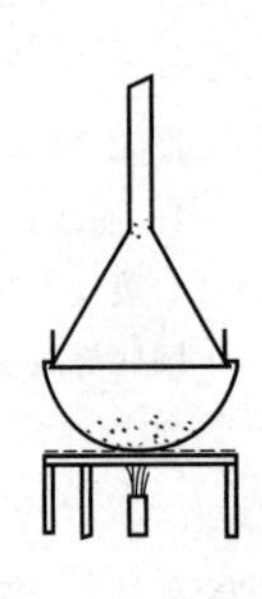

图 2-42 常压升华装置

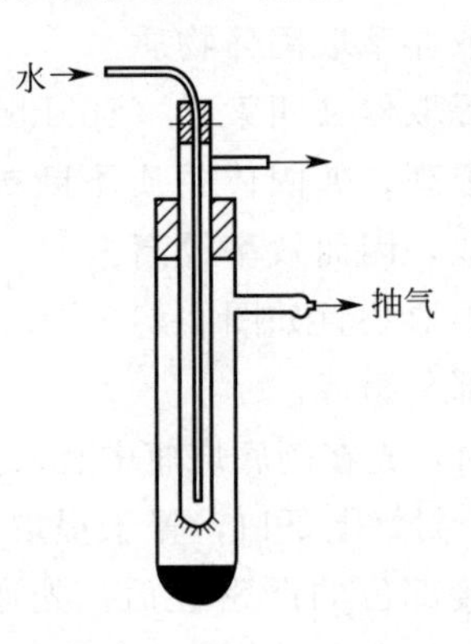


图 2-43 减压升华装置

## *实验 2-6　从茶叶中提取咖啡因

**预习指导**

做实验前，请认真阅读“2.7.3 固体物质的萃取”“2.8.1 常压升华”和“2.6.1 普通蒸馏”等内容。

**【目的要求】**

(1) 了解从茶叶中提取咖啡因的原理和方法；

(2) 初步掌握脂肪提取器的安装与操作方法；

(3) 初步掌握升华操作。

**【实验原理】**

茶叶中含有多种生物碱，其中以咖啡因为主，占 2%～5%。此外还含有纤维素、蛋白质、单宁酸和叶绿素等。

咖啡因是无色针状晶体，熔点 238℃，味苦，能溶于水、乙醇、二氯甲烷等。含结晶水的咖啡因加热到 100℃ 即失去结晶水，并开始升华，120℃ 时升华明显，178℃ 时很快升华。

本实验用 95% 乙醇作溶剂，从茶叶中萃取咖啡因，使其与不溶于乙醇的纤维素和蛋白质等分离，萃取液中除咖啡因外，还含有叶绿素、单宁酸等杂质。蒸去溶剂后，在粗咖啡因中拌入生石灰，使其与单宁酸等酸性物质作用生成钙盐。游离的咖啡因通过升华得到纯化。

**【实验用品】**

| | | | |
|---|---|---|---|
| 圆底烧瓶（150mL） | 玻璃漏斗 | 滤纸 | 温度计（300℃） |
| 脂肪提取器 | 砂浴锅 | 刮刀 | 电炉 |
| 烧杯（500mL） | 水浴锅 | 酒精灯 | 生石灰 |
| 蒸发皿 | 乙醇（95%） | 石棉网 | 茶叶 |

**实验步骤**

**(1) 提取**　在圆底烧瓶中放入 80mL 95% 乙醇，加 1～2 粒沸石。称取 10g 研细的茶叶末，装入折叠好的滤纸套筒中，折封上口后放入提取器内。按图 2-41 安装脂肪提取装置。

检查装置各连接处的严密性后，接通冷却水，用水浴加热，回流提取，直到虹吸管内液体的颜色变得很淡为止。当冷凝液刚刚虹吸下去时，立即停止加热。

**(2) 蒸馏**　稍冷后，拆除脂肪提取器，改成蒸馏装置，加热蒸馏，回收提取液中大部分乙醇。

**(3) 中和、除水**　趁热将烧瓶中的混合液倒入干燥的蒸发皿中，加入 4g 研细的生石灰粉，搅拌均匀成糊状。

将蒸发皿放在一个大烧杯上，烧杯内盛放约 300mL 水，用蒸汽浴加热蒸发水分。此间应不断搅拌，并压碎块状物。然后再将蒸发皿放在石棉网上，用小火焙炒烘干，直到固体混合物变成疏松的粉末状，水分全部除去为止。

**(4) 升华**　冷却后，擦净蒸发皿边缘上的粉末，盖上一张刺有细密小孔的滤纸，再将干燥的玻璃漏斗（口径须与蒸发皿相当，颈口处塞上棉花）罩在滤纸上。用砂浴缓慢加热升华。控制砂浴温度在220℃左右。当滤纸的小孔上出现较多白色针状晶体时，暂停加热，让其自然冷却至100℃以下。取下漏斗，轻轻揭开滤纸，用刮刀仔细地将附在滤纸及漏斗壁上的咖啡因晶体刮下。

残渣经搅拌后，盖上滤纸和漏斗，继续用较大火加热，使升华完全。

(5) 称量　合并两次收集的咖啡因，称量后交给实验指导教师。

**实验指南与安全提示**

**(1) 脂肪提取器的虹吸管部位容易折断，拆装仪器时应特别小心，注意保护。**

**(2) 滤纸套筒的大小既要紧贴器壁，又能方便取用。套筒内茶叶的高度不得越过虹吸管。套筒的底部要折封严密，以防茶叶漏出堵塞虹吸管。套筒的上部最好折成凹形，以利回流液充分浸润茶叶。**

**(3) 回流提取时，应控制回流速度，以约20min虹吸一次为宜。**

**(4) 蒸馏时，蒸出大部分乙醇即可，不要蒸得太干，否则残液很黏，不易倒出，挂在烧瓶上，造成损失。乙醇易挥发、易燃，应注意防火。**

**(5) 焙炒时，切忌温度过高，以防咖啡因在此时升华。**

**(6) 升华是本实验成败的关键。必须用小火缓慢加热。升温过快，温度过高，会使产品发黄。测量砂浴温度的温度计要放在蒸发皿附近的位置，以便准确反映升华温度。将其插入砂浴中时，要格外小心，防止水银球部位破损。**

**思考题**

(1) 脂肪提取器的萃取原理是什么？利用脂肪提取器萃取有什么优点？

(2) 茶叶中的咖啡因是如何被提取出来的？粗咖啡因为什么呈绿色？

(3) 蒸馏回收溶剂时，为什么不能将溶剂全部蒸出？

(4) 升华操作时，需注意哪些问题？

## 2.9 玻璃管的加工技术

在化学实验中，常常需要将玻璃管制成各种形状和规格的配件，再通过配件和塞子、胶管等把仪器装配起来。这些配件的加工制作及塞子的钻孔等，通常由实验者自己来完成。

### 2.9.1 玻璃管的简单加工

#### 2.9.1.1 玻璃管（棒）的切割

经过洗净并干燥的玻璃管，在加工制作各种配件之前，首先要切割成所需要的长度。切割玻璃管常用折断和点炸法。

(1) 折断法　折断法操作包括两个步骤：一是锉痕，二是折断。

锉痕时，把玻璃管平放在实验台的边缘上，左手按住玻璃管要切割的部位，右手持三角锉刀，将棱锋压在切割点，用力向前划，左手同时把玻璃管缓慢朝相反方向转动，这样就能在玻璃管上划出一道清晰细直的凹痕（见图 2-44）。要注意，锉痕时，锉刀不能来回运动，这样会使锉痕加粗，不便折断或折断后断面边缘不整齐。

折断时，先在锉痕处滴上水（降低玻璃强度），然后两手分别握住锉痕的两边，将锉痕朝外，两手拇指抵住锉痕的背面，稍稍用力向前推，同时向两端拉（三分推力，七分拉力），这样就可以把玻璃管折成整齐的两段（见图 2-45）。有时为了安全，也可在锉痕的两边包上布后再折断。

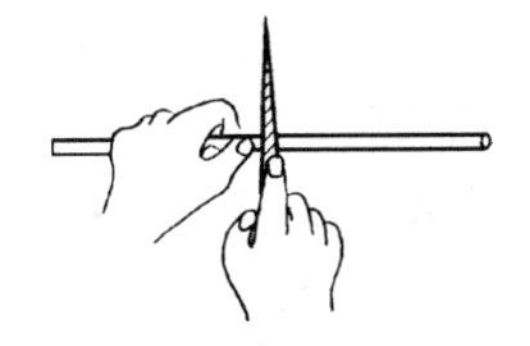
图 2-44　玻璃管（棒）的锉痕

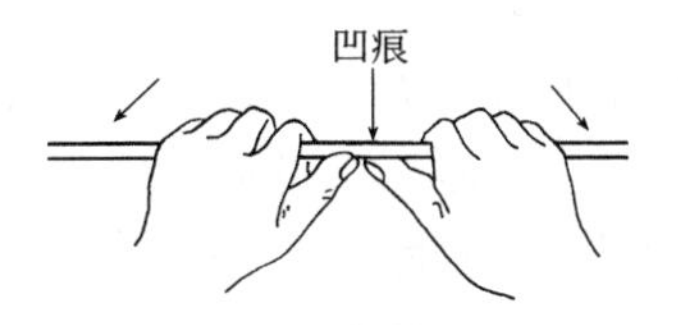

图 2-45　玻璃管（棒）的折断

（2）*点炸法*　当需要在玻璃管接近管端处截断时，用折断法不便于两手平衡用力，就可采用点炸法。点炸法也需先锉痕，方法与折断法相同。然后将一端拉细的玻璃棒在灯焰上加热到白炽而成珠状的熔滴，迅速将此玻璃熔滴触压到滴上水的锉痕的一端，锉痕由于骤然强热而炸裂，并不断扩展成整圈，此时玻璃管可自行断开。如果裂痕不扩展成圆圈，可再次熔烧玻璃棒，用熔滴在裂痕的末端引导，重复此操作多次，直至玻璃管完全断开为止。有时裂痕扩展到周长的 90%后，只要轻轻一敲，玻璃管就会整齐断开。

玻璃棒的切割方法与玻璃管相同。

切割后的断口非常锋利，容易割伤皮肤或损坏橡胶管，也不易插入塞子的孔道，因此必须进行熔光。熔光时，将玻璃管（棒）的断口放在喷灯氧化焰的边缘上转动加热，直到断口熔烧光滑为止。但要注意熔烧时间不能太久，以防口径受热变形。

#### 2.9.1.2　玻璃管的弯制

实验中，经常用到不同弯度的玻璃管。这时，可将玻璃管要弯曲的部位在火焰上端烧软，然后离开火焰，将其弯曲成需要的角度。弯制玻璃管有快弯和慢弯两种方法。

（1）*快弯法*　快弯法又叫吹气弯曲法。先将玻璃管的一端烧熔，用镊子使玻璃管熔封，或用已烧熔管端的玻璃管拽去管头。也可以用棉花塞住玻璃管一端，然后两手平持玻璃管，将需要弯曲的部位，在小火中来回移动预热。再在氧化焰中均匀、缓慢地旋转加热，其加热面应约为玻璃管直径的 3 倍。当烧至玻璃管充分软化（火焰变黄）时，离开火焰，将玻璃管迅速按竖直、弯曲、吹气 3 个连续动作，弯制成所需要的角度。如果一次弯曲的角度不合适，可以在吹气后，立即进行小幅度调整（见图 2-46）。

快弯法能使玻璃管获得较为圆滑的弯曲，需要时间短，速度快，但初学者不易掌握。

（2）*慢弯法*　慢弯法又叫分次弯曲法。操作时两手平持玻璃管，将需要弯曲的部位在火焰上端预热后，再放入氧化焰中加热，受热部位应为 4～5cm 宽（若因灯焰所限，受热面不够宽，可把玻璃管斜放在氧化焰中加热）。加热时，要求两手均匀缓慢地向同一方向转动玻璃管，不能向内或向外用力，以避免改变管径。当受热部位手感软化时（玻璃未改变颜色），离开灯焰，轻轻弯成一定角度（约 160°，即每次弯曲 20°左右），如此反复操作，直到弯曲成需要的角度为止（见图 2-47）。

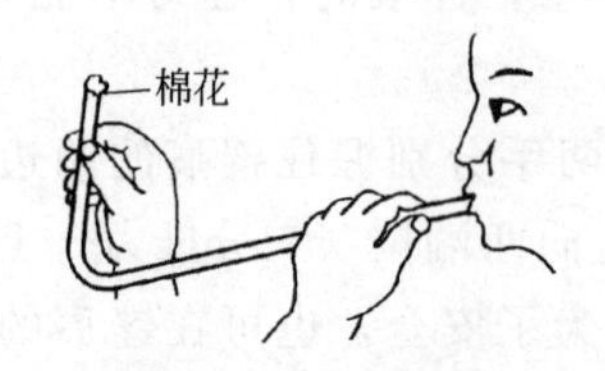


图 2-46 快弯法

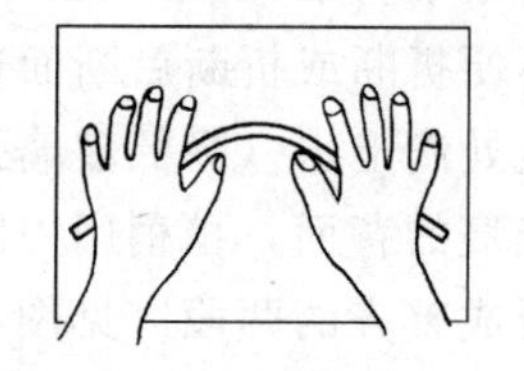

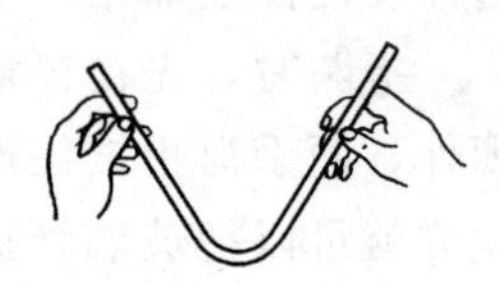

图 2-47 慢弯法

注意，当玻璃管弯曲出一定角度后，再加热时，就需使顶角的内外两侧轮流受热，同时两手要将玻璃管在火焰上作左右往复移动，以使弯曲部位受热均匀。

弯曲时，不能急于求成，烧得太软，弯得太急，容易出现瘪陷和纠结；若烧得不软，用力过大，则容易折断。

慢弯法操作时间较长些，但初学者容易掌握。

弯制合格的玻璃管，从整体上看，应该在同一平面内，无瘪陷、扭曲和纠结现象，内径不变。

(3) 退火 无论用哪种方法弯制玻璃管，最后都需进行退火处理。退火是将刚刚加工完的玻璃制品的受热部位放入较弱的火焰中重新加热一下，并扩宽受热面积，以抵消加工过程中冷热交界区形成的内部应力，防止炸裂。

经过退火处理的弯管要放在石棉网上自然冷却。不能放在实验台的瓷板上或沾上冷水，以免因骤冷而发生破裂。

**2.9.1.3 玻璃管的拉伸**

实验中使用的滴管和毛细管都是将玻璃管烧软后拉制而成的。

(1) 拉制尾管 取一根直径适当、长约 30cm 的玻璃管，双手持握两端，将中间部位经小火预热后，于氧化焰中左右往复移动并旋转加热，待玻璃管烧至微软时，离开火焰，边往复旋转，边缓慢拉长（见图 2-48）。要求拉伸部分圆而直，尖端口径不小于 2mm。要注意，在玻璃变硬之前，不能停止或松手。待玻璃变硬后，置于石棉网上冷却，再按所需长度，切割成尾管。

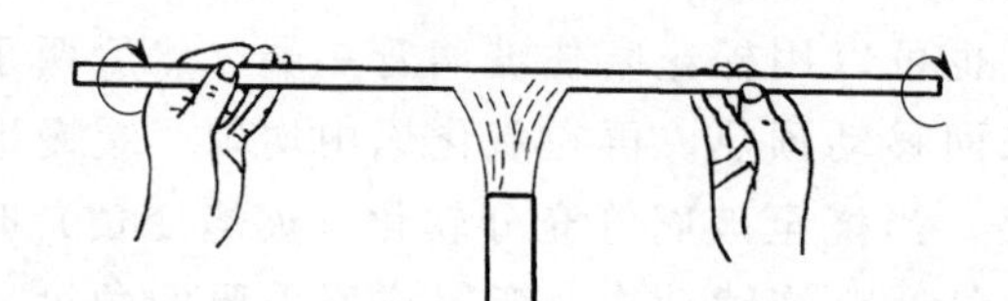

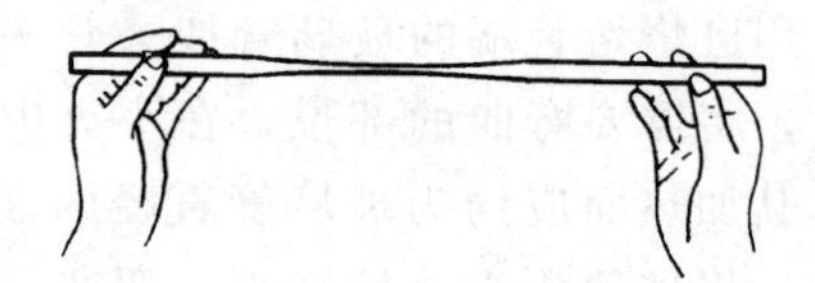

图 2-48 玻璃管的拉制

最后将尾管细口端在弱火中熔光。粗口端在强火中均匀烧软后，垂直在石棉网上按一下，使其外缘突出，冷却后，装上橡胶帽，即成一支滴管。

(2) 拉制毛细管 拉制毛细管要求用内径为 0.8～1cm 的薄壁玻璃管，事先必须洗净、烘干，因为拉成毛细管后，就不能再洗涤了。

拉制毛细管的操作手法与拉尾管相似，只是加热的程度不同。拉毛细管需要将玻璃烧得更软些，当受热部分变成红黄色时，从火焰中移出，两手边平稳地往复旋转边水平拉伸，直到拉成需要的规格为止（测熔点用的毛细管内径为 1～1.2 mm）。拉伸的速度为先慢后快。一支玻璃管，可以连续拉2～3段毛细管。冷却后，将符合要求的部分用砂片截取15cm长，并将两端置于酒精灯的弱火焰边缘处，在不断转动下熔封。熔封的管底，越薄越好，应避免有较厚的粒点形成。使用时，用砂片从中间轻轻截断，就变成两支测熔点用的毛细管了。

## 2.9.2 塞子的钻孔

### 2.9.2.1 塞子的选配

实验室中常用的塞子有玻璃磨口塞、橡胶塞和软木塞等。它们主要用于封口和仪器的连接安装。玻璃磨口塞用于配套的磨口玻璃仪器中，能与带磨口的瓶子很好密合，密封效果好。橡胶塞气密性也很好，能耐强碱，但容易被强酸侵蚀或被有机溶剂溶胀。软木塞不易与有机物作用，但气密性较差，且容易被酸碱侵蚀。由于橡胶塞和软木塞可根据实验需要进行钻孔．所以装配仪器时常用橡胶塞和软木塞。

选配塞子应与仪器口径相适应。塞子进入瓶颈（或管颈）的部分应不小于塞子本身高度的1/3，也不大于2/3，一般以大约1/2为宜（见图2-49）。

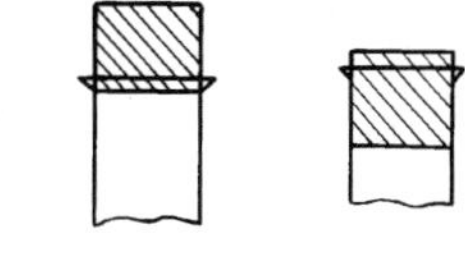

图2-49　塞子的选配

### 2.9.2.2 塞子的钻孔

使用橡胶塞或软木塞装配仪器时，为使不同仪器相互连接，需要在塞子上钻孔。软木塞在钻孔前，要用压塞机碾压紧密，以增加其气密性并防止钻孔时裂开。在软木塞上钻孔时，要选用比欲插入的玻璃管（或温度计）外径小些的钻孔器，以保证不漏气。在橡胶塞上钻孔时，则要选用比欲插入的玻璃管（或温度计）外径稍大些的钻孔器，因为橡胶弹性较大，钻完孔后会收缩，使孔变小。

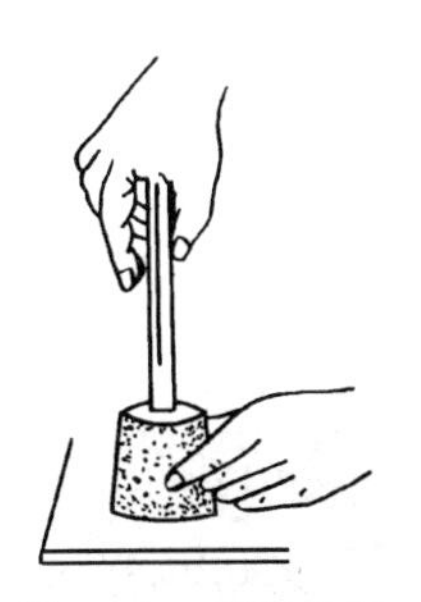
图2-50　塞子钻孔

钻孔时，将塞子小的一端朝上，放在一块小木板上（以防钻伤桌面），左手扶住塞子，右手持钻孔器（为减小摩擦，钻孔器可涂上少许甘油或水作润滑剂），在需要钻孔的位置，一面向下施加压力，一面按顺时针方向旋转。要垂直均匀地钻入，不能左右摆动，更不能倾斜（见图2-50）。为防止孔洞钻斜，当钻至约1/2时，可将钻孔器按逆时针方向旋出，然后再从塞子的另一端对准原来的钻孔，垂直地把孔钻通。拔出钻孔器后，用金属棒捅出钻孔器中的塞芯。若孔径略小或孔道不光滑，可用圆锉进行修整。

需要在一个塞子上钻两个孔时，应注意使两个孔道互相平行，否则会使插入的两根玻璃管（或温度计）歪斜或交叉，影响正常使用。

钻孔器的刀刃部位用钝后要及时用刮孔器或锉刀修复。

## 2.9.3 仪器的连接与装配

仪器的装配有两种情况，一种是标准磨口玻璃仪器的装配，另一种是普通玻璃仪器的装配。

标准磨口仪器是统一口径的玻璃仪器。根据其磨口内径（单位为mm）可分为多种规格，常见的有10＃、14＃、16＃、24＃、32＃等不同口径。相同口径的仪器可以互相之间自由组合成不同的实验装置。连接时可在接口处涂抹微量水并旋转排除空气，以保证连接牢靠和装置的气密性。

普通玻璃仪器的装配是指通过塞子、玻璃管及胶管将相关仪器部件连接在一起，组装成可供实验使用的装置。仪器装配的正确与否，对实验的成败有很大影响。虽然各类仪器的具体装配方法有所不同，但一般都应遵循下列原则。

（1）仪器与配件的规格和性能要适当。

（2）仪器和配件上的塞子要在组装以前配置好。将玻璃管（或温度计）插入塞子时，应先用甘油或水润湿欲插入的一端，然后一手持塞子，一手握住玻璃管（或温度计）距塞子2～3cm处均匀而缓慢地将其旋入塞孔内，不能用顶进的方法强行插入。插入或拔出玻璃管（或温度计）时，握管的手不能距塞子过远，也不能握玻璃管的弯曲处，以防玻璃管断裂并造成割伤（见图2-51）。

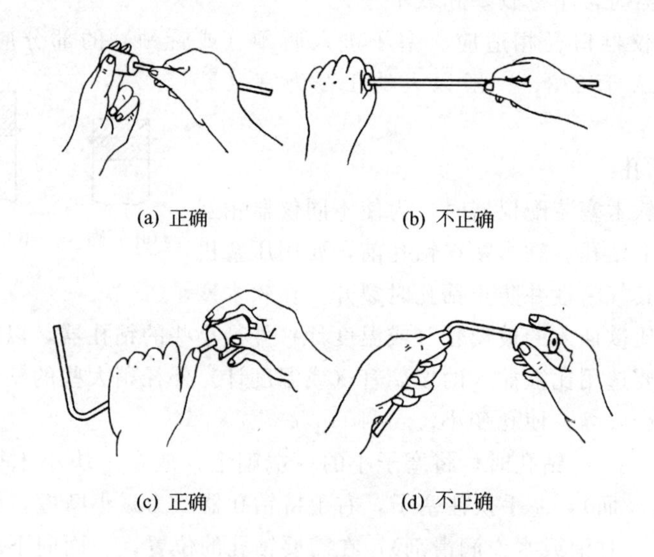

(a) 正确　(b) 不正确

(c) 正确　(d) 不正确

图2-51　玻璃管与塞子的连接方法

（3）组装仪器时，应首先选定主要仪器的位置，再按顺序由下至上，从左到右依次连接并固定在铁架台上。例如在安装蒸馏装置时，应首先根据热源高度来确定蒸馏烧瓶的位置，再依次装配其他仪器。要尽量使仪器的中心线在同一个平面内。

（4）固定仪器用的铁夹上应套有耐热橡皮管或贴有绒布，不能使铁器与玻璃仪器直接接触。铁夹的螺钉旋钮应尽可能位于铁夹的上边或右侧，以便于操作。夹持时，不应太松或太紧，需要加热的仪器，要夹其受热最低的部位，冷凝管应夹其中央部位。

组装好的仪器装置，应正确、稳妥、严密、整齐、美观，符合要求，方便操作。

拆除仪器装置时，应按与安装时相反的顺序进行。

## 思考题

（1）切割玻璃管（棒）时，如果锉痕较粗或不直，会有什么后果？

(2) 切割后的玻璃断口为什么要熔光？熔光时要注意哪些问题？

(3) 快弯法和慢弯法各有什么特点？用慢弯法制作玻璃弯管时，若一次弯曲角度过大，会有什么后果？

(4) 用于拉制毛细管的玻璃管为什么需要洗净干燥？

(5) 仪器封口或连接时，应如何正确选配塞子？

(6) 将玻璃弯管插入塞子的孔道时，手握弯管的弯曲部位可以吗？为什么？

(7) 将温度计插入塞子的孔道时，若持握温度计的部位距塞子过远，会造成什么后果？

(8) 组装和拆卸仪器应各按什么顺序进行？

# 3 物质的物理参数测定技术

知识目标

- 了解物质的密度、黏度、熔点、沸点、折射率、电导率和旋光度等物理参数的测定原理及意义，初步掌握这些物理参数的测定技术
- 初步掌握实验数据的记录及图解式处理实验数据的方法

技能目标

- 能安装与操作沸点、熔点等物理参数的测定装置
- 会使用密度计、密度瓶、黏度计、旋光仪、折射仪、电导仪及恒温槽
- 会选择与校准温度计

物质的物理参数主要包括沸点、熔点、凝固点、密度、黏度、折射率、电导率和旋光度等，它们都是物质的特征物理量，通过测定这些物理量，可以鉴定物质的纯度、鉴别化合物的种类、分析混合物的组成以及研究物质的其他相关性质等。因此，物理参数的测定在化学实验和生产实际中具有重要意义。

## 3.1 沸点的测定技术

### 3.1.1 沸点及其测定的意义

沸点是指液体的蒸气压与外界压力相等时的温度。液体物质受热时，其蒸气压随温度的升高而增大，当达到与外界压力相等时，液体开始沸腾，此时的温度就是该液体物质的沸点。显然液体物质沸点的高低与其承受的外界压力有关。外界压力不同，同一液体的沸点会发生变化。通常把液体在标准大气压（101325Pa）下测得的沸腾温度定义为该液体物质的沸点。沸点是液体物质的特性参数。

在一定压力下，纯液体具有固定的沸点，此时蒸气与液体处于平衡状态，组成不变。但当液体不纯时，则沸点有一个温度稳定范围，称为沸程。对纯液体物质，其沸程一般为0.5～1℃；若含有杂质时，沸程则加大。因此沸点是液体物质纯度的重要标志。准确地测定沸点，对液体混合物的分离、提纯和正确使用，具有重要的指导意义。但应当注意，当几种物质形成恒沸物时，虽然有固定的沸点，但却不是纯净物。

### 3.1.2 测定沸点的装置

测定沸点的仪器装置如图 3-1 所示。

将盛有待测液体的试管由三颈烧瓶的中口放入距瓶底 2.5cm 处，用带有开口的橡皮塞加以固定。三颈烧瓶内盛放浴液，其液面应略高于试管中待测试样的液面。将一支分度值为 0.1℃的测量温度计通过侧面开口的橡皮塞固定在试管中距试样液面约 2cm 处，测量温度计的露茎部分与一支辅助温度计用小橡胶圈套在一起。三颈烧瓶的一侧口可以放入一支温度计，以测浴液温度，另一侧口用塞子塞住。

该装置是国家标准中规定的沸点测定装置，测得的沸点经温度、压力、纬度和露茎校正后，准确度较高，主要用于精密度要求较高的实验中。一般情况下，可以采用普通蒸馏装置测定液体物质的沸点（见本书 2.6.1）。

### 3.1.3 测定沸点的方法

(1) *安装仪器* 将三颈烧瓶固定在铁架台上，装入浴液（可用浓硫酸或甘油），约占烧瓶容积的 1/2。然后按图 3-1 所示安装盛待测液的试管、测量温度计和辅助温度计。注意温度计刻度值应置于塞子开口侧并朝向操作者，辅助温度计用橡胶圈固定在测量温度计上，其水银球位于测量温度计露出胶塞以上的水银柱中部。最后在三颈烧瓶的两侧口分别装上普通温度计和塞子。

(2) *测定沸点* 选择适当的热源加热，当试管中的试液开始沸腾，测量温度计的示值保持恒定时，即为该待测液体的沸点。记录测量温度计和辅助温度计的示值、露茎高度、室温和大气压。

*(3) *沸点测定值的校正* 实验中测得的沸点值经如下公式校正，便可得准确值。

$$t=t_1+\Delta t_2+\Delta t_3+\Delta t_p \tag{3-1}$$

$$\Delta t_3=0.00016h\ (t_1-t_4)$$

$$\Delta t_p=CV(1013.25-p_0)$$

$$p_0=p_t-\Delta p_1+\Delta p_2$$

式中 $t$——准确沸点值,℃；

$t_1$——观测温度，即测量温度计的读数,℃；

$\Delta t_2$——测量温度计本身示值校正值,℃；

$\Delta t_3$——测量温度计露茎校正值,℃；

$\Delta t_p$——沸点随气压变化校正值,℃；

$t_4$——测量温度计露茎部分的平均温度（即辅助温度计的读数）,℃；

$h$——测量温度计露茎部分的水银柱高度（以温度计的刻度数值表示）；

$CV$——沸点随气压的变化率,℃/hPa，可由附录 13 查出；

$p_0$——0℃时的气压，hPa；

$p_t$——室温时的气压，hPa；

$\Delta p_1$——由室温时之气压换算至 0℃时气压之校正值，hPa，可由附录 13 查出；

$\Delta p_2$——纬度重力校正值，hPa，可由附录 14 查出；

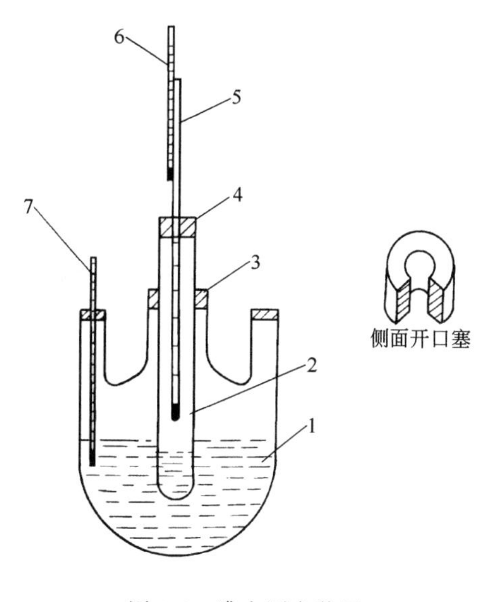


图 3-1 沸点测定装置

1—三颈烧瓶；2—试管；3，4—侧面开口塞；5—测量温度计；6—辅助温度计；7—温度计

0.00016——水银对玻璃的膨胀系数。

## 实验 3-1 液体沸点的测定

**预习指导**

(1) 实验前，认真阅读“3.1 沸点的测定技术”等内容。

(2) 通过有关资料查出环己烷、丙酮、乙醇和1,2-二氯乙烷等液体物质沸点的文献值。

**【目的要求】**

(1) 了解测定沸点的意义和方法；

(2) 初步掌握液体沸点测定装置的安装和操作方法；

(3) 熟悉温度计校正的意义和方法。

**【实验用品】**

三颈烧瓶（500mL） 电热套

试管 调压器

开口橡皮塞 环己烷（A.R.）

甘油（或浓硫酸） 未知样（可选用丙酮、乙醇或1,2-二氯乙烷等）

测量温度计（100℃，分度值0.1℃；100℃、200℃，分度值1℃）

**【实验步骤】**

**(1) 安装仪器** 在三颈烧瓶中加入250mL甘油作浴液，将约2mL环己烷加入试管中。按图3-1所示安装沸点测定装置。

**(2) 测定沸点** 用电热套加热，并控制温度上升速度为4～5℃/min，直至试管中液体沸腾。维持恒定电压，控制加热温度，待测量温度计的示值一定时间内保持恒定时，记录测量温度计和辅助温度计数值，然后停止加热。

**(3) 测定未知样的沸点** 待浴液温度降至40℃以下时，换上盛有未知样的试管，用同样的方法测定其沸点。

**(4) 拆除装置** 测定结束后，将浴液冷却至接近室温，再拆除装置，将甘油和测试液分别装入指定的回收容器中，然后将所用仪器清洗干净。

***【数据记录与处理】（作为一般实验训练，可只记录测量结果，不必进行校正。）**

**(1) 数据记录** 将实验中测得各项数据填入下表。

| 样 品 | 测量温度计读数 $t_1$/℃ | 辅助温度计读数 $t_4$/℃ | 气压计读数 $p_1$/hPa | 室温/℃ | 露茎 $h$ |
|---|---|---|---|---|---|
| 环己烷 | | | | | |
| 未知样 | | | | | |

**(2) 数据处理** 按3.1.3中所述方法对测得的沸点进行校正，结果填入下表。

| 样 品 | 实测沸点/℃ | 校正沸点/℃ | 文献值/℃ |
|---|---|---|---|
| 环己烷 | | | |
| 未知样 | | | |

**实验指南与安全提示**

**(1) 国家标准规定的沸点测定中，浴液为浓硫酸。为安全起见，建议实验中选用甘油为浴液。**

**(2) 更换被测物质时，应将测量温度计洗净、擦干，以免影响下一待测物测量值的准确性。**

**(3) 盛装被测液体的试管应洁净干燥，否则因为杂质的影响使测定结果有失准确。**

**(4) 实验结束后，勿将热温度计立即用冷水冲洗，以免使温度计炸裂。**

***(5) 测量温度计在使用前需进行示值校正。方法是在高精密度恒温槽中（由实验室统一配置一套），将测量温度计与具有同样量程的标准温度计比较，求出校正值。**

**思 考 题**

(1) 测量温度计应安装在什么位置上？能否插入液面下？为什么？

(2) 为什么使用有侧面开口的塞子固定试管和测量温度计？

(3) 测定几种物质的沸点时，为什么待浴液降温后再更换被测物质？

(4) 实验过程中，升温过快或过慢，对测定结果有什么影响？

(5) 测得某种液体有固定的沸点，能否认为该液体是单纯物质？为什么？

## 3.2 熔点与凝固点的测定技术

固体物质受热从固态转变为液态的过程，叫熔化。液体物质降温或冷却，从液态转变为固态的过程叫凝固。对同一种物质而言，熔化与凝固的温度相同，只是过程相反。

### 3.2.1 熔点的测定

#### 3.2.1.1 熔点及其测定的意义

熔点是指固体物质在大气压力下，固-液两态达到平衡时的温度。

纯固体物质从开始熔化（始熔）至完全熔化（全熔）的温度范围叫做熔程或熔点范围。实验中测得的熔点往往不是一个温度点，而是被测物质的熔程。纯品的熔点不仅有固定值，其熔程也很小，一般为0.5～1℃。如果含有杂质，熔点就会降低，熔程则显著增大。

大多数有机化合物的熔点比较低，一般不会超过400℃，比较容易测定。因此熔点测定是检验有机化合物纯度、鉴别未知物的良好手段，同时还可以通过测定若干高纯度标准有机化合物的熔点，进行温度计的校正。

在鉴别未知物时，如果测得的熔点与某已知物的熔点相同（或接近），并不能就此完全确认它们为同一化合物。因为有些不同的化合物却具有相同或相近的熔点，如尿素和肉桂酸的熔点都是133℃。为了加以判断，可将二者按不同比例混合，测定其混合物的熔点，若熔点保持不变，则可认为是同一物质。否则，便是不同物质。

#### 3.2.1.2 测定熔点的装置

熔点的测定是将固体样品装在熔点管（一端封熔的毛细管）中，通过热浴间接加热进行的。测熔点的热浴装置又称熔点浴。常用的熔点浴有以下两种。

（1）双浴式　双浴式熔点测定装置如图 3-2 所示。将试管通过一侧面开口的胶塞固定在 250mL 圆底烧瓶中距瓶底约 1.5cm 处，烧瓶内盛放约占其容积 2/3 的浴液。将装样品的熔点管用小橡胶圈固定在分度值为 0.1℃的测量温度计上，样品部分紧靠水银球中部。再将温度计通过一侧面开口的胶塞固定在试管中距管底约 1cm 处，试管中可加入浴液或不加浴液（空气浴）。另将一辅助温度计用小橡胶圈固定在测量温度计的露茎部分。

双浴式熔点测定装置为国家标准中规定的熔点测定装置，主要用于权威性的测定。其特点是样品受热均匀，测量温度可进行露茎校正，精确度较高。

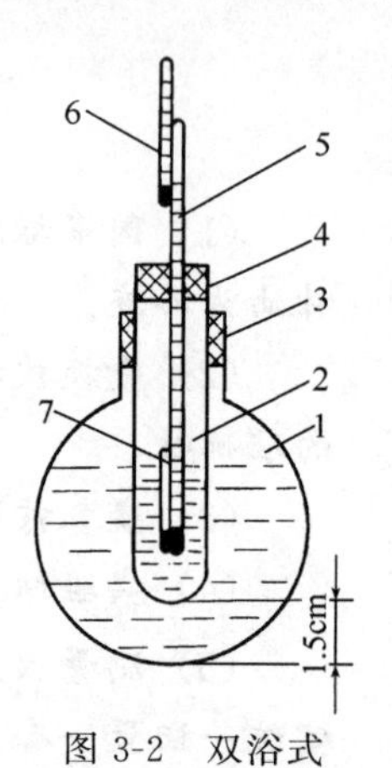


图 3-2　双浴式熔点测定装置
1—圆底烧瓶；2—试管；3,4—侧面开口塞；5—测量温度计；6—辅助温度计；7—熔点管

（2）提勒管（Thiele）式　提勒管式熔点测定装置如图 3-3 所示。提勒管又叫 b 形管，内盛浴液，液面高度以刚刚超出上侧管 1cm 为宜。加热部位为侧管顶端，这样可便于管内浴液形成良好的对流循环，保持均匀的温度分布。按照双浴式中固定温度计和熔点管的位置与方法，通过侧面开口塞将其安装在提勒管中两侧管之间。

这是目前实验室中较为广泛使用的熔点测定装置。其特点是操作简便、浴液用量少、节省测定时间，可用于一般的产品鉴定。

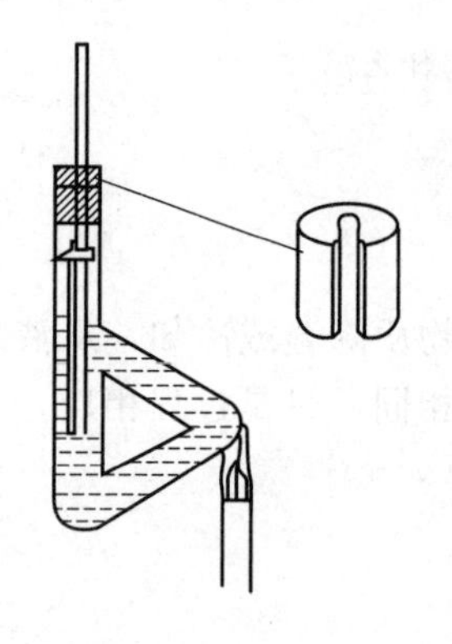

图 3-3　提勒管式熔点测定装置

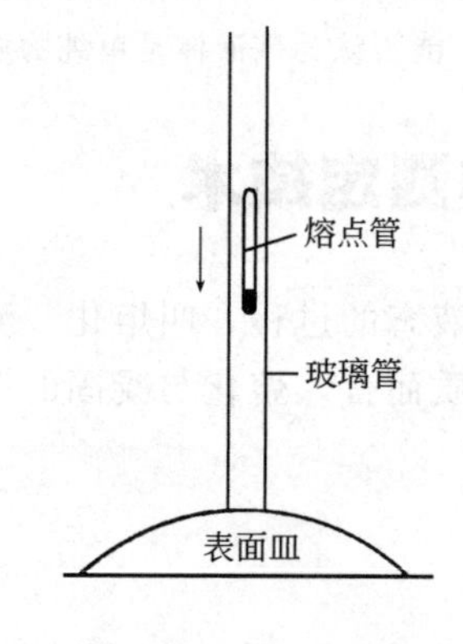


图 3-4　样品的填装

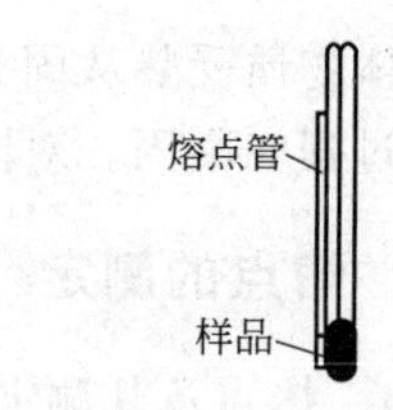


图 3-5　熔点管的位置

### 3.2.1.3　测定熔点的方法

无论采用哪种装置，测定熔点的操作方法基本相同。现以提勒管式为例加以介绍。

（1）填装样品　取约 0.1g 样品，置于干燥而洁净的表面皿中，用玻璃钉研成粉末，聚成小堆。将熔点管（毛细管）开口端向粉末堆中插入几次，使样品进入管中。再把开口端向上，轻轻在桌面上敲击，使粉末落入管底。然后取一根长约 40cm 的玻璃管，垂直竖立于一块洁净的表面皿上，将熔点管开口端向上，由玻璃管上端投入，使其自由落下。重复操作几次，样品就被紧密结实地填装在熔点管底部（如图 3-4 所示），高度为 2～3mm。

（2）安装仪器　将提勒管固定在铁架台上，装入浴液。按图 3-5 所示安装附有熔点管的温度计，温度计的刻度值应置于塞子开口侧并朝向操作者。熔点管应附于温度计侧面而不能在正面或背面，以便于操作者观察。

（3）加热测熔点　用酒精灯在提勒管弯曲处的底部加热。开始时升温可稍快，约 5℃/min。当温度升至距样品熔点约 10℃时，应将升温速度控制在 1～2℃/min，接近熔点时应更慢，上升速度约为0.5℃/min。实验过程中应密切关注熔点管内固体的变化情况。当发现样品出现潮湿或塌陷时，表明固体开始熔化，记录此时的温度，即为初熔温度。当固体完全熔化，呈透明状时，再记下此时温度，即为全熔温度。这两个温度就是该物质的熔点(或称熔点范围)。例如某化合物的初熔温度是52℃，全熔温度是53℃，则该化合物的熔点应记录为52～53℃。

测定熔点时，至少要有两次重复数据。每次测定都需重新更换熔点管，并将浴液冷却至低于样品熔点10℃以下，方可重复操作。

(4) 熔点测定值的校正　采用提勒管式测定的熔点，通常只需将测定结果进行温度计示值校正即可。若采用双浴式进行精密度较高的测定时，则需对测定结果进行温度计示值校正和露茎校正。校正公式如下：

$$t=t_1+\Delta t_2+\Delta t_3 \tag{3-2}$$
$$\Delta t_3=0.00016h(t_1-t_4)$$

式中　$t_1$——熔点测定值,℃；

$\Delta t_2$——测量温度计的示值校正值,℃；

$\Delta t_3$——测量温度计露茎校正值,℃；

$t_4$——露茎平均温度（即辅助温度计的读数),℃；

$h$——测量温度计露茎部分的水银柱的读数（以温度计的刻度值表示)。

## *3.2.2　凝固点的测定

### 3.2.2.1　凝固点及其测定的意义

凝固点也叫结晶点，是液体物质在大气压力下，液-固两态达到平衡时的温度。纯净物质的凝固点是常数，如果物质中含有杂质，其凝固点就会降低。因此可根据凝固点的测定数据，检验物质的纯度。

### 3.2.2.2　测定凝固点的装置

测定凝固点的装置如图3-6所示。由一支带有套管的大试管、温度计和烧杯组成。烧杯用来盛装冷却浴液，可根据被测物质的凝固点不同选择不同的冷却浴。当凝固点在0℃以上时，通常选用水-冰混合物做冷却浴；当凝固点在0～－20℃时，可选用盐-冰混合物做冷却浴；当凝固点在－20℃以下时，常用酒精-固体二氧化碳(干冰)混合物做冷却浴。

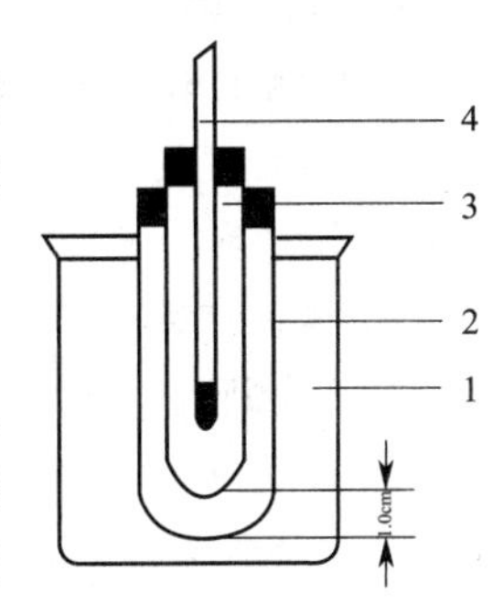

图3-6　测定凝固点装置
1—冷却液；2—套管；
3—试管；4—温度计

### 3.2.2.3　测定凝固点的方法

测定凝固点的操作程序如下。

(1) 装入样品　若样品为液体，则量取15mL，置于大试管中，直接进行测定。若样品为固体，则称取20g左右，置于大试管中，然后将试管放入适当的热浴中加热使其中的样品熔化，并使熔化后的液体继续升温10℃以上。

(2) 安装仪器　把配好塞子的温度计插入装有待测样品的大试管中，温度计水银球应浸入液面下。然后按图3-6所示安装实验装置。

(3) 测定凝固点　仔细观察试管中液体及温度计示值的变化，当液体凝固、温度保持不变1min以上时，即为该物质的凝固点。

## 实验 3-2 固体熔点的测定

**预习指导**

(1) 实验前，认真阅读“3.2.1 熔点的测定”。

(2) 通过有关资料查出苯甲酸、尿素、肉桂酸和乙酰苯胺的熔点文献值。

**【目的要求】**

(1) 了解熔点测定的原理及意义；

(2) 初步掌握提勒管式装置测定固体熔点的操作方法。

**【实验原理】**

本实验以甘油为浴液，采用提勒管式测定装置，分别测定苯甲酸和未知物的熔点。根据未知物的熔点，推测可能的化合物，并向实验教师索取该化合物，然后将其与未知样品等量混合，测定熔点，以确认测定结果。

**【实验用品】**

| | |
|---|---|
| 提勒管 | 表面皿 |
| 毛细管 | 酒精灯 |
| 温度计（250℃） | 苯甲酸（A. R.） |
| 玻璃管（40cm） | 甘油 |
| 玻璃钉 | 未知物（可选用尿素、肉桂酸、乙酰苯胺等） |

**【实验步骤】**

**(1) 测定苯甲酸的熔点**

① 熔点管的制作　取长度约为 15cm，直径为 1～1.2mm，两端封熔的毛细管，用砂片从中间划一下，并轻轻折断，即制得两支熔点管。

② 填装样品　取约 0.1g 苯甲酸，放入洁净干燥的表面皿中，用玻璃钉或玻璃棒研细。按 3.2.2 中所述的方法填装两支熔点管。

③ 安装仪器　将提勒管固定在铁架台上，高度以酒精灯火焰可对侧管处加热为准。在提勒管中装入甘油，液面与上侧管平齐即可[1]。按 3.2.1.2 中所述方法将附有熔点管的温度计安装在提勒管中两侧管之间[2]。

④ 加热测熔点　用酒精灯在侧管底部加热，控制升温速度约为 5℃/min，当温度升至近 110℃时，移动酒精灯，使升温速度减慢至约 1℃/min，接近 120℃时，将酒精灯移至侧管边缘处缓慢加热，使温度上升更慢些。注意观察熔点管中样品的变化，记录初熔和全熔的温度。样品全熔后，撤离并熄灭酒精灯。待温度下降 10℃以上后，取出温度计，将熔点管弃去[3]，换上另一支盛有样品的熔点管，重复测定一次。

**(2) 测定未知样的熔点**　取未知样一份，在洁净干燥的表面皿上研细后，填装 3 支熔点管。待甘油浴的温度降到 100℃以下后，按上述方法测定未知样的熔点。先快速升温粗测一次，得到粗略熔点后，再精测两次。

根据所测熔点，推测可能的化合物，并向指导教师索取该化合物，测定其熔点。若测得熔点与未知样相同，再将其与未知样混合并测定混合样的熔点，观察其熔程，确认测定结果。

【数据记录与处理】

| 样品 | 测定值/℃ | | 平均值/℃ | 文献值/℃ |
|---|---|---|---|---|
| 苯甲酸 | 第一次 | | | |
| | 第二次 | | | |
| 未知样 | 第一次 | | | |
| | 第二次 | | | |
| 确认样 | 第一次 | | | |
| | 第二次 | | | |
| 混合样 | 第一次 | | | |
| | 第二次 | | | |

注释 [1] 甘油黏度较大，挂在壁上的流下后就可使液面超过侧管。另外，受热膨胀也会使液面升高。

[2] 由于侧管内浴液的对流循环作用，提勒管中部的温度变化较稳定，熔点管在此位置受热较均匀。

[3] 已测定过熔点的样品，经冷却后虽然固化，但不能用作第二次测定。因为有些物质受热后，会发生部分分解，还有些物质会转变成具有不同熔点的其他结晶形式。

**实验指南与安全提示**

**(1) 若熔点管不洁净或样品不干燥，或含有杂质，会使熔点偏低，熔程变大。**

**(2) 样品一定要研得很细，且装样要实。否则空隙会影响测定结果的准确性。样品量要适当，太少不便观察，太多可能造成熔程增大。**

**(3) 固定熔点管的橡胶圈不可浸没在浴液中，以免被浴液溶胀而使熔点管脱落。**

**(4) 测试结束后，温度计不宜马上用冷水冲洗；浴液应冷却至室温后方可倒回试剂瓶中，否则将造成温度计或试剂瓶炸裂。**

**思考题**

(1) 为什么通过熔点测定可以检验晶体物质的纯度？

(2) 如果测得某一未知物的熔点与某已知物的熔点相同，能否确认它们为同一化合物？为什么？

(3) 测定熔点时，若有下列情况将产生什么结果？

① 熔点管壁太厚；

② 熔点管不洁净；

③ 样品未完全干燥或含有杂质；

④ 样品研得不细或装得不紧密。

## 3.3 密度的测定技术

### 3.3.1 密度及其测定原理

在一定温度下，单位体积物质的质量称为该物质的密度。常用符号 $\rho$ 表示：

$$\rho=\frac{m}{V} \tag{3-3}$$

式中　$m$——物质的质量，kg；

$V$——物质的体积，$m^3$。

显然，测定物质的质量和体积，便可求算出其密度。质量可由天平测量，体积常采用比较法测得。比较法是以纯水作为参比物质，通过称量一定温度下等体积的水和待测物质的质量，再根据水的密度，确定水的体积（也是待测物质的体积），进而求算出待测物质的密度。计算公式如下：

$$\rho_{测}=\frac{m_{测}}{m_{水}}\rho_{水} \tag{3-4}$$

式中　$\rho_{测}$——待测物质的密度，$kg/m^3$；

$\rho_{水}$——测量温度下水的密度（水在不同温度下的密度可由有关手册中查出），$kg/m^3$；

$m_{测}$——待测物质的质量，kg；

$m_{水}$——水的质量，kg。

在实际中，也常使用相对密度。相对密度是指在一定温度下，物质的质量与等体积纯水质量的比值（无量纲）。通常文献中所记录的相对密度数据是20℃时某物质的质量与同体积水在4℃时的质量比，以符号 $d_4^{20}$ 表示。

## 3.3.2　测定密度的方法

密度是物质的重要物理参数之一。根据密度可以鉴别不同的化合物，检验化合物的纯度，在物质的萃取、分离等过程中具有重要意义。测定液体物质的密度常用下列两种方法。

### 3.3.2.1　密度计法

密度计法是工业上常用的一种测定液体相对密度的方法。有轻表和重表两种。轻表用于测密度小于 $1kg/m^3$ 的液体的密度，重表用于测量密度大于 $1kg/m^3$ 的液体的密度。

密度计法的特点是操作简便，可直接读数。适用于样品量多，而测定结果又不需要十分精确的场合。

密度计是根据阿基米德浮力原理设计的，本身是一支中空玻璃浮柱，上部有刻度线，下部装有铅粒形成重锤，能使其直立于液体中。液体的密度越大，密度计在液体中漂浮越高。一套密度计由量程不同的多支组成，如图3-7所示。每一支密度计都有相应的密度测量范围，可以根据待测液体密度大小的不同选择使用其中的一支。

测定时，通常是将被测液体盛放在适当容积的量筒内，然后小心地将密度计垂直插入待测溶液中，注意不要与容器壁接触。待稳定后，直接从密度计上读取液体的相对密度。读数时，视线应与液面及密度计刻度在同一水平线上。如图3-8所示。

### 3.3.2.2　密度瓶法

密度瓶法可以准确测定非挥发性液体及固体的密度。常见的密度瓶如图3-9所示。

图3-9(a) 所示精密密度瓶为国家标准规定使用的密度瓶，带有温度计。主要用于权威性的鉴定。实验室中一般采用如图3-9(b) 所示的普通密度瓶，其测定方法如下：

（1）将密度瓶洗净并干燥，连同磨口塞一起精确称量其质量 $m_0$。

（2）用新煮沸并冷却到15℃左右的蒸馏水冲洗密度瓶，然后注满（不得带入气泡），塞上磨口塞。将密度瓶置于（20±0.1)℃的恒温水浴中恒温15min以上，取出密度瓶，擦干外壁的水，并用滤纸吸去磨口塞上毛细孔溢出的水，迅速称其质量 $m_{水}$。

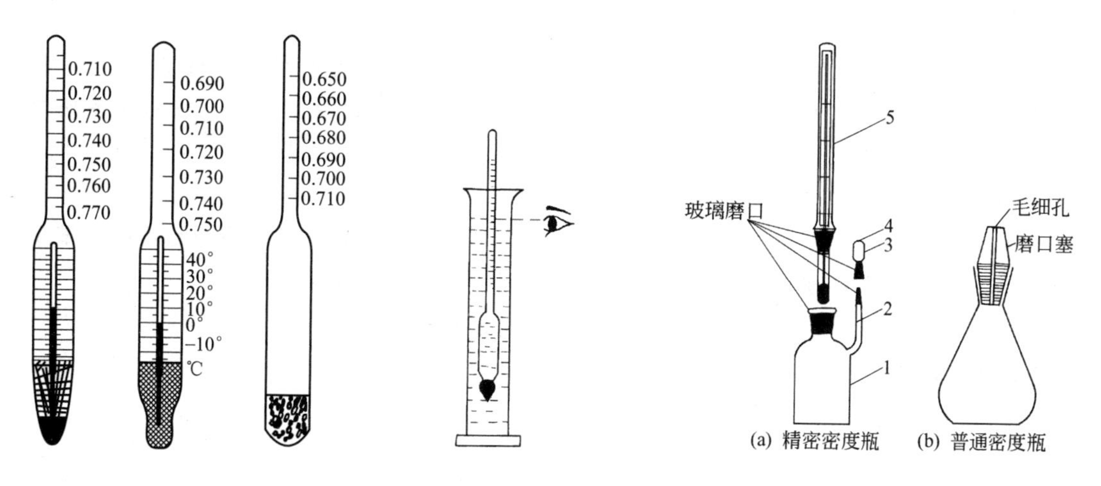


图 3-7　不同量程的密度计

图 3-8　密度计的使用

图 3-9　密度瓶

1—密度瓶主体；2—侧管；3—侧孔；4—侧孔罩；5—温度计

（3）将密度瓶中的水倒出，迅速干燥后用待测液体代替水，重复以上操作，称量待测液体的质量 $m_{测}$。

（4）按下式计算待测液体的密度：

$$\rho_{测}^{20}=\frac{m_{测}-m_0}{m_{水}-m_0}\times 998.2071 \tag{3-5}$$

式中　998.2017——20℃时蒸馏水的密度，$kg/m^3$。

## *实验 3-3　液体密度的测定

**预习指导**

实验前，认真阅读“3.3 密度的测定技术”“附 1 恒温槽及其使用”和“附 2 电子分析天平及其使用”等内容。

**【目的要求】**

（1）了解密度瓶法测定液体密度的原理，掌握其测定方法；

（2）初步掌握电子天平和恒温槽的使用方法。

**【实验原理】**

在 20℃时，分别测定充满同一密度瓶的水及苯甲醇的质量，由水的质量和密度可以确定水的体积，亦即苯甲醇的体积，再由苯甲醇的质量和体积计算出其密度。

**【实验用品】**

| | |
|---|---|
| 恒温槽 | 滤纸 |
| 电子分析天平 | 蒸馏水 |
| 普通密度瓶（25mL） | 苯甲醇（A. R.） |

**【实验步骤】**

（1）调节恒温槽水浴温度　按附 1 所述的方法，将恒温槽水浴温度调节并恒定在（20±0.1）℃。

（2）**称量密度瓶** 取洁净干燥的密度瓶，在电子分析天平上称量其质量 $m_0$。

（3）**称量蒸馏水** 将蒸馏水煮沸并冷却至15℃，用此蒸馏水冲洗密度瓶2～3次，然后注满蒸馏水，塞上磨口塞（保证瓶内无气泡），将密度瓶浸入恒温水浴中（注意不要使恒温槽中的水没过磨口塞）。恒温15min后，取出密度瓶，用滤纸吸去塞上毛细孔溢出的水，并擦干外壁，同时称得密度瓶质量为 $m_{水}$。

（4）**称量苯甲醇** 倒掉瓶中水，用热风吹干或置于烘箱中烘干，待冷却后用少量苯甲醇洗涤2次，然后注满密度瓶，塞上磨口塞，浸入恒温水浴中，恒温15min。

取出密度瓶，擦净瓶体外部的水和苯甲醇，迅速称量其质量 $m_{苯甲醇}$。

**【数据处理】**

按下式计算苯甲醇的密度：

$$\rho^{20}_{苯甲醇}=\frac{m_{苯甲醇}-m_0}{m_{水}-m_0}\times 998.2071$$

## 实验指南与安全提示

**（1）为减少温度变化所引起的误差，称量操作尽可能迅速。**

**（2）若实验使用精密密度瓶，带温度计的磨口塞不能烘烤，可用热风吹干。**

## 思考题

（1）测定密度时为什么要用恒温水浴？为什么要用参比液体？

（2）密度瓶中若有气泡，会使测定结果偏高还是偏低？为什么？

（3）注满样品的密度瓶若恒温时间过短，对实验结果会产生什么影响？

## 附1 恒温槽及其使用

恒温槽是实验室中常用的控温装置。它由浴槽、加热器、搅拌器、温度计、感温元件、恒温控制器等组成，如图3-10所示。

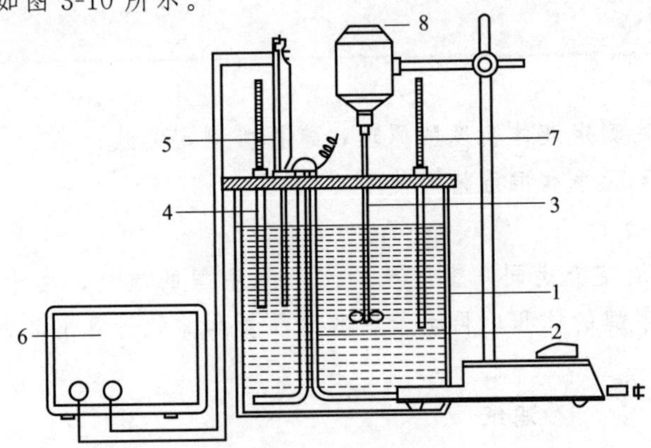


图3-10 恒温槽

1—浴槽；2—加热器；3—搅拌器；4—1/10℃的温度计；
5—接点温度计；6—电子继电器；
7—贝克曼温度计；8—马达

使用恒温槽时，按下列程序进行操作：

① 轻轻旋转接触温度计的调节帽，将指示铁调至比欲恒定温度低1～2℃处。

② 缓慢开动搅拌器，以中速搅拌。

③ 接通加热器电源，开始加热（继电器的红色指示灯亮）。

④ 观察测试温度计所指示的温度，当继电器绿色指示灯亮（停止加热）但温度尚未达到需要值时，则向上微调接点温度计的指示铁，使铂丝与水银柱断开，继电器红色指示灯亮，加热器继续加热，直到继电器绿色指示灯亮，测量温度计指示值恰好为需要温度为止。反之，继电器红色指示灯亮，而浴液已达到需要的温度值时，则向下微调指示铁，使之停止在绿灯刚亮的位置上。

⑤ 当浴液正好处于所需要的温度时，左右微调接点温度计的调节帽，若继电器指示灯红绿交替闪亮，此温度便基本恒定（±0.1℃），这时应旋紧调节帽上的固定螺钉，以防实验过程中不慎触及调节帽，使恒定温度发生变化。

附2　电子分析天平及其使用

电子分析天平如图3-11所示，是物质称量中唯一可自动测量、显示甚至可自动记录、打印结果的天平。它具有精度高、称量方便、迅速、读数准确、自动校正和自动去皮重等特点，可将物质准确称量至0.0001g。其称量操作步骤如下：

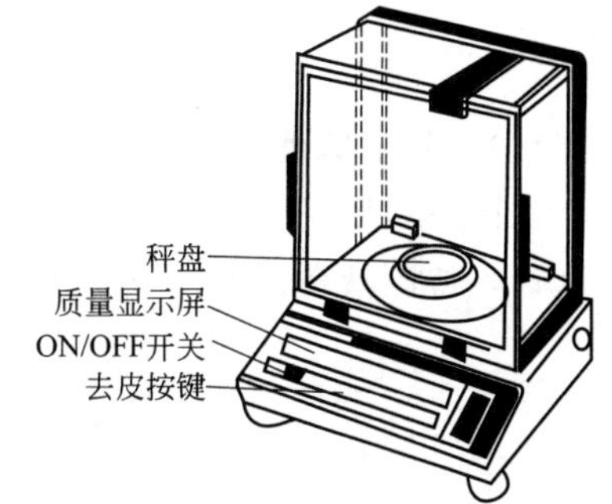

图3-11　电子分析天平

(1) 检查　使用前检查天平是否水平，调整水平。

(2) 预热　称量前将天平开关键扳向“OFF”位置，然后接通电源预热20min（或按说明书要求）。

(3) 校正　将开关键扳向校正“CAL”，此时天平显示“C”和占用符号“0”。稍过片刻，当显示“cC”时，则表示校正完毕。

(4) 去皮　将天平开关键扳向“ON”位置，待显示稳定的零点后，将预盛放样品的器皿置于秤盘上，关好防风门。轻按去皮键“TARE”，使天平显示值为0.0000。

(5) 称量　将盛放样品的器皿置于秤盘上，关好防风门。当数字和“g”同时稳定显示时，读数即为称量值。

(6) 清洁　污染时用含少量中性洗涤剂的柔软布擦拭，勿使用有机溶剂和化纤布。

## *3.4　黏度的测定技术

黏度是流体内部阻碍其相对流动的一种特性，以阻力的形式表现出来。这种阻力来自于液体的内摩擦力或黏滞力。内摩擦力或黏滞力越大，黏度越大。可见，流体的黏度是流体内摩擦力的度量。常用符号$\eta$表示，单位为Pa·s（帕·秒）。

黏度是液体物质的重要物理参数之一，其值的大小与温度有关，不同温度下测得的黏度值差异较大。

测定液体黏度的仪器较为常用的是毛细管黏度计。

### 3.4.1　毛细管黏度计及其测定原理

#### 3.4.1.1　毛细管黏度计

常用的毛细管黏度计有乌氏黏度计、改良乌氏黏度计、平氏黏度计等（见图3-12），均为玻璃材质。所测得的黏度范围在 $4\times10^{-4}\sim16\text{Pa}\cdot\text{s}$ 之间。具有结构简单，价格低廉，样品用量少，测定精度高等特点。

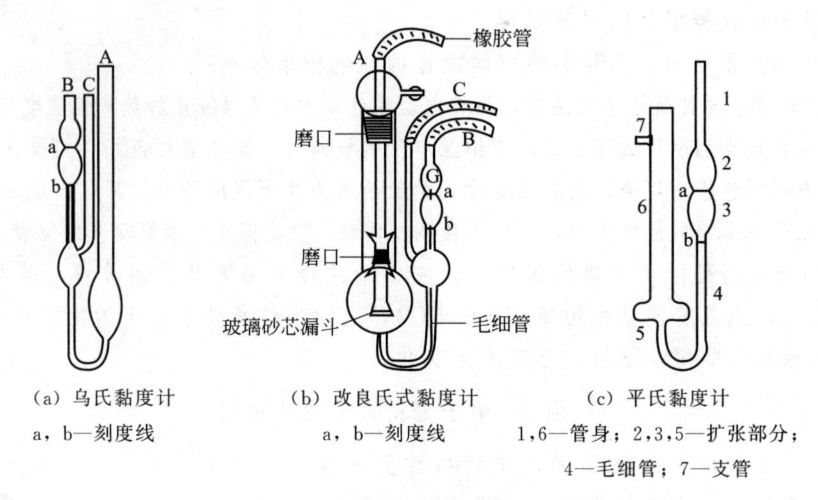


(a) 乌氏黏度计
a，b—刻度线

(b) 改良氏式黏度计
a，b—刻度线

(c) 平氏黏度计
1,6—管身；2,3,5—扩张部分；4—毛细管；7—支管

图 3-12 毛细管黏度计

### 3.4.1.2 测定原理

在同一温度下，等体积的待测液体和参比液体靠自身重力作用，分别流经同一支毛细管黏度计，待测液体的黏度（$\eta_{测}$）与参比液体的黏度（$\eta_{参}$）之间有下列关系：

$$\frac{\eta_{测}}{\eta_{参}}=\frac{\rho_{测}t_{测}}{\rho_{参}t_{参}} \qquad 即 \qquad \eta_{测}=\eta_{参}\frac{\rho_{测}t_{测}}{\rho_{参}t_{参}} \tag{3-6}$$

式中 $\rho_{测}$，$\rho_{参}$——待测液体和参比液体在测定温度下的密度，$\text{kg/m}^3$；

$t_{测}$，$t_{参}$——待测液体和参比液体在毛细管黏度计中流过相同体积时所用的时间，s。

若已知 $\eta_{参}$ 和 $\rho_{参}$，则测定 $t_{测}$、$t_{参}$ 和 $\rho_{测}$，便可求算出 $\eta_{测}$。其中 $t_{测}$ 和 $t_{参}$ 可在液体流经毛细管黏度计中 a～b 两刻度区间时测得；$\rho_{测}$ 可用密度计或密度瓶测得，也可从有关手册中查得。

实际测量中，常用纯水作参比液体，水在不同温度下 $\eta$ 和 $\rho$ 见附录 6 和附录 8。

## 3.4.2 测定黏度的方法

这里以乌氏黏度计为例介绍黏度的测定方法。

(1) 调节温度　调节恒温槽水浴至适当温度。

(2) 测量 $t_{测}$　在洁净干燥的黏度计 B、C 管口分别套上一短橡胶管，并将 C 管上的橡胶管用夹子夹紧。从 A 管向黏度计中加入适量待测液体，然后将黏度计垂直放入恒温槽中[注意应使黏度计的上刻度线（a 线）浸入水浴液面下]，用铁夹固定。恒温 10min 后，在 B 管上用洗耳球将液体吸至高于 a 线约 2cm 处，再同时移开洗耳球和 C 管上的夹子，使液体自然下流。当液面降至 a 线时，立即按动秒表记录液面由 a 线降至 b 线的时间 $t_{测}$。如此重复操作 3 次，偏差应小于 0.3s。取 3 次的平均值。

(3) 测量 $t_{参}$　取出黏度计，将液体倒出，洗净后，装入与被测液体相同体积的蒸馏水，在恒温槽中恒温 10min。再按上述操作步骤测定水流经 a、b 线之间的时间 $t_{参}$。

(4) 计算黏度　查出测量温度时蒸馏水的密度和黏度，测定待测液体在此温度时的密度，按式(3-6) 求算待测液体的黏度。

## * 实验 3-4　液体黏度的测定

**预习指导**

实验前，认真阅读"3.4 黏度的测定技术"及"恒温槽及其使用"等内容。

**【目的要求】**

(1) 了解液体黏度的测量原理和方法；

(2) 学会使用乌氏黏度计测量液体的黏度；

(3) 掌握恒温槽的调节和使用方法。

**【实验原理】**

本实验以纯水作为参比液体，用毛细管黏度计测定乙二醇的黏度。

先分别测出 25℃时，乙二醇和水在毛细管黏度计中流经 a～b 刻度线区间所用的时间 $t_{醇}$ 和 $t_{水}$，再于同一温度下测定乙二醇的 $\rho_{醇}$，然后根据式(3-6) 计算出乙二醇的黏度 $\eta_{醇}$。水在此温度下的 $\eta_{水}$ 和 $\rho_{水}$ 可由附录 6 和附录 8 查出。

**【实验用品】**

恒温槽　　洗耳球　　橡胶管

乌氏黏度计（50mL，毛细管直径 0.4mm）　　密度计　　蒸馏水

量筒（100mL）　　秒表　　乙二醇溶液（A. R.）

**【实验步骤】**

**(1) 调节浴温**　调节恒温槽水浴温度至（25.0±0.1)℃。

**(2) 测量 $t_{醇}$**　在洁净干燥的黏度计 B、C 管口分别套上一短橡胶管，并将 C 管上的橡胶管用夹子夹紧。量取 10mL 乙二醇溶液，从 A 管注入黏度计中。然后将黏度计垂直放入恒温槽中固定好。恒温 10min 后，按 3.4.2 所述方法测定乙二醇流经黏度计中 a～b 刻度线间的时间 $t_{测}$。重复操作 3 次，偏差应小于 0.3s。取 3 次的平均值。

**(3) 测量 $t_{水}$**　取出黏度计，倒出乙二醇溶液，洗净黏度计后，装入 10mL 蒸馏水，在恒温槽中恒温 10min，再按上述操作步骤测定水流经黏度计 a～b 刻线区间所用的时间 $t_{水}$。

**(4) 测量 $\rho_{醇}$**　在洁净干燥的 100mL 量筒中加入 80mL 乙二醇溶液，将量筒浸入恒温槽中固定好。恒温 10min 后，用密度计测量乙二醇的相对密度。

**【数据记录与处理】**

(1) 将实验中测得（或查得）的数据填入下表中。

| 项　目 | 第一次测定 | 第一次测定 | 第一次测定 | 平均值 | 文献值 |
|---|---|---|---|---|---|
| $t_{醇}$/s | | | | | — |
| $t_{水}$/s | | | | | — |
| $\rho_{醇}$/(kg/m$^3$) | | | | | |
| $\rho_{水}$/(kg/m$^3$) | — | — | — | — | |
| $\eta_{水}$/(Pa·s) | — | — | — | — | |

(2) 按下式求出乙二醇的密度。

$$\eta_{醇}=\eta_{水}\frac{\rho_{醇}\ t_{醇}}{\rho_{水}\ t_{水}}$$

## 实验指南和安全提示

**（1）由于温度对黏度的影响很大，因此实验中要注意保证恒温时间，并应确保黏度计刻线及其以上 2cm 部位完全浸入水浴液面下。**

**（2）黏度计在使用之前必须用洗涤剂（如铬酸洗液）充分洗涤，应特别注意清洗毛细管部位。洗净后再用蒸馏水冲洗 2～3 次，烘干备用。**

**（3）黏度计在恒温槽中的放置一定要保持垂直；它极易折断，操作时要格外小心。**

**（4）实验过程中要用同一支黏度计测定两种液体。因为不同黏度毛细管直径大小不同，中间不得更换黏度计。**

**（5）实验操作中按动秒表的时机是影响测定结果准确性的关键所在。当液面接近刻线时，应仔细观察，准确把握按动秒表的时间。**

### 思 考 题

（1）液体的黏度与温度的关系如何？

（2）乌氏黏度计使用前为什么必须要清洗洁净并干燥？

（3）实验过程中可以用两支黏度计同时测定参比液体和待测液体的 $t_{水}$ 和 $t_{醇}$ 吗？为什么？

（4）实验中若黏度计刻线没有浸入水浴液面下，将对测定结果产生什么影响？

# 3.5 折射率的测定技术

## 3.5.1 折射率及其测定的意义

当单色光从一种介质射向另一介质时，光的速度发生变化，光的传播方向也会发生变化，这种现象称为光的折射现象，如图 3-13 所示。$\alpha$ 为入射角，$\beta$ 为折射角。光的入射角和折射角的正弦比称为折射率（又称折光率），常用 $n$ 表示。

$$n=\frac{\sin\alpha}{\sin\beta} \tag{3-7}$$

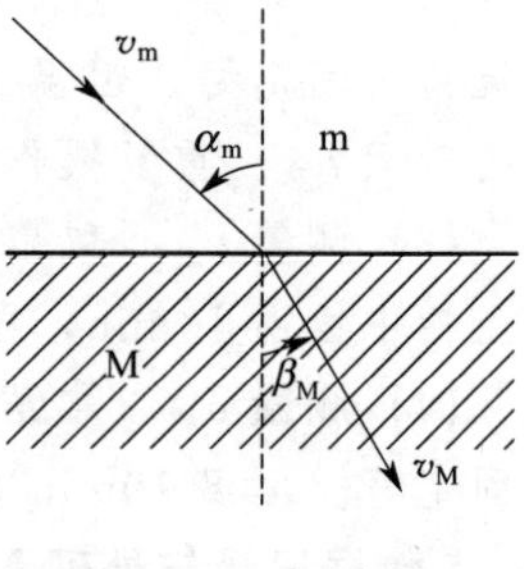

图 3-13 光的折射

若温度一定，对两种固定的介质而言，$n$ 是一个常数，它是物质的重要物理参数之一。

通过折射率的测定，可以了解物质的组成、纯度及结构等。由于测定折射率所需样品量少、测量精度高、重现性好，常用来定性鉴定液体物质或其纯度以及定量分析溶液的组成等。

一般文献中记录的物质折射率数据是 20℃时，以钠灯为光源（D 线）测定出来的，用 $n_{D}^{20}$ 表示。

## 3.5.2 折射仪及其工作原理

液体的折射率一般用阿贝折射仪进行测定。阿贝折射仪如图 3-14 所示，它是测定液体折射率最常用的仪器。

阿贝折射仪主要组成部分是两块可以闭合的直角棱镜，上面一块是光滑的，为测量棱镜，下面一块是磨砂的，为辅助棱镜，两棱镜间可铺展薄层液体。仪器上有两个目镜，左侧的为读数目镜，右侧的为测量目镜，用来观察折光情况。仪器下部有一块反射镜，光线由反射镜反射入下面的棱镜，在磨砂面上发生漫射，以不同入射角射入两个棱镜之间的液层，然后再折射到上面的棱镜。在此，一部分光线可以再经折射进入空气而到达测量目镜，另一部分光线则发生全反射。这样，在测量目镜的目镜视场中将出现明暗两个区域。调节测量目镜中的视场如图 3-15 所示发生变化，当分界线与交叉点相切时，可以从读数镜中直接读出折射率。阿贝折射仪中设有消除色散装置，因此可用钠光灯作为光源，也可直接使用日光。其测得的数据与钠 D 线所测得的一样。

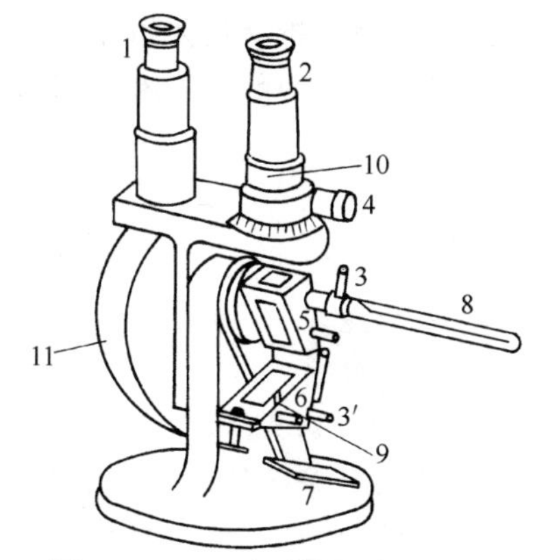


图 3-14　阿贝折射仪结构示意图

1—读数目镜；2—测量目镜；3，3′—循环恒温水龙头；4—消色散手柄；5—测量棱镜；6—辅助棱镜；7—平面反射镜；8—温度计；9—加液槽；10—校正螺钉；11—刻度盘罩

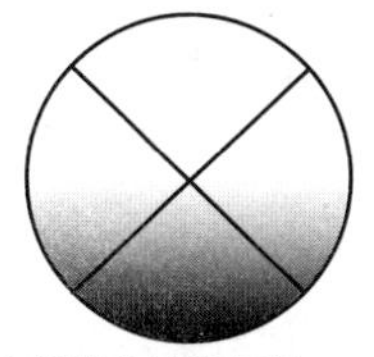

未调节右边旋钮前在右边目镜看到的图像，此时颜色是散的

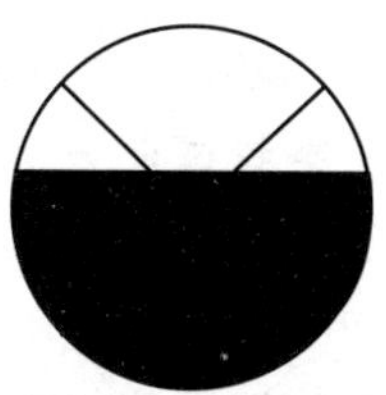

调节右边旋钮直到出现有明显的分界线为止

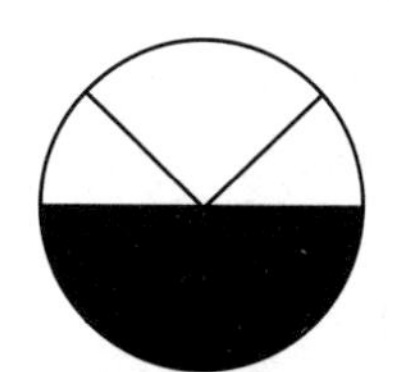

调节左边旋钮使分界线经过交叉点为止，并在左边目镜中读数

图 3-15　阿贝折射仪目镜视野图

### 3.5.3　测定折射率的方法

使用阿贝折射仪测定液体折射率方法如下：

（1）安装　将折射仪置于光线明亮处（但应避免阳光直射或靠近热源），用橡胶管将测量棱镜和辅助棱镜上保温夹套的进出水口与超级恒温槽连接起来，调到测定所需的温度，一般选用（20±0.1）℃或（25±0.1）℃。温度以折射仪上的温度计读数为准。

（2）清洗　开启辅助棱镜，用滴管滴加少量丙酮或乙醇清洗镜面（勿使尖管碰触镜面），可用擦镜纸轻轻吸干镜面（不能过分用力，更不能使用滤纸）。

（3）校正　滴加 1～2 滴蒸馏水于镜面上，关紧棱镜，转动左侧刻度盘，使读数镜内标尺读数置于蒸馏水在该温度下的折射率（不同温度下纯水的折射率见附录 7）。调节反射镜，使测量目镜中的视场最亮。调节测量镜，使视场最清晰。转动消色散手柄，消除色散。调节校正螺钉，使明暗交界线和视场中的“×”线交点对齐，即校正完毕。

（4）测量　打开辅助镜，待镜面干燥后，滴加数滴待测液体，闭合棱镜（应注意防止待测液层中存在有气泡；若为易挥发液体，可用滴管从加液槽加样），转动刻度盘罩外手柄，直至在测量目镜中观测到的视场出现半明半暗视野（应为上明下暗）。转动消色散手柄，使视场内呈现一个清晰的明暗分界线，消除色散。再次转动刻度盘罩外手柄，使临界线正好在“×”线交点上，这时便可从读数目镜中读出折射率值。一般应重复测定 2～3 次，读数差值不能超过±0.0002，然后取平均值。

(5) 维护　折射仪使用完毕，应将棱镜用丙酮或乙醇清洗，并干燥。拆下连接恒温水的胶管，排尽夹套中的水，将仪器擦拭干净，放入仪器盒中，置于干燥处。

## 实验 3-5　液体折射率的测定

**预习指导**

实验前，认真阅读"3.5 折射率的测定技术""恒温槽及其使用""1.1.4.3 实验数据的处理与表达方法"等内容以及仪器使用说明书。

**【目的要求】**

(1) 了解测定折射率的意义和方法；

(2) 初步掌握阿贝折射仪的使用方法；

(3) 初步学会用图解法处理实验数据，绘制折射率-组成曲线。

**【实验原理】**

两种完全互溶的液体形成混合溶液时，其组成和折射率之间为近似线性关系。据此，测定若干个已知组成的混合液的折射率即可绘制该混合溶液的折射率-组成浓度曲线。再测定未知组成的该混合物试样的折射率，便可以从折射率-组成曲线中查出其组成。

**【实验用品】**

| | | |
|---|---|---|
| 阿贝折射仪 | 蒸馏水 | 丙酮（A. R.） |
| 超级恒温槽 | 擦镜纸 | 乙醇（A. R.） |
| 滴瓶 | 乳胶管 | 未知样（乙醇-丙酮混合溶液） |

**【实验步骤】**

**(1) 配制不同组成的溶液**[1]　配制乙醇含量（体积分数）分别为 0、20%、40%、60%、80%、100%的乙醇-丙酮溶液各 20mL，混匀后分装在 6 只滴瓶中，贴上标签，按 1～6 顺序编号。

**(2) 安装仪器**　开启超级恒温槽，调节水浴温度为 (20±0.1)℃，然后用乳胶管将超级恒温槽与阿贝折射仪的进出水口连接。

**(3) 清洗与校正仪器**　打开辅助棱镜，滴 2～3 滴丙酮，合上棱镜，片刻后打开棱镜，用擦镜纸轻轻将丙酮吸干，再改用蒸馏水重复上述操作 2 次。然后滴 2～3 滴蒸馏水于镜面上，合上棱镜，转动左侧刻度盘，使读数镜内标尺读数置于蒸馏水在此温度下的折射率[2] ($n_D^{20}$=1.3330)。调节反射镜，使测量目镜中的视场最亮，调节测量镜，使视场最清晰。转动消色散手柄，消除色散。再调节校正螺钉，使明暗交界线和视场中的"×"线中心对齐。

**(4) 测定溶液的折射率**　打开棱镜，用 1 号溶液清洗镜面两次。干燥后滴加 2～3 滴该溶液，闭合棱镜。转动刻度盘，直至在测量目镜中观测到的视场出现半明半暗视野。转动消色散手柄，使视场内呈现一个清晰的明暗分线，消除色散。再次小心转动刻度盘使明暗分界线正好处在"×"线交点上，从读数目镜中读出折射率值。重复测定 2 次，读数差值不能超过 ±0.0002。

以同样方法依次测定 2～6 号溶液和未知组成的混合液的折射率。

**(5) 结束工作**　测定结束后，用丙酮将镜面清洗干净，并用擦镜纸吸干。拆下连接恒温槽的胶管和温度计，排尽金属套中的水，将阿贝折射仪擦拭干净，装入盒中。

**【数据记录与处理】**

(1) 将实验测定的折射率数据填入下表：

测定温度____________℃

| 折射率 | 0 | 20% | 40% | 60% | 80% | 100% | 未知样 |
| --- | --- | --- | --- | --- | --- | --- | --- |
| 第一次 | | | | | | | |
| 第二次 | | | | | | | |
| 平均值 | | | | | | | |

(2) 以组成为横坐标，折射率为纵坐标，在坐标纸上绘制乙醇-丙酮溶液的折射率-组成曲线。

(3) 从折射率-组成曲线中查出未知样的组成并填入上表中。

---

**注释** [1] 本实验不同组成的溶液也可由教师统一配制。

[2] 记录折射率时，应估读至小数点后第四位。

**实验指南和安全提示**

**(1) 阿贝折射仪不能用来测定酸性、碱性和具有腐蚀性的液体。并应防止阳光曝晒，放置于干燥、通风的室内，防止受潮。应保持仪器的清洁，严禁用油手或汗手触及光学零件。尤其是棱镜部位，在利用滴管加液时，不能让滴管碰到棱镜面上，以免划伤。**

**(2) 阿贝折射仪量程是1.3000～1.7000，精密度为±0.0001。测量时应保持恒温槽水浴温度在(20±0.1)℃范围，并注意保持恒温槽与棱镜夹套回流水的畅通，否则起不到恒温作用，也难以保证测量数据的准确性。**

**思考题**

(1) 什么是折射率？其数值与哪些因素有关？

(2) 使用阿贝折射仪应注意什么？

(3) 测定折射率有哪些实用意义？

(4) 超级恒温水浴在测定折射率中起什么作用？

## 3.6 旋光度的测定技术

### 3.6.1 旋光度及其测定的意义

一般光源发出的光，其光波在垂直于传播方向的一切方向上振动，这种光称为自然光；当光通过一种特制的尼科尔(Nicol)棱镜(由冰洲石制成，其作用就像一个光栅)时，只有与棱镜晶轴平行的平面上振动的光可以通过，这种只在一个方向上振动的光称为平面偏振光，简称偏振光，如图3-16所示。当偏振光通过具有旋光性的物质时，会使其振动平面发生一定角度的旋转。旋光物质使偏振光振动面旋转的角度称为旋光度，通常用符号$\alpha$表示。

物质的旋光度并不是一个常数，它不仅与物质的结构有关，并且与测定条件有关。为了比较不同物质的旋光性，人们定义了比旋光度的概念，规定当旋光管的长度为1dm，溶液的浓度为1g/mL时测得的旋光度叫做比旋光度，用符号［α］表示：

$$[\alpha]_{\lambda}^{t}=\frac{100\alpha}{lc} \quad (3\text{-}8)$$

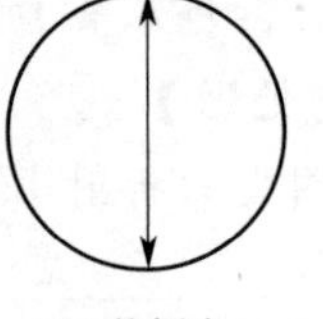


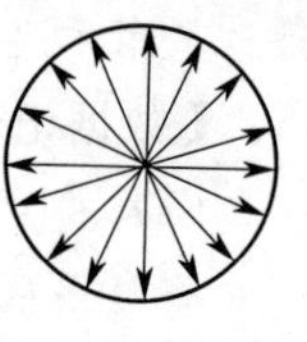


图 3-16　自然光和偏振光

纯液体的比旋光度为：

$$[\alpha]_{\lambda}^{t}=\frac{\alpha}{l\rho} \quad (3\text{-}9)$$

式中　［α］——比旋光度，(°)；

$t$——测定时的温度，℃；

$\lambda$——光源的波长，通常用钠光D线，标记为D，nm；

$l$——旋光管的长度，dm；

$c$——溶液浓度，g/100mL；

$\rho$——液体在测定温度下的密度，g/mL。

比旋光度是物质的特性常数之一。通过旋光仪测定旋光度，然后依式(3-8) 或式(3-9) 计算，可以确定旋光性物质的纯度或溶液的浓度，也可以进行化合物的定性鉴定。

### 3.6.2　旋光仪及其工作原理

旋光仪的基本原理如图3-17所示，其主要部件为起偏镜和检偏镜。

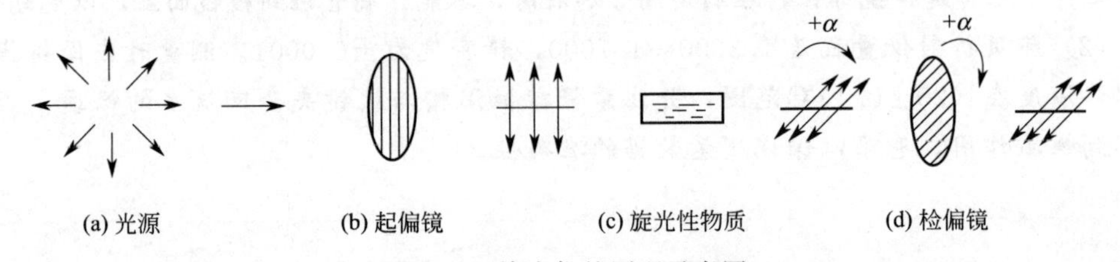


图 3-17　旋光仪的原理示意图

起偏镜，又称为第一尼科尔棱镜，其作用是将各向振动的可见光变成偏振光，即用于产生平面偏振光。检偏镜，又称为第二尼科尔棱镜，用来测定偏振光的旋转角度，它随着刻度盘一起转动。

当两块尼科尔棱镜的晶轴互相平行时，偏振光可以全部通过；当在两块棱镜之间的旋光管中放入旋光性物质的溶液时，由于旋光性物质使偏振光的振动平面旋转了一定角度，所以偏振光就不能完全通过第二块棱镜（即检偏镜）。只有将检偏镜也相应地旋转一定角度后，才能使偏振光全部通过。此时，检偏镜旋转的角度就是该旋光性物质的旋光度。如果旋转方向是顺时针，称为右旋，$\alpha$ 取正值；反之称为左旋，$\alpha$ 取负值。

为了减少误差，提高观测的准确性，在起偏镜后放置一块狭长的石英片，使目镜中能观察到三分视场，如图3-18所示。

图3-18(a) 所示视场，中间暗，两边亮；图3-18(b) 所示视场，中间亮，两边暗；图3-18(c) 所示视场，明暗度相同，三分视场消失，选择这一视场作为仪器的测量零点，在测定旋光度读数时均以它为标准。

旋光仪的读数系统包括刻度盘和放大镜。其采用双游标读数，以消除度盘偏心差。刻度盘360格，每格1°，游标分为20格，等于度盘19格，用游标直接读数到0.05°，如图3-19所示，读数应为右旋9.30°。

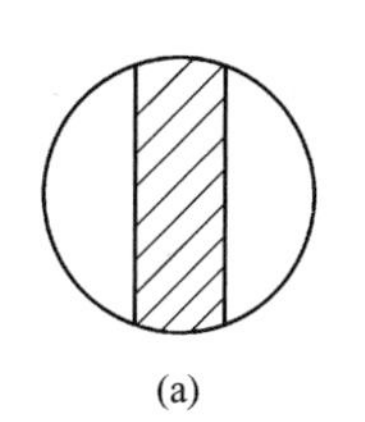

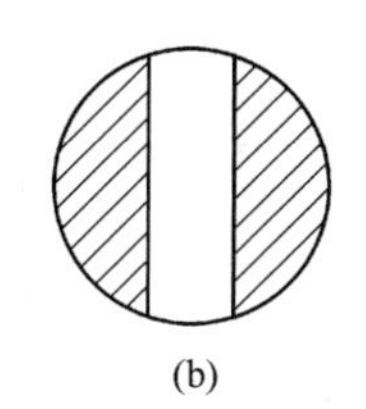

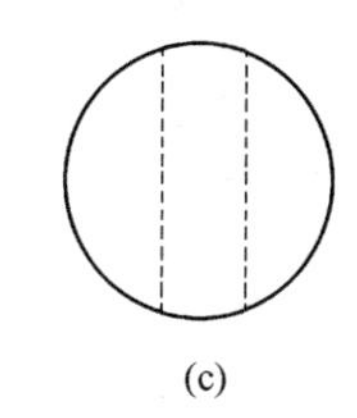


图 3-18　三分视场

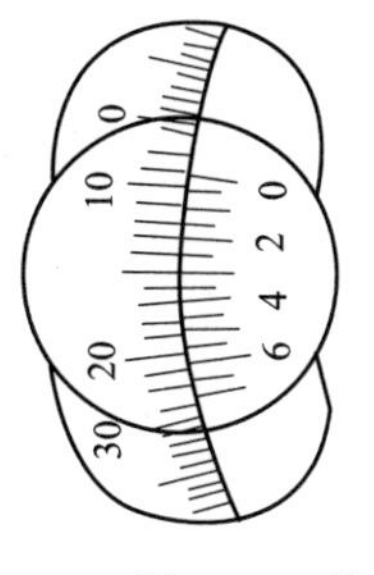
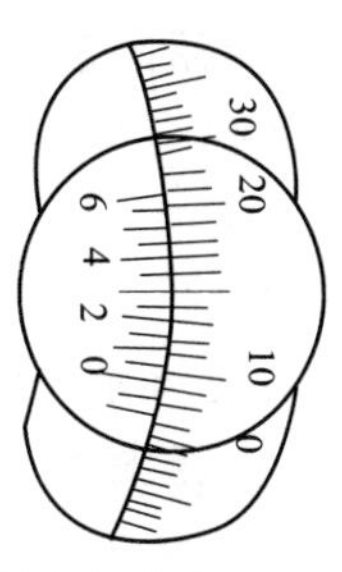

图 3-19　旋光仪刻度盘读数

### 3.6.3　测量旋光度的方法

（1）仪器预热　先接通电源，开启旋光仪上的电源开关，预热 5min。使钠光灯发光强度稳定。

（2）零点校正　将旋光管用蒸馏水冲洗干净，再装满蒸馏水，旋紧螺帽，擦干外壁的水分后，放入旋光仪中。转动刻度盘，使目镜中三分视场界线消失，观察刻度盘的读数是否在零点处，若不在零点，说明仪器存在零点误差，需测量三次取平均值作为零点校正值。

（3）样品测定　取出旋光管，倒出蒸馏水，用待测溶液洗涤 2～3 次。在旋光管中装满该待测溶液，擦干外壁后放入仪器中。转动刻度盘，使目镜中三分视场消失（与零点校正时相同），记录此时刻度盘的读数，加上（或减去）校正值即为该溶液的旋光度。

（4）结束测定　全部测定结束后，取出旋光管，倒出溶液，洗净备用。关闭旋光仪电源。

## 实验 3-6　蔗糖水解过程旋光度的测定

**预习指导**

实验前，认真阅读“3.6 旋光度的测定技术”和“恒温槽及其使用”等内容以及仪器使用说明书。

**【目的要求】**

（1）了解旋光度的测定原理和方法；

（2）初步掌握旋光仪的使用方法。

**【实验原理】**

在酸的催化下，蔗糖发生水解反应生成葡萄糖和果糖。

$$\underset{\text{蔗糖}}{C_{12}H_{22}O_{11}} + H_2O \xrightarrow{H^+} \underset{\text{葡萄糖}}{C_6H_{12}O_6} + \underset{\text{果糖}}{C_6H_{12}O_6}$$

蔗糖是右旋性物质，其比旋光度 $[\alpha]_D^{20} = +66.6°$；葡萄糖也是右旋性物质，其比旋光度 $[\alpha]_D^{20} = +52.5°$；果糖是左旋性物质，其比旋光度 $[\alpha]_D^{20} = -91.9°$。由于生成物中果糖的左旋性比葡萄糖的右旋性大，因此随着水解反应的进行，溶液的右旋角逐渐减小，最后经过零点变成左旋。旋光度与浓度成正比，并且溶液的旋光度为溶液中各组分的旋光度之和。本实验用旋光仪跟踪测定蔗糖水解过程中溶液旋光度的变化，可据此了解反应过程中溶液内各组分浓度的变化情况。

【实验用品】

| | |
|---|---|
| 旋光仪 | 容量瓶（50mL） |
| 电子天平 | 烧杯（100mL） |
| 恒温槽 | 蔗糖（A. R.） |
| 磨口锥形瓶（100mL） | 盐酸溶液（3mol/L） |

【实验步骤】

(1) 调节恒温槽　将恒温槽调节到（20.0±0.1)℃。然后将实验用蒸馏水置于其中恒温10～15min。

(2) 配制试样溶液　准确称取5.0000 g蔗糖于烧杯中，加入15mL蒸馏水，溶解后转移至50mL容量瓶中。用少量水淋洗烧杯两次，淋洗液并入容量瓶，再加入20mL盐酸溶液，用水稀释至刻度，混匀。将此溶液倒入磨口锥形瓶中，盖好瓶塞，置于恒温槽中恒温10～15 min。

(3) 仪器预热及零点校正　先接通电源，开启旋光仪上的电源开关，预热5 min。将旋光管用恒温至（20±0.1)℃的蒸馏水冲洗干净，再装满该蒸馏水，放入旋光仪中。按3.6.3所述方法对仪器零点进行校正，并记录校正值。

(4) 样品测定　取出旋光管，倒出蒸馏水，用恒温至（20±0.1)℃的蔗糖溶液洗涤2～3次。在旋光管中装满该蔗糖溶液，擦干管壁后放入仪器中，测定旋光度，记录测定时间和旋光度。以后每隔5min测定并记录一次，连续测定1h，直到旋光度不再改变。每次测定的读数要减去蒸馏水的校正值才是真正的旋光度值。

(5) 结束工作　测定完成后，倒出溶液，将旋光管内外用蒸馏水洗净、擦干，关闭旋光仪电源，盖好外罩。

【数据记录与处理】

将实验数据及计算结果填入下表［比旋光度按式(3-9) 计算］。

测定温度__________℃　　溶液浓度__________g/100mL

| 时间 | | | | | | | | | | | | |
|---|---|---|---|---|---|---|---|---|---|---|---|---|
| $\alpha$ | | | | | | | | | | | | |
| $[\alpha]_D^{20}$ | | | | | | | | | | | | |

**实验指南及安全提示**

**(1) 旋光仪的各镜面不能与硬物接触，同时应保持清洁，要防止酸、碱、油污等的沾污。不能随便拆卸仪器，以免影响精度。**

**(2) 有时，虽然目镜中三分视场消失，但所观察到的视场十分明亮，且无论向左或向右旋转刻度盘，都不能立即出现三分视场，这种现象称为“假零点”，此时不能读数。**

**(3) 旋光仪管中盛装待测液体（含蒸馏水）时，不能有气泡，否则会影响测定结果的准确性。**

**(4) 蔗糖水溶液需现配制。因为蔗糖水解为等摩尔的葡萄糖和果糖，随水解的进行比旋光度会发生改变。**

**(5) 旋光度和温度有关。对大多数物质，用λ=589.3nm（钠光）测定，当温度升高1℃时，旋光度约减少0.3%。故最好能在恒温［一般为（20±0.1)℃］的条件下进行。**

## 思 考 题

(1) 偏振光与自然光有什么不同?

(2) 什么叫做旋光度? 物质的旋光度是根据什么原理进行测定的?

(3) 向旋光管中添加待测液体时, 为什么不可带进空气泡?

# *3.7 电导率的测定技术

## 3.7.1 电导率及其测定的意义

电解质溶液的导电能力可用电导率表示。处于两个相距 1m、面积均为 $1m^2$ 的平行电极间、体积为 $1m^3$ 的电解质溶液所表现出来的导电能力叫做该溶液的电导率，常用符号 $\kappa$ 表示，其单位为 S/m (西/米)，通常采用 $\mu S/cm$。它与电解质的性质、溶液的浓度及测量温度有关。

电导率是物质重要的特征物理量之一，在化学实验中具有广泛的用途。例如：可以通过测定电导率求算出弱电解质的电离度和电离平衡常数；强电解质的极限摩尔电导率；测量难溶电解质的溶度积及鉴定水的纯度等。

## 3.7.2 测定电导率的仪器

电解质溶液的电导率可以用电导率仪来测定。电导率仪由测量电源、测量电路、放大器和指示电表等组成。

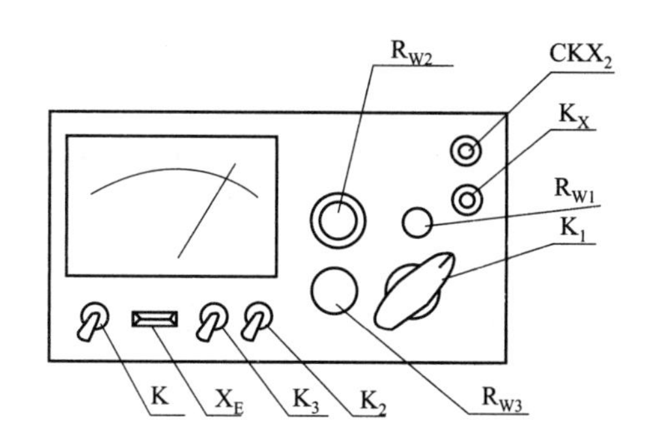


图 3-20 DDS-11A 型电导率仪面板结构

K—电源开关；$K_1$—量程选择开关；$K_2$—校正、测量开关；$K_3$—高周、低周开关；$K_X$—电极插口；$X_E$—指示灯；$R_{W1}$—电容补偿调节器；$R_{W2}$—电极常数调节器；$R_{W3}$—校正调节器；$CKX_2$—10mV 输出插口

电导率仪的型号很多，图 3-20 为 DDS-11A 型电导率仪的面板结构。这是目前实验室广泛使用的电导率测量仪器。该仪器可在显示仪表上读取电导率值，具有操作简便、测量范围广泛等特点。除能测定一般液体的电导率外，还能满足测量高纯水的电导率的需要。

## 3.7.3 测定电导率的方法

### 3.7.3.1 测量操作的程序

使用 DDS-11A 型电导率仪测量溶液的电导率，其操作程序如下：

(1) 接通电源前，先观察表针是否指零，如不指零，可调整表头上的螺钉使表针指零。

(2) 将校正、测量换挡开关 $K_2$ 扳在“校正”位置。

(3) 插接电源线，打开电源开关 K，预热 3min（或待指针完全稳定下来为止），调节校正调节器 $R_{W3}$，使电表满度指示。

(4) 将量程选择开关 $K_1$ 扳到所需要的测量范围。如预先不知被测溶液电导率的大小，应先把其扳在最大电导率测量挡，然后逐挡下降，以防表针打弯。

(5) 将选定的电导电极插头插入电极插口，旋紧插口上的紧固螺钉，再将电极浸入待测溶液中，按电极上所示的电极常数调节电极常数调节器。

(6) 当被测量液体电导率低于 300μS/cm 时，选用“低周”，将 $K_3$ 扳向“低周”。高于此值时，选用“高周”。

(7) 将校正、测量开关 $K_2$ 扳向“测量”，此时若表头指针不在量程刻度范围内，应逐挡调节量程选择开关，直到指针指在刻度范围内。这时指示数乘以量程开关 $K_1$ 的倍率即为被测液的实际电导率。

**3.7.3.2　测量注意事项**

(1) 电解质溶液的电导率随温度的变化而改变，因此，在测量时应保持被测体系处于恒温条件下。

(2) 电极接线不能潮湿或松动，否则会引起测量的误差。

(3) 根据被测溶液的电导率不同，应选择不同类型的电极。例如：

当被测溶液的电导率低于 10μS/cm 时，可使用 DJS-1 型铂光亮电极；

当被测溶液的电导率在 $10 \sim 10^4$ μS/cm 时，可使用 DJS-1 型铂黑电极；

当被测溶液的电导率大于 $10^4$ μS/cm 时，可使用 DJS-10 型铂黑电极。这时应把 $R_{W2}$ 调节至在所用电极的 1/10 电极常数上。

## *实验 3-7　电导法测定水的纯度

**预习指导**

实验前，认真阅读“3.7 电导率的测定技术”和“恒温槽及其使用”等内容。

**【目的要求】**

(1) 初步掌握电导率仪的使用方法；

(2) 学习电导法测定水纯度的原理和方法。

**【实验原理】**

水的纯度取决于水中可溶性电解质的含量。由于一般水中含有 $Na^+$、$K^+$、$Ca^{2+}$、$Mg^{2+}$、$CO_3^{2-}$、$Cl^-$、$SO_4^{2-}$ 等多种离子，实际上它是一种极稀的电解质溶液，具有导电能力。离子浓度越大，导电能力越强，电导率越大；反之，水的纯度越高，电导率越小。因此通过测定电导率可以鉴定水的纯度。

**【实验用品】**

| | |
|---|---|
| DDS-11A 型电导率仪 | 自来水 |
| DJS-1 型铂黑电极 | 蒸馏水 |
| 恒温槽 | 去离子水 |

【实验步骤】

(1) 调节恒温槽，使温度恒定在 (25.0±0.1)℃。

(2) 将实验用自来水、蒸馏水和去离子水分别置于3只小烧杯中（取样前应用待测水样将烧杯清洗2～3次）。然后放入恒温槽中恒温10～15min。

(3) 按3.7.3.1所述方法调节电导率仪后，依次测出上述水样的电导率。

【数据记录与处理】

恒温槽温度__________℃

| 水　样 | 自来水 | 蒸馏水 | 去离子水 |
|---|---|---|---|
| 电导率 $\kappa/(\mu S/cm)$ | | | |

**实验指南和安全提示**

**(1) 由于空气中的 $CO_2$ 溶于水后使溶液的电导率增大。因此，测量纯水电导率时操作要迅速。**

**(2) 铂黑电极在浸入不同水样之前，必须将前次黏附在电极表面的水擦干，但是注意切勿碰及电极的铂黑镀层部分。**

**(3) 测量不同水样电导率时，每次测量读数之前都必须进行仪表满刻度校正。**

**思　考　题**

(1) 用电导率仪测定水纯度的根据是什么？

(2) 测定不同溶液的电导率时，是否需要重新进行满刻度校正？为什么？

(3) 下列情况对测定电导率有何影响？

① 测定电导率时电导电极上的铂片未全部浸入待测水样中；

② 测定电导率时烧杯或电导电极洗涤不干净。

# 4 物质的制备技术

知识目标

- 了解制备物质的步骤和方法，掌握物质的制备技术
- 熟悉粗产物的精制原理，掌握其纯化方法
- 了解影响产率的因素和提高产率的措施，掌握实验产率的计算方法

技能目标

- 能安装与操作制气装置；会进行气体的净化与收集
- 能应用萃取、干燥、重结晶等操作技术，会分离各类混合物
- 能安装与操作蒸馏、回流等装置，会使用冷凝管和电动搅拌器

物质的制备就是利用化学方法将单质、简单的无机物或有机物合成较复杂的无机物或有机物的过程；或者将较复杂的物质分解成较简单物质的过程；以及从天然产物中提取出某一组分或对天然物质进行加工处理的过程。

自然界慷慨地赐予人类大量的物质财富。例如，矿产资源、石油、天然气和多种多样的动物、植物资源。正是这些物质养育了人类，给人类社会带来了现代文明和繁荣。但是天然存在的物质数量虽多，种类却有限，而且大多是以复杂形式存在，难以满足现代科学技术、工农业生产以及人们日常生活的需求。于是人们就设法制备所需要的各种物质，如医药、染料、化肥、食品添加剂、农用杀虫剂、生物制剂及各种高分子材料等。可以说，当今人类社会的生存和发展，已离不开物质的制备。因此，物质的制备技术在化学实验和化工生产实际中占有十分重要的地位。

## 4.1 制备物质的步骤和方法

### 4.1.1 实验计划的制定

详尽周密的实验计划是制备实验顺利成功的有利保证。制订实验计划应在深刻理解实验原理和目的要求的基础上，通过查阅有关手册和资料，了解实验原料、产物和相关试剂的物理、化学性质，摘录有关物理量；然后以精炼的文字、简图、表格、化学式、符号及箭头等表明整个制备过程。应留出记录时间和现象的栏目，以便实验过程中随时记录。一般还需画出主要实验装置的示意图。

### 4.1.2 实验装置的选择

选择合适的反应装置是保证实验顺利进行和成功的重要前提。制备实验的装置是根据制备反应的需要来选择的，若所制备的是气体物质，就需选用气体发生装置。若所制备的是固体或液体物质，则需根据反应条件的不同，反应原料和反应产物性质的不同，选择不同的实验装置。实验室中，有机物的制备，由于反应时间较长，溶剂易挥发等特点，多需采用回流装置。回流装置的类型较多，如普通回流装置、带有气体吸收的回流装置、带干燥管的回流装置、带水分离器的回流装置、带电动搅拌、滴加物料及测温仪的回流装置等。可根据反应的不同要求，正确地进行选择与安装。

### 4.1.3 实验条件的控制

化学反应能否进行，进行到什么程度，与反应条件密切相关。实验者只有在实验过程中严格地控制反应条件，才能确保制备实验的成功。反应条件通常包括以下几个方面。

（1）反应物料的摩尔比　根据制备实验的化学反应式，可以深入理解制备反应的原理，还可以从中了解该反应的投料量是等摩尔比，还是某一反应物以过量形式投料。选择哪种反应物过量，要从对提高转化率有利、反应后容易分离、自身成本低等方面综合考虑。

（2）反应温度　有些化学反应是吸热反应，通过升温，可以加速反应的进行。有些化学反应是放热反应，需要在较低温度下进行。因此反应温度的设定与调控在物质的制备中十分重要。显然，不同的化学反应需设定不同的反应温度。有的反应可在一定的温度范围内进行，实验中，应始终将反应温度控制在设定的范围内。

（3）反应时间　合理地控制反应时间是保证实验产率的重要前提。大多数制备反应，特别是有机化合物的制备，需要较长时间才能使反应进行完全，实验中不要轻易缩短反应时间。

（4）反应介质　可在水溶液中进行的反应通常采用水为反应介质。有些反应需用有机溶剂作为反应介质，这时应尽量选用无毒害、易分离、可回收的溶剂。

（5）催化剂　催化剂是根据反应的不同需要进行选择的，其用量也是根据反应的需要及催化剂的性能来决定，反应开始前加入，反应结束则要将其除去。

### 4.1.4 实验产品的精制

制备实验的产物常常是与过剩的原料、溶剂和副产物混合在一起的，要得到纯度较高的产品，还需进行精制。精制的实质就是把反应产物与杂质分离开来，这就需要根据反应产物与杂质理化性质的差异，选择适当的分离提纯方法。一般气体产物中的杂质，可通过装有液体或固体吸收剂的洗涤瓶或洗涤塔除去；液体产物可借助萃取或蒸馏的方法进行纯化；固体产物则可利用沉淀分离、重结晶或升华的方法进行精制。有时还可以通过离子交换或色层分离的方法来达到纯化物质的目的。

### 4.1.5 实验“三废”的处理

制备实验中产生的各种废气、废液和废渣，必须经过无害化处理后才能排放，以免污染环境，危害健康。

对于少量有害气体，可采取吸收或燃烧等方式进行转化。如酸性气体用碱溶液吸收；碱性气体用酸溶液吸收；CO 点燃转变为 $CO_2$ 等。

少量废液和废渣可分类收集，集中处理。如废酸或废碱溶液经过中和，使 pH 值在 6～8 范围内，再用大量水稀释后排放；含镉废液中加入消石灰等碱性试剂，使金属离子形成氢氧化物沉淀；含汞废液中先加入 $Na_2S$，使其生成难溶的 HgS 沉淀，再加入 $FeSO_4$ 作为共沉淀剂，清液排放，残渣用焙烧法回收汞，或再制成汞盐；含酚废液加入 NaClO 或漂白粉使酚氧化为 $CO_2$ 和 $H_2O$ 等。

对于处理废液或实验中产生的少量废渣，可在确保其不渗透扩散的情况下，进行深土填埋。有回收价值的废渣应该回收利用。

### 思考题

(1) 制定实验计划应该包括哪些内容？

(2) 制备实验的装置是根据什么进行选择的？

(3) 精制物质的实质是什么？如何选择混合物的分离方法？

(4) 实验“三废”的处理有何意义？

## 4.2 实验的产率与计算

制备实验的产率是指实际制得纯品的质量与理论产量的比值。由于操作过程中多种因素的影响，制备实验的实际产量往往达不到理论值。若能根据具体情况，采取适当措施，便可有效地提高实验产率。

### 4.2.1 影响实验产率的因素

(1) *反应可逆* 在一定的实验条件下，化学反应建立了平衡，反应物不可能全部转化成产物。

(2) *有副反应发生* 有些反应比较复杂，在发生主反应的同时，一部分原料消耗在副反应中。

(3) *反应条件不利* 在制备实验中，若反应时间不足、温度控制不好或搅拌不够充分等都会引起实验产率降低。

(4) *分离和纯化过程中造成的损失* 有时制备反应所得粗产物的量较多，但却由于精制过程中操作失误，使产率大大降低了。

### 4.2.2 提高实验产率的措施

(1) *破坏平衡* 对于可逆反应，可采取增加一种反应物的用量或除去产物之一（如分去反应生成的水）的方法，以破坏平衡，使反应向正方向进行。究竟选择哪一种反应物过量，要根据反应的实际情况、反应的特点、各种原料的相对价格、在反应后是否容易除去以及对减少副反应是否有利等因素来决定。如乙酸异戊酯的制备中，主要原料是冰醋酸和异戊醇。相对来说，冰醋酸价格较低，不易发生副反应，在后处理时容易分离，所以选择冰醋酸过量。

(2) *加催化剂* 在许多制备反应中，如能选用适当的催化剂，就可加快反应速率，缩短反应时间，提高实验产率，增加经济效益。如阿司匹林的制备中，加入少量浓硫酸，可破坏水杨酸分子内氢键，促使酰化反应在较低温度下顺利进行。

(3) *严格控制反应条件* 实验中若能严格地控制反应条件，就可有效地抑制副反应的发生，从而提高实验产率。如在硫酸亚铁铵的制备中，若加热时间过长，温度过高，就会导致大量Fe(Ⅲ)杂质的生成。在乙烯的制备中若温度不快速升至160℃，则会增加副产物乙醚生成的机会。在乙酸异戊酯的制备中，如果分出水量未达到理论值就停止回流，则会因反应不完全而引起产率降低。

在某些制备反应中，搅拌或振摇可促使多相体系中物质间的充分接触，也可使均相体系分次加入的物质迅速而均匀地分散在溶液中，从而避免局部浓度过高或过热，以减少副反应的发生。

(4) *细心精制粗产物* 为避免或减少精制过程中不应有的损失，应在操作前认真检查仪器，如分液漏斗必须经过涂油试漏后方可使用，以免萃取时产品从旋塞处漏失。有些产品微溶于水，如果用饱和食盐水进行洗涤便可减少损失。分离过程中的各层液体在实验结束前暂时不要弃去，以备出现失误时进行补救。重结晶时，所用溶剂不能过量，可分批加入，以固体恰好溶解为宜。需要低温冷却时，最好使用冰-水浴，并保证充分的冷却时间，以避免由于结晶析出不完全而导致的收率降低。过量的干燥剂会吸附产品造成损失，所以干燥剂的使用应适量，要在振摇下分批加入至液体澄清透明为止。一般加入干燥剂后需要放置30min左右，以确保干燥效果。有些实验所需时间较长，可将干燥静置这一步作为实验的暂停阶段。抽滤前，应将吸滤瓶洗涤干净，一旦透滤，可将滤液倒出，重新抽滤。热过滤时，要使漏斗夹套中的水保持较高温度，以避免结晶在滤纸上析出而影响收率。

总之，要在实验的全过程中，对各个环节考虑周全，细心操作。只有在每一步操作中都有效地保证收率，才能使实验最终有较高的收率。

### 4.2.3 实验产率的计算

实验结束后，要根据理论产量和实际产量计算实验的产率，通常以百分产率表示。

$$产率(\%)=\frac{实际产量}{理论产量}\times 100\%$$

实际产量是指实验中实际得到纯品的质量；理论产量是按照反应方程式，原料全部转化成产物的质量。

为了提高产率，常常增加某一反应物的用量。计算产率时，应以不过量的反应物为基准来计算理论产量。例如乙酸异戊酯的制备实验产率的计算。

反应方程式：

$$CH_3COOH+CH_3CH(CH_3)CH_2CH_2OH \xrightleftharpoons{H^+,\triangle} CH_3COOCH_2CH_2CH(CH_3)CH_3+H_2O$$

| | 乙酸 | 异戊醇 | 乙酸异戊酯 |
|---|---|---|---|
| 摩尔质量： | 60g/mol | 88g/mol | 130g/mol |
| 实际用量： | 12g (0.20mol) | 14.6g (0.166mol) | |

其中异戊醇用量少，应作为理论产量的基准物。若0.166mol异戊醇全部转化成乙酸异戊酯，则理论产量为

$$130\times 0.166=21.6\ (g)$$

如果实际产量是15.5g，则

$$产率=\frac{15.5}{21.6}\times 100\%=71.8\%$$

**思 考 题**

（1）影响实验产率的主要因素有哪些？为提高产率可采取哪些措施？试举例说明。

（2）实验室中根据下列反应原理：

$$C_6H_5CHO + (CH_3CO)_2O \xrightarrow[\triangle]{K_2CO_3} C_6H_5CH{=}CHCOOH + CH_3COOH$$

苯甲醛　　乙酸酐　　　　肉桂酸　　　　乙酸

用 3.15g 苯甲醛与过量的乙酸酐发生缩合反应，制得肉桂酸 2.8g，试计算实验产率。

# 4.3 气体物质的制备

实验室制备气体物质，首先要选择一个发生气体的化学反应，根据反应确定所需药品、反应条件及气体发生装置，并根据气体的性质设计适当的净化和收集方法。

## 4.3.1 实验室常用的制气装置

制备气体物质须在气体发生装置中进行。实验室中常用的制气装置有以下几种。

### 4.3.1.1 启普发生器

启普发生器适用于不溶于水的块状（或粒状）固体物质与某种液体在常温下的制气反应。其特点是可随时控制反应的发生和停止，使用方便。实验室中常用来制取氢气、二氧化碳、一氧化氮、二氧化氮和硫化氢等气体。

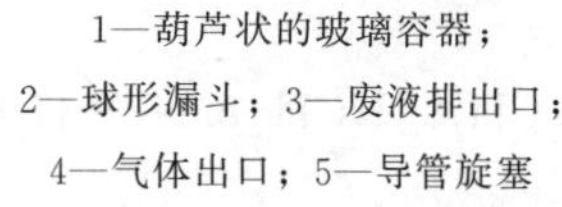

图 4-1 启普发生器
1—葫芦状的玻璃容器；
2—球形漏斗；3—废液排出口；
4—气体出口；5—导管旋塞

启普发生器主要由球形漏斗、葫芦状的玻璃容器和导管旋塞等部件组成，如图 4-1 所示。

在葫芦状容器的上部球形容器中盛放参加反应的固体物质，在下部的半球形容器和球形漏斗中盛放参加反应的液体物质。在容器的上部有气体出口与带有旋塞的导管连接。容器的下半球上有一液体出口，用于排放用过的废液。

当旋塞打开时，由于容器内压力减小，液体即从底部通过狭缝上升到球形容器中，与固体物质接触并反应产生气体。当旋塞关闭时，继续发生的气体便将液体压入底部和球形漏斗内，使固-液两相脱离接触，反应即停止。

使用启普发生器前，应先将仪器的磨砂部位涂上凡士林，并检查气密性。注意在移动此装置时，切勿用手握住球形漏斗提着它移动，以免容器下部脱落而损坏仪器并造成灼伤事故。

### 4.3.1.2 烧瓶制气装置

烧瓶制气装置适用于常温或加热情况下，固体与液体或液体与液体间的制气反应。其特点是装置可随反应需要而变化，适用范围广。实验室中常用来制取氯气、氯化氢、一氧化碳、乙烯和乙炔等气体。

烧瓶制气装置用蒸馏烧瓶作反应容器。当制气过程中不需要随时添加液体反应物时，可将反应物一同放入蒸馏瓶中，配上塞子，必要时可在塞子上装配温度计，如图 4-2(a) 所示。当制气过程中需要随时添加液体反应物时，则需用一合适的单孔塞将滴液漏斗装在蒸馏烧瓶上，以便随时添加液体反应物，如图 4-2(b) 所示。

反应产生的气体由蒸馏烧瓶的支管导出。需要加热的反应，可在烧瓶下安装热源。

#### 4.3.1.3 试管制气装置

试管制气装置适用于固体或固体混合物在加热情况下的制气反应。其特点是装置简单，操作方便，适用于少量气体的制备。实验室中常用来制取氧气、氨等气体。

试管制气装置是用硬质玻璃试管作反应容器。将固体或固体混合物研细混匀后，装入试管中，管口配上带玻璃导管的单孔塞，用铁夹夹住试管的中上部并固定在铁架台上，如图 4-3 所示。

安装时，注意将管口端稍倾斜向下，以避免反应生成的水或其他液体流入炽热的试管底部而发生炸裂。

装置经检查后，用灯焰先对试管预热，再均匀地加热，反应产生的气体便从导管导出。

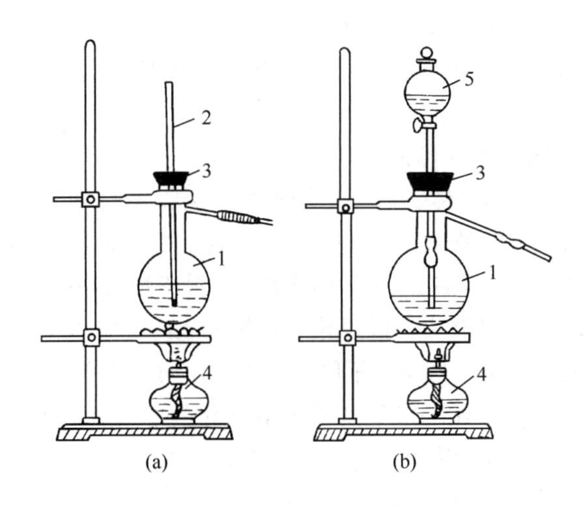


图 4-2 烧瓶制气装置

1—蒸馏烧瓶；2—温度计；3—单孔塞；4—热源；5—滴液漏斗

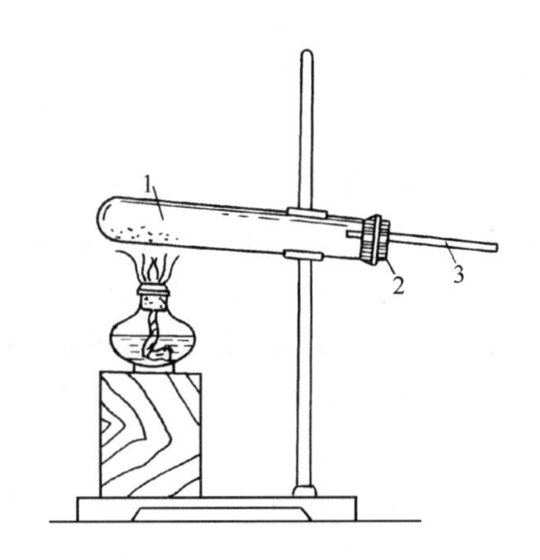


图 4-3 试管制气装置

1—试管；2—单孔塞；3—导气管

### 4.3.2 气体的净化与收集

#### 4.3.2.1 气体的净化

由气体发生装置制得的气体以及来自钢瓶的压缩气体，常常带有少量的水汽或其他杂质，通常需要进行洗涤和干燥。

气体的洗涤可在洗气瓶［见图 2-28(a)］中进行，气体导入管的一端与气体的来源连接，另一端浸入洗涤液中。气体导出管与需要接收气体的仪器连接。

洗气瓶内盛放的洗涤液需要根据所净化的气体及杂质的性质来选择。酸性杂质，通常用碱性洗涤剂（如氢氧化钠溶液）；碱性杂质，可用酸性洗涤剂（如铬酸洗液）；氧化性杂质，可用还原性洗涤剂（如苯三酚溶液）；还原性杂质，则可用氧化性洗涤剂（如高锰酸钾溶液）等。

气体中所含少量水分可按 2.5.1 所述方法加以干燥。有些气体不需洗涤和干燥，也可使其通过固体吸附剂（如活性炭）加以净化。

#### 4.3.2.2 气体的收集

收集气体的方法有排气集气法和排水集气法两种。

（1）排气集气法　凡是不与空气发生反应，而密度又与空气相差较大的气体都可用排气集气法来收集。

对于密度比空气小的气体，要用向下排气集气法收集，而对于密度比空气大的气体，则需用向上排气集气法来收集。

① 向下排气集气法　将洁净干燥的集气瓶瓶口朝下，把导气管伸入集气瓶内接近瓶底处，如图 4-4(a) 所示。在瓶口塞上少许脱脂棉。当气体进入集气瓶时，由于其密度小，先占据瓶底，然后逐渐下压把瓶内空气从下方瓶口排出。集满后用毛玻璃片盖好瓶口，将集气瓶倒立放置备用。

此法适用于氢气、氨、甲烷等气体的收集。

② 向上排气集气法　将洁净干燥的集气瓶瓶口朝上，把导气管插入集气瓶内接近瓶底处，如图 4-4(b) 所示。瓶口用穿过导管的硬纸板遮住，不要堵严，当气体进入集气瓶时，由于其密度比空气大，先沉积瓶底，然后逐渐上升，把瓶内的空气排出。集满后，用毛玻璃片盖住瓶口，正立放置备用。

此法适用于氯气、二氧化碳、氯化氢及硫化氢等气体的收集。

（2）排水集气法　凡是不溶于水又不与水反应的气体，均可用排水集气法收集。先在水槽中盛放半槽水，再将集气瓶装满水，赶尽气泡后，用毛玻璃片的磨砂面慢慢地沿瓶口水平方向移动，把瓶口多余的水赶走。然后用毛玻璃片按住瓶口，迅速地翻到水槽中。如果不慎有空气进入集气瓶，则应取出重新充满水后再做。在水中取出毛玻璃片，再把导气管伸入瓶内，如图 4-5 所示。气体不断从导气管进入瓶内，逐渐把瓶内的水排出。当集气瓶口有气泡冒出时，说明水被排尽，气已集满。这时可把导气管从瓶内移出，并在水中用毛玻璃片将充满气体的集气瓶口盖严，再用手按住毛玻璃片将集气瓶从水槽中取出。根据气体的密度正立或倒立放置备用。

收集较大量的气体，有时也可采用橡胶或塑料球胆作容器。

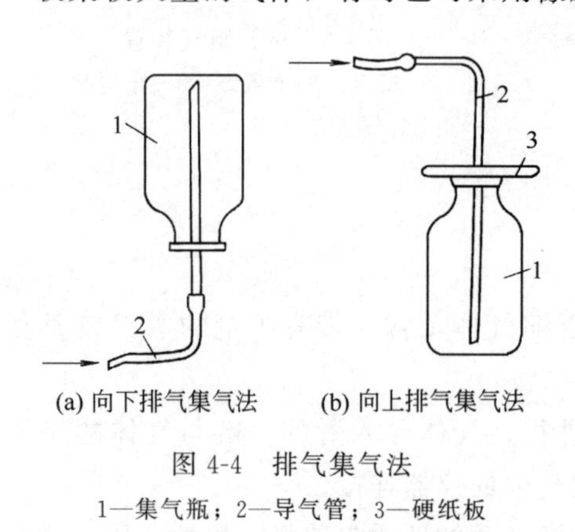


图 4-4　排气集气法

1—集气瓶；2—导气管；3—硬纸板

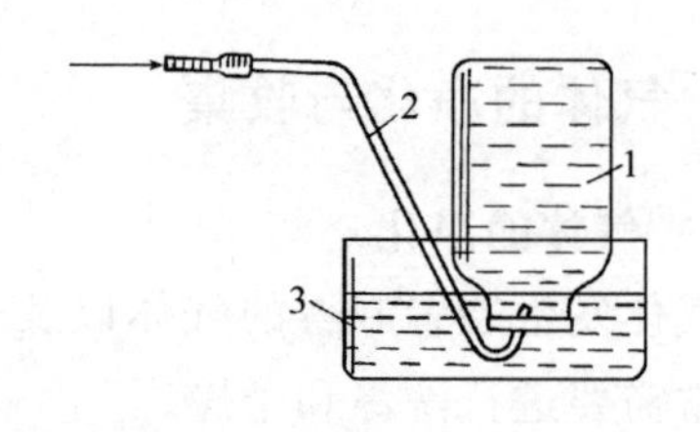


图 4-5　排水集气法

1—集气瓶；2—导气管；3—水槽

## 思考题

（1）实验室中常用的气体发生装置有几种？各有什么特点？

（2）净化气体的方法有哪些？如何选择气体洗涤剂？

（3）收集气体的方法有几种？各适用于什么情况？

## 实验 4-1 氢气和乙烯的制备

**预习指导**

做实验前，请认真阅读“4.3 气体物质的制备”，并写出乙烯与溴、高锰酸钾的有关反应式。

**【目的要求】**

（1）了解实验室制取氢气和乙烯的原理及方法；

（2）掌握实验室制气装置的安装与操作及气体的净化与收集方法。

**【实验原理】**

氢气和乙烯是具有不同性质的重要化工原料气体。在实验室中制备这些气体，分别基于下列化学反应：

（1）用活泼金属与非氧化性稀酸反应制取氢气

$$Zn + H_2SO_4(\text{稀}) \longequal ZnSO_4 + H_2 \uparrow$$

（2）用乙醇与浓硫酸共热脱水制取乙烯

$$CH_3CH_2OH + HOSO_2OH(\text{浓}) \longrightarrow CH_3CH_2OSO_2OH + H_2O$$

$$CH_3CH_2OSO_2OH \xrightarrow{170℃} CH_2{=}CH_2 \uparrow + H_2SO_4$$

乙醇与浓硫酸共热时，除生成乙烯外，还会发生一些副反应：

$$CH_3CH_2OH + HOCH_2CH_3 \xrightarrow[140℃]{H_2SO_4\ (\text{浓})} CH_3CH_2OCH_2CH_3 + H_2O$$

$$CH_3CH_2OH + 6H_2SO_4 \longrightarrow 2CO_2 \uparrow + 6SO_2 \uparrow + 9H_2O$$

$$CH_3CH_2OH + 4H_2SO_4 \longrightarrow 2CO \uparrow + 4SO_2 \uparrow + 7H_2O$$

$$CH_3CH_2OH + 2H_2SO_4 \longrightarrow 2C + 2SO_2 \uparrow + 5H_2O$$

为减少副反应，制得较纯净的乙烯气体，应严格控制反应温度，并用氢氧化钠溶液洗涤制备的气体。

可用氧化、加成等反应分别检验实验中制得的氢气和乙烯气体。

**【实验用品】**

| | |
|---|---|
| 启普发生器 | 烧瓶制气装置 |
| 乙醇溶液（95%） | 稀溴水（2%） |
| 氢氧化钠溶液（10%） | 高锰酸钾溶液（0.1%） |
| 硫酸溶液（35%，浓） | 碳酸钠溶液（5%） |
| 粗锌粒 | 黄砂 |

**【实验步骤】**

（1）氢气的制备与检验

① 氢气的发生与收集　参照图 4-1 安装启普发生器。检查气密性后，装入粗锌粒，从球形漏斗的上口注入硫酸溶液。开启旋塞，用向下排气法收集发生的氢气。

② 氢气的检验　收集一小试管氢气，用爆鸣法检验；在导气管口处将氢气点燃，在火焰的上方置一盛有冷水的烧杯，观察烧杯底部水珠的生成。记录上述实验现象并写出有关化学反应式。

实验结束后，关闭启普发生器的旋塞即可停止反应。

(2) 乙烯的制备与检验

① 乙烯的发生与净化　于干燥的50mL蒸馏烧瓶中加入6mL乙醇溶液，在振摇与冷却下，分批加入8mL浓硫酸，再加入约3g黄砂，按图4-2(a)安装实验装置。瓶口配上带有温度计的塞子，温度计的汞球部分应浸入反应液中，但不能接触瓶底。蒸馏烧瓶的支管与洗气瓶的气体导入管相连接。洗气瓶内预先装入30mL氢氧化钠溶液作吸收液，气体导入管应插入吸收液面下，气体导出管通过软胶管连接一支带尖嘴的玻璃管。

检查装置的严密性后，先用强火加热，使反应液温度迅速升至160℃，再调节热源使温度维持在160～180℃，即有乙烯气体发生。

② 乙烯的检验　将气体导出管的尖嘴端插入盛有2mL稀溴水的试管中，观察溴水颜色的变化；将气体导出管的尖嘴端插入盛有1mL高锰酸钾溶液和1mL碳酸钠溶液的试管中，观察溶液颜色的变化及沉淀的生成；再将气体导出管的尖嘴端插入盛有2mL高锰酸钾溶液和2滴浓硫酸的试管中，观察溶液颜色的变化。

在气体导出管的尖嘴处点燃乙烯气体，观察火焰明亮程度。记录上述实验现象并写出有关化学反应式。

**实验指南与安全提示**

**(1) 往启普发生器中填装锌粒时，应注意不能使其落入底部容器中。**

**(2) 在常温下，乙醇与浓硫酸作用生成硫酸氢乙酯并放出大量热，为防止乙醇炭化，加硫酸时必须不断振摇并冷却。**

**(3) 砂粒应先用盐酸洗涤，以除去石灰质。再用水洗涤，干燥后备用。砂子在硫酸氢乙酯分解为乙烯时起催化作用，并可减少泡沫的产生，以防止爆沸。无黄砂时，也可用沸石代替。**

**(4) 乙醇与浓硫酸在140℃时，主要生成乙醚，所以在开始加热时，要用强火迅速加热到160℃以上。但也应注意控制反应温度不可过高，以免乙醇炭化。**

**思　考　题**

(1) 收集氢气和乙烯的方法有何不同?

(2) 制备乙烯时，若反应液变黑，试分析其原因并提出改进办法。

## 4.4　液体和固体物质的制备

制备液体或固体物质，也应先确定制备反应，再根据反应的需要选用不同的仪器或装置。由化学反应装置制得的粗产物，还需采用适当的方法进行精制处理，才能得到纯度较高的产品。

### 4.4.1　制备装置和操作要点

在实验室中，试管、烧杯和锥形瓶等都可用作制备液体或固体物质的反应容器，可根据物料性能及用量的多少酌情选择使用，如甲基橙的制备即可用烧杯作反应容器。若反应过程中需要加热蒸发，以除去部分溶剂，通常可以在蒸发皿中进行，如硫酸亚铁铵的制备。

许多物质的制备过程，特别是有机物的制备反应，往往需要在溶剂中进行较长时间的加热，为防止在加热时反应物、产物或溶剂的蒸发逸散，避免易燃、易爆或有毒物造成事故与污染，并确保产物收率，可用圆底烧瓶作反应容器，在烧瓶上安装一支冷凝管。反应过程中产生的蒸气经过冷凝管时被冷凝，又流回反应容器中。像这样连续不断地沸腾气化与冷凝流回的过程称为回流。这种装置就是回流装置。实验时，还可根据反应的不同需要，在反应容器上装配其他仪器，构成不同类型的回流装置。

有些物质化学稳定性较差，长时间受热容易发生氧化、分解或聚合，这时可采用分馏柱组装成用于制备的分馏装置。

#### 4.4.1.1 普通回流装置

普通回流装置如图 4-6 所示，主要由反应容器和冷凝管组成。根据需要可选用单颈、双颈或三颈圆底烧瓶作反应容器。冷凝管的选择要依据反应混合物沸点的高低。一般多采用球形冷凝管，其冷凝面积较大，冷却效果较好。通常在冷凝管的夹套中自下而上通入自来水进行冷却。当被加热的液体沸点高于 140℃时，可选用空气冷凝管；若被加热的液体沸点很低或其中有毒性较大的物质时，则可选用蛇形冷凝管，以提高冷却效率。

这是最简单的回流装置，适用于一般的回流操作，如阿司匹林的制备实验。

#### 4.4.1.2 带有干燥管的回流装置

带有干燥管的回流装置见图 4-7，与普通回流装置不同的是在回流冷凝管的上端装配有干燥管，以防止空气中的水汽进入反应瓶。

为防止系统被密闭，干燥管内不要填装粉末状干燥剂。可在管底塞上脱脂棉或玻璃棉，然后填装颗粒状或块状干燥剂，如无水氯化钙等，最后再塞以脱脂棉或玻璃棉。干燥剂和脱脂棉或玻璃棉都不能装（或塞）得太实，以免堵塞通道，使整个装置成为密闭系统而造成事故。

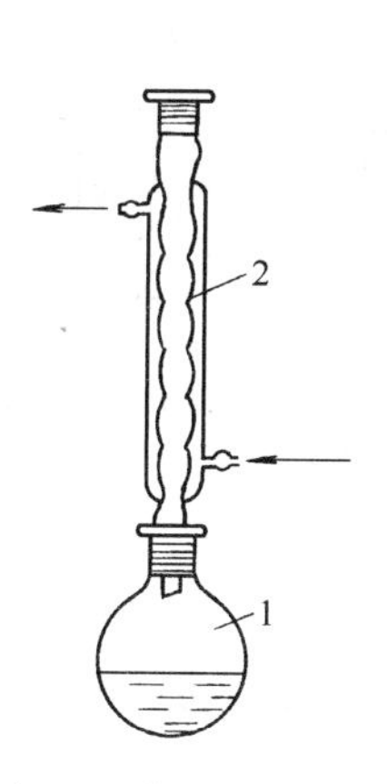


图 4-6 普通回流装置

1—圆底烧瓶；2—冷凝管

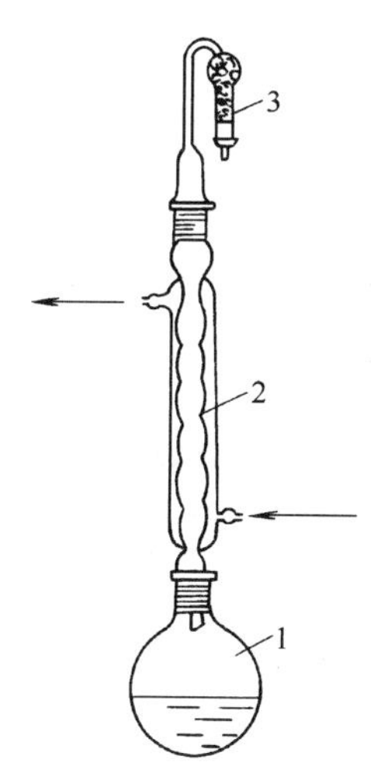


图 4-7 带有干燥管的回流装置

1—圆底烧瓶；2—冷凝管；3—干燥管

带有干燥管的回流装置适用于水汽的存在会影响反应正常进行（如格氏反应）的实验。

#### 4.4.1.3 带有气体吸收的回流装置

带有气体吸收的回流装置如图 4-8 所示。与普通回流装置不同的是多了一个气体吸收装置，由导气管导出的气体通过接近液面的漏斗口（或导管口）进入吸收液中。

使用此装置要注意：漏斗口（或导管口）不得完全浸入液面下；在停止加热前（包括在反应过程中因故暂停加热）必须将盛有吸收液的容器移去，以防倒吸。

此装置适用于反应时有水溶性气体，特别是有害气体（如 HCl、HBr、$SO_2$ 等）产生的情况，如 1-溴丁烷的制备实验。

#### 4.4.1.4 带有分水器的回流装置

此装置是在反应容器和冷凝管之间安装一个分水器，见图 4-9。带有分水器的回流装置常用于可逆反应体系，如乙酸异戊酯的制备实验。当反应开始后，反应物和产物的蒸气与水蒸气一起上升，经过冷凝管被冷凝后流到分水器中，静置后分层，反应物与产物由侧管流回反应器，而水则从反应体系中被分出。由于反应过程中不断除去了生成物之一水，因此使平衡向增加反应产物方向移动。

当反应物及产物的密度小于水时，采用图 4-9(a) 所示装置。加热前先将分水器中装满水并使水面略低于支管口，然后放出比反应中理论出水量稍多些的水。若反应物及产物的密度大于水时，则应采用图 4-9(b) 或 (c) 所示的分水器。图 4-9 (b) 或 (c) 分水器的出水口都需套一段软胶管，以便于分水。采用图 4-9(b) 所示的分水器时，应在加热前用原料物通过抽吸的方法将刻度管充满；若需分出大量水，则可采用图 4-9(c) 所示的分水器，该分水器不需事先用液体填充。使用带分水器的回流装置，可在分出水量达到理论出水量后停止回流。

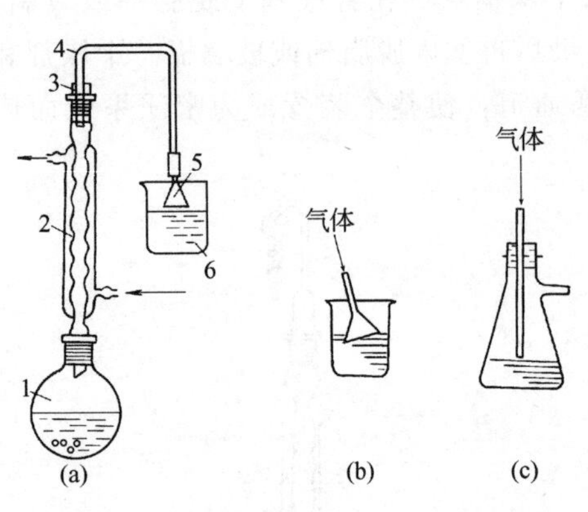


图 4-8 带有气体吸收的回流装置

1—圆底烧瓶；2—冷凝管；3—单孔塞；4—导气管；5—漏斗；6—盛有吸收液的烧杯

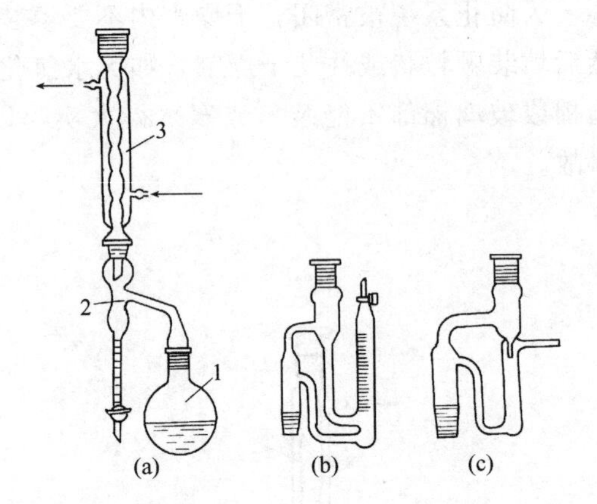


图 4-9 带有分水器的回流装置

1—圆底烧瓶；2—分水器；3—冷凝管

#### 4.4.1.5 带有搅拌器、测温仪及滴加液体反应物的回流装置

这种回流装置见图 4-10，与普通回流装置不同的是增加了搅拌器、测温仪及滴加液体反应物的装置。

(1) 搅拌装置 搅拌能使反应物之间充分接触，受热均匀，并能使反应放出的热量及时散开，从而使反应顺利进行。使用搅拌装置，既可缩短反应时间，又能提高反应产率。常用

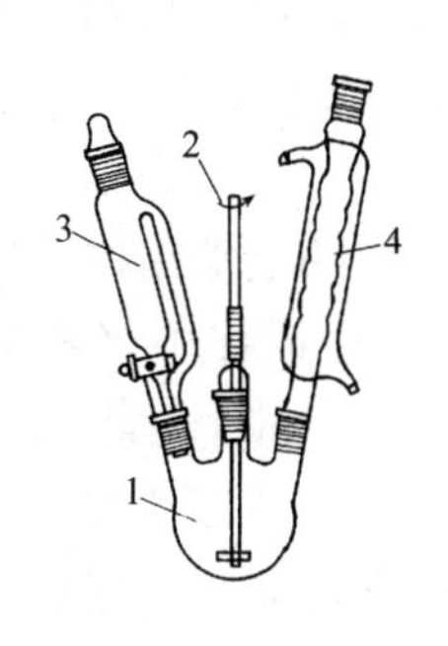


(a) 不需测温的回流装置

1—三颈烧瓶；2—搅拌器；

3—恒压漏斗；4—冷凝管

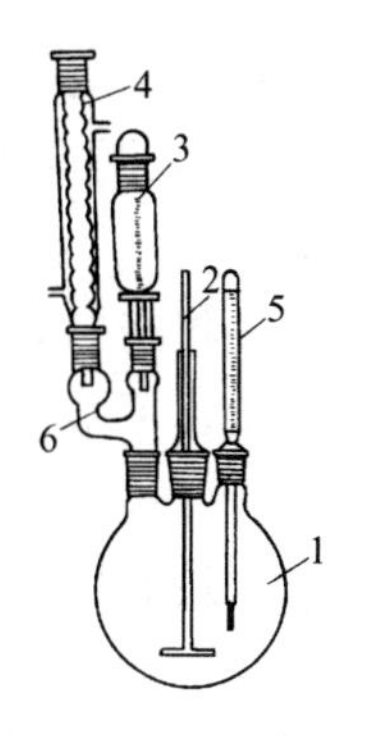


(b) 需要测温的回流装置

1—三颈烧瓶；2—搅拌器；3—恒压漏斗；

4—冷凝管；5—温度计；6—Y 型双口接管

图 4-10 带有搅拌器、测温仪及滴加液体反应物的回流装置

的搅拌装置是电动搅拌器。实验室中使用的小型电动搅拌器是由微型电动机、搅拌器扎头、烧瓶夹、底座、十字双凹夹、转速调节器和支柱组成，如图 4-11 所示。

搅拌器扎头用来连接并固定搅拌叶，搅拌叶通常由玻璃棒或金属加工而成。搅拌时，其在电动机的带动下转动，搅拌速度可通过调压变压器来控制。

(2) 密封装置 用于回流装置中的电动搅拌器一般具有密封装置。实验室用的密封装置有三种：简易密封装置、液封装置和聚四氟乙烯密封装置。

一般实验可采用简易密封装置，如图 4-12 所示。制作方法是在反应容器的中口配上塞子，塞子中央钻一光滑、垂直的孔，插入长 6～7cm、内径比搅拌棒稍大一些的玻璃管，使搅拌棒可以在玻璃管内自由地转动。取一段长约 2cm、弹性较好、内径能与搅拌棒紧密接触的橡皮管，套于玻璃管上端，然后从玻璃管下端插入已制好的搅拌棒，这样，固定在玻璃管上端的橡皮管因与搅拌棒紧密接触而起到了密封作用。在搅拌棒与橡皮管之间涂抹几滴甘油，可起到润滑和加强密封的作用。

(3) 滴加物料装置 向反应器内滴加物料，常采用滴液漏斗、恒压漏斗或分液漏斗。滴液漏斗的特点是当漏斗颈伸入液面下时仍能从伸出活塞的小口处观察到滴加物料的速度。恒

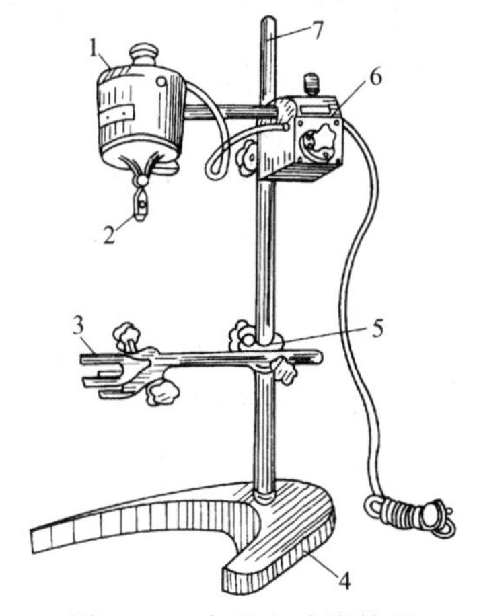


图 4-11 小型电动搅拌器

1—微型电动机；2—搅拌器扎头；3—烧瓶夹；

4—底座；5—十字双凹夹；6—转速调节器；7—支柱

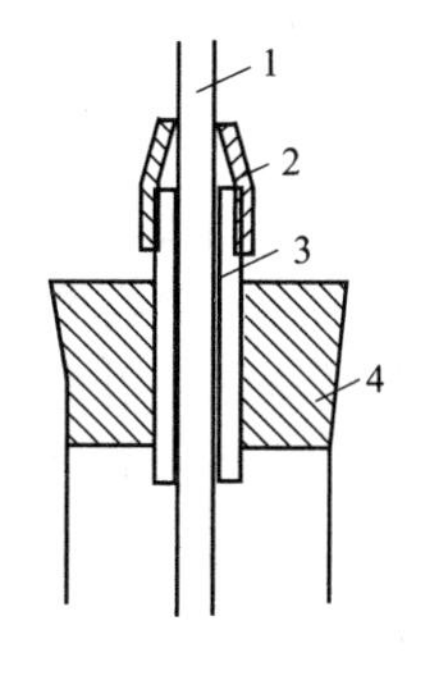


图 4-12 简易密封装置

1—搅拌叶；2—橡皮管；

3—玻璃管；4—瓶塞

压漏斗的特点是当反应器内压力大于外界大气压时仍能向反应器中顺利地滴加反应物。使用分液漏斗滴加物料，必须从漏斗颈口处观察滴加速度，当颈口伸入液面下时，就无从观察了。

(4) 装置的安装　先将密封装置装配好，然后将搅拌棒的上端用橡皮管与固定在电动机转轴上的一短玻璃棒连接，下端距离三颈烧瓶底约5mm。在搅拌中要避免搅拌棒与塞中的玻璃管或瓶底相碰撞。三颈烧瓶的中间颈要用铁夹夹紧与电动搅拌器固定在同一铁架台上。进一步调整搅拌器或三颈烧瓶的位置，使装置正直。先用手转动搅拌器，应无内外玻璃互相碰撞声。然后低速开动搅拌器，试验运转情况，当搅拌棒和玻璃管、瓶底间没有摩擦的声音时，方可认为仪器装配合格，否则需要重新调整。最后再装配三颈烧瓶另外两个颈口中的仪器。先在一侧口中装配一个双口接管。双口接管上安装冷凝管和滴液漏斗。冷凝管和滴液漏斗也要用铁夹夹紧固定在铁架台上，再于另一侧口中装配温度计。再次开动搅拌器，如果运转正常，才能投入物料进行实验。

带有搅拌器、测温仪及滴加物料的回流装置适用于在非均相溶液中进行，需要严格控制反应温度及逐渐加入某一反应物，或产物为固体的反应。

#### 4.4.1.6　用于制备反应的分馏装置

当制备某些化学稳定性较差，长时间受热容易发生分解、氧化或聚合的物质时，可采取逐渐加入某一反应物的方式，以使反应能够和缓地进行；同时通过分馏柱将产物不断地从反应体系中分离出来。这时就需组装用于制备反应的分馏装置，见图4-13。

在三颈烧瓶的中口安装分馏柱，分馏柱上依次连接蒸馏头、温度计、冷凝管、接液管和接收器（其操作方法及要求与简单分馏完全相同）。三颈烧瓶的一个侧口安装温度计，另一侧口安装滴液漏斗。三颈烧瓶、分馏柱和滴液漏斗应分别用铁夹固定在同一铁架台上。

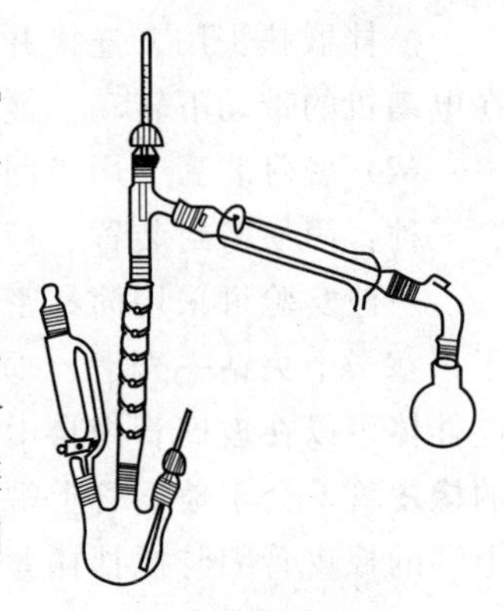

图4-13　用于制备反应的分馏装置

#### 4.4.1.7　回流操作要点

无论采用哪种回流装置，其操作程序与方法大体相同。

(1) 选择容器　根据反应物料量的不同，选择不同规格的反应容器，一般以所盛物料量占反应器容积的1/2左右为宜。若反应中有大量气体或泡沫产生，则应选用容积稍大些的反应器。

(2) 选择热源　实验室中，加热方式较多，如水浴、油浴、火焰加热和电热套等。可根据反应物料的性质和反应条件的要求，适当地选用。各类热浴的适用范围见“2.1.1.2 加热方式”。

(3) 装配仪器　以热源的高度为基准，首先固定反应容器，然后按由下到上的顺序装配其他仪器。所有仪器应尽可能固定在同一铁架台上。各仪器的连接部位要严密。冷凝管的上口要与大气相通，其下端的进水口通过胶管与水源连接，上端的出水口接下水道。整套装置要求正确、整齐和稳妥。

(4) 加入物料　原料物、催化剂及溶剂等可事先加入反应器中，再安装冷凝管等其他装置，多颈烧瓶也可在装配完毕后由侧口加入物料。沸石应事先加入。

(5) 加热回流　检查装置各连接处的严密性后，通冷却水，再开始加热。最初宜缓缓升温，然后逐渐升高温度使反应液沸腾或达到要求的反应温度。反应时间以第一滴回流液落入反应器中开始计算。

调节加热温度及冷却水流量，控制回流速度，使液体蒸气浸润面不超过冷凝管有效冷却长度的1/3为宜。中途不可断水。

(6) 停止回流　实验结束停止回流时，应先停止加热，待冷凝管中没有蒸气后再停冷却水，稍冷后按由上到下的顺序拆除装置。

## 4.4.2　粗产品的精制

### 4.4.2.1　液体粗产品的精制

液体粗产品通常用萃取和蒸馏的方法进行精制。

(1) 萃取　在实验室中，萃取大多在分液漏斗中进行，当需要连续萃取时，可采用索氏提取器。选择合适的有机溶剂可将有机产物从水溶液中提取出来，也可将无机产物中的有机杂质除去；利用水作溶剂可将反应混合物中的酸碱催化剂及无机盐洗去；用稀酸或稀碱可除去反应混合物中的碱性或酸性杂质。

(2) 蒸馏　利用蒸馏的方法，不仅可以将挥发性与不挥发性物质分离开来，也可以将沸点不同的物质进行分离。当被分离组分的沸点差在30℃以上时，采用普通蒸馏即可。当沸点差小于30℃时，可采用分馏柱进行简单分馏。蒸馏和简单分馏又是回收溶剂的主要方法。有些沸点较高、加热时未达到沸点温度即容易分解、氧化或聚合的物质，需采用减压蒸馏的方式将其与杂质分离。对于那些反应混合物中含有大量树脂状或不挥发性杂质，或液体产物被反应混合物中较多固体物质所吸附时，可用水蒸气蒸馏的方法将不溶于水的产物从混合物中分离出来。

### 4.4.2.2　固体粗产品的精制

固体粗产品可用沉淀分离、重结晶或升华的方法来精制。

(1) 沉淀分离　沉淀分离法是选用合适的化学试剂将产物中的可溶性杂质转变成难溶性物质，再经过滤分离除去。这是一种化学方法。要求所选试剂能够与杂质生成溶解度很小的沉淀，并且在自身过量时容易除去。

(2) 重结晶　选用合适的溶剂，根据杂质含量多少的不同，进行一次或多次重结晶，即可得到固体纯品。若粗产品中含有色杂质、树脂状聚合物等难以除去的杂质时，可在结晶过程中加入吸附剂进行吸附。常用的吸附剂有活性炭、硅胶、氧化铝、硅藻土及滑石粉等。

当被分离混合物中有关组分性质相近、用简单的结晶方法难以分离时，也可采用分级结晶法。分级结晶法还适用于混合物中不同组分在同一溶剂中的溶解度受温度影响差异较大的情况。

重结晶一般适用于杂质含量约为百分之几的固体混合物。若杂质过多，可在结晶前根据不同情况，分别采用其他方法进行初步提纯，如水蒸气蒸馏、减压蒸馏、萃取等，然后再进行重结晶处理。

(3) 升华　利用升华的方法可得到无水物及分析用纯品。升华法纯化固体物质需要具备两个条件：一是固体物质应有相当高的蒸气压；二是杂质的蒸气压与被精制物的蒸气压有显著的差别（一般是杂质的蒸气压低）。若常压下不具有适宜升华的蒸气压，可采用减压的方式升华，以增加固体物质的气化速度。

升华法特别适用于纯化易潮解或易与溶剂作用的物质。

对于一些产物与杂质结构类似，理化性质相似，用一般方法难以分离的混合物，采用色谱分离有时可以达到有效的分离目的而得到纯品。其中液相色谱法适用于固体和具有较高蒸气压的油状物质的分离，气相色谱法适用于易挥发物质的分离。

#### 4.4.2.3 干燥

无论液体产物还是固体产物，在精制过程中，常需要通过干燥以除去其中所含少量水分或其他溶剂。液体产物中的水分或溶剂，可使用干燥剂或通过选择合适的溶剂形成二元共沸混合物经蒸馏除去。固体产物中的水分或溶剂可根据物质的性质选用自然干燥、加热干燥、红外线干燥、冷冻干燥或干燥器干燥等方法进行干燥。

### 思考题

(1) 制备实验中常用的回流装置有几种类型？各有什么特点？

(2) 在回流操作中应注意哪些问题？

(3) 精制液体粗产物常用哪些方法？精制固体粗产物常用哪些方法？

(4) 哪些物质适宜用升华法进行提纯？

(5) 干燥剂的用量是否越多越好？为什么？

## 实验 4-2 硝酸钾的制备

**预习指导**

(1) 查阅资料并进行有关计算后，填写下表。

| 品　名 | $M$ /(g/mol) | 水溶性 | 使用规格 | 投料量 | | 理论产量 |
|---|---|---|---|---|---|---|
| | | | | 质量(体积)/g(mL) | $n$/mol | |
| 氯化钾 | | | | | | — |
| 硝酸钠 | | | | | | — |
| 氯化钠 | | | | — | — | |
| 浓硫酸 | — | — | | | — | — |
| 硝酸溶液 | — | — | | | — | — |
| 硫酸铁 | — | | | | — | — |
| 硝酸钾 | | | | — | | |

(2) 做实验前，请认真阅读“2.1 加热与冷却技术”“2.3.2 过滤”“2.4 结晶与重结晶技术”等内容。

**【目的要求】**

(1) 熟悉硝酸钾的制备原理及方法；

(2) 熟练掌握溶解、加热、蒸发、结晶和过滤等操作技术；

(3) 进一步掌握利用重结晶提纯固体物质的方法。

**【实验原理】**

硝酸钾为无色斜方晶体或白色粉末，易溶于水。广泛应用于化工、医药和食品工业等方面。工业上和实验室中都是用硝酸钠和氯化钾来制备硝酸钾：

$$NaNO_3 + KCl \longrightarrow NaCl + KNO_3$$

产物 $KNO_3$ 与副产物 NaCl 的溶解度随温度的变化差异很大。升高温度，$KNO_3$ 的溶解度迅速增大，而 NaCl 的溶解度则没有明显改变。利用这一特性，将 $NaNO_3$ 和 KCl 的混合溶液加热，生成的 $KNO_3$ 和 NaCl 在较高温度下都存在于溶液中。当溶液温度降至 5℃ 以下时，$KNO_3$ 因溶解度急剧下降而析出晶体。将滤出 $KNO_3$ 的溶液加热蒸发，NaCl 便可呈结晶析出。

本实验所用原料为工业品，溶解后需经热过滤除去不溶性杂质，粗产品采用重结晶进行提纯。

**【实验用品】**

| | | |
|---|---|---|
| 减压过滤装置 | 量筒 | 蒸馏水 |
| 热滤漏斗 | 滤纸 | 自来水 |
| 托盘天平 | 冰-水浴 | KCl（工业品） |
| 表面皿 | 酒精灯 | $NaNO_3$（工业品） |
| 烧杯 | | |

**【实验步骤】**

**(1) 制取硝酸钾** 在托盘天平上称取 28.3g $NaNO_3$ 和 23g KCl 于 200mL 烧杯中，加入 48mL 自来水，加热溶解后，趁热用热滤漏斗进行保温过滤，除去不溶性杂质。稍冷后将滤液放入冰-水浴中冷却到 5℃ 以下，大部分 $KNO_3$ 即结晶析出。迅速抽滤，并用玻璃磨口瓶塞压干晶体。

**(2) 回收氯化钠** 将滤液倾入 200mL 烧杯中，加热蒸发。当溶液体积减少约 1/2 时，大部分 NaCl 即结晶析出，趁热抽滤，压干晶体。取出放在表面皿上晾干后，称量、计算收率并回收此副产品。

**(3) 收取残留硝酸钾** 将分出 NaCl 晶体后的滤液倾入 200mL 烧杯中，用约为滤液 1/10 体积的水洗涤抽滤瓶，洗涤液与滤液合并后冷却到 5℃ 以下，抽滤、压干晶体。

将第二次得到的 $KNO_3$ 与第一次 $KNO_3$ 产品合并，放在表面皿上晾干，称量，计算产量。

**(4) 重结晶提纯** 将两次所得粗产品放入 150mL 烧杯中，按固-液质量比 1∶1 加入蒸馏水，加热使其溶解。将溶液冷却至 5℃ 以下，析出晶体。抽滤、压干。产品晾干后称量，计算收率。

**制备硝酸钾的操作流程示意图**

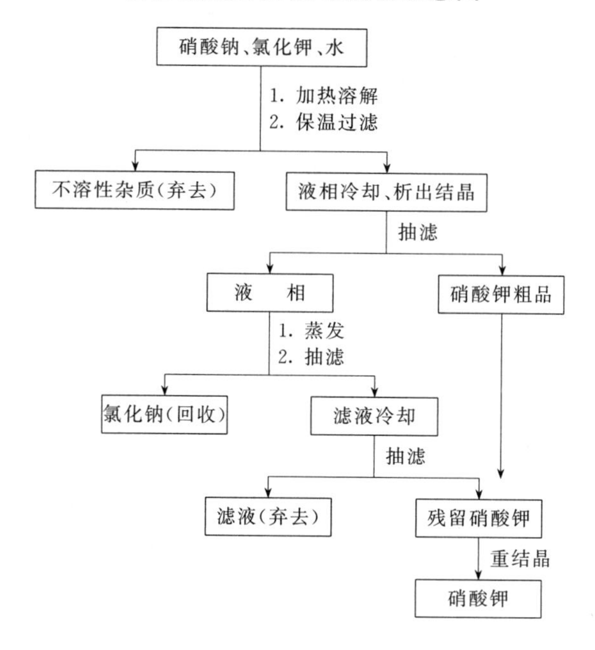

### 实验指南与安全提示

**(1) 在热源上取蒸发皿时，须使用坩埚钳，切勿直接用手去拿，以防造成烫伤。**

**(2) 在加热蒸发过程中，为了防止爆沸，可取一段长约20cm的玻璃管，将一端封死，使开口一端（不熔光）浸入溶液中，并不断搅拌溶液。**

**(3) 下表中列出了本实验所涉及四种盐在不同温度时的溶解度（g/100g $H_2O$），供参考。**

| 品　名 | 0℃ | 10℃ | 20℃ | 30℃ | 50℃ | 80℃ | 110℃ |
|---|---|---|---|---|---|---|---|
| NaCl | 35.7 | 35.7 | 35.8 | 36.1 | 36.2 | 38.0 | 39.2 |
| $NaNO_3$ | 73.3 | 80.8 | 88 | 95 | 114 | 148 | 175 |
| KCl | 28.0 | 31.2 | 34.2 | 37.0 | 42.9 | 51.2 | 56.3 |
| $KNO_3$ | 13.9 | 21.2 | 31.6 | 45.4 | 83.5 | 127 | 245 |

### 思　考　题

(1) 试设计一检验$KNO_3$产品纯度的简便方法。

(2) 若不考虑其他盐存在时对溶解度的影响，根据溶解度数据，本实验中应有多少NaCl和$KNO_3$晶体析出？

## * 实验4-3　硫酸亚铁铵的制备

**预习指导**

(1) 查阅资料并进行有关计算后，填写下表。

| 品　名 | M/(g/mol) | 水溶性 | 使用规格 | 投料量 | | 理论产量 |
|---|---|---|---|---|---|---|
| | | | | 质量(体积)/g(mL) | n/mol | |
| 铁屑 | | | | | | — |
| 硫酸溶液 | — | — | | | | — |
| 硫酸亚铁 | | | | | | |
| 硫酸铵 | | | | | | — |
| 碳酸钠溶液 | — | — | | — | — | — |
| 盐酸溶液 | — | — | | — | — | — |
| 硫酸亚铁铵 | | | | — | — | |

(2) 做实验前，请认真阅读“2.1 加热与冷却技术”“2.2 溶解与蒸发技术”“2.3.2 过滤”“2.4.1 结晶”等内容。

**【目的要求】**

(1) 了解硫酸亚铁铵的制备原理和方法；

(2) 熟练掌握过滤、蒸发、结晶等基本操作技术；

(3) 掌握目视比色法检验产品质量的方法。

【实验原理】

硫酸亚铁铵俗称摩尔盐，浅蓝绿色透明晶体。约在100℃失去晶体水，易溶于水，不溶于乙醇。在空气中比其他亚铁盐稳定，是实验室常用的亚铁离子试剂。

本实验以铁屑为原料，先制取硫酸亚铁，再用硫酸亚铁与硫酸铵作用，进一步制得硫酸亚铁铵。反应方程如下：

$$Fe + H_2SO_4（稀）=\!=\!= FeSO_4 + H_2\uparrow$$

$$FeSO_4 + (NH_4)_2SO_4 + 6H_2O =\!=\!= (NH_4)_2SO_4 \cdot FeSO_4 \cdot 6H_2O$$

由于硫酸亚铁铵的溶解度比硫酸亚铁和硫酸铵都小[1]，在蒸发、冷却后，便可从混合溶液中结晶析出。

测定硫酸亚铁铵产品纯度可用氧化还原滴定法（见实验5-6）。产品中杂质$Fe^{3+}$的含量可用目视比色法加以检验。

【实验用品】

| | |
|---|---|
| 抽滤装置 | HCl溶液（2.0mol/L） |
| 玻璃漏斗 | $H_2SO_4$溶液（3.0mol/L） |
| 蒸发皿 | KCNS溶液（1.0mol/L） |
| 水浴锅 | $Na_2CO_3$溶液（10%） |
| 容量瓶 | $(NH_4)_2SO_4$（C. P.） |
| 比色管 | $Fe^{3+}$标准溶液（0.1mg/mL） |
| pH试纸 | 铁屑 |

【实验步骤】

**(1) 铁屑表面油污的去除** 称取2g铁屑，放在小烧杯中，加入20mL $Na_2CO_3$溶液，用小火加热10min。倾去碱液，依次用自来水、蒸馏水把铁屑冲洗干净。

**(2) 硫酸亚铁的制备** 在盛放铁屑的小烧杯中加入20mL $H_2SO_4$溶液，用小火加热至不再有气泡冒出为止（在加热过程中应补充少量水，以防止水蒸发后$FeSO_4$结晶析出）。趁热过滤，滤液立即转移到蒸发皿中。将滤纸上的铁屑及残渣洗净，收集起来用滤纸吸干，称量。计算已反应铁屑的质量以及$FeSO_4$的理论产量。

**(3) 硫酸亚铁铵的制备** 根据$FeSO_4$的理论产量，按$FeSO_4$与$(NH_4)_2SO_4$的摩尔比为1∶1计算所需固体$(NH_4)_2SO_4$的质量。称取所需量的$(NH_4)_2SO_4$，参照其溶解度表[1]，配成饱和溶液。在搅拌下将此溶液倒入盛有$FeSO_4$溶液的蒸发皿中，在水浴上蒸发浓缩至表面出现晶体膜为止（注意蒸发过程中不宜搅动）。静置，让溶液自然冷却，析出$FeSO_4 \cdot (NH_4)_2SO_4 \cdot 6H_2O$晶体。用倾析法除去母液，把晶体移入布氏漏斗中抽滤。晶体用滤纸进一步吸干后，称量并计算产率。

**(4) 产品检验** 用目视比色法检验产品中$Fe^{3+}$的含量：称取0.1g产品，置于25mL比色管中，用15mL不含氧的蒸馏水溶解[2]。加入2mL HCl溶液和1mL KCNS溶液，用不含氧的蒸馏水稀释至刻度。摇匀后，与标准色阶比较[3]。确定$Fe^{3+}$的含量及产品等级[4]。

---

**注释** [1] 三种盐的溶解度如下表（g/100g$H_2O$）：

| 品名 | 0℃ | 10℃ | 20℃ | 30℃ | 50℃ | 70℃ |
|---|---|---|---|---|---|---|
| 硫酸亚铁 | 15.7 | 20.5 | 26.6 | 33.2 | 48.6 | 56 |
| 硫酸铵 | 70.6 | 73.0 | 75.4 | 78.1 | 84.5 | 91.9 |
| 硫酸亚铁铵 | 12.5 | 18.1 | 21.2 | 24.5 | 31.3 | 38.5 |

[2] 不含氧的蒸馏水：将蒸馏水加热煮沸 10min，以除去其中溶解的空气中的氧，冷却后即可使用。

[3] 标准色阶的配制方法如下：取三支 25mL 比色管，按顺序编号后，依次加入 0.001mg/mL 的 $Fe^{3+}$ 标准溶液 1mL、2mL、5mL。再各加入 2mL 盐酸溶液和 1mL 硫氰酸钾溶液，用蒸馏水稀释到刻度，摇匀。

[4] 不同等级的产品中 $Fe^{3+}$ 含量标准如下（在 25mL 溶液中）：一级品：0.001mg，二级品：0.002mg，三级品：0.005mg。

## 实验指南与安全提示

**(1) 铁屑与硫酸溶液的反应，开始时较为剧烈，要控制温度不宜过高，以防反应液溅出。**

**(2) 制备硫酸亚铁铵时，切忌用直接火加热，否则会将 $Fe^{2+}$ 氧化成 $Fe^{3+}$，使溶液变成棕红色。**

**(3) 硫氰酸铁不稳定，因此标准色阶与被测溶液的显色最好同时进行，以确保实验结果的准确性。**

### 思 考 题

(1) 硫酸亚铁铵母液的酸碱性如何？为什么？

(2) 本实验中，$(NH_4)_2SO_4$ 的投料量是根据 $FeSO_4$ 的理论产量决定的。试设计一合理方案，正确计算实验中间产物 $FeSO_4$ 的理论产量和 $(NH_4)_2SO_4$ 的投料量。

## 实验 4-4 甲基橙的制备

**预习指导**

1. 查阅有关资料，填写下表。

| 品　名 | $M$ /(g/mol) | 熔点 /℃ | 沸点 /℃ | $\rho$ /(g/cm³) | 水溶性 | 使用规格 | 投料量 | | 理论产量 |
|---|---|---|---|---|---|---|---|---|---|
| | | | | | | | 质量(体积)/g(mL) | mol | |
| 对氨基苯磺酸 | | | — | — | | — | | | — |
| 亚硝酸钠 | | — | — | — | | — | | | — |
| *N*,*N*-二甲基苯胺 | | — | | | | — | | | — |
| 氢氧化钠溶液 | — | — | — | — | — | | | — | — |
| 盐酸 | — | — | — | | | | | — | — |
| 冰醋酸 | | — | | | | — | | — | — |
| 甲基橙 | | | — | — | | — | — | — | |

2. 做本实验前，请认真阅读本书中“2.4.2 重结晶”和“2.3.2.3 减压过滤”等内容。

**【目的要求】**

(1) 熟悉重氮化反应及偶联反应的原理与条件，掌握甲基橙的制备方法；

(2) 熟悉低温操作技术；

(3) 熟练掌握重结晶操作。

【实验原理】

人类使用染料的历史十分悠久。远古时代人们就可从多种植物中提取天然染料。19世纪科学家已开始利用化学反应人工合成各种有机染料。其中偶氮染料就是由芳香族伯胺发生重氮化反应生成重氮盐、又与芳胺或酚类偶联而成的有色物质。

本实验中以对氨基苯磺酸为原料制备重氮盐，后者再与*N*,*N*-二甲基苯胺在酸性介质中发生偶联反应，制得一种橙黄色染料，叫做甲基橙。甲基橙为鳞状晶体，微溶于水，不溶于乙醇。是常用的酸碱指示剂，在酸性溶液中呈红色，碱性溶液中呈黄色。

对氨基苯磺酸因形成内盐在水中溶解度很小，通常先将其制成钠盐，再进行重氮化反应。

大多数重氮盐很不稳定。为防止其在温度高时发生分解，重氮化反应必须在低温和强酸性介质中进行。

(1) 重氮化反应

$$NH_2-C_6H_4-SO_3H + NaOH \longrightarrow NH_2-C_6H_4-SO_3Na + H_2O$$

对氨基苯磺酸　　对氨基苯磺酸钠

$$NaO_3S-C_6H_4-NH_2 + NaNO_2 + 3HCl \xrightarrow{0\sim5℃} HO_3S-C_6H_4-N_2Cl + 2NaCl + 2H_2O$$

对氨基苯磺酸钠　　对重氮苯磺酸盐酸盐

(2) 偶联反应

$$HO_3S-C_6H_4-N_2^+Cl^- + C_6H_5-N(CH_3)_2 \xrightarrow[CH_3COOH]{0\sim5℃} [HO_3S-C_6H_4-N{=}N-C_6H_4-\underset{H}{\underset{|}{N}}(CH_3)_2]^+ CH_3COO^-$$

对重氮苯磺酸盐酸盐　　*N*,*N*-二甲基苯胺　　甲基橙醋酸盐

$$[HO_3S-C_6H_4-N{=}N-C_6H_4-\underset{H}{\underset{|}{N}}(CH_3)_2]^+ CH_3COO^- + 2NaOH \longrightarrow$$

$$NaO_3S-C_6H_4-N{=}N-C_6H_4-N(CH_3)_2 + CH_3COONa + H_2O$$

甲基橙

【实验用品】

| | |
|---|---|
| 氢氧化钠溶液（5%） | 冰醋酸 |
| 氯化钠溶液（饱和） | 氯化钠 |
| 对氨基苯磺酸 | 乙醚 |
| *N*,*N*-二甲苯胺 | 减压过滤装置 |
| 淀粉-碘化钾试纸 | 烧杯（100mL、200mL） |
| 无水乙醇 | 温度计（100℃） |
| 亚硝酸钠 | 水浴锅 |
| 浓盐酸 | 表面皿 |

【实验步骤】

**(1) 重氮化**　在100mL烧杯中，放入2.1g对氨基苯磺酸及10mL氢氧化钠溶液，在温水浴中加热溶解后冷却至室温。

另取0.8g亚硝酸钠溶于6mL水中，加到上述烧杯中，用冰-盐水浴冷却至0～5℃。

在不断搅拌下，将3mL浓盐酸与10mL水配成的溶液缓慢滴加到上述混合液中[1]。此间应注意控制反应液温度在5℃以下（可用温度计间歇测温）。滴加完毕，用淀粉-碘化钾试纸检验反应终点[2]。然后在冰-盐水浴中继续搅拌15min，以保证反应完全[3]。

**(2) 偶联**　在试管中加入1.3mL *N*,*N*-二甲苯胺和1mL冰醋酸，振荡混匀。在不断搅拌下，

将此溶液缓慢加到上述冷却的重氮盐溶液中（此间应始终保持低温操作）。继续反应10min，然后慢慢加入25mL氢氧化钠溶液，此时反应液变为橙红色，粗甲基橙呈细粒状沉淀析出。

**(3) 盐析、抽滤** 将烧杯从冰盐水浴中取出恢复至室温。加入5g氯化钠，搅拌并于沸水浴中加热5min，冷却至室温后再置于冰-水浴中冷却。待甲基橙晶体析出完全后，抽滤。用少量饱和氯化钠溶液洗涤烧杯和滤饼，压紧抽干。

**(4) 重结晶** 将上述粗产物用沸水进行重结晶（每克粗产物约需25mL水）。

待结晶析出完全后，抽滤。滤饼依次用少量无水乙醇、乙醚进行洗涤[4]，压紧抽干。产品转移至表面皿上，于50℃以下自然晾干，称量质量，并计算产率。

**(5) 性能试验** 取少许产品溶解于水中，先加几滴稀盐酸溶液，再用稀氢氧化钠溶液中和。观察溶液颜色变化，记录实验现象。

---

**注释** [1] 滴加前可将此盐酸溶液冷却至5℃以下，以利于控制反应温度。

[2] 若试纸不显蓝色，需补加亚硝酸钠，并充分搅拌至淀粉-碘化钾试纸刚显蓝色，可视为反应终点。

[3] 此时往往有晶体析出，这是由于重氮盐在水中电离而形成内盐，在低温下难溶于水所致。

[4] 用无水乙醇、乙醚洗涤可使产品快速干燥。

**制备甲基橙的操作流程示意图**

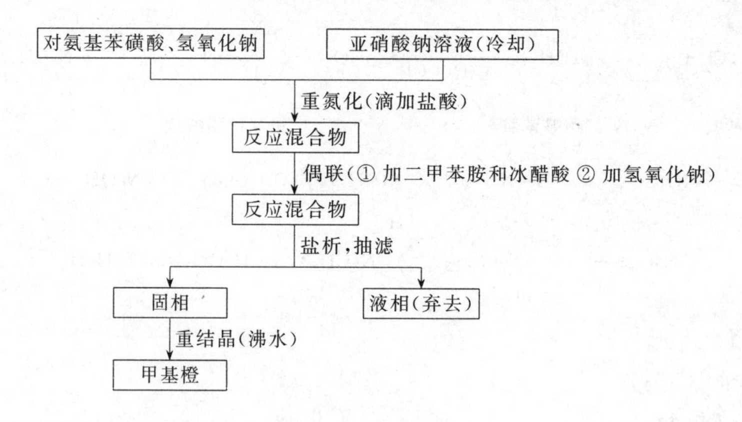


## 实验指南与安全提示

**(1) 重氮化和偶联反应都需在低温下进行，这是本实验成败的关键所在。因此整个反应过程中，盛装反应液的烧杯始终不能离开冰-盐水浴。**

**(2) 用温度计间歇测温时，可暂停搅拌，以免温度计与搅拌棒碰撞而损坏。不能用温度计代替搅拌棒。**

**(3) 湿的甲基橙受日光照射颜色会变深，所以重结晶操作应迅速。**

**(4) 浓盐酸易挥发并具有强烈的刺激性；*N*,*N*-二甲基苯胺有毒，应避免吸入其蒸气！**

### 思 考 题

(1) 重氮化反应为什么要在低温、强酸介质中进行？

(2) 本实验制备重氮盐时，为什么要把对氨基苯磺酸先变成钠盐？

(3) 洗涤滤饼时，为什么要用饱和食盐水？

## *实验 4-5　十二烷基硫酸钠的制备

### 预习指导

查阅有关资料，填写下表。

| 品　名 | M /(g/mol) | 熔点 /℃ | 沸点 /℃ | ρ /(g/cm³) | $n_D^{20}$ | 水溶性 | 投料量 | | 理论产量 |
|---|---|---|---|---|---|---|---|---|---|
| | | | | | | | 质量(体积)/g(mL) | mol | |
| 十二烷基硫酸钠 | | | | | | | — | — | |
| 月桂醇 | | | | | | | — | | — |
| 氯磺酸 | | | | | | | | | — |
| 碳酸钠 | | | — | | — | | | | — |

【目的要求】

1. 熟悉磺化反应原理，掌握十二烷基硫酸钠的制备方法。
2. 基本掌握旋转蒸发器（或减压蒸馏装置）的操作技能。

【实验原理】

十二烷基硫酸钠属阴离子表面活性剂。白色粉末状固体，熔点 24～27℃，易溶于水。发泡力强，低温下有良好的洗涤效果。用于制造洗涤剂，具有无毒、可被细菌降解、不污染环境等特点。本实验采用十二醇与氯磺酸反应后，用碳酸钠中和后而制得：

$$CH_3(CH_2)_{10}CH_2OH + ClSO_2OH \longrightarrow CH_3(CH_2)_{10}CH_2OSO_2OH + HCl$$

$$2CH_3(CH_2)_{10}CH_2OSO_2OH + Na_2CO_3 \longrightarrow 2CH_3(CH_2)_{10}CH_2OSO_2ONa + H_2O + CO_2$$

【实验用品】

烧杯（250mL）　　玻璃棒　　冰醋酸
滴管　　烘箱　　正丁醇
分液漏斗　　月桂醇 10g（0.05mol）　　饱和碳酸钠溶液
旋转蒸发器（或减压蒸馏装置）　　氯磺酸（6.14g，0.05mol）　　碳酸钠

【实验步骤】

**(1) 酯化**　在一干燥的烧杯（250mL）中，加入 9.5mL 冰醋酸，控制烧杯内温度为 15℃[1] 左右。在不断搅拌下，用干燥的滴管向该烧杯中滴加 3.5mL 氯磺酸（在通风橱内进行），再慢慢加入 10g 月桂醇，继续搅拌约 30min 使反应完成。

**(2) 中和**　将反应混合物倾入盛有 30g 碎冰的烧杯中，搅拌后再加入 30mL 正丁醇，充分搅拌 3min。然后，在搅拌下慢慢加入每份为 3mL 的饱和碳酸钠溶液，直至 pH 值为 7～8。再加入 10g 固体碳酸钠，充分搅拌后静置。

**(3) 分离**　将烧杯中的清液移入分液漏斗中，静置分层。分出下层水相，并将其移入另一个分液漏斗中，加入 20mL 正丁醇，充分振摇后静置分层，再次分出下层水相，将上层正丁醇萃取液与第一次分得的上层液合并。

**(4) 蒸发、干燥**　将上述合并后的液体倒入旋转蒸发器（或在减压蒸馏装置）中，蒸去绝大部分溶剂正丁醇[2]，即得到乳白色膏状体。

将产物移入烘箱内干燥（烘箱温度<80℃）2h 以上。

**(5) 称量**　称量产物质量，计算产率。

---

**注释**　[1] 可将烧杯放置于冷水浴中，以调控烧杯内温度。必要时可添加冰块调节温度。

[2] 正丁醇的沸点为 117℃，蒸去溶剂的操作，要防止升温过急、过高，避免使瓶内产物烤焦。

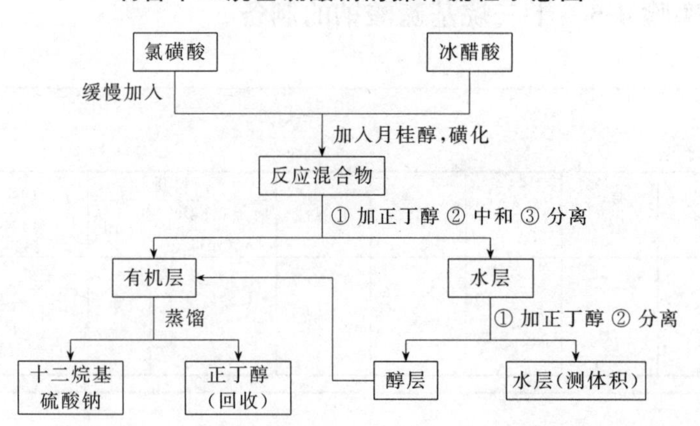

### 实验指南与安全提示

**(1) 氯磺酸为油状腐蚀性液体，在空气中发烟，遇水起剧烈作用，生成硫酸与氯化氢。空气中容许浓度 $5mg/m^3$。使用氯磺酸必须要小心，需戴防护目镜与橡胶手套，不可触及皮肤。**

**(2) 干燥产品时，烘箱温度不宜过高，以免发生产物的分解或熔化等。**

### 思 考 题

(1) 反应为何要在无水条件下进行。如有水分存在，对反应有什么影响？

(2) 加入碳酸钠为何要有碎冰的存在？如何正确地进行该步的操作？

## 实验 4-6 肥皂的制备

**预习指导**

(1) 查阅有关资料，填写下表。

| 品 名 | $M$ /(g/mol) | 沸点 /℃ | $\rho$ /$(g/cm^3)$ | 水溶性 | 使用规格 | 投料量 | | 理论产量 |
|---|---|---|---|---|---|---|---|---|
| | | | | | | 质量(体积) /g(mL) | $n$/mol | |
| 动物油脂 | | — | — | | — | | | — |
| 乙醇 | | | | | | | — | — |
| NaOH 溶液 | — | — | — | — | | | | — |
| NaCl 溶液 | — | — | — | | | — | — | — |
| 丙三醇 | | | | | — | — | — | |
| 肥皂 | | — | — | | — | | — | |

(2) 做实验前，请认真阅读“2.1 加热与冷却技术”“2.2.1 固体的溶解”和“2.3.2.3 减压过滤”等内容。

**【目的要求】**

(1) 了解皂化反应原理及肥皂的制备方法；

(2) 初步掌握普通回流装置的安装与操作；

(3) 熟悉盐析原理，掌握水浴加热、沉淀的洗涤以及减压过滤等操作技术。

**【实验原理】**

动物脂肪的主要成分是高级脂肪酸甘油酯。将其与氢氧化钠溶液共热，就会发生碱性水解（皂化反应），生成高级脂肪酸钠（即肥皂）和甘油。在反应混合液中加入溶解度较大的无机盐，以降低水对有机酸盐（肥皂）的溶解作用，可使肥皂较为完全地从溶液中析出。这一过程叫做盐析。利用盐析的原理，可将肥皂和甘油较好地分离开。

本实验以动物油脂为原料制取肥皂。反应式如下：

$$\begin{array}{l} CH_2-\overset{O}{\overset{\|}{C}}-OR_1 \\ | \\ CH-\overset{O}{\overset{\|}{C}}-OR_2 \\ | \\ CH_2-\overset{O}{\overset{\|}{C}}-OR_3 \end{array} \xrightarrow[\triangle]{NaOH/H_2O} \begin{array}{l} R_1COONa \\ R_2COONa \\ R_3COONa \end{array} + \begin{array}{ccccc} CH_2 & - & CH & - & CH_2 \\ | & & | & & | \\ OH & & OH & & OH \end{array}$$

甘油三羧酸酯　　肥皂　　甘油

（三种羧酸钠盐的混合物）

**【实验用品】**

| | | |
|---|---|---|
| 减压过滤装置 | 电炉，水浴锅 | 饱和食盐水 |
| 圆底烧瓶（250mL） | 烧杯（200mL） | 乙醇（95%） |
| 球形冷凝管 | 氢氧化钠溶液（40%） | 动物油脂 |

**【实验步骤】**

**(1) 加料、安装仪器**　在圆底烧瓶中加入5g动物油脂、15mL 95%的乙醇[1] 和15mL 40%的氢氧化钠溶液。参照图4-6安装普通回流装置，采用水浴加热。

**(2) 加热皂化**　检查装置后，接通电源，缓慢加热，使烧瓶内液体沸腾。调节加热强度使溶液保持微沸40min，此时若瓶内产生大量泡沫，可由冷凝管上口向其中滴加少量1∶1乙醇和氢氧化钠混合液。

皂化反应结束后[2]，先停止加热，稍冷后再拆除实验装置。

**(3) 盐析分离**[3]　在搅拌下，趁热将反应混合液倒入盛有150mL饱和食盐水的烧杯中，静置冷却，使肥皂析出完全。

安装减压过滤装置，将充分冷却后的皂化液倒入布氏漏斗中，减压过滤。用冷水洗涤沉淀两次[4]，抽干。

**(4) 干燥、称量**　滤饼取出后，随意压制成型，自然晾干，称量质量并计算产率[5]。

---

**注释** [1] 加入乙醇是为了使动物油脂、碱液和乙醇互溶，成为均相溶液，便于反应进行。

[2] 可用玻璃棒蘸取几滴反应液，放入盛有少量热水的试管中，振荡观察，若无油珠出现，说明已皂化完全。否则，需补加碱液，继续加热皂化。

[3] 肥皂和甘油一起在碱水中形成胶体，不便分离。加入饱和食盐水可破坏胶体，使肥皂凝聚并从混合液中离析出来。

[4] 冷水洗涤主要是洗去吸附于肥皂表面的乙醇和碱液。

[5] 动物油脂的化学式可表示为：$(C_{17}H_{35}COO)_3C_3H_5$。计算产率时，可由此式算出其摩尔质量。

制备肥皂的操作流程示意图

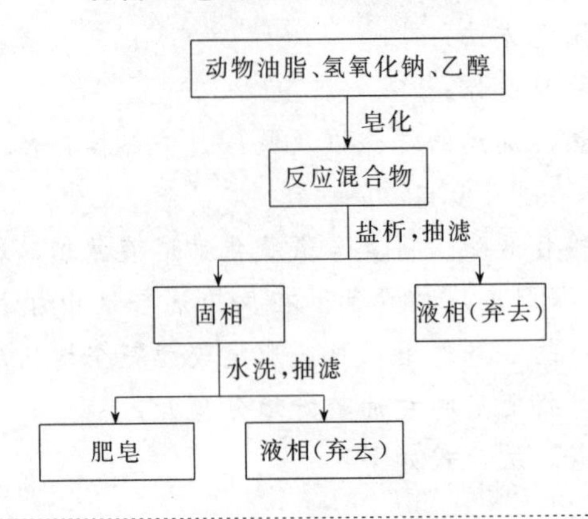

## 实验指南与安全提示

**(1) 动物油脂应使用新炼制的熟油。因为长时间放置的动物油脂会部分变质，生成醛、酮、酸等物质，影响皂化效果。**

**(2) 注意：皂化液和准备添加的混合液中乙醇含量较高，易燃烧，应注意防火！**

### 思 考 题

(1) 除动物油脂外，还有哪些物质可以用来制备肥皂？试列举两例。

(2) 废液中含有副产物甘油，试设计其回收方法。

## 实验 4-7　阿司匹林的制备

**预习指导**

(1) 查阅资料并进行有关计算后，填写下表。

| 品　名 | $M$ /(g/mol) | 熔点 /℃ | 沸点 /℃ | $\rho$ /(g/cm³) | 水溶性 | 使用规格 | 投料量 | | 理论产量 |
|---|---|---|---|---|---|---|---|---|---|
| | | | | | | | 质量(体积) /g(mL) | $n$/mol | |
| 水杨酸 | | | — | — | | | | | — |
| 乙酸酐 | | — | | | | | | | — |
| 硫酸 | — | — | — | | | | | — | — |
| 盐酸溶液 | — | — | — | — | — | | | — | — |
| 碳酸氢钠溶液 | — | — | — | — | — | | | — | — |
| 乙酰水杨酸 | | | — | — | | — | — | — | |

(2) 做实验前，请认真阅读“4.4.1.1 普通回流装置”“4.4.1.7 回流操作要点”“2.4.2 重结晶”和“2.3.2.3 减压过滤”等内容。

**【目的要求】**

(1) 熟悉阿司匹林的制备原理及方法；

(2) 掌握普通回流装置的安装与操作；

(3) 熟悉利用重结晶精制固体产品的操作技术。

**【实验原理】**

阿司匹林化学名称为乙酰水杨酸，是白色晶体，熔点135℃，微溶于水（37℃时，1g/100g $H_2O$）。本实验以浓硫酸为催化剂，使水杨酸与乙酸酐在75℃左右发生酰化反应，制取阿司匹林。反应式如下：

$$\underset{\text{水杨酸}}{HOOC-C_6H_4-OH} + \underset{\text{乙酸酐}}{(CH_3CO)_2O} \xrightarrow[\triangle]{\text{浓 } H_2SO_4} \underset{\text{乙酰水杨酸（阿司匹林）}}{HOOC-C_6H_4-OCOCH_3} + \underset{\text{乙酸}}{CH_3COOH}$$

水杨酸在酸性条件下受热，还可发生缩合反应，生成少量聚合物。

阿司匹林可与碳酸氢钠反应生成水溶性的钠盐，而作为杂质的副产物则不能与碱作用，可在用碳酸氢钠溶液进行纯化时将其分离除去。

**【实验用品】**

| | | |
|---|---|---|
| 三颈烧瓶（100mL） | 圆底烧瓶 | 水杨酸（C. P.） |
| 球形冷凝管 | 玻璃棒 | 乙酸酐（C. P.） |
| 减压过滤装置 | 锥形瓶 | 浓硫酸 |
| 电炉与调压器 | 温度计（100℃） | 盐酸溶液（1∶2） |
| 表面皿 | 蒸馏水 | 饱和碳酸氢钠溶液 |
| 水浴锅 | 乙醇（95%） | |

**【实验步骤】**

**(1) 酰化** 于干燥的圆底烧瓶中加入4g水杨酸和10mL新蒸馏的乙酸酐，在振摇下缓慢滴加7滴浓硫酸[1]，参照图4-6安装普通回流装置。通水后，振摇反应液使水杨酸溶解。然后用水浴加热，控制水浴温度在80～85℃[2]，反应20min。

撤去水浴，趁热于球形冷凝管上口加入2mL蒸馏水，以分解过量的乙酸酐[3]。

**(2) 结晶、抽滤** 稍冷后，拆下冷凝装置。在搅拌下将反应液倒入盛有100mL冷水的烧杯中，并用冰-水浴冷却，放置20 min。待结晶析出完全后，减压过滤。

**(3) 初步提纯** 将粗产品放入100mL烧杯中，加入50mL饱和碳酸氢钠溶液并不断搅拌，直至无二氧化碳气泡产生为止。减压过滤，除去不溶性杂质。滤液倒入洁净的烧杯中，在搅拌下加入30mL盐酸溶液，阿司匹林即呈结晶析出。将烧杯置于冰-水浴中充分冷却后，减压过滤。用少量冷水洗涤滤饼两次，压紧抽干，称量粗产品。

**(4) 重结晶** 将粗产品放入100mL锥形瓶中，加入95%乙醇和适量水（每克粗产品约需3mL95%乙醇和5mL水），安装球形冷凝管，于水浴中温热并不断振摇，直至固体完全溶解。拆下冷凝管，取出锥形瓶，向其中缓慢滴加水至刚刚出现混浊，静止冷却。结晶析出完全后抽滤。

**(5) 称量、计算收率** 将结晶小心转移至洁净的表面皿上，晾干后称量，并计算收率。

---

**注释** [1] 水杨酸能形成分子内氢键，阻碍酚羟基的酰基化反应。加入少量浓硫酸，可破坏其中的氢键，使酰基化反应顺利进行。

[2] 水浴温度与烧瓶内反应液的温度约差5℃左右，控制水浴温度在80～85℃，可使反应在75～80℃进行。

[3] 由于分解反应产生热量，会使瓶内液体沸腾，故仍需通冷却水。

制备阿司匹林的操作流程示意图

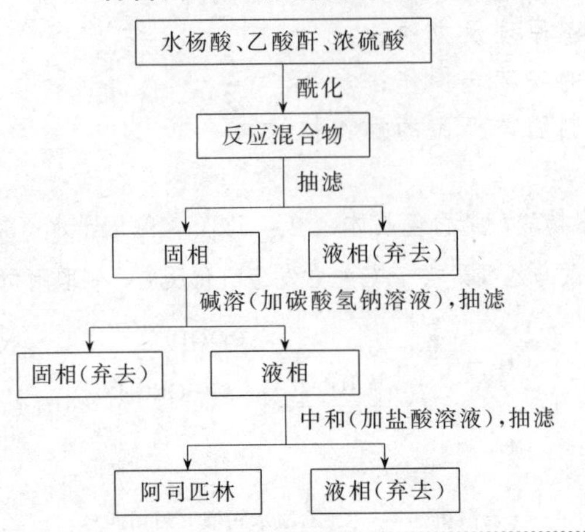

## 实验指南与安全提示

**(1) 乙酸酐有毒并有较强烈的刺激性，取用时应注意不要与皮肤直接接触，防止吸入大量蒸气。加料时最好于通风橱内操作，物料加入烧瓶后，应尽快安装冷凝管，冷凝管内事先接通冷却水。**

**(2) 反应温度不宜过高，否则将会增加副产物的生成。**

**(3) 由于阿司匹林微溶于水，所以洗涤结晶时，用水量要少些，温度要低些，以减少产品损失。**

**(4) 浓硫酸具有强腐蚀性，应避免触及皮肤或衣物。**

### 思 考 题

(1) 制备阿司匹林时，为什么要使用干燥的仪器？

(2) 若产品中含有未反应的水杨酸，应如何鉴定？试设计一合适的检测方法。

## 实验 4-8 β-萘乙醚的制备

**预习指导**

(1) 查阅资料并进行有关计算后，填写下表。

| 品 名 | $M$/(g/mol) | 熔点/℃ | 沸点/℃ | $\rho$/(g/cm$^3$) | 水溶性 | 使用规格 | 投料量 | | 理论产量 |
|---|---|---|---|---|---|---|---|---|---|
| | | | | | | | 质量(体积)/g(mL) | $n$/mol | |
| β-萘酚 | | | — | — | | | | | — |
| 溴乙烷 | | — | | | | | | | — |
| 氢氧化钠 | | — | — | — | | | | | — |
| 无水乙醇 | | — | | | | | | — | — |
| 乙醇 | — | — | — | — | — | | | — | — |
| β-萘乙醚 | | | — | — | | — | — | — | |

(2) 做实验前，请认真阅读“4.4.1.1 普通回流装置”“4.4.1.7 回流操作要点”“2.4.2 重结晶”和“2.3.2.3 减压过滤”等内容。

【目的要求】

(1) 了解威廉逊法制备混醚的原理和方法；

(2) 熟练掌握普通回流装置的安装与操作；

(3) 熟练掌握利用重结晶精制固体粗产物的操作技术。

【实验原理】

$\beta$-萘乙醚是白色片状晶体，熔点为37.5℃，不溶于水，可溶于醇、醚等有机溶剂。常用作玫瑰香、薰衣草香和柠檬香等香精的定香剂，也广泛用于肥皂中作香料。

本实验中采用威廉逊合成法，用$\beta$-萘酚钠和溴乙烷在乙醇中反应制取$\beta$-萘乙醚。反应式如下：

$$C_{10}H_7\text{—}OH + NaOH \longrightarrow C_{10}H_7\text{—}ONa + H_2O$$

$\beta$-萘酚　　　　$\beta$-萘酚钠

$$C_{10}H_7\text{—}ONa + Br\text{—}CH_2CH_3 \longrightarrow C_{10}H_7\text{—}OCH_2CH_3 + KBr$$

溴乙烷　　　　$\beta$-萘乙醚

【实验用品】

| | |
|---|---|
| 普通回流装置 | $\beta$-萘酚（C. P.） |
| 减压过滤装置 | 无水乙醇（C. P.） |
| 电炉与调压器 | 溴乙烷（C. P.） |
| 表面皿 | 氢氧化钠（C. P.） |
| 水浴锅 | 乙醇（95%） |

【实验步骤】

**(1) 威廉逊合成**　在干燥的100mL圆底烧瓶中，加入5g $\beta$-萘酚、30mL无水乙醇和1.6g研细的氢氧化钠，在振摇下加入3.2mL溴乙烷。参照图4-6安装普通回流装置，用水浴加热回流1.5h。

**(2) 抽滤分离**　稍冷后，拆除装置。在搅拌下，将反应混合液倒入盛有200mL冷水的烧杯中，在冰-水浴中冷却后减压过滤。用20mL冷水分两次洗涤沉淀。

**(3) 重结晶**　将沉淀移入100mL锥形瓶中，加入20mL 95%乙醇溶液，装上回流冷凝管，在水浴中加热，保持微沸5min。撤去水浴，待冷却后，拆除装置。将锥形瓶置于冰-水浴中充分冷却后，抽滤。

**(4) 称量**　滤饼移至表面皿上，自然晾干后，称量质量并计算产率。

**制备$\beta$-萘乙醚的操作流程示意图**

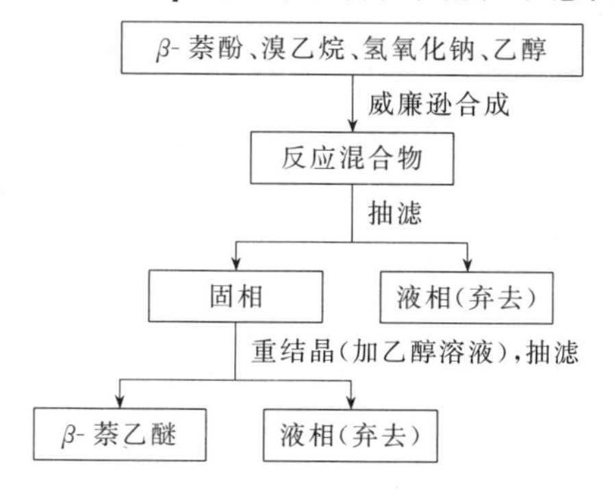

## 实验指南与安全提示

**(1) 请注意：溴乙烷和β-萘酚都是有毒物品，应避免吸入其蒸气或直接与皮肤接触！**

**(2) 加热时，水浴温度不宜太高，以保持反应液微沸即可。否则溴乙烷可能逸出。**

### 思考题

(1) 可否用乙醇和β-溴萘制备β-萘乙醚？为什么？

(2) 威廉逊合成反应为什么要使用干燥的玻璃仪器？否则会增加何种副产物的生成？

## 实验 4-9 乙酸异戊酯的制备

**预习指导**

(1) 查阅资料并进行有关计算后，填写下表。

| 品名 | $M$/(g/mol) | 沸点/℃ | $\rho$/(g/cm³) | 水溶性 | 使用规格 | 投料量 | | 理论产量 |
|---|---|---|---|---|---|---|---|---|
| | | | | | | 质量(体积)/g(mL) | $n$/mol | |
| 异戊醇 | | — | — | | | | | — |
| 冰醋酸 | | — | | | | | | — |
| 硫酸 | — | — | — | | | | — | — |
| 碳酸氢钠溶液 | — | — | — | — | | | — | — |
| 氯化钠溶液 | — | — | — | — | | | — | — |
| 乙酸异戊酯 | | | — | — | — | — | — | |

(2) 计算本实验中酯化反应的理论出水量。

(3) 做实验前，请认真阅读“4.4.1.4 带有分水器的回流装置”“4.4.1.7 回流操作要点”“2.5.2 液体物质的干燥”“2.6.1 普通蒸馏”和“2.7 萃取技术”等内容。

**【目的要求】**

(1) 了解酯化反应原理，掌握乙酸异戊酯的制备方法；

(2) 初步掌握带有分水器的回流装置的安装与操作；

(3) 熟悉分液漏斗的使用方法以及利用萃取与蒸馏精制液体物质的操作技术。

**【实验原理】**

乙酸异戊酯是一种香精，因具有令人愉快的香蕉气味，又称为香蕉油。它是无色透明的液体，沸点 142℃，不溶于水，易溶于醇、醚等有机溶剂。本实验采用冰醋酸和异戊醇在浓硫酸催化下发生酯化反应制取乙酸异戊酯。反应式如下：

$$\underset{\text{冰醋酸}}{CH_3\overset{\overset{\displaystyle O}{\|}}{C}{-}OH} + \underset{\text{异戊醇}}{CH_3\overset{\overset{\displaystyle CH_3}{|}}{C}HCH_2CH_2OH} \xrightleftharpoons{H^+,\ \triangle} \underset{\text{乙酸异戊酯}}{CH_3\overset{\overset{\displaystyle O}{\|}}{C}{-}OCH_2CH_2\overset{\overset{\displaystyle CH_3}{|}}{C}HCH_3} + H_2O$$

由于酯化反应是可逆的，本实验中除了让反应物之一冰醋酸过量外，还采用了带有分水器的回流装置，使反应中生成的水被及时分出，以破坏平衡，使反应向正反应方向进行。

反应混合物中的硫酸、过量的乙酸及未反应完全的异戊醇，可用水洗涤除去；残余的酸用碳酸氢钠中和除去；副产物醚类可在最后的蒸馏中予以分离。

**【实验用品】**

| | |
|---|---|
| 带有分水器的回流装置 | 冰醋酸（C. P.） |
| 普通蒸馏装置 | 异戊醇（C. P.） |
| 分液漏斗 | 碳酸氢钠溶液（10%） |
| 电热套（或甘油浴） | 氯化钠溶液（饱和） |
| 锥形瓶 | 无水硫酸镁 |
| 沸石 | |

**【实验步骤】**

**(1) 酯化**　于干燥的100mL圆底烧瓶中，加入18mL异戊醇、24mL冰醋酸，在振摇下缓慢加入2.5mL浓硫酸，再加入几粒沸石。参照图4-9安装带有分水器的回流装置。分水器中事先充水至比支管口略低处，并放出比理论出水量稍多些的水[1]。用电热套或甘油浴加热回流，至分水器中水层不再增加为止[2]。反应约需1.5 h。

**(2) 洗涤**　撤去热源，稍冷后拆除回流装置。待烧瓶中反应液冷却至室温后，将其倒入分液漏斗中（注意勿将沸石倒入!），用30mL冷水淋洗烧瓶内壁，洗涤液并入分液漏斗。充分振摇，静置。待液层分界清晰后，移去顶塞（或将塞孔对准漏斗孔），缓慢旋开旋塞，分去水层。有机层用20mL碳酸氢钠溶液分两次洗涤。最后再用饱和氯化钠溶液洗涤一次[3]。分去水层，有机层由分液漏斗上口倒入干燥的锥形瓶中。

**(3) 干燥**　向盛有粗产物的锥形瓶中加入约2g无水硫酸镁，配上塞子，振摇至液体澄清透明[4]，再放置20 min。

**(4) 蒸馏**　参照图2-31安装一套干燥的普通蒸馏装置。将干燥好的粗酯小心地滤入烧瓶中，放入几粒沸石，用电热套（或甘油浴）加热蒸馏，用干燥并事先称量其质量的锥形瓶收集138～142℃馏分，称量质量，并计算产率。

---

**注释**　[1] 分水器内充水是为了使回流液在此分层后，上面的有机层能顺利地返回反应容器中。

[2] 可根据分出水量初步估计酯化反应进行的程度。

[3] 加饱和氯化钠溶液有利于有机层与水层快速、明显地分层。

[4] 若液体仍混浊不清，需适量补加干燥剂。

**制备乙酸异戊酯的操作流程示意图**

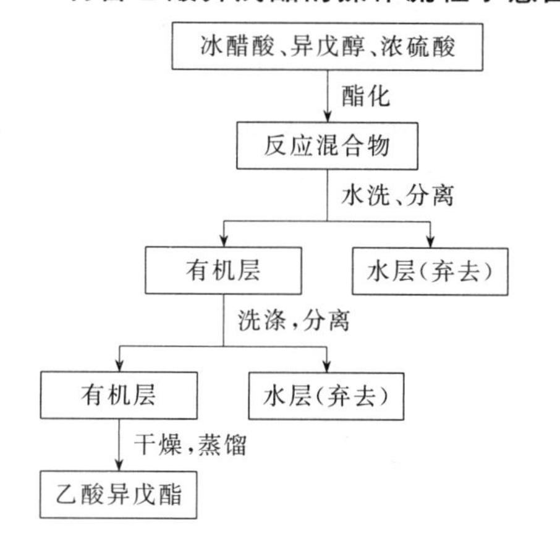

## 实验指南与安全提示

(1) 加浓硫酸时，若瓶壁发热，可将烧瓶置于冷水浴中冷却，以防异戊醇被氧化。浓硫酸具有强腐蚀性，应避免触及皮肤或衣物。

(2) 分液漏斗在使用前，必须涂油试漏，以防洗涤时漏液；在碱洗时，应及时排出生成的二氧化碳，以防气体冲出，损失产品；分离时，应将各层液体都保留到实验结束，当确认无误后，方可弃去杂质层，以便发生操作失误时进行补救。

(3) 冰醋酸具有强烈刺激性，应避免吸入其蒸气！

### 思考题

(1) 在分液漏斗中进行洗涤操作时，粗产品始终在哪一层？

(2) 酯化反应时，若实际出水量超过理论出水量，可能是什么原因造成的？

## 实验 4-10　肉桂酸的制备

**预习指导**

(1) 查阅资料并进行有关计算后，填写下表。

| 品　名 | $M$ /(g/mol) | 熔点 /℃ | 沸点 /℃ | $\rho$ /(g/cm$^3$) | 水溶性 | 使用规格 | 投料量 | | 理论产量 |
|---|---|---|---|---|---|---|---|---|---|
| | | | | | | | 质量(体积) /g(mL) | $n$/mol | |
| 苯甲醛 | | | — | — | | | | | — |
| 乙酸酐 | | — | | | | | | | — |
| 碳酸钾 | | — | — | — | | | | | — |
| NaOH 溶液 | | — | | | | | | | — |
| 盐酸溶液 | — | — | — | — | — | | | | — |
| 肉桂酸 | | | — | — | | — | — | | |

(2) 做实验前，请认真阅读“4.4.1.1 普通回流装置”“4.4.1.7 回流操作要点”“2.6.3 水蒸气蒸馏”和“2.3.2 过滤”等内容。

**【目的要求】**

(1) 了解缩合反应原理，掌握肉桂酸的制备方法；

(2) 掌握水蒸气蒸馏装置的安装和操作技术；

(3) 熟练掌握重结晶法精制固体产品的操作技术。

**【实验原理】**

肉桂酸又称桂皮酸，化学名称为 $\beta$-苯丙烯酸。是白色针状晶体，熔点 133℃，不溶于冷水，可溶于热水及醇、醚等有机溶剂。主要用作制备紫丁香型香精和医药中间体。本实验用苯甲醛和乙酸酐在无水碳酸钾存在下发生缩合反应制取肉桂酸。反应式如下：

$$\underset{\text{苯甲醛}}{C_6H_5CHO} + \underset{\text{乙酸酐}}{(CH_3CO)_2O} \xrightarrow[140\sim170^\circ C]{\text{无水 } K_2CO_3} \underset{\text{肉桂酸}}{C_6H_5CH{=}CHCOOH} + \underset{\text{乙酸}}{CH_3COOH}$$

反应产物中含有少量未反应的苯甲醛，利用其易随水蒸气挥发的特点，通过水蒸气蒸馏将其除去。其他杂质则在分别用碱和酸处理产物时分离除去。

**【实验用品】**

三颈烧瓶（250mL）
空气冷凝管
水蒸气蒸馏装置
减压过滤装置
表面皿
烧杯（250mL）
温度计（200℃）
保温漏斗
电热套

苯甲醛（C. P.）
乙酸酐（C. P.）
无水碳酸钾（C. P.）
氢氧化钠溶液（10%）
活性炭
浓盐酸（1∶1）
刚果红试纸
pH 试纸

**【实验步骤】**

**(1) 缩合** 在干燥的 250mL 三颈烧瓶中依次加入 4.2g 研细的无水碳酸钾，新蒸馏过的 3mL 苯甲醛和 8mL 乙酸酐[1]，摇匀。三颈烧瓶的中口安装空气冷凝管，一侧口插温度计，其汞球应插入液面下，另一侧口配上塞子。用电热套缓慢加热[2]至 140℃，回流 30min。

**(2) 水蒸气蒸馏** 参照图 2-35 安装水蒸气蒸馏装置，将未反应的苯甲醛蒸出，直至馏出液无油珠。

**(3) 中和、抽滤** 取下三颈烧瓶，向其中加入 20mL 氢氧化钠溶液，振摇，使肉桂酸全部溶解。抽滤，将滤液转入 250mL 烧杯中，冷却至室温。在搅拌下用浓盐酸酸化至刚果红试纸变蓝。于冰-水浴中冷却后抽滤。压紧、抽干、称量。

**(4) 重结晶** 粗产品用热水（每克粗产品加水 50mL 水）溶解 。稍冷却加入约 1g 活性炭脱色，煮沸，趁热用保温漏斗过滤。滤液在冰-水浴中充分冷却，抽滤，产品于表面皿上自然晾干，称量并计算产率。

---

**注释** [1] 苯甲醛容易自动氧化而生成苯甲酸，这不但影响反应的进行，而且混在产品中不易除去，影响产品的质量。故用前一定要蒸馏，收集 176～180℃馏分。乙酸酐放久后因吸潮和水解而有乙酸生成，严重影响反应，所以使用时也要预先蒸馏，收集 137～140℃馏分。

[2] 缩合反应宜缓慢升温，以防苯甲醛氧化。反应开始后，由于逸出二氧化碳，有泡沫出现，随着反应的进行，会自动消失。

制备肉桂酸的操作流程示意图

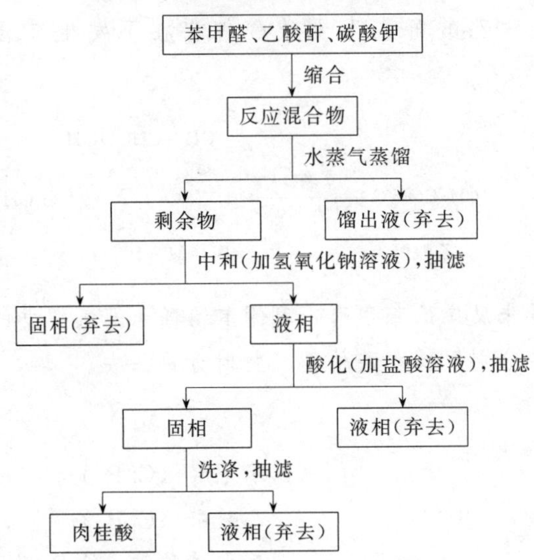


## 实验指南与安全提示

(1) 回流装置所用仪器必须是干燥的，无水碳酸钾也应烘干至恒重，否则将会使乙酸酐水解而导致实验失败。

(2) 水蒸气蒸馏所用热水应预先烧好，以便节省实验时间。

(3) 乙酸酐有毒，并有较强刺激性，使用时应注意安全，避免将其蒸气吸入体内！

### 思 考 题

(1) 在本实验所用的回流装置中，为什么采用空气冷凝管？

(2) 本实验在精制产品时，曾先后加入氢氧化钠溶液和浓盐酸，试分析精制原理并写出有关反应方程式。

## *实验 4-11 季戊四醇的制备

**预习指导**

(1) 查阅有关资料，填写下表。

| 品 名 | $M/(g/mol)$ | 熔点/℃ | 沸点/℃ | $\rho/(g/cm^3)$ | 水溶性 | 投料量 | | 理论产量 |
|---|---|---|---|---|---|---|---|---|
| | | | | | | 质量(体积)/g(mL) | $n/mol$ | |
| 季戊四醇 | | | | | | — | — | |
| 甲醛 | | | | | | | | — |
| 乙酸 | | | | | | | | — |
| 草酸 | | | | | | | | — |
| 氢氧化钙 | | — | — | — | | | | — |

(2) 做实验前请认真阅读“2.6.4 减压蒸馏”和“4.4.1.5 带有搅拌器、测温仪及滴加液体反应物的回流装置”等内容。

【目的要求】

(1) 了解康尼查罗反应原理，掌握季戊四醇的制备方法；

(2) 掌握带有电动搅拌器、测温仪与滴液漏斗的回流装置的安装与操作；

(3) 掌握利用减压蒸馏进行蒸发浓缩的操作方法。

【实验原理】

季戊四醇是白色粉末状晶体。熔点262℃，可溶于水，微溶于乙醇，不溶于苯、乙醚等有机溶剂。可用于制备涂料、增塑剂和表面活性剂等。本实验采用甲醛与乙醛在碱性介质中发生缩合反应制得五碳赤丝藻糖，后者再与甲醛发生康尼查罗反应制取季戊四醇。

主反应

$$3HCHO + CH_3CHO \xrightarrow[\text{(缩合)}]{\text{碱性}} \underset{\text{五碳赤丝藻糖}}{C(CH_2OH)_3CHO}$$

$$C(CH_2OH)_3CHO + HCHO \xrightarrow[\text{康尼查罗反应}]{} C(CH_2OH)_4 + HCOOH$$

副反应

$$5C(CH_2OH)_4 \longrightarrow C(CH_2OH)_3CH_2OCH_2C(CH_2OH)_3 +$$
$$C(CH_2OH)_3CH_2OCH_2C(CH_2OH)_2CH_2OCH_2C(CH_2OH)_3 + 3H_2O$$

【实验用品】

减压蒸馏装置 | 石灰乳 (25%)
甲醛溶液 (36.5%) | 硫酸溶液 (70%)
乙醛 (15% ～ 20%) | 草酸溶液 (20%)
带有搅拌器、测温仪与滴液漏斗的回流装置 | pH 试纸

【实验步骤】

**(1) 加料，安装仪器** 向三颈烧瓶中加入11.1g (0.315mol) 甲醛溶液和25mL水，混匀。按图4-10(b) 安装仪器。在滴液漏斗中加入8.4mL (0.03mol) 乙醛溶液，于搅拌下，由Y形管的侧口加入5.2 g石灰乳。

**(2) 缩合、歧化** 缓慢滴加乙醛溶液 (在20min内加完)，然后用水浴加热，控制反应温度在60℃左右。当反应混合物由乳白色变成淡黄色时，即可停止加热，反应时间约为2.5h。

**(3) 酸化、除钙** 继续搅拌，当反应混合物的温度下降至约45℃时，逐滴加入硫酸溶液至pH值为2～2.5。此间混合液由黄色经灰白转变为白色，继续搅拌，若pH值不变，则可认为酸化已经完全。减压过滤，除去沉淀[1]。

向滤液中加入1mL草酸溶液，充分搅拌后静置，待上层液完全澄清后，再次减压过滤，除去沉淀物[2]。

**(4) 减压浓缩** 安装减压蒸馏装置，将滤液进行减压蒸发浓缩。调节适当压力，使水在70℃以下蒸出。当蒸馏瓶中出现大量结晶时，停止蒸发。

**(5) 过滤、干燥** 将浓缩液自然冷却，待季戊四醇晶体析出完全后，减压过滤。晶体移入已称量的表面皿上晾干或烘干。

**(6) 称量，计算产率** 称量产物的质量并计算产率。

---

**注释** [1] 此沉淀为硫酸钙。

[2] 此沉淀为草酸钙。

制备季戊四醇的操作流程示意图

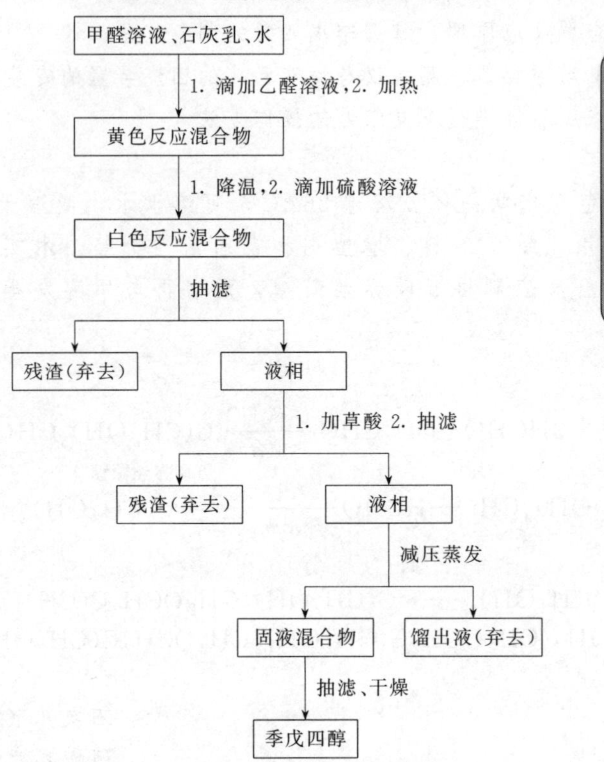


小资料

合成染料

## 实验指南与安全提示

**(1) 该反应是放热反应，当体系温度升至40℃时，应控制加热速度，必要时可暂时撤去热源，以免反应温度超过60℃。**

**(2) 甲醛和乙醛易燃、有毒，不要吸入蒸气或触及皮肤，使用时不要接近明火。**

### 思 考 题

(1) 本实验中可否将甲醛与石灰乳滴加到乙醛溶液中进行反应？为什么？

(2) 在酸化后的滤液中加入草酸的目的是什么？

## *实验 4-12　实用化学品的配制

化学与人们的生活密切相关，我们每天都要和化学品特别是日用化学品打交道。但是你知道这些日用化学品的制备过程吗？你想过自己动手配制一些常见的日用化学品吗？例如，人们经常照镜子，镜子是怎样制作出来的？我们使用的护肤霜的主要成分是什么？深受人们喜爱的冷饮品中含有哪些物质？当你的衣物被油渍、汗渍或墨迹沾污后，你该采用什么方法去清除它们？

这里介绍几种实用化学品的配制（或制备）方法，不妨亲自动手试一试，品尝一下享受自己劳动成果的滋味。

## 化学制镜

化学制镜就是根据银镜反应原理，利用银氨溶液在平面玻璃上镀银。为了保护银层，使其不易霉变或剥落，需在镀层表面涂上一层快干漆或其他油漆。干后即得镜子成品。

**【实验用品】**

| | | | |
|---|---|---|---|
| 烧杯 | 硝酸银 | 葡萄糖 | 乙醇（95%） |
| 玻璃棒 | 蒸馏水 | 氧化铁 | 氯化亚锡溶液 |
| 玻璃 | 氢氧化钾溶液 | 氢氧化钠溶液 | |
| 刷子 | 浓氨水 | 稀盐酸 | |

**【实验步骤】**

(1) 配制溶液

① 甲溶液（银氨液）的配制　称取1g硝酸银，放入50mL烧杯中，加入20mL蒸馏水，搅拌使其溶解后再加入4mL的25%氢氧化钾溶液，立即有大量沉淀生成。在不断搅拌下，向烧杯中滴加浓氨水至沉淀刚好溶解。

② 乙溶液（还原液）的配制　称取0.5g葡萄糖，溶于12mL蒸馏水中。

(2) 处理玻璃表面　取一块20cm×15cm的长方形平面玻璃，先用氧化铁擦拭玻璃表面，再用自来水冲洗干净。然后依次用10%氢氧化钠溶液、自来水、稀盐酸溶液、自来水、95%乙醇溶液将玻璃表面进行彻底清洗。最后再用2mol/L氯化亚锡溶液敷涂玻璃表面擦洗，并用蒸馏水冲洗两次[1]。

(3) 镀银　将已处理洁净的玻璃水平放置在木架上[2]，快速混合甲、乙溶液（混匀!），并立即将混合液均匀地泼洒在玻璃表面上，几分钟后，即可出现银镜[3]。

(4) 洗涤　先用蒸馏水淋洗银层一次，再用95%乙醇冲洗一次[4]，自然晾干。

(5) 涂漆　用刷子蘸取快干漆[5]，均匀地涂刷在镀层表面，自然晾干。

---

注释　[1] 制作镜子的玻璃表面必须十分洁净，否则不利于单质银附着，镀层也很难均匀。

[2] 玻璃必须放得很平、很稳，不能倾斜或摆动，否则会使镀出的银层薄厚不均，影响质量。

[3] 此时可观察银层厚度与效果，如嫌太薄或效果不佳，可重镀一层。

[4] 葡萄糖溶液长期放置会发酵，若不及时清洗干净，镜子容易发生霉变。

[5] 快干漆配方：氧化铅（PbO）1份、钛白粉（$TiO_2$）3份、酚酞清漆1份，用适量汽油调匀即可。黏度以能用刷子顺利操作为宜。

### 实验指南与安全提示

**(1) 配制银氨溶液时，氨水不能过量，否则不利于单质银附着，镀层也很难均匀。**

**(2) 镀银时，甲、乙液应快速混匀，并迅速泼洒在玻璃上，以保证镀银效果。**

## 护肤霜的制备

护肤霜是护肤、美容的化妆品，因其外观洁白如雪，涂抹在皮肤上顿时消失不见，犹如雪花一样，因此又叫雪花膏。通常制成水包油型乳状体，是一种非油腻性的护肤用品。

护肤霜的主要成分是硬脂酸，加入适量的乳化剂（使油水交融，形成具有一定厚度、难以离析的乳化体）、保湿剂（保持皮肤表面水分，使皮肤柔润不干燥，并能防止护肤霜放置时干缩）、香精（调节香气）和防腐剂（防止护肤霜长期储藏和使用时变质）等。

**【实验用品】**

| | | | |
|---|---|---|---|
| 玻璃棒 | 硬脂酸 | 单硬脂酸甘油酯 | 白油 |
| 水浴锅 | 甘油 | 香精 | 氢氧化钾 |
| 烧杯 | 鲸蜡醇 | 蒸馏水 | 对羟基苯甲酸乙酯 |

**【实验步骤】**

将14g硬脂酸（一级品[1]）、1g单硬脂酸甘油酯、1g鲸蜡醇和1g白油加入200mL烧杯中，用恒温水浴加热，使物料熔化，并将温度保持在约90℃。

在另一烧杯中加入0.5g氢氧化钾和75mL蒸馏水，搅拌使其溶解，并将此溶液也加热至90℃。

在不断搅拌下，将碱液缓慢加入盛有硬脂酸等物料的烧杯中[2]，此间应始终保持温度不变[3]。碱液加完后，继续搅拌，直到完全乳化，生成乳白色糊状软膏。停止搅拌，继续加热10min。

将烧杯从水浴中取出，自然降温。当温度降至50℃以下时，加入0.2g对羟基苯甲酸乙酯、0.5g香精[4]和6.5mL甘油，搅拌均匀，即为成品。可移入合适的容器中保存。

---

**注释** [1] 硬脂酸一级品是指经过三次压榨的高质量硬脂酸，不饱和脂肪酸的含量较低，耐氧化性较强。

[2] 加入氢氧化钾的目的是使其与部分硬脂酸作用，生成硬脂酸钾，作为乳化剂。用碱量不可随意增减。用量少，硬脂酸和水不能充分乳化，胶体不稳定；用量多，碱性强，会刺激皮肤。

[3] 应严格控制反应温度。温度过高，硬脂酸会发生部分分解，使膏体发黄；温度过低或加碱速度太快，搅拌不均匀，则会造成膏体粗糙，影响质量。碱液应随时加热，保持温度在90℃左右。

[4] 香精宜选用颜色较浅，气味清淡，无刺激性的。如桂花香型、茉莉香型和玫瑰香型等。

## 洗发乳的制备

洗发乳是常用的膏状头发清洗剂，具有泡沫丰富、去污性强、洗后头发柔顺、光亮、易于梳理等特点。

洗发乳的主要成分是洗涤剂月桂醇硫酸钠和硬脂酸钾（也称软皂）。加入适量的月桂酰二乙醇胺与羊毛脂作为乳化剂和保湿剂，可增加洗发乳的黏稠度和润湿性，便于吸收水分、渗入皮肤，增强发质的光泽，并具有杀菌消毒等功效。

**【实验用品】**

| | | | |
|---|---|---|---|
| 烧杯 | 硬脂酸 | 月桂醇硫酸钠[1] | 氢氧化钾溶液 |
| 玻璃棒 | 碳酸氢钠 | 月桂酰二乙醇胺 | 羊毛脂 |
| 水浴锅 | 蒸馏水 | 香精、防腐剂和颜料[2] | 适量 |

**【实验步骤】**

在200mL烧杯中，加入3g硬脂酸和23mL蒸馏水，将烧杯置于水浴中加热，使硬脂酸熔化，并保持溶液温度约90℃。

在另一烧杯中，加入5mL8%氢氧化钾溶液、20g月桂醇硫酸钠和30mL蒸馏水，混匀后也于水浴中加热至90℃。

在不断搅拌下，将碱性溶液缓慢加入硬脂酸溶液中。此间应随时加热碱性溶液，以保证反应液温度维持在90℃左右。然后边搅拌边依次加入5g月桂酰二乙醇胺、2g羊毛脂和12g碳酸氢钠。当反应物成白色稠糊状时，停止加热。待自然冷却至40℃以下时再加入0.3g香精、0.05g对羟基苯甲酸乙酯和少量颜料（可选择自己喜欢的颜色），搅拌均匀即为成品，移入合适的容器中保存并使用。

---

**注释** [1] 月桂醇硫酸钠可自行配制。由月桂醇（即十二醇）与浓硫酸作用生成硫酸氢月桂醇酯，再用氢氧化钠溶液处理，即得月桂醇硫酸钠：

$$CH_3(CH_2)_{10}CH_2OH + H_2SO_4(\text{浓}) \longrightarrow CH_3(CH_2)_{10}CH_2OSO_3H + H_2O$$

十二醇　　　　硫酸氢月桂醇酯

$$CH_3(CH_2)_{10}CH_2OSO_3H + NaOH \longrightarrow CH_3(CH_2)_{10}CH_2OSO_3Na + H_2O$$

月桂醇硫酸钠

[2] 颜料可用钛白粉或酸性黄等。

## 冷饮品的配制

炎热的夏季，汽水和冰激凌是深受人们喜爱的清凉饮品。

汽水的主要成分之一是二氧化碳，它能把人体内的热量带出，产生凉爽的感觉，可以消暑解热。

冰激凌以牛乳与乳制品为主要原料，配以鸡蛋、白糖及食用香精等，既具有丰富的营养价值，又能生津开胃，清凉解热，是高级冷饮品。

(1) 汽水的配制

**【实验用品】**

白糖（30g）　柠檬酸（6g）　碳酸氢钠（3g）

食用香精（3滴）　冷开水（500mL）

**【实验步骤】**

先将各成分分别用少量水溶解。再将白糖溶液与碳酸氢钠溶液混合，滴入香精（可根据自己口味选择不同香型的香精）后，置于能承受一定压力的汽水瓶中，补足水量，混匀。将柠檬酸溶液迅速倒入其中并马上加盖塞紧，放入冰箱冷藏后饮用。

(2) 高温岗位盐汽水的配制

**【实验用品】**

食醋（55g）　碳酸氢钠（10g）　柠檬酸（7g）　冷开水（1500mL）

食盐（3g）　糖精（0.1g）　香精（0.3g）

**【实验步骤】**

将各成分分别用少量水溶解后倒入一适当容器中（柠檬酸溶液最后加入），立即加盖塞紧，轻轻振摇混匀，放入冰箱冷藏后饮用。

(3) 冰激凌的配制

**【实验用品】**

全脂奶粉（20g）　奶油（15g）　甜炼乳（20g）　水（100mL）

砂糖（25g）　鸡蛋（20g）　香精（少许）

**【实验步骤】**

在400mL烧杯中，加入20g奶粉和20mL水，调成糊状后，再加入80mL水，在不断搅拌下加热煮沸。

在另一容器中将25g砂糖和20g鸡蛋混合搅匀后倒入奶粉溶液中，边搅拌边缓慢加热到75℃，停止加热，不断搅拌至有一定稠度为止。静置冷却后，加入20g甜炼乳、15g奶油和少许香精，混合均匀后放入冰箱，冷结后即可食用。

### 衣物清洗剂的配制及去污方法

日常生活中，经常遇到衣物被各种污渍沾污的情形。有些污渍，用肥皂和洗衣粉等一般的洗涤剂难以洗去。这时，可根据污渍的类别和性质，选择适当的溶剂配制成复合清洗剂，便可顺利地清除污渍。

(1) 清除油污渍

① 动、植物油渍 可用脱脂棉团蘸取汽油、乙醚、丙酮或乙酸异戊酯等有机溶剂擦除。

② 机器油渍 先用优质汽油擦拭，然后在油污处上下各垫一张吸墨纸，用熨斗低温熨烫，直至油污被吸尽，再用普通洗涤剂清洗。

③ 圆珠笔油渍 先用40℃温水浸透油污处，再用脱脂棉团蘸苯擦拭，最后再用普通洗涤剂清洗。

④ 烟油渍 先用汽油擦洗，再用2%草酸溶液擦洗，最后用清水洗净。

若油污沾染时间较长，用上述方法难以除去时，可试用下列混合溶剂：

将乙醚、松节油和酒精按1∶2∶10（体积比）的比例混合均匀后，用脱脂棉球蘸取混合溶剂擦拭污处。

对于顽固性油渍，还可按下表配制复合清洗剂加以洗涤，可达到理想的效果。

| 溶剂名称 | 用量/份 | 溶剂名称 | 用量/份 |
|---|---|---|---|
| 油酸 | 0.5 | 乙酸乙酯 | 1.5 |
| 苯 | 1.5 | 四氯化碳 | 1.5 |
| 甲苯 | 5 | | |

高档服装（如毛料制品）上沾染油渍，最好使用干洗剂，可以避免用水漂洗留下水痕和影响色泽等，且洗后衣物不变形，纤维不损伤。

干洗剂的配方如下：

| 溶剂名称 | 用量/份 | 溶剂名称 | 用量/份 |
|---|---|---|---|
| 四氯乙烯 | 60 | 油酸乙二醇酯 | 2 |
| 汽油 | 20 | 香茅油 | 少许 |
| 苯 | 18 | | |

⑤ 油漆污渍 新沾染的油漆渍可用苯、汽油或松节油擦拭、清洗。陈旧漆渍可用1∶1的乙醇和松节油混合溶剂擦洗。顽固者可按下列配方配制混合清洗剂进行擦拭后，再用10%氨水擦拭，最后用清水洗涤。

| 溶剂名称 | 用量/份 | 溶剂名称 | 用量/份 |
|---|---|---|---|
| 95%乙醇 | 10 | 汽油 | 30 |
| 丙酮 | 30 | 乙酸乙酯 | 30 |

(2) 清除墨水污渍

① 蓝墨水渍 用2%草酸溶液洗涤后，再用肥皂或洗涤剂洗，最后用水清洗。如不能使

墨迹除尽，还可用1g草酸、1g柠檬酸和1g酒石酸加少量水溶解，制成混合清洗剂加以清除。

白色衣服上的墨水可按下表配制洗涤液进行清洗。

| 溶剂名称 | 用量/份 | 溶剂名称 | 用量/份 |
|---|---|---|---|
| 漂白粉 | 1.5 | 硼酸 | 0.5 |
| 碳酸钠 | 2 | 水 | 16 |

② 墨汁渍　新沾墨汁可用米饭或面糊揉搓，然后用纱布擦除污物，再用洗涤剂和清水冲洗。旧墨汁渍可用1∶2酒精和肥皂液进行洗涤。

(3) 清除瓜果汁渍

刚染上的瓜果汁，立即用盐水揉洗，便可除去。时间稍长者，可用5%氨水擦洗，再用肥皂或洗涤剂洗，最后用清水洗涤。桃汁中含有高价铁，可用2%草酸溶液加以清除。

(4) 清除血迹

衣服染上血迹后，不能用热水洗，可采用以下几种方法去除。

① 对于不易褪色的衣服（如白色），可先用5%氯化钠溶液擦拭，再用10∶1（水：双氧水）溶液浸润片刻，最后用清水洗净。

② 容易褪色的衣物染上血渍后，可用淀粉加入少量水调成的浆汁涂在痕迹处，干后搓去淀粉固体，再用洗涤剂和水漂洗干净。

③ 将白醋与淀粉浆按1∶5混合后，清除血渍也很有效。

④ 将阿司匹林药片碾碎后，加少许水，调成糊状，涂在血迹处，片刻后加以揉搓，也可将血迹除掉。

(5) 清除汗渍

① 不易褪色的衣服，可先用2%草酸溶液擦洗，再用1%双氧水洗，最后用清水漂洗。也可用1%硫代硫酸钠溶液擦洗后再用清水洗涤。

② 颜色鲜艳的衣服，可将氨水、双氧水和水按1∶2∶6（体积比）的比例混合均匀，用脱脂棉团蘸取此混合溶液进行擦洗，再用清水漂洗。

③ 毛料服装不宜用氨水洗涤。可在加有少许食醋的冷水中浸泡后清洗。

④ 对于领口、袖口及背心汗衫上的顽固汗渍，可将酒精、氨水和丙酮按1∶1∶1（体积比）比例混合，浸洗后再用洗涤剂和清水洗净。

(6) 清除酒渍

① 啤酒污渍　白色衣服洒上啤酒时，可先用8%漂白粉溶液浸泡，再用1%氨水洗涤，最后用清水漂洗干净。

花色衣服上的啤酒痕迹可先用1%双氧水擦拭，再用加有几滴氨水的清水洗涤。

② 白酒污渍　白色衣物上的酒渍，可用新煮开的牛奶除去。深色或花色衣物上的酒渍用1%氨水擦洗后再用水清洗。

时间较长的酒渍需先用清水洗涤，再用2%氨水和3%硼砂水的混合液搓洗，最后用清水漂洗。

(7) 清除茶渍

新茶渍用热水即可洗去。旧茶渍可用浓盐水浸洗或1∶10氨水和甘油混合液搓洗。毛织物先用10%甘油擦拭，再用清水洗净。

(8) 清除酱油渍

酱油污渍可先用5%洗涤剂溶液加2%氨水混合液擦洗，再用清水洗涤。也可先用2%硼砂溶液擦洗，再用清水洗涤。

(9) 清除青草汁渍

衣服沾染青草汁后，可先用浓盐水搓洗，或用稀氨水与肥皂液的混合溶液搓洗，然后再用水清洗。

(10) 清除铁锈斑迹

① 浅色衣服上的铁锈可用2%草酸溶液洗去。也可将衣服润湿后，用草酸晶体搓洗，再用小苏打水洗涤，最后用清水漂洗。

② 深色衣物可在铁锈处滴加白醋浸润3～5min后用清水漂洗。

(11) 清除霉斑污迹

衣物存放不当产生的霉斑，可先用刷子刷去表面霉物，再用酒精擦洗斑痕，或用2%氨水擦洗，然后用清水洗净。丝绸织物可在冷水中加入少许柠檬汁洗涤。毛料衣物先用纱布蘸取松节油擦拭，再用洗涤剂和清水洗涤。

# 5 物质的定量分析技术

知识目标

- 了解物质定量分析的原理，掌握常用的定量分析方法
- 掌握定量分析结果的表示以及数据处理方法
- 了解常见分析仪器的工作原理，初步掌握利用电位分析法、吸光光度法和色谱法进行定量分析的操作方法

技能目标

- 能正确操作与使用分析天平、滴定管、容量瓶和吸管
- 会使用酸度计、分光光度计、原子吸收光谱仪和色谱仪

物质的定量分析就是通过化学或物理方法测定物质中化学成分的含量。

通常的化工生产控制分析和化工商品检验工作，在物料基本组成已知的情况下，主要是对原料、中间产物和产品进行定量分析，以检验原料和产品的质量，监督生产或商品流通过程是否正常。

根据测定原理和操作技术不同，物质的定量分析技术可分为化学分析法和仪器分析法两大类。化学分析法是以物质的化学反应为基础的检测方法。较为常用的是滴定分析法，具有操作简便、快速、准确度高等特点，适用于常量分析（组分含量在1%以上）。仪器分析法是以物质的物理或物理化学性质为基础的检测方法。如电位分析法、吸光光度法以及色谱法等都是常用的仪器检测方法，具有灵敏度高、检测速度快、样品用量少等特点，适用于低含量组分的分析。

## 5.1 滴定分析法

将已知准确浓度的标准滴定溶液（滴定剂）通过滴定管滴加到试样溶液中，与待测组分进行定量的化学反应，当达到化学计量点时，根据消耗标准滴定溶液的体积和浓度计算待测组分含量的方法叫做滴定分析法。

为了确定化学计量点，常在试样溶液中加入少量指示剂，借助其颜色的变化指示化学计量点的到达。指示剂颜色发生明显变化而终止滴定时，称为滴定终点。

### 5.1.1 滴定分析的基本原理

#### 5.1.1.1 滴定分析的条件和方法

（1）滴定分析的基本条件　不是任何化学反应都适用于滴定分析，适用于滴定分析的化学反应必须具备以下基本条件。

① 反应按化学计量关系定量进行，即严格按一定的化学方程式进行，不发生副反应。如果有共存物质干扰滴定反应，能够找到适当方法加以排除。

② 反应进行完全，即当滴定达到终点时，被测组分有99.9%以上转化为生成物，这样才能保证分析的准确度。

③ 反应速率快，即随着滴定的进行，能迅速完成化学反应。对于速率较慢的反应，可通过加热或加入催化剂等办法来加速反应，以使反应速率与滴定速率基本一致。

④ 有适当的指示剂或其他方法，简便可靠地确定滴定终点。

(2) 滴定分析的方法　按照所用化学反应的类型不同，滴定分析方法有以下四种。

① 酸碱滴定法　利用酸碱中和反应。常用强酸溶液作滴定剂测定碱性物质，或用强碱溶液作滴定剂测定酸性物质。

② 配位滴定法　利用配位反应。常用EDTA（乙二胺四乙酸二钠）溶液作滴定剂测定一些金属离子。

③ 氧化还原滴定法　利用氧化还原反应。常用高锰酸钾、碘溶液或硫代硫酸钠溶液作滴定剂测定具有还原性或氧化性的物质。

④ 沉淀滴定法　利用沉淀反应。常用硝酸银溶液作滴定剂测定卤素离子。

**5.1.1.2　标准滴定溶液**

(1) 标准滴定溶液浓度的表示方法　标准滴定溶液的浓度通常用物质的量浓度表示。在滴定分析中，为了便于计算分析结果，规定了标准滴定溶液和待测物质选取基本单元的原则：酸碱滴定反应以给出或接受一个$H^+$作为基本单元，氧化还原滴定反应以给出或接受一个电子作为基本单元。这样，标准滴定溶液物质的量浓度的含义就完全确定下来了。例如$c\left(\frac{1}{2}H_2SO_4\right)=1.0moL/L$，表示每升溶液中含硫酸49.04g，基本单元是硫酸分子的二分之一。

在工厂控制分析中，为了快速得到分析结果，常用滴定度表示标准滴定溶液的浓度。滴定度是指1mL标准滴定溶液相当于被测组分的质量，用$T_{被测组分/滴定剂}$表示。例如$T_{NaOH/H_2SO_4}=0.04001g/mL$表示1mL硫酸标准溶液相当于0.04001g NaOH。用滴定度乘以滴定用去的标准滴定溶液体积，就可得到分析结果。

(2) 标准滴定溶液的配制　标准滴定溶液的配制方法有两种。

① 直接配制法　准确称取一定量物质，溶解后定量移入容量瓶中准确稀释至刻度，根据溶质的质量和溶液的体积计算出标准滴定溶液的浓度。

用于直接配制标准滴定溶液的物质称为基准物质。它应符合下列要求。

a. 纯度高，含量达99.9%以上；

b. 物质的组成与化学式完全符合；

c. 性质稳定。

常用的基准物质有无水碳酸钠、邻苯二甲酸氢钾、草酸钠、氧化锌等。

② 间接配制法　有些物质不符合基准物质的条件，如浓盐酸易挥发，氢氧化钠易吸收空气中水分和二氧化碳，这些物质的标准溶液必须采用间接配制法。首先配成接近所需浓度的溶液，然后用基准物质确定其浓度。这种确定标准滴定溶液准确浓度的操作称为“标定”。也可用另一种已知浓度的标准滴定溶液测定待标定溶液的准确浓度，这种操作称为“比较”。

比较法不如直接标定可靠。

### 思 考 题

(1) 检测物质的化学成分常用哪些方法？这些方法各有什么特点？

(2) 滴定分析法有哪些类型？它们常用哪些标准滴定溶液？

(3) 标准滴定溶液的配制方法有几种？各适用于什么情况？

## 5.1.2 酸碱滴定法

酸碱滴定法是利用酸碱中和反应进行滴定分析的方法，其反应实质是 $H^+$ 与 $OH^-$ 中和生成难电离的水。

$$H^+ + OH^- = H_2O$$

酸碱滴定法的特点是反应速率快，反应过程简单，可供选用的指示剂较多。一般的酸、碱以及能与酸、碱直接或间接发生反应的物质，几乎都能用酸碱滴定法进行测定，因此在生产实际中应用比较广泛。

### 5.1.2.1 酸碱指示剂

(1) 酸碱指示剂变色原理　酸碱滴定法要用酸碱指示剂来指示滴定终点是否到达。酸碱指示剂一般是结构较为复杂的有机弱酸或弱碱，它们的酸式体和碱式体具有不同的颜色。在一定 pH 值时，酸式体给出 $H^+$ 转化为碱式体，或碱式体接受 $H^+$ 转化为酸式体，所伴随的是溶液颜色的变化。

例如，甲基橙在水溶液中存在如下电离平衡：

$$(CH_3)_2\overset{+}{N}{=}C_6H_4{=}N{-}NH{-}C_6H_4{-}SO_3^- \rightleftharpoons (CH_3)_2N{-}C_6H_4{-}N{=}N{-}C_6H_4{-}SO_3^- + H^+$$

酸式（红色）　　　　碱式（黄色）

当溶液的 pH≤3.1 时，甲基橙主要以酸式体存在，显红色；当 pH≥4.4 时主要以碱式体存在，显黄色；而在 pH=3.1～4.4 时显示过渡的橙色。指示剂由酸式色转变为碱式色的 pH 值范围，叫做指示剂的变色范围。

(2) 常用酸碱指示剂的变色范围　酸碱指示剂种类较多，表 5-1 列出了常用的酸碱指示剂。表 5-2 列出了常用的混合指示剂。变色范围很窄的混合指示剂用于某些酸碱滴定中，它们使滴定终点指示更加敏锐。

**表 5-1　常用的酸碱指示剂**

| 指示剂 | 变色域 pH 值 | 颜色变化 | 质量浓度 | 用量/(滴/10mL 试液) |
|---|---|---|---|---|
| 甲基黄 | 2.9～4.0 | 红～黄 | 1g/L 乙醇溶液 | 1 |
| 溴酚蓝 | 3.0～4.4 | 黄～紫 | 1g/L 乙醇(1+4)溶液或其钠盐水溶液 | 1 |
| 甲基橙 | 3.1～4.4 | 红～黄 | 1g/L 水溶液 | 1 |
| 溴甲酚绿 | 3.8～5.4 | 黄～蓝 | 1g/L 乙醇(1+4)溶液或其钠盐水溶液 | 1～2 |
| 甲基红 | 4.4～6.2 | 红～黄 | 1g/L 乙醇(3+2)溶液或其钠盐水溶液 | 1 |
| 溴百里酚蓝 | 6.2～7.6 | 黄～蓝 | 1g/L 乙醇(1+4)溶液或其钠盐水溶液 | 1 |
| 中性红 | 6.8～8.0 | 红～橙黄 | 1g/L 乙醇(3+2)溶液 | 1 |
| 酚酞 | 8.0～9.8 | 无色～红 | 10g/L 乙醇溶液 | 1～2 |
| 百里酚酞 | 9.4～10.6 | 无色～蓝 | 1g/L 乙醇溶液 | 1～2 |

表 5-2 常用的混合指示剂

| 指示剂溶液的组成 | 变色时pH值 | 颜色 | | 备注 |
| --- | --- | --- | --- | --- |
| | | 酸色 | 碱色 | |
| 1份1g/L甲基黄乙醇溶液<br>1份1g/L亚甲基蓝乙醇溶液 | 3.25 | 蓝紫 | 绿 | pH=3.4绿色;pH=3.2蓝紫色 |
| 1份1g/L甲基橙水溶液<br>1份2.5g/L靛蓝二磺酸水溶液 | 4.1 | 紫 | 黄绿 | |
| 1份1g/L溴甲酚绿钠盐水溶液<br>1份2g/L甲基橙水溶液 | 4.3 | 橙 | 蓝绿 | pH=3.5黄色;pH=4.05绿色;pH=4.3浅绿 |
| 3份1g/L溴甲酚绿乙醇溶液<br>1份2g/L甲基红乙醇溶液 | 5.1 | 酒红 | 绿 | |
| 3份2g/L甲基红乙醇溶液<br>2份1g/L亚甲基蓝乙醇溶液 | 5.4 | 红紫 | 绿 | pH=5.3红紫;pH=5.4暗蓝;pH=5.6绿色 |
| 2份1g/L溴甲酚绿钠盐水溶液<br>2份1g/L氯酚红钠盐水溶液 | 6.1 | 黄绿 | 蓝紫 | pH=5.4蓝绿色;pH=5.8蓝色;pH=6.0蓝带紫;pH=6.2蓝紫 |
| 2份1g/L中性红乙醇溶液<br>2份1g/L亚甲基蓝乙醇溶液 | 7.0 | 紫蓝 | 绿 | pH=7.0紫蓝 |
| 2份1g/L甲酚红钠盐水溶液<br>3份1g/L百里酚蓝钠盐水溶液 | 8.3 | 黄 | 紫 | pH=8.2玫瑰红;pH=8.4清晰的紫色 |
| 1份1g/L百里酚蓝乙醇(1+1)溶液<br>3份1g/L酚酞乙醇(1+1)溶液 | 9.0 | 黄 | 紫 | 从黄到绿,再到紫 |
| 1份1g/L酚酞乙醇溶液<br>1份1g/L百里酚酞乙醇溶液 | 9.9 | 无 | 紫 | pH=9.6玫瑰红;pH=10紫色 |
| 2份1g/L百里酚酞乙醇溶液<br>1份1g/L茜素黄R乙醇溶液 | 10.2 | 黄 | 紫 | |

#### 5.1.2.2 滴定曲线与指示剂的选择

为选择酸碱滴定中适用的指示剂，需要研究滴定过程中溶液pH值的变化。以加入的滴定剂体积$V$为横坐标，溶液的pH值为纵坐标，描述滴定过程溶液pH值变化情况的曲线称滴定曲线。

从滴定曲线上可以发现，在化学计量点附近有很明显的pH值突跃，这个滴定突跃就是选择指示剂的依据。凡指示剂变色点在滴定突跃范围以内或指示剂变色范围在滴定突跃范围以内或占据一部分均可选用。

(1) *强酸或强碱的滴定* 图5-1是$c$(NaOH)=0.1000mol/L氢氧化钠溶液滴定20.00mL $c$(HCl)=0.1000moL/L盐酸溶液的滴定曲线。

从图可知，在化学计量点附近pH值突跃很大，能在pH值突跃范围内变色的指示剂，酚酞和甲基橙原则上都可以选用。

用强酸滴定强碱时，可以得到恰好与上述pH值变化方向相反的滴定曲线，其pH值突跃范围和指示剂选择，与强碱滴定强酸的情况相同。

(2) *弱酸或弱碱的滴定* 图5-2是$c$(NaOH)=0.1000mol/L氢氧化钠溶液滴定20.00mL $c$(HAc)=0.1000mol/L乙酸溶液的滴定曲线。

由于乙酸是弱酸($K_a=1.8\times10^{-5}$)，与NaOH反应生成NaAc，其水溶液呈碱性，导致滴定曲线的突跃范围较窄，并且落入碱性区，因此应选用碱性区内变色的指示剂，如酚酞等。

用强酸滴定弱碱时，其滴定曲线pH值变化方向与强碱滴定弱酸恰好相反，即化学计量点附近pH值突跃较小且处于酸性区内，应选用酸性区内变色的指示剂，如甲基橙、甲基红等。

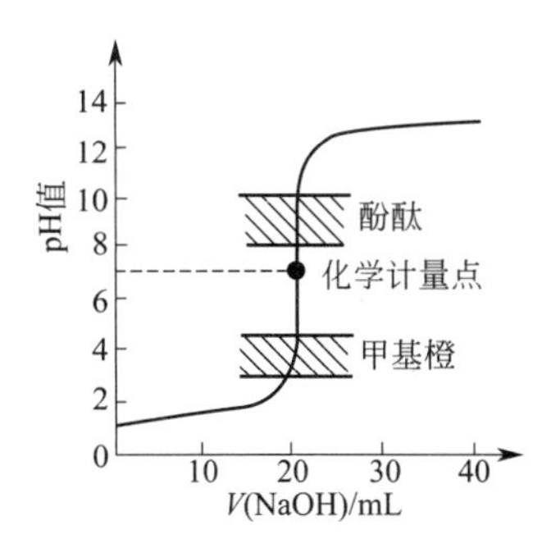


图 5-1　0.1000mol/L 氢氧化钠溶液滴定 20.00mL 0.1000mol/L 盐酸溶液的滴定曲线

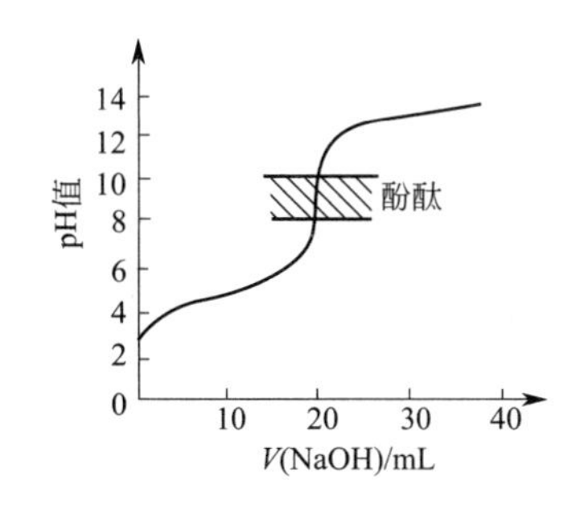


图 5-2　0.1000mol/L 氢氧化钠溶液滴定 20.00mL 0.1000mol/L 乙酸溶液的滴定曲线

像碳酸钠（$Na_2CO_3$）这样的水解性盐，其水溶液呈明显的碱性，相当于弱碱，也可以用标准酸溶液直接滴定。

#### 5.1.2.3　酸碱滴定方式及应用

（1）直接滴定　酸类一般可用标准碱溶液直接滴定，如盐酸、硫酸、硝酸、乙酸、磷酸等。碱类一般可用标准酸溶液直接滴定，如氢氧化钠、碳酸钠、硼砂等。

（2）返滴定　有些具有酸性或碱性的物质，易挥发或难溶于水。在这种情况下可先加入一种过量的标准滴定溶液与被测组分反应，待反应完全后，再用另一种标准滴定溶液滴定过量部分。这种滴定方式称为返滴定。例如碳酸钙的测定，由于碳酸钙不溶于水，应先把试样溶于过量的标准酸中，再用标准碱回滴过剩的酸。

采用返滴定时，试样中被测组分物质的量等于加入第一种标准滴定溶液物质的量与返滴定所用第二种标准滴定溶液物质的量之差值。

（3）间接滴定　有些物质本身没有酸碱性，或酸碱性很弱不能直接滴定，但可以利用某些化学反应使它们转化为相当量的酸或碱，然后再用标准碱或标准酸进行滴定。这种滴定方式称为间接滴定。例如测定甲醛溶液含量时，可先加入亚硫酸钠，反应生成相当量的氢氧化钠，再用标准酸滴定，间接求出甲醛的含量。

**思　考　题**

（1）酸碱滴定法是基于什么原理进行滴定分析的？它具有哪些特点？

（2）什么是滴定曲线？如何根据酸碱滴定曲线选择合适的指示剂？

（3）酸碱滴定方式有哪些？各适用于什么情况？

### 5.1.3　配位滴定法

配位滴定法是利用配位反应进行滴定分析的方法。例如 EDTA 与某些金属离子的配位反应（$Y^{4-}$ 表示 EDTA 的阴离子）：

$$Ca^{2+} + Y^{4-} = CaY^{2-}$$

这一方法要求生成配合物的稳定常数大于 $10^8$。

#### 5.1.3.1　EDTA 及其分析特性

EDTA 是乙二胺四乙酸的英文缩写，为简便起见，常用 $H_4Y$ 表示其分子式。由于它在水中溶解度很小，所以常使用其二钠盐（$Na_2H_2Y \cdot 2H_2O$），也简称EDTA。

EDTA是一个多基配位体，其配位反应具有以下特点。

（1）能与大多数金属离子形成稳定的配合物，配位反应进行完全，配合物的稳定常数较大，适宜进行配位滴定。

（2）与大多数金属离子配位反应速率快，生成的配合物易溶于水，使滴定可以在水溶液中进行，并且容易找到适用的指示剂。

（3）与不同价态的金属离子生成配合物时，其化学反应计量系数一般为1∶1。例如：

$$Mg^{2+} + Y^{4-} \xlongequal{\quad} MgY^{2-}$$

$$Al^{3+} + Y^{4-} \xlongequal{\quad} AlY^{-}$$

通常表示为

$$M + Y \xlongequal{\quad} MY \text{（略去电荷）}$$

因此，EDTA配位滴定反应定量计算非常方便。

EDTA与金属离子的配位能力与溶液酸度有关，控制溶液酸度可提高滴定的选择性。用EDTA滴定某些金属离子所允许的最低pH值见图5-3。图中横坐标表示金属离子与EDTA配合物的稳定常数 $K_{MY}$ 的对数值，纵坐标表示pH值。由图可见，$Fe^{3+}$ 在 $pH \geqslant 1$，$Al^{3+}$ 在 $pH \geqslant 4$ 时才能进行配位滴定。因此，只要控制一定的pH值，便可在几种金属离子共存的情况下滴定某种离子或进行金属离子总浓度的测定。

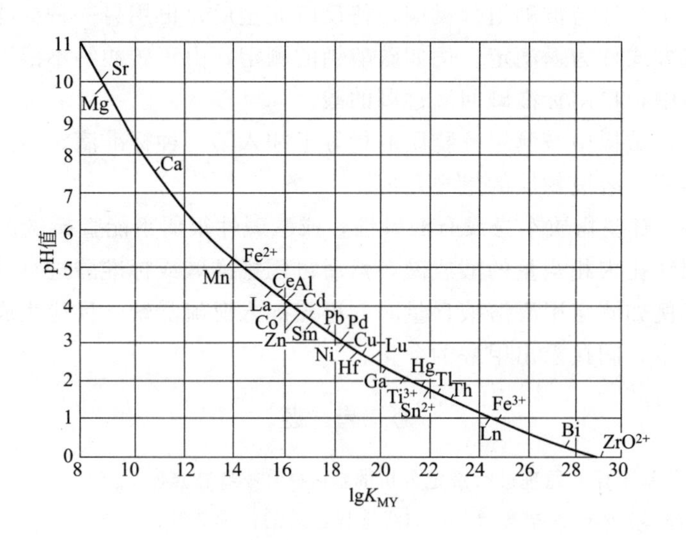


图5-3 EDTA滴定金属离子所允许的最低pH值

### 5.1 3.2 金属指示剂

EDTA配位滴定的终点可用金属指示剂来指示。金属指示剂是可与金属离子生成配合物的有机染料，染料本身的颜色与生成的金属离子配合物颜色不同。现以金属指示剂铬黑T为例说明其作用原理。

如果在pH=10的溶液中，用EDTA滴定 $Mg^{2+}$，以铬黑T（EBT）作指示剂，其变色过程如下：

滴定前 $$\underset{}{Mg^{2+}} + \underset{\text{蓝色}}{EBT} \xlongequal{\quad} \underset{\text{红色}}{Mg\text{-}EBT}$$

终点时

$$\underset{\text{红色}}{\text{Mg-EBT}} + Y^{4-} \longrightarrow MgY^{2-} + \underset{\text{蓝色}}{\text{EBT}}$$

$Y^{4-}$之所以能夺取 Mg-EBT 中 $Mg^{2+}$，是因为 $MgY^{2-}$ 的稳定性大于 Mg-EBT 的稳定性。这是金属指示剂必备的条件之一。表 5-3 列出了常用的金属指示剂。

**表 5-3 常用的金属指示剂**

| 指示剂 | 可直接滴定的金属离子 | 使用 pH 值范围 | 与金属配合物颜色 | 指示剂本身颜色 |
|---|---|---|---|---|
| 铬黑 T(EBT) | $Mg^{2+}$、$Cd^{2+}$、$Zn^{2+}$、$Pb^{2+}$、$Hg^{2+}$ | 9～10 | 红 色 | 蓝 色 |
| 二甲酚橙 | $Zr^{4+}$<br>$Bi^{3+}$<br>$Th^{4+}$<br>$Sc^{3+}$<br>$Pb^{2+}$、$Cd^{2+}$、$Zn^{2+}$、$Hg^{2+}$、$Tl^{3+}$ | <1<br>1～2<br>2.5～3.5<br>3～5<br>5～6 | 红紫色 | 黄 色 |
| PAN | $Cd^{2+}$<br>$In^{3+}$<br>$Zn^{2+}$(加入乙醇)<br>$Cu^{2+}$ | 5<br>2.5～3.0<br>5.7<br>3～10 | 红 色 | 黄 色 |
| 钙指示剂 | $Ca^{2+}$ | 12～13 | 红 色 | 蓝 色 |
| 酸性铬蓝 k | $Ca^{2+}$、$Mg^{2+}$、$Zn^{2+}$、$Mn^{2+}$ | 9～10 | 红 色 | 蓝灰色 |
| 磺基水杨酸 | $Fe^{3+}$ | 2～4 | 紫红色 | 无色(终点呈淡黄) |
| 偶氮胂Ⅲ | 稀土元素 | 4.5～8 | 深 蓝 | 红 色 |

**思 考 题**

(1) EDTA 与金属离子的配位反应有哪些特点？

(2) 举例说明金属指示剂的作用原理 。

(3) 溶液的酸度对配位滴定有影响吗？为什么？

## 5.1.4 氧化还原滴定法

氧化还原滴定法是利用氧化还原反应进行滴定分析的方法。例如用高锰酸钾溶液作滴定剂测定二价铁离子的含量、用硫代硫酸钠溶液作滴定剂测定碘的含量等。

$$5Fe^{2+} + MnO_4^- + 8H^+ \longrightarrow 5Fe^{3+} + Mn^{2+} + 4H_2O$$

$$I_2 + 2S_2O_3^{2-} \longrightarrow 2I^- + S_4O_6^{2-}$$

根据所用滴定剂的不同，氧化还原滴定法又可分为高锰酸钾法、碘量法、重铬酸钾法以及溴酸钾法等。这里只介绍高锰酸钾法和碘量法。

### 5.1.4.1 高锰酸钾法

(1) *原理* 高锰酸钾法是用高锰酸钾作氧化剂，配制成标准滴定溶液进行滴定分析。高锰酸钾在不同介质中，氧化能力不同。

在强酸性溶液中，$MnO_4^-$ 与还原剂作用被还原为 $Mn^{2+}$

$$MnO_4^- + 8H^+ + 5e \longrightarrow Mn^{2+} + 4H_2O \quad \varphi^{\ominus} = 1.51V$$

在中性、弱碱性溶液中，$MnO_4^-$ 与还原剂作用被还原为 $MnO_2$

$$MnO_4^- + 2H_2O + 3e \rightleftharpoons MnO_2 + 4OH^- \quad \varphi^{\ominus} = 0.59V$$

由于高锰酸钾在中性、弱碱性介质中氧化能力较弱，生成褐色 $MnO_2$ 沉淀，影响滴定终点的观察，故高锰酸钾法一般都在强酸性介质中进行。酸的浓度以 1～2mol/L 为宜。酸度过低，$MnO_4^-$ 会部分还原成 $MnO_2$；酸度过高导致高锰酸钾分解。调节酸度必须使用硫酸，避免使用盐酸和硝酸，因为盐酸中的 $Cl^-$ 具有还原性，能被 $MnO_4^-$ 氧化，而硝酸具有氧化性，它可能氧化被测定的物质。

高锰酸钾法不需另加指示剂，可借助化学计量点后稍微过量的高锰酸钾使溶液显粉红色来指示终点。这种确定终点的方法属于自身指示剂。

高锰酸钾标准溶液需用间接法配制，一般用草酸钠作基准物来标定。

(2) *应用*　高锰酸钾法能直接滴定许多还原性物质，如 $Fe^{2+}$、$C_2O_4^{2-}$、$H_2O_2$、As(Ⅲ)、Sb(Ⅲ)、$NO_2^-$ 等。高锰酸钾与还原剂相配合，可用返滴定法测定许多氧化性物质，如 $Cr_2O_7^{2-}$、$BrO_3^-$、$PbO_2$ 及 $MnO_2$ 等。某些不具氧化还原性的物质，若能与还原剂或氧化剂定量反应，也可用间接法加以测定。

#### 5.1.4.2　碘量法

碘量法是以 $I_2$ 作为氧化剂或以 $I^-$ 作为还原剂进行滴定分析的方法。基本反应为

$$I_2 + 2e \rightleftharpoons 2I^- \quad \varphi^{\ominus} = 0.54V$$

由标准电极电位可知，$I_2$ 是较弱的氧化剂，只能与较强的还原剂作用；而 $I^-$ 是中等强度的还原剂，能与许多氧化剂作用。因此碘量法分为直接碘量法和间接碘量法。

(1) *直接碘量法*　直接碘量法是利用 $I_2$ 标准滴定溶液直接滴定一些强还原性物质，如 $S^{2-}$、$SO_3^{2-}$、$S_2O_3^{2-}$、$As_2O_3$、维生素 C 等。

直接碘量法用淀粉作指示剂，滴定终点是溶液由无色变为蓝色。

(2) *间接碘量法*　间接碘量法是利用 $I^-$ 与氧化剂反应定量生成 $I_2$，然后用还原剂 $Na_2S_2O_3$ 标准滴定溶液滴定 $I_2$。间接碘量法能测定许多氧化性物质，如 $Cr_2O_7^{2-}$、$BrO_3^-$、$Cu^{2+}$、$H_2O_2$、$NO_2^-$ 等，还可以测定甲醛、丙酮、葡萄糖、硫脲等有机化合物，应用十分广泛。

间接碘量法也用淀粉作指示剂，滴定终点是溶液由蓝色变为无色。要注意，淀粉指示剂应在接近终点（溶液呈现稻草黄色）时加入，否则会有较多的 $I_2$ 被淀粉胶粒包住，使蓝色消失缓慢，影响终点观察。

(3) *碘量法的反应条件*　直接碘量法和间接碘量法都必须在中性或弱酸性溶液中进行滴定。因为在碱性溶液中 $I_2$ 会发生歧化反应；在强酸性溶液中，$Na_2S_2O_3$ 容易分解。另外，$I_2$ 易挥发，$I^-$ 易氧化，为了防止 $I_2$ 挥发，间接碘量法应加入过量碘化钾（比理论量大 2～3 倍），滴定反应要在室温下于碘量瓶中进行。为了防止 $I^-$ 被氧化，试液中加入碘化钾后，碘量瓶应于暗处放置，以避免光线照射。析出 $I_2$ 后应及时用 $Na_2S_2O_3$ 标准溶液进行滴定，滴定过程中摇动要轻，速度稍快些。

### 思　考　题

(1) 氧化还原滴定法是依据什么原理进行滴定分析的？它包括哪些具体方法？

(2) 高锰酸钾法的滴定条件和适用范围如何？

(3) 什么是碘量法？直接碘量法和间接碘量法有何区别？怎样确定各自的滴定终点？

### 5.1.5 滴定分析结果与计算

#### 5.1.5.1 定量分析结果的表示

按照我国现行国家标准的规定，定量分析的结果，应采用质量分数、体积分数或质量浓度表示。

(1) *质量分数*（$w_B$） 物质中某组分B的质量（$m_B$）与物质总质量（$m$）之比，称为B的质量分数。

$$w_B=\frac{m_B}{m} \tag{5-1}$$

质量分数结果可用小数或百分数表示。例如市售的分析纯浓硫酸质量分数为0.98或98%。

(2) *体积分数*（$\varphi_B$） 气体或液体混合物中某组分B的体积（$V_B$）与混合物总体积（$V$）之比，称为B的体积分数。

$$\varphi_B=\frac{V_B}{V} \tag{5-2}$$

体积分数可用小数或百分数表示。例如，某天然气中甲烷的体积分数为0.93或93 %。

(3) *质量浓度*（$\rho_B$） 气体或液体混合物中某组分B的质量（$m_B$）与混合物总体积（$V$）之比，称为B的质量浓度。

$$\rho_B=\frac{m_B}{V} \tag{5-3}$$

质量浓度常用单位为g/L。例如，乙酸溶液中乙酸的质量浓度为360g/L。

#### 5.1.5.2 定量分析的误差问题

定量分析要求结果准确可靠。分析者不仅要报出测定结果，还要对测定过程中引入的各类误差，按其性质不同采取措施，把误差降到最低。

(1) *准确度与误差* 分析结果的准确度是指测得值与真实值之间相符合的程度，通常用绝对误差和相对误差表示。

$$绝对误差=测得值-真实值$$

$$相对误差=\frac{绝对误差}{真实值}\times100\%$$

绝对误差越小，测定结果越准确。相对误差表示误差在测定结果中所占的百分率，更具有实际意义。

(2) *精密度与偏差* 分析结果的精密度是指在相同条件下，对同一试样进行几次平行测定所得值互相符合的程度，通常用绝对偏差和相对偏差表示。

绝对偏差（$d_i$）是指单次测定值（$X_i$）与多次测定的算术平均值（$\overline{X}$）之差。

$$d_i=X_i-\overline{X} \tag{5-4}$$

绝对偏差与算术平均值之比叫相对偏差（$Rd_i$）。通常以百分数表示。

$$Rd_i=\frac{d_i}{\overline{X}}\times100\% \tag{5-5}$$

滴定分析测定常量组分时，分析结果的相对偏差一般应小于0.2%。

在确定标准滴定溶液浓度时，常用“极差”表示精密度。“极差”是指一组平行测定值中最大值与最小值之差。

在化工产品标准中，常见“允差”的规定。“允差”是指某一项指标的平行测定结果之间的绝对偏差不得大于某一数值。

#### 5.1.5.3 提高分析结果准确度的方法

定量分析全过程引入的误差，按其性质不同可分为系统误差和随机误差两大类。由于某些固定原因产生的分析误差叫系统误差。原因可能是试剂不纯，测量仪器不准，分析方法不妥，操作技术较差等，其显著特点是朝一个方向偏离。由于某些难以控制的偶然因素造成的误差叫随机误差。实验环境温度、湿度和气压的波动，仪器性能微小变化等都会产生随机误差，其特点是符合正态分布。因此只有消除或减小系统误差和随机误差，才能提高分析结果的准确度，可以采用以下方法。

(1) 对照试验　对照试验是将已知准确含量的标准样，按待测试样同样的方法进行分析，所得测定值与标准值比较，得一分析误差。用此误差校正待测试样的测定值，可使测定结果更接近真实值。对照试验是检验系统误差的有效方法。

(2) 空白试验　空白试验是不加试样，但与有试样时同样操作，试验所得的结果称为空白值。从试样的测定值扣除空白值，就能得到更准确的结果。

(3) 校准仪器　对分析准确度要求较高的实验，应对测量仪器进行校正，并用校正值计算分析结果。

(4) 增加平行测定次数　在消除系统误差的情况下，增加平行实验次数，可减小随机误差，对同一试样，一般要求平行测定3～4次。

(5) 减少测量误差　分析天平称量的绝对偏差为±0.0001g，为了减小相对偏差，称量试样的质量不宜过少。用滴定分析法测定化工产品主成分含量时，消耗标准滴定溶液的体积一般设计在35mL左右，也是为了减小相对偏差。此外，在记录数据和计算过程中，必须严格按照有效数字的运算和修约规则进行。

#### 5.1.5.4 滴定分析的计算

在滴定分析中，常采用等物质的量反应规则进行计算。例如，用氢氧化钠标准滴定溶液滴定硫酸溶液时，反应方程式为

$$H_2SO_4 + 2NaOH \longrightarrow Na_2SO_4 + 2H_2O$$

按照选取基本单元的原则，参加反应的硫酸物质的量$n\left(\frac{1}{2}H_2SO_4\right)$等于参加反应的氢氧化钠物质的量$n(NaOH)$。因此，滴定到化学计量点时，待测组分物质的量$n_B$与滴定剂物质的量$n_A$必然相等。这就是等物质的量反应规则。

若$c_A$、$c_B$分别代表滴定剂A和待测组分B两种溶液的浓度（mol/L）；$V_A$、$V_B$分别代表两种溶液的体积（L），则当化学计量点时，

$$n_A = n_B$$

$$c_A V_A = c_B V_B \tag{5-6}$$

若$m_B$、$M_B$分别代表物质B的质量（g）和摩尔质量（g/moL），则物质B的物质的量为

$$n_B = \frac{m_B}{M_B} \tag{5-7}$$

当B与滴定剂A反应完全时

$$c_A V_A = \frac{m_B}{M_B} \tag{5-8}$$

设试样质量为$m$，则试样中B的质量分数为

$$w_B = \frac{m_B}{m} = \frac{c_A V_A M_B}{m} \tag{5-9}$$

若试样溶液体积为$V$，则试样中B的质量浓度为

$$\rho_B = \frac{m_B}{V} = \frac{c_A V_A M_B}{V} \tag{5-10}$$

需要注意的是：在滴定分析中，有时不是滴定全部试样溶液，而是取其中一部分进行滴定，这种情况应将$m$或$V$乘以适当的分数（如将质量为$m$的试样溶解后定容为250mL，取出25.00mL进行滴定，则每份被滴定的试样质量应是$m \times \frac{25}{250}$）；如果滴定试液的同时做了空白试验，则计算公式中$V_A$应减去空白试验消耗的体积。

**例 5.1**

称取工业硫酸1.740g，以水定容于250mL容量瓶中，摇匀。移取25.00mL，用$c(NaOH)=0.1044$moL/L氢氧化钠溶液滴定，消耗32.41mL。求试样中硫酸的质量分数。

**解：** 根据式(5-9)，注意到硫酸的基本单元为$\frac{1}{2}H_2SO_4$，实际被滴定的试样质量为$m \times \frac{25}{250}$，于是

$$w(H_2SO_4) = \frac{c(NaOH) \cdot V(NaOH) \cdot M\left(\frac{1}{2}H_2SO_4\right)}{m \times \frac{25}{250}}$$

$$= \frac{0.1044 \times 32.41 \times 10^{-3} \times \frac{1}{2} \times 98.08}{1.740 \times \frac{25}{250}}$$

$$= 0.9536$$

**例 5.2**

用基准草酸钠标定高锰酸钾溶液。称取0.2215g草酸钠，溶于水后加入适量硫酸酸化，然后用高锰酸钾溶液滴定，用去30.67mL。求高锰酸钾溶液物质的量浓度。

**解：** 滴定反应为

$$5C_2O_4^{2-} + 2MnO^{4-} + 16H^+ = 2Mn^{2+} + 8H_2O + 10CO_2$$

反应中一分子$Na_2C_2O_4$给出2个电子，基本单元为$\frac{1}{2}Na_2C_2O_4$；一分子$KMnO_4$获得5个电子，基本单元为$\frac{1}{5}KMnO_4$。按式(5-8)

$$c\left(\frac{1}{5}KMnO_4\right) \cdot V(KMnO_4) = \frac{m(Na_2C_2O_4)}{M\left(\frac{1}{2}Na_2C_2O_4\right)}$$

$$c\left(\frac{1}{5}KMnO_4\right) = \frac{0.2215}{30.67\times10^{-3}\times\frac{1}{2}\times134.0} = 0.1078\text{mol/L}$$

例 5.3

现有 2000mL 浓度为 0.1024moL/L 的某标准滴定溶液。欲将其浓度调整为 0.1000mol/L，需加入多少毫升水？

**解：** 设需加水 $V$mL

利用式(5-6)，这时下角标 A、B 分别代表稀释前后溶液的状态

$$0.1024\times2000\times10^{-3} = 0.1000\times(2000+V)\times10^{-3}$$

$$V = 48.00\text{mL}$$

### 思考题

(1) 定量分析结果的表示方法有哪些？

(2) 判断下列情况属系统误差还是随机误差？

① 基准物放置在空气中吸收了水分；

② 试剂中含有微量被测离子；

③ 称量中天平零点突然有变动；

④ 天平砝码被腐蚀。

(3) 用分光光度法测水中铁含量时，平行 5 次测得数据（以 mg/L 表示）为 0.48，0.37，0.47，0.40，0.43。求算术平均值和相对偏差。

(4) 某试剂盐酸密度为 1.19g/mL。移取 5.00mL，用酸碱滴定法测出其中 HCl 含量为 0.995g。求该试剂中 HCl 的质量分数和质量浓度？

(5) 今有 0.2000mol/L HCl 溶液，实验需用 0.04mol/L HCl 溶液 250mL，应如何配制？

(6) 称取基准无水碳酸钠 5.364g，用水溶解后准确稀释至 1000mL，求该溶液物质的量浓度？

(7) 称取工业草酸 1.680g，溶解后于 250mL 容量瓶中定容。从容量瓶中移取 25.00mL 以 0.1024mol/L 氢氧化钠溶液滴定，消耗 24.65mL。求工业草酸的纯度。

(8) 测定水的总硬度（即钙镁总含量）时，吸取水样 100.00mL，以铬黑 T 为指示剂，在 pH=10 时滴定，用去 0.01000mol/L EDTA 标准溶液 2.14mL。计算水的硬度（$\mu$g/mL CaO）。

(9) 配制 0.2mol/L 高锰酸钾溶液 250mL，应称取试剂高锰酸钾多少克？若用基准物草酸钠来标定其浓度，要使高锰酸钾溶液消耗量大于 25mL，需称草酸钠多少克？

## 5.1.6 滴定分析仪器与操作

### 5.1.6.1 分析天平

目前定量分析中用于称量的精密仪器是半自动电光分析天平、全自动电光分析天平和电

子天平，它们一般可准确称量至0.1mg。

半自动电光分析天平有两种加减砝码方式，1g以下的砝码用机械加码装置加减，而1g以上的砝码装在砝码盒中，需用镊子夹取；全自动电光分析天平是全部砝码都由机械加码装置进行加减；电子天平较以上两种天平价格昂贵，但称量快速、简便。把物体放到称量盘上后，立即以数字显示出质量。这里主要介绍半自动电光分析天平的构造和使用。

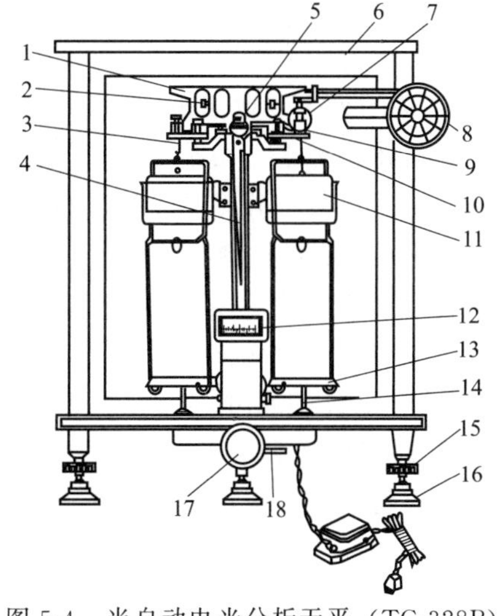


图5-4 半自动电光分析天平（TG-328B）

1—横梁；2—平衡螺钉；3—吊耳；4—指针；5—支点刀；6—框罩；7—环码；8—加码器刻度盘；9—支力销；10—折叶；11—阻尼内筒；12—投影屏；13—秤盘；14—盘托；15—螺旋脚；16—垫脚；17—升降枢旋钮；18—投影屏调节杆

（1）分析天平的构造　分析天平是根据杠杆原理制成的。

半自动电光分析天平（TG-328B）的构造如图5-4所示。天平由外框、立柱、横梁部分、悬挂系统、制动系统、光学读数系统和机械加码装置构成。现将操作者经常触及的部件说明如下。

① 升降枢旋钮　升降枢旋钮属天平制动系统，顺时针转动升降枢旋钮，天平横梁下降，启动天平；反时针转动升降枢旋钮，天平横梁托起，休止天平。

② 平衡螺钉　平衡螺钉用来调节天平零点。

③ 螺旋脚　螺旋脚用来调节天平水平。

④ 加码器刻度盘　用于加减1g以下的环码，外圈读出100～900mg，内圈读出10～90mg。

⑤ 指针和投影屏　指针固定在天平横梁的中央。在投影屏的中央有一条纵向固定刻线，微分标尺的投影与刻线重合处即为天平的平衡位置。通过微分标尺在投影屏上的投影，可直接读出10mg以下的质量，如图5-5所示。

（2）分析天平的称量程序

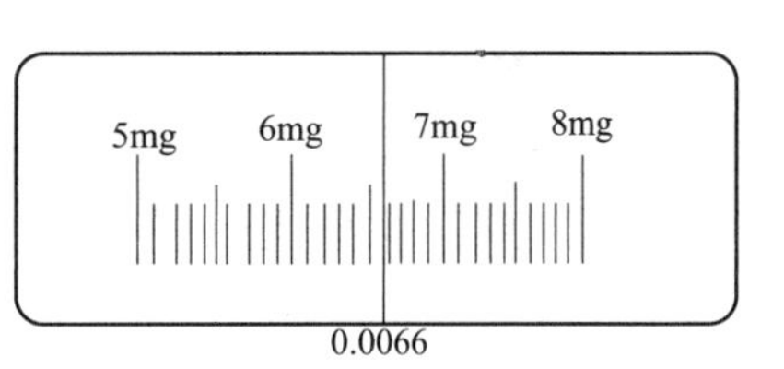


图5-5 微分标尺上读数示意图

（读数为6.6mg或0.0066g）

① 准备工作　操作者戴上专用称量手套，取下天平罩，折叠整齐放在天平的框架上。

② 检查天平　观察天平是否处于水平位置，若气泡式水准器的气泡不在圆圈的中心，需调节天平板下面的两个垫脚螺钉。

③ 调节零点　接通电源，开启升降枢旋钮，微分标尺上0刻度应与投影屏上的标线重合，若不重合，可拨动升降枢旋钮下面的调节杆，使其重合。如使用调节杆仍不能调至零点时，可调节位于天平横梁上的平衡螺钉，直至微分标尺0刻度对准投影屏上的标线为止。

④ 称量　先用台秤粗略称量待称物的质量，然后将待称物放入天平左盘中心，用镊子夹取稍大于被称物品质量的砝码放在右盘中心开始试称，试称过程中为尽快达到平衡，选取砝码应遵循“由大至小，中间截取，逐级试验”的原则。可以指针偏移方向或光标移动方向判断两盘轻重：指针总是偏向轻盘，微分标尺的投影总是向重盘方向移动。当砝码与被称物品质量相差在1g以下时，关闭侧门，转动加码器刻度盘外圈找出适当值即为小数点后第一位读数，再转动加码器刻度盘内圈找出适当值即为小数点后第二位读数，将升降旋钮全部打

开，准备读数。应注意，不可在启动天平状态加减砝码或加减被称量物品。

⑤ 读数与记录　待指针停止摆动后，观察投影屏上刻线位置，读出10mg以下的质量。根据克组砝码读数、加码指数盘读数和微分标尺读数，得出被称物质量并记录。例如，一次称量中克组砝码用了1，5，10三个；环码指数盘读数为430，光屏读数为+6.8，则被称物的质量应记为16.4368g。

⑥ 关闭天平　取出被称物品和砝码，将加码器刻度盘转回零位，关好天平门，重新调零，然后休止天平、切断电源、罩好天平。

(3) 分析天平的称样方法　称取试样的方法有3种：直接称样法、递减称样法（俗称差减法）和固定质量称样法。

① 直接称样法　某些在空气中没有吸湿性的试样，可以用直接称样法称量。先在分析天平上称出表面皿或称量纸质量 $m_1$，再将试样放在表面皿或称量纸上称出质量 $m_2$，$m_2-m_1$ 即为该试样的质量。

② 递减称样法　递减称样法是最常用的称样方法。其称取试样的质量由两次称量之差求得。先将试样装在称量瓶中，在分析天平上称出该称量瓶加试样的质量，取出称量瓶，打开瓶盖，将瓶身慢慢向下倾斜，这时原在瓶底的试样逐渐流向瓶口（如图5-6所示），再用瓶盖轻轻敲击瓶口边沿使试样慢慢落入容器中，接近需要量时，一边继续用瓶盖轻轻敲击瓶口，一边逐渐将瓶身竖直，盖好瓶盖，再将称量瓶放回天平称量质量，两次称量质量之差即为倒入容器中试样的质量。如此重复操作，直至倾出试样质量达到要求的范围为止。

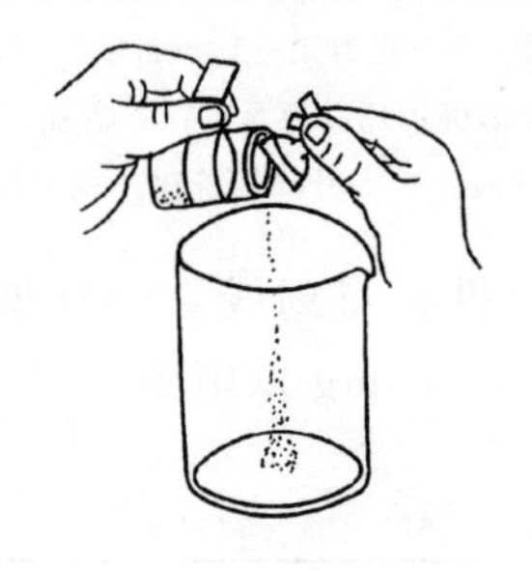

图5-6　倾出试样的方法

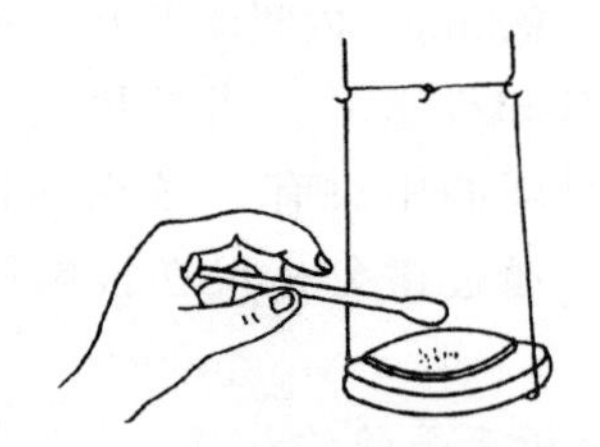

图5-7　固定质量称样法

③ 固定质量称样法　这种方法是为了称取指定质量的物质。将表面皿或称量纸放在分析天平左盘上准确称量其质量，再于分析天平右盘上增加所需称取试样质量的砝码，然后用药匙在表面皿或称量纸上逐渐加入试样，半开天平进行试称，直到所加试样只差很小量时（此量应小于微分标尺满刻度），便可开启天平，手持盛有试样的药匙，伸向表面皿或称量纸中心部位上方约2～3cm处，以食指轻弹药匙（如图5-7所示），待微分标尺正好移到所需刻度时，立即停止抖入试样。

此项操作必须十分仔细，若不慎多加入试样，只能关闭升降旋钮，用药匙取出多加试样，再重复上述操作直到合乎要求为止。然后取出表面皿，将试样直接转入接收器中。

#### 5.1.6.2　滴定管

滴定管是滴定时用来准确测量流出滴定剂体积的量器。常量分析使用的滴定管容积为50mL和25mL，最小分度值为0.1mL，读数可估计至0.01mL。

实验室最常用的滴定管按用途不同分两种：下部带有磨口玻璃活塞的酸式滴定管，如图

5-8(a) 所示；下端连接一段橡皮软管，内放一玻璃球的碱式滴定管，如图 5-8(b) 所示。酸式滴定管只能用来盛放酸性、中性或氧化性溶液，不能盛放碱性溶液，以防磨口玻璃活塞被腐蚀。碱式滴定管用来盛放碱性溶液，不能盛放氧化性溶液如高锰酸钾、碘或硝酸银等，避免腐蚀橡皮管。

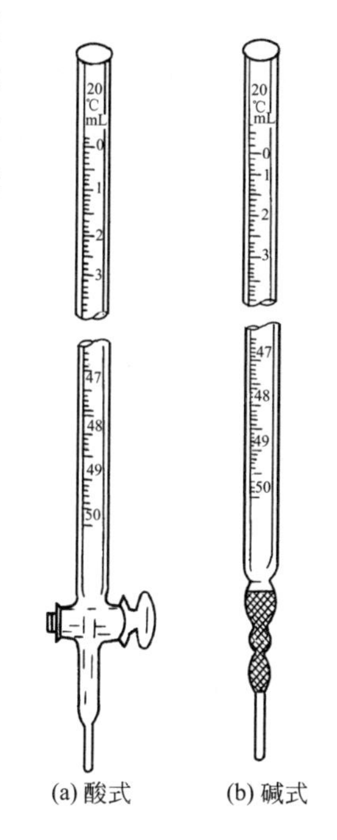

图 5-8 滴定管

(1) 滴定管使用前的准备

① 洗涤 洗涤方法见“1.2.4.2 玻璃仪器的洗涤”。

② 涂油 酸式滴定管使用前需检查旋塞转动是否灵活且不漏。如不符合要求，则需重新涂油：倒净滴定管中的水，抽出旋塞，用滤纸擦干旋塞和旋塞孔道内的水及油污，用手指蘸少量凡士林在旋塞两端各均匀地涂上薄薄一层，将旋塞插入旋塞孔道内，然后向同一个方向旋转，直至全部透明为止。最后用小乳胶圈套在玻璃旋塞小头槽内。

③ 试漏 在涂好油的酸式滴定管中充水至 0 刻度，将其垂直夹在滴定管架上静置 2min，观察液面是否下降，滴定管下端管口及旋塞两端是否有水渗出。然后将旋塞转动 180°，再静置 2min，若前后两次均无漏水现象，即可使用，否则应重新处理。

碱式滴定管使用前要检查乳胶管长度是否合适，是否老化，要求乳胶管内玻璃珠大小合适，如发现不合要求，应重新装配玻璃珠和乳胶管。检查合格后，充满水直立 2min，若管尖处无水滴滴下即可使用。

④ 装溶液 先将滴定管用少量待装溶液润洗三次以上（注意润洗时滴定管出口、入口以及整个滴定管的内壁都要润洗到），然后装入溶液至 0 刻度以上。

⑤ 赶气泡 滴定管装好溶液后，应检查出口管是否充满溶液，若有气泡，必须排除。酸式滴定管赶除气泡的方法：右手拿滴定管上部无刻度处，左手迅速打开旋塞使溶液冲出排除气泡。碱式滴定管赶除气泡的方法：用左手拇指和食指捏住玻璃珠所在部位稍偏上处，使乳胶管弯曲，出口管倾斜向上，然后轻轻捏挤乳胶管，溶液带着气泡一起从管口喷出（如图 5-9 所示），然后再一边捏乳胶管，一边将乳胶管放直。注意，待乳胶管放直后，才能松开左手拇指和食指，否则出口管仍会有气泡。排尽气泡后，补加溶液至 0 刻度以上，再调节液面在 0.00mL 刻度处，备用。

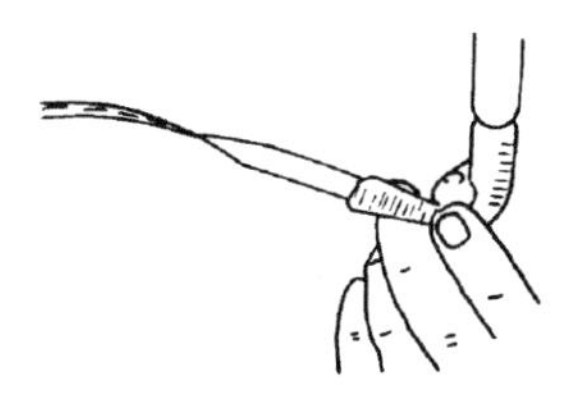
图 5-9 碱式滴定管赶气泡

(2) 滴定管的使用

① 滴定管的操作 将滴定管垂直夹在滴定管架上。酸式滴定管的操作如图 5-10(a) 所示，左手无名指和小指向手心弯曲，轻轻贴着出口管，手心空握，用其余三指转动旋塞。其中大拇指在管前，食指和中指在管后，三指平行地轻轻向内扣住旋塞柄转动旋塞。注意，手心要内凹，以防触动旋塞造成漏液。

碱式滴定管的操作如图 5-10(b) 所示，用左手无名指和小指夹住出口管，拇指在前，食指在后，捏住乳胶管内玻璃珠偏上部，往一旁捏乳胶管，使乳胶管与玻璃珠之间形成一条缝隙，溶液即从缝隙处流出。注意，不要用力捏玻璃珠；也不能捏玻璃珠下部的乳胶管，以免空气进入形成气泡，停止滴定时，应先松开大拇指和食指，然后再松开无名指和小指。

② 滴定操作　滴定一般在锥形瓶中进行。用右手前三指捏住瓶颈，无名指和小指辅助在瓶内侧，瓶底部离滴定台2～3cm，使滴定管尖端伸入瓶口1～2cm。左手按前述的规范动作滴加溶液，右手用腕力摇动锥形瓶，边滴定边摇动使溶液随时混合均匀。见图5-10(c)。

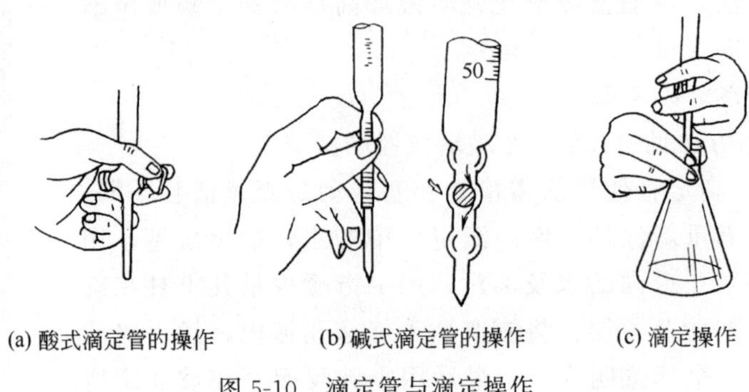


(a) 酸式滴定管的操作　(b) 碱式滴定管的操作　(c) 滴定操作

图5-10　滴定管与滴定操作

滴定开始前，应将滴定管尖挂着的液滴用锥形瓶外壁轻轻碰下。滴定操作时应注意速度要适当，刚开始可稍快，一般为3～4滴每秒，接近终点时速度要放慢，加一滴，摇几下，最后加半滴，摇动，直至到达终点。加半滴的方法是：微微转动旋塞，使溶液悬挂在管口尖嘴处形成半滴，用锥形瓶内壁将其靠落，再用洗瓶以少量水将附在瓶壁的溶液冲下。每次滴定开始前，都要装溶液调零点，滴定结束后停留0.5～1min再进行读数。

③ 滴定管读数　读数时将滴定管从滴定台上取下，用右手大拇指和食指捏住滴定管上部无刻度处，使滴定管自然下垂，眼睛平视液面，无色或浅色溶液读弯液面下缘实线最低点；有色溶液（如高锰酸钾、碘等）读液面两侧最高点；蓝线滴定管读溶液的两个弯液面与蓝线相交点，如图5-11所示。注意滴定管读数要读到小数点后第二位。

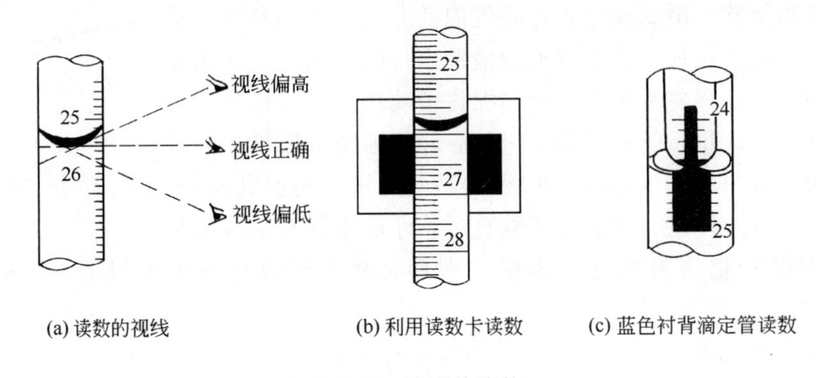


(a) 读数的视线　(b) 利用读数卡读数　(c) 蓝色衬背滴定管读数

图5-11　滴定管读数

### 5.1.6.3　容量瓶

容量瓶主要用于配制标准滴定或试样溶液，也可用于将一定量的浓溶液稀释成准确体积的稀溶液。

（1）容量瓶的使用

① 试漏　容量瓶在使用前应先检查是否漏水，方法是加水至容量瓶的标线处，盖好瓶塞，一手用食指按住瓶塞，其余手指拿住瓶颈标线以上部分，另一手用指尖托

住瓶底边缘，将瓶倒置2min，如图5-12(a)所示，然后用滤纸检查瓶塞周围是否有水渗出，如不漏水，将瓶直立，把瓶塞旋转180°后，再试漏，如仍不漏水，即可使用。

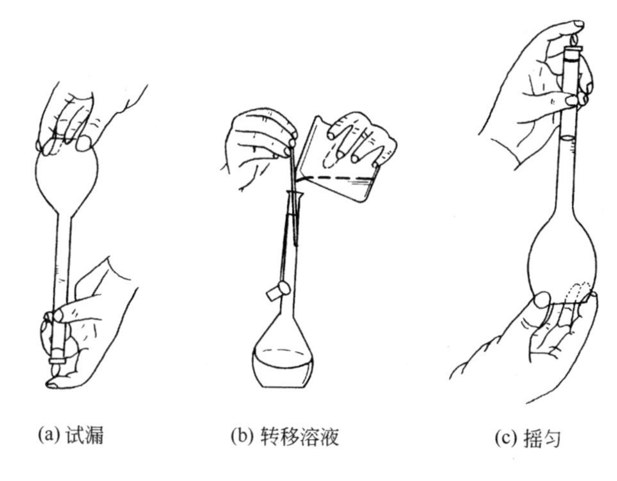

(a) 试漏　(b) 转移溶液　(c) 摇匀

图5-12　容量瓶的操作

② 转移溶液　如用基准物质配制一定体积的标准滴定溶液，先将准确称取的固体物质置于小烧杯中，加水或其他溶剂使其完全溶解，再将溶液定量转移到容量瓶中。转移时，用右手将玻璃棒伸入容量瓶中，使其下端靠住瓶颈内壁，左手拿烧杯并将烧杯嘴边缘紧贴玻璃棒中下部，倾斜烧杯使溶液沿玻璃棒流入容量瓶，待溶液全部流完后，将烧杯沿玻璃棒轻轻上提，再直立烧杯，如图5-12(b)所示。残留在烧杯内和玻璃棒上的少许溶液要用洗瓶自上而下吹洗5～6次，每次洗涤液都需按上述方法全部转移至容量瓶中。

③ 定容　完成定量转移后，加水至容量瓶容积2/3左右时，拿起容量瓶按水平方向摇动几圈，使溶液初步混匀，继续加水至距标线1cm处，放置1～2min，使附在瓶颈内壁的溶液流下，再用长滴管从容量瓶口沿边缘滴加水至弯液面下端与标线相切为止，盖紧瓶塞。

④ 摇匀　定容后，用一只手食指按住瓶塞，其余四指拿住瓶颈标线上部，另一只手的指尖托住瓶底边缘将容量瓶反复倒置振摇多次，使溶液混匀，如图5-12(c)所示。

(2) 注意事项

① 摇匀溶液时，手心不可握住容量瓶的底部，以免使容量瓶内溶液受热发生体积变化。

② 容量瓶瓶塞要用橡皮筋系在瓶颈上，绝不能放在桌面上，以防沾污。

③ 容量瓶不得盛放热溶液，也不能放在烘箱内烘干。

#### 5.1.6.4 吸管

吸管是用来准确移取一定体积液体的玻璃量器，分单标线的移液管和具有均匀刻度的吸量管两类，如图5-13所示。

(1) 吸管的润洗　用吸管移取溶液前，需先用该溶液润洗：将待移取溶液倒入一干燥洁净的小烧杯中，用吸管吸入其容积的1/3左右，倾斜并慢慢转动吸管使溶液充分润洗吸管，然后从下口弃去溶液，如此重复操作 3 次。

（2）吸管的操作　先用滤纸将吸管尖内外水吸干，用右手拇指和中指拿住管颈标线上方，将吸管插入待吸液下 2～3cm 处，左手拿吸耳球，先将吸耳球内空气排出，然后把球尖端紧按到吸管口上，慢慢松开握球的手指，溶液便逐渐被吸入管内。待溶液超过吸管标线时，移开洗耳球，迅速用右手食指按住管口，将管向上提起，离开液面。另取一洁净的烧杯，将管尖紧贴倾斜的小烧杯内壁，微微松动食指，同时用拇指和中指轻轻捻转吸管，使液面平稳下降直至溶液弯液面下端与标线相切时，立即用食指按住管口，使液滴不再流出。左手改拿接收容器（倾斜 30°），将管尖紧贴接收容器内壁，松开右手食指，使溶液自然流出，如图 5-14 所示，待液面下降到管尖后，再等待 15s 取出吸管。

有的吸量管上标有"吹"字，放完溶液后需用洗耳球将管尖溶液吹出。

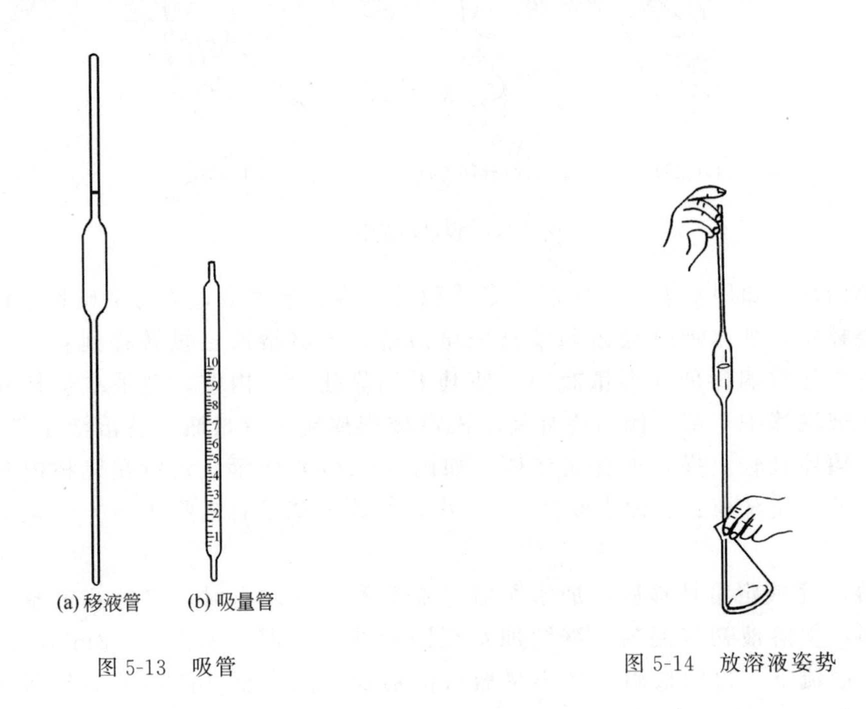


图 5-13　吸管

图 5-14　放溶液姿势

## 思考题

（1）使用分析天平称取试样时，什么情况下采用递减称样法？什么情况下选用固定质量称样法？

（2）称量时，若投影屏上微分标尺光标向负值偏移，应加砝码还是减砝码？

（3）用一半自动电光天平称量某一物体质量时，其砝码质量为 5g，环码质量为 170mg，投影屏读数为 5mg，请记录此物体的质量。

（4）使用滴定管和吸管时，为什么要用操作溶液润洗？容量瓶和锥形瓶是否需要润洗？

（5）滴定管中有气泡存在时对滴定结果有何影响？如何除去气泡？

（6）滴定操作应注意哪些事项？如何控制和判断滴定终点？

（7）滴定管中装无色溶液怎样读数？装有色溶液怎样读数？蓝线滴定管怎样读数？

（8）容量瓶如何试漏？用基准物质配制标准滴定溶液应如何转移、定容和摇匀？

## 实验 5-1　分析天平的称量练习

**预习指导**

实验前请认真阅读“5.1.6.1 分析天平”中的有关内容，并参照本实验“数据记录与处理”的格式在实验记录本上列表，以便称量时记录。

**【目的要求】**

(1) 熟悉分析天平的结构，学会正确的称量方法；

(2) 初步掌握直接称样法和递减称样法（差减法）。

**【实验用品】**

| | |
|---|---|
| 半自动电光分析天平（或电子分析天平） | 锥形瓶 |
| 托盘天平 | 药匙 |
| 表面皿 | 碳酸钠（s） |
| 称量瓶 | 铜片 |

**【实验步骤】**

**(1) 启动天平**　观察分析天平，理解各部件的作用。按照称量的一般程序检查分析天平后，启动天平并调好零点。

**(2) 直接法称量**　先在托盘天平上粗称表面皿和已编号的铜片质量，再将表面皿放在分析天平上准确称出其质量。然后将铜片放在表面皿上称出二者的总质量。

**(3) 递减法称量**　在称量瓶中装入约 2g 碳酸钠，先在托盘天平上粗称其质量，再于分析天平上准确称其质量（精确至 0.0001g），记下 $m_1$。然后按递减称样法操作，向已编号的锥形瓶中敲入 0.2 ～ 0.3g 碳酸钠，再准确称出称量瓶和剩余试样的质量，记下 $m_2$。

以同样的方法连续称出 3 份试样。

**【数据记录与处理】**

(1) 直接称样法

| 铜片编号 | 1# | 2# |
|---|---|---|
| 表面皿质量/g | | |
| 表面皿＋铜片质量/g | | |
| 铜片质量/g | | |

(2) 递减称样法

| 记录项目 | 1# | 2# | 3# |
|---|---|---|---|
| 倾样前称量瓶加试样质量($m_1$)/g | | | |
| 倾样后称量瓶加试样质量($m_2$)/g | | | |
| 试样质量($m_1-m_2$)/g | | | |

### 实验指南与安全提示

**(1) 使用天平动作要轻，避免损坏天平刀口。称量时，必须戴细纱手套，不可用手直接触及天平部件及砝码。**

**(2) 在天平中称量样品时，不要将试样失落在秤盘上。**

#### 思考题

(1) 在分析天平上取放物体或加减砝码时，为什么必须先休止天平?

(2) 请将正确答案连线。

| | |
|---|---|
| 天平调水平 | 调节升降枢旋钮下面的调节杆 |
| 天平调零 | 调节天平板下面的两个垫脚螺钉 |

## 实验 5-2　滴定管、容量瓶和吸管的使用练习

**预习指导**

做实验前，请认真阅读“5.1.6.2 滴定管”“5.1.6.3 容量瓶”“5.1.6.4 吸管”等内容以及“5.1.2.1 酸碱指示剂”，并填写下题括号中内容。

酚酞指示剂变色范围 pH 值为（　），颜色由（　）变为（　）。

甲基橙指示剂变色范围 pH 值为（　），颜色由（　）变为（　），再变为（　）。

**【目的要求】**

(1) 学习滴定管、容量瓶、吸管的使用方法；

(2) 初步学会判断与控制滴定终点。

**【实验用品】**

| | |
|---|---|
| 酸式滴定管（50mL） | 碳酸钠溶液（1mol/L） |
| 碱式滴定管（50mL） | 氢氧化钠溶液（0.1mol/L） |
| 容量瓶（250mL） | 盐酸溶液（0.1mol/L） |
| 吸管（25mL、10mL） | 甲基橙指示剂（1g/L） |
| 锥形瓶（250mL） | 酚酞指示剂（10g/L） |
| 吸耳球 | |

**【实验步骤】**

(1) 清洗仪器　根据仪器沾污程度，酌情选用洗涤剂清洗滴定管、容量瓶和吸管。

(2) 滴定管的使用练习

① 酸式滴定管　涂油→试漏→装溶液（以水代替）→ 赶气泡→调零→滴定→读数

② 碱式滴定管　试漏→装溶液（以水代替）→赶气泡→调零→滴定→读数

(3) 容量瓶的使用练习　试漏→转移溶液（以水代替）→稀释→平摇→稀释→调液面→摇匀

(4) 吸管的使用练习

① 25mL 移液管　润洗→吸液（以容量瓶中的水代替）→调液面→放液至锥形瓶

② 10mL 吸量管　润洗→吸液（以容量瓶中的水代替）→调液面→放液（按不同刻度把溶液放至锥形瓶）

(5) **滴定终点的练习**　用盐酸溶液和氢氧化钠溶液分别润洗酸式、碱式滴定管，再分别装满溶液，赶去气泡，调好零点。

① 以酚酞为指示剂，用碱滴定酸　从酸式滴定管中放出 20.00mL 盐酸溶液于已洗净的 250mL 锥形瓶中，加入 2 滴酚酞指示剂，用氢氧化钠溶液滴定至溶液由无色变为浅粉红色 30s 内不褪为终点。记录氢氧化钠溶液用量，准确至 0.01mL。

再往锥形瓶中放入盐酸溶液 2.00mL，继续用氢氧化钠溶液滴定。注意碱液应逐滴或半滴地滴入，挂在瓶壁上的碱液可用洗瓶中蒸馏水淋洗下去，直至被滴定溶液呈现浅粉红色。如此重复操作，每次放出 2.00mL 盐酸溶液，继续用氢氧化钠溶液滴定，直到放出盐酸溶液达 30.00mL 为止，记下每次滴定的终点读数。

② 以甲基橙为指示剂，用酸滴定碱　用移液管吸取碳酸钠溶液 25.00mL，放入 250mL 容量瓶中，用水稀释至刻度，摇匀。移取 25.00mL 稀释后的碳酸钠溶液，放入 250mL 锥形瓶中，加 1 滴甲基橙指示剂，用盐酸溶液滴定至橙色，记下消耗的盐酸溶液体积。平行测定 3 次，绝对偏差不得大于 0.05mL。

**实验指南与安全提示**

**(1) 使用酸或碱溶液时应注意安全，不要接触到皮肤和衣物！**

**(2) 滴定终点练习时应反复练习滴入 1 滴和半滴的操作，以利提高滴定结果的准确性。**

**思　考　题**

(1) 酸式滴定管和碱式滴定管赶气泡的操作方法有什么不同？读数时应注意哪些事项？

(2) 滴定管装液时为什么必须从试剂瓶中直接将溶液加入滴定管？

## 实验 5-3　氢氧化钠标准滴定溶液的制备和工业乙酸含量的测定

**预习指导**

做实验前，请认真阅读“5.1.2 酸碱滴定法”以及“5.1.6.2 滴定管”“5.1.6.3 容量瓶”“5.1.6.4 吸管”等内容，并参照本实验“数据记录与处理”的格式在实验记录本上列表，以便实验时记录。

**【目的要求】**

(1) 了解强碱滴定弱酸的原理和指示剂的选择；

(2) 初步掌握氢氧化钠标准滴定溶液的配制和标定方法；

(3) 掌握称量和滴定操作以及吸管的使用方法。

**【实验原理】**

氢氧化钠容易吸收空气中的二氧化碳和水蒸气，需用间接法配制标准滴定溶液。标定 NaOH 溶液常用的基准物质是邻苯二甲酸氢钾（KHP），标定反应为

$$C_6H_4(COOH)(COOK) + NaOH = C_6H_4(COONa)(COOK) + H_2O$$

测定工业乙酸含量，可用氢氧化钠标准溶液直接滴定试样溶液，以酚酞作指示剂。

【实验用品】

滴定分析所需仪器　　工业乙酸

酚酞指示剂（10g/L 乙醇溶液）　　氢氧化钠（A. R.）

基准邻苯二甲酸氢钾（需在 105～110℃烘至恒重）　　蒸馏水

无二氧化碳的蒸馏水（将蒸馏水煮沸 10min，冷却后使用）

【实验步骤】

**(1) 氢氧化钠溶液 [c(NaOH)=0.5mol/L] 的配制**　在托盘天平上用烧杯迅速称取 13g 氢氧化钠，以少量蒸馏水洗去表面可能含有的碳酸钠，用蒸馏水溶解后，转移到试剂瓶中，稀释至 500mL，塞上橡皮塞，摇匀，贴上标签待标定。

**(2) 氢氧化钠溶液 [c(NaOH)=0.5mol/L] 的标定**　称取基准邻苯二甲酸氢钾 3g（称准至 0.0002g），于 250mL 锥形瓶中，以 80mL 无二氧化碳的蒸馏水溶解，加 2 滴酚酞指示剂，用配制的氢氧化钠溶液滴定至溶液呈浅粉红色 30s 不褪为终点。

平行标定 3 份，同时做空白试验。

**(3) 工业乙酸含量的测定**　用吸管吸取工业乙酸试样 1.00mL，放入预先装有 80mL 无二氧化碳蒸馏水的 250mL 锥形瓶中，加 2 滴酚酞指示剂，用氢氧化钠标准滴定溶液滴定至溶液呈浅粉红色 30s 不褪为终点。

平行测定 3 份。

【数据记录与处理】

(1) 氢氧化钠溶液的标定

| 项　目 | 1# | 2# | 3# |
|---|---|---|---|
| 倾样前称量瓶+KHP 质量/g | | | |
| 倾样后称量瓶+KHP 质量/g | | | |
| $m$(KHP)/g | | | |
| 标定用 $V$(NaOH)/mL | | | |
| 空白用 $V_0$(NaOH)/mL | | | |
| $c$(NaOH)/(mol/L) | | | |
| $\bar{c}$(NaOH)/(mol/L) | | | |
| 极差 | | | |
| $\frac{极差}{平均值}\times 100\%$ | | | |

$$c(\mathrm{NaOH})=\frac{m}{(V-V_0)\times 204.2}$$

式中　$c$(NaOH)——氢氧化钠标准滴定溶液的实际浓度，mol/L；

$m$——基准邻苯二甲酸氢钾的质量，g；

$V$——标定消耗氢氧化钠标准滴定溶液的体积，L；

$V_0$——空白消耗氢氧化钠标准滴定溶液的体积，L；

204.2——邻苯二甲酸氢钾（$KHC_8H_4O_4$）的摩尔质量，g/moL。

（2）乙酸溶液含量的测定

| 项　目 | $1^{\#}$ | $2^{\#}$ | $3^{\#}$ |
| --- | --- | --- | --- |
| 取样量 $V$/mL | | | |
| 滴定用量 $V_1$(NaOH)/mL | | | |
| $\rho$(HAc)/(g/L) | | | |
| $\bar{\rho}$(HAc)/(g/L) | | | |

$$\rho(\mathrm{HAc})=\frac{c(\mathrm{NaOH})\cdot V_1\times 60.06}{V}$$

式中　$\rho$(HAc)——乙酸的质量浓度，g/L；

$c$(NaOH)——氢氧化钠标准滴定溶液的浓度，mol/L；

$V_1$——滴定消耗氢氧化钠标准溶液的体积，L；

$V$——工业乙酸试样的体积，L；

60.06——乙酸（$CH_3COOH$）的摩尔质量，g/moL。

**实验指南与安全提示**

**（1）氢氧化钠是强碱，具有腐蚀性，使用时不要接触皮肤和衣物。**

**（2）本实验适用于工业冰醋酸中乙酸含量的测定。冰醋酸熔点为16.7℃。如果试样已结晶，可在温水浴中溶化后再吸取试样。若试样是浓度较稀的乙酸水溶液，可适当增加取样量。**

**思　考　题**

（1）用邻苯二甲酸氢钾标定氧氧化钠溶液与工业乙酸含量的测定，为什么都用酚酞作指示剂？

（2）本实验中为什么要使用无二氧化碳的蒸馏水？滴定终点为什么要求粉红色维持30s不褪？

（3）标定NaOH溶液为什么要称取3g左右邻苯二甲酸氢钾？如少于2g对实验结果会有什么影响？

## 实验5-4　盐酸标准滴定溶液的制备和混合碱的测定

**预习指导**

做实验前，请认真阅读“5.1.2酸碱滴定法”的有关内容，并写出$Na_2CO_3$、NaOH和$NaHCO_3$分别与HCl反应的化学反应方程式。

**【目的要求】**

（1）了解双指示剂法测定混合碱各组分的原理和方法；

（2）初步掌握盐酸标准滴定溶液的配制和标定方法；

（3）掌握递减法称取样品的操作技术。

**【实验原理】**

市售浓盐酸$c$(HCl)≈12mol/L，易挥发，需用间接法配制盐酸标准滴定溶液。先量取一定体积的浓盐酸，用水稀释至所需浓度，再用基准物质标定。

标定盐酸溶液常用的基准物质是无水碳酸钠。标定反应为

$$2HCl + Na_2CO_3 = 2NaCl + CO_2\uparrow + H_2O$$

可使用溴甲酚绿-甲基红混合指示剂，近终点时应将溶液煮沸除去$CO_2$，冷却后继续滴定至终点。

混合碱是指$Na_2CO_3$与NaOH或$Na_2CO_3$与$NaHCO_3$的混合物。$Na_2CO_3$相当于二元弱碱，用酸滴定时其滴定曲线上有两个pH值突跃，因此可利用“双指示剂”法测出试样中各组分的含量。设滴定至酚酞终点消耗盐酸标准滴定溶液体积为$V_1$；继续滴定至溴甲酚绿-甲基红混合指示剂终点，消耗盐酸标准滴定溶液体积为$V_2$。若$V_1<V_2$，说明试样是$Na_2CO_3$与$NaHCO_3$的混合物；若$V_1>V_2$，说明试样是NaOH与$Na_2CO_3$的混合物。

**【实验用品】**

分析天平　　酚酞指示剂（10g/L）

滴定分析所需仪器　　纯碱试样

基准无水碳酸钠（需在270～300℃灼烧至恒重）　　浓盐酸

溴甲酚绿-甲基红混合指示剂（将1g/L的溴甲酚绿乙醇溶液与2g/L的甲基红乙醇溶液按3+1体积混合）

**【实验步骤】**

**(1) 盐酸溶液[$c$(HCl)=0.5mol/L]的配制**　用洁净量筒量取22mL浓盐酸，倾入预先盛有一定量蒸馏水的试剂瓶中，用水稀释至500mL，摇匀，贴上标签待标定。

**(2) 盐酸溶液[$c$(HCl)=0.5mol/L]的标定**　用递减法称取基准无水碳酸钠0.8g（称准至0.0002g），于250mL锥形瓶中，用50mL蒸馏水溶解，加10滴溴甲酚绿-甲基红混合指示剂，用配制的盐酸溶液滴定至溶液由绿色变为暗红色，煮沸2min，冷却后继续滴定至暗红色。

平行标定3份，同时做空白试验。

**(3) 纯碱中$Na_2CO_3$与$NaHCO_3$含量的测定**　用递减法称取1g纯碱试样（称准至0.0002g），于250mL锥形瓶中，用50mL蒸馏水溶解，加2滴酚酞指示剂，用盐酸标准滴定溶液滴定至红色近乎消失（消耗体积$V_1$）。再加10滴溴甲酚绿-甲基红混合指示剂，继续用盐酸标准滴定溶液滴定，当溶液由绿色变为暗红色，煮沸2min，冷却后继续滴定至暗红色为终点（消耗体积$V_2$）。

平行测定3份。

**【数据记录与处理】**

**(1) 记录实验数据**　参照实验5-3的格式做实验数据记录。

**(2) 盐酸溶液的标定**

$$c(HCl)=\frac{m}{52.99\times(V-V_0)}$$

式中　$c$(HCl)——盐酸标准滴定溶液的实际浓度，mol/L；

$m$——基准无水碳酸钠的质量；

$V$——标定消耗盐酸溶液的体积，L；

$V_0$——空白试验消耗盐酸溶液的体积，L；

52.99——$\frac{1}{2}Na_2CO_3$摩尔质量，g/moL。

**(3) 纯碱中$Na_2CO_3$与$NaHCO_3$含量的测定**

$$w(Na_2CO_3)=\frac{c(HCl)\cdot 2V_1\times 52.99}{m}$$

$$w(NaHCO_3)=\frac{c(HCl)\cdot(V_2-V_1)\times 84.01}{m}$$

$$总碱量(Na_2CO_3)=\frac{c(HCl)\cdot(V_1+V_2)\times 52.99}{m}$$

式中　$w(Na_2CO_3)$——混合碱中 $Na_2CO_3$ 的质量分数；

$w(NaHCO_3)$——混合碱中 $NaHCO_3$ 的质量分数；

$V_1$——酚酞终点消耗盐酸标准滴定溶液的体积，L；

$V_2$——溴甲酚绿-甲基红混合指示剂终点消耗盐酸标准滴定溶液的体积，L；

52.99——$\frac{1}{2}Na_2CO_3$ 摩尔质量，g/moL；

84.01——$NaHCO_3$ 的摩尔质量，g/moL；

$m$——试样的质量，g。

**实验指南与安全提示**

**(1) 盐酸既有挥发性又有腐蚀性，使用时注意通风，避免吸入、接触皮肤和衣物。**

**(2) 用盐酸滴定混合碱时，酚酞终点比较难观察。为得到较正确的结果，可用一参比溶液来对照。本实验可采用相同浓度的 $NaHCO_3$ 溶液，加 2 滴酚酞指示剂作参比溶液。**

**思　考　题**

(1) 为什么基准无水碳酸钠在使用前要进行灼烧处理，如不灼烧会有什么影响？

(2) 采用双指示剂法分别测定 3 个碱样，结果是 $V_1=0$，$V_2=0$，$V_1=V_2>0$，试判断每个碱样的成分。

## * 实验 5-5　EDTA 标准滴定溶液的制备和水中钙镁含量的测定

**预习指导**

做实验前，请认真阅读“5.1.3 配位滴定法”，并参照实验 5-3“数据记录与处理”的格式在实验记录本上列表，以便实验时记录。

**【目的要求】**

(1) 了解配位滴定法测定水中钙镁含量的原理和方法；

(2) 掌握 EDTA 溶液的配制和标定方法；

(3) 熟练掌握容量瓶和吸管的使用方法。

**【实验原理】**

EDTA 标准滴定溶液常采用间接法配制，用 ZnO 作基准物，在 pH=10 的 $NH_3$-$NH_4Cl$ 缓冲溶液中，以铬黑 T 作指示剂来标定其浓度。

水中钙镁含量俗称水的“硬度”。用配位滴定法测定水中钙镁含量，通常是在 pH=10 的 $NH_3$-$NH_4Cl$ 缓冲溶液中，以铬黑 T 作指示剂，用 EDTA 标准滴定溶液直接滴定。

【实验用品】

分析天平　　乙二胺四乙酸二钠（$Na_2H_2Y \cdot 2H_2O$）

滴定分析所需仪器　　基准氧化锌（需在800℃灼烧至恒重）

盐酸溶液（1+1）　　水试样

氨水溶液（1+1）

铬黑T指示剂（0.25g铬黑T和1.08盐酸羟胺，溶于50mL乙醇中）

$NH_3$-$NH_4Cl$缓冲溶液（称取27g $NH_4Cl$，用水溶解后，加入175mL浓氨水，再以水稀释至500mL。pH=10）

【实验步骤】

**(1) EDTA溶液[$c$(EDTA)=0.02mol/L]的配制**　粗称3.8g乙二胺四乙酸二钠，溶于300mL水中（可加热溶解）。冷却后转移到试剂瓶中，用水稀释至500mL，摇匀，贴上标签待标定。

**(2) EDTA溶液[$c$(EDTA)=0.02mol/L]的标定**　称取基准氧化锌0.4g（称准至0.0001g），用少量水润湿，滴加（1+1）盐酸溶液至氧化锌溶解，再定量移入250mL容量瓶中定容。

用移液管移取25.00mL锌标准溶液于250mL锥形瓶中，加50mL水，滴加（1+1）氨水至溶液刚出现浑浊（此时溶液pH≈8），再加入10mL $NH_3$-$NH_4Cl$缓冲溶液，加5滴铬黑T指示剂，用配制的EDTA溶液滴定至溶液由酒红色变为纯蓝色为终点。

平行标定3份，同时做空白试验。

**(3) 水中钙镁含量的测定**　用移液管移取水样50mL于250mL锥形瓶中，加5mL $NH_3$-$NH_4Cl$缓冲溶液和3滴铬黑T指示剂，立即用EDTA标准溶液滴定。接近终点时，滴定速度宜慢，并充分摇动，直到溶液由酒红色刚变为纯蓝色为终点。

平行测定3份，钙镁含量的绝对偏差应小于0.04mmol/L。

【数据记录与处理】

**(1) 记录实验数据**　参照实验5-3的格式做实验数据记录。

**(2) EDTA溶液的标定**

$$c(\mathrm{EDTA})=\frac{m\times\frac{25}{250}}{(V-V_0)\times 81.38}$$

式中　$c$(EDTA)——EDTA标准滴定溶液的实际浓度，mol/L；

$m$——基准氧化锌的质量，g；

$V$——标定消耗EDTA溶液的体积，L；

$V_0$——空白试验消耗EDTA溶液的体积，L；

81.38——ZnO的摩尔质量，g/moL。

**(3) 水中钙镁离子总浓度的测定**

$$c(\mathrm{Ca^{2+}+Mg^{2+}})=\frac{c(\mathrm{EDTA})V_1}{V}\times 10^3\ \mathrm{mmol/L}$$

式中　$c$(EDTA)——EDTA标准滴定溶液的浓度；mol/L；

$V_1$——滴定消耗EDTA标准滴定溶液的体积，L；

$V$——水样体积，L。

## 实验指南

（1）为防止碳酸钙和氢氧化镁在碱性溶液中沉淀，滴定所取水样中钙镁含量不可超过3.6mmol/L。否则应加蒸馏水稀释。加入缓冲溶液后必须立即滴定，并在5min内完成。

（2）若试样水为酸性或碱性，需先中和。若试样水中含有$Cu^{2+}$、$Pb^{2+}$等重金属，可加入2% $Na_2S$溶液1mL，使其生成硫化物沉淀。若试样水中含有$Al^{3+}$、$Fe^{3+}$，可加入三乙醇胺2mL掩蔽之。

## 思 考 题

（1）本实验为什么使用$NH_3$-$NH_4Cl$缓冲溶液？加入缓冲溶液前先滴入氨水起什么作用？

（2）测定水中钙镁含量时，溶液的pH值应控制在多少？为什么？

## *实验5-6 高锰酸钾标准滴定溶液的制备和亚铁盐含量的测定

**预习指导**

做实验前，请认真阅读"5.1.4.1高锰酸钾法"并选择下列问题的正确答案。

（1）高锰酸钾溶液应装在哪种滴定管中？

a. 无色酸式滴定管　　b. 棕色酸式滴定管　　c. 无色碱式滴定管

（2）盛装高锰酸钾溶液的滴定管应怎样读数？

a. 视线与弯液面最低点相切　　b. 视线与液面两侧最高点成水平

**【目的要求】**

（1）掌握高锰酸钾标准滴定溶液的配制和标定方法；

（2）掌握用高锰酸钾法测定亚铁盐含量的原理和方法。

**【实验原理】**

试剂高锰酸钾通常含有少量杂质，蒸馏水中含有微量有机物质，它们可与高锰酸钾发生缓慢反应，因此必须用间接法配制高锰酸钾标准滴定溶液。为获得浓度稳定的标准溶液，可称取稍多于计算量的试剂高锰酸钾，溶于蒸馏水中，加热煮沸，冷却后储存于棕色瓶中，放置2周，用微孔玻璃漏斗过滤后再标定。

标定高锰酸钾溶液常用草酸钠作基准物，采用自身指示剂。在硫酸溶液中，$MnO_4^-$与$C_2O_4^{2-}$的反应为

$$2MnO_4^- + 5C_2O_4^{2-} + 16H^+ \longrightarrow 2Mn^{2+} + 10CO_2\uparrow + 8H_2O$$

适当加热可加速反应并获得准确结果。

测定硫酸亚铁铵含量采用高锰酸钾直接滴定法。在硫酸溶液中，$MnO_4^-$与$Fe^{2+}$的反应为

$$MnO_4^- + 5Fe^{2+} + 8H^+ \longrightarrow Mn^{2+} + 5Fe^{3+} + 4H_2O$$

$Fe^{2+}$ 易氧化，应使用无氧水溶解样品。加入适量磷酸（可与 $Fe^{3+}$ 生成配合物）可使反应进行完全，并能消除 $Fe^{3+}$ 颜色对终点观察的影响。

**【实验用品】**

| | |
|---|---|
| 分析天平 | 硫酸溶液（8＋92） |
| 滴定分析所需仪器 | 浓硫酸 |
| 基准草酸钠（需于110℃烘至恒重） | 高锰酸钾 |
| 硫酸亚铁铵 $[(NH_4)_2Fe(SO_4)_2 \cdot 6H_2O]$ | 磷酸 $[w(H_3PO_4)=0.85]$ |

**【实验步骤】**

**(1)高锰酸钾溶液$[c(\frac{1}{5}KMnO_4)=0.1mol/L]$的配制** 称取 1.6g 高锰酸钾，溶于 500mL 水中，缓慢煮沸 15min，冷却后置于暗处保存二周。用微孔玻璃漏斗过滤，储存于棕色瓶中，贴上标签待标定。

**(2)高锰酸钾溶液$[c(\frac{1}{5}KMnO_4)=0.1mol/L]$的标定** 用递减法称取基准草酸钠 0.2g（称准至 0.0001g）于 250mL 锥形瓶中，加 100mL 硫酸溶液（8＋92）使其溶解，用配制的高锰酸钾溶液滴定。注意，加入第一滴高锰酸钾溶液后，褪色较慢，要等粉红色褪去后才可接着加下一滴，滴定逐渐加快。接近终点时将溶液加热至 65～75℃（溶液开始冒蒸气），再缓慢滴定至溶液呈粉红色 30s 不褪为终点。

平行标定 3 份，同时做空白试验。

**(3)硫酸亚铁铵含量的测定** 用递减法称取 1.2～1.5g 硫酸亚铁铵试样（称准至 0.0001g）于 250mL 锥形瓶中，加 50mL 无氧水（新煮沸并冷却的蒸馏水）使其溶解。加入 3mL 浓硫酸、2mL 磷酸及 100mL 无氧水，立即用刚标定过的高锰酸钾标准溶液滴定至溶液呈粉红色 30s 不褪为终点。

平行测定 3 份。

**【数据记录与处理】**

**(1)记录实验数据** 参照实验 5-3 的格式做实验数据记录。

**(2)高锰酸钾溶液的标定**

$$c\left(\frac{1}{5}KMnO_4\right)=\frac{m}{(V-V_0)\times 67.00}$$

式中 $c(\frac{1}{5}KMnO_4)$——高锰酸钾标准滴定溶液的实际浓度，mol/L；

$V$——标定消耗高锰酸钾溶液的体积，L；

$V_0$——空白试验消耗高锰酸钾溶液的体积，L；

$m$——基准草酸钠的质量，g；

67.00——$\frac{1}{2}Na_2C_2O_4$ 的摩尔质量，g/moL。

**(3) 硫酸亚铁铵含量的测定**

$$w[(NH_4)_2Fe(SO_4)_2 \cdot 6H_2O]=\frac{c\left(\frac{1}{5}KMnO_4\right)V\times 392.1}{m}$$

式中 $c(\frac{1}{5}KMnO_4)$——高锰酸钾标准滴定溶液的实际浓度，mol/L；

$V$——滴定消耗高锰酸钾标准滴定溶液的体积，L；

$m$——试样的质量，g；

392.1——$(NH_4)_2Fe(SO_4)_2 \cdot 6H_2O$ 的摩尔质量，g/moL。

**实验指南与安全提示**

**（1）过滤高锰酸钾溶液所用微孔玻璃漏斗，预先应以同样的高锰酸钾溶液缓慢煮沸 5min；储存用的棕色瓶也要用高锰酸钾溶液洗涤 2～3 次。**

**（2）标定高锰酸钾溶液接近终点时，需将溶液加热，滴定热溶液时要注意安全。**

**（3）滴定至终点后，溶液的粉红色会逐渐减褪，这是由于空气中还原性气体与 $MnO_4^-$ 缓慢反应的结果。**

**思　考　题**

（1）配制高锰酸钾标准滴定溶液为什么要煮沸并放置两周后过滤？能否使用滤纸过滤？

（2）用草酸钠作基准物标定高锰酸钾溶液应注意哪些反应条件？

## * 实验 5-7　硫代硫酸钠标准滴定溶液的制备和硫酸铜含量的测定

**预习指导**

做实验前，请认真阅读“5.1.4.2 碘量法”中有关内容，并思考用重铬酸钾标定硫代硫酸钠溶液时，下列做法的原因。

① 加入 KI 后于暗处放置 10min。

② 滴定前加 150mL 水。

③ 近终点时加淀粉指示剂。

**【目的要求】**

（1）掌握硫代硫酸钠标准滴定溶液的配制和标定方法；

（2）掌握间接碘量法测定铜的原理和方法。

**【实验原理】**

硫代硫酸钠溶液易受空气中 $O_2$、水中 $CO_2$ 及微生物作用而分解。初步配制的硫代硫酸钠溶液需放置一定时间，待浓度稳定后再进行标定。

标定硫代硫酸钠溶液常用重铬酸钾作基准物。在酸性溶液中，$K_2Cr_2O_7$ 与过量的 KI 作用，将 $I^-$ 氧化成 $I_2$：

$$Cr_2O_7^{2-} + 6I^- + 14H^+ = 2Cr^{3+} + 3I_2 + 7H_2O$$

再用 $Na_2S_2O_3$ 溶液滴定生成的 $I_2$。

测定硫酸铜可用间接碘量法。在弱酸性溶液中，$Cu^{2+}$ 与过量的 KI 发生如下反应：

$$2Cu^{2+} + 4I^- = 2CuI\downarrow + I_2$$

生成的 $I_2$ 用 $Na_2S_2O_3$ 标准溶液滴定。为防止铜盐水解，需用乙酸控制试液 pH 值为 3～4；为消除 $Fe^{3+}$（能氧化 $I^-$）的干扰，可加入 NaF 掩蔽之。

**【实验用品】**

分析天平

碘量瓶

滴定分析所需仪器

硝酸 [$w(HNO_3)=0.65$～$0.68$]

硫代硫酸钠（$Na_2S_2O_3 \cdot 5H_2O$ 或 $Na_2S_2O_3$）

基准重铬酸钾（需于 130℃ 烘至恒重）

硫酸铜（$CuSO_4 \cdot 5H_2O$）

硫酸溶液（1+8）

饱和氟化钠溶液

饱和碳酸钠溶液

乙酸溶液 [$w(HAc)=0.36$]

碘化钾

淀粉指示液（5g/L 水溶液：将 0.5g 可溶性淀粉，加 10mL 水调成糊状，在搅拌下倒入 90mL 沸水中，煮沸 1～2min，冷却备用）

**【实验步骤】**

（1）**$c(Na_2S_2O_3)=0.1$mol/L 硫代硫酸钠溶液的配制**　称取 13g 结晶硫代硫酸钠（$Na_2S_2O_3 \cdot 5H_2O$）或 8g 无水硫代硫酸钠，溶于 500mL 水中，缓缓煮沸 10min，冷却。放置 2 周后过滤，待标定。

（2）**$c(Na_2S_2O_3)=0.1$mol/L 硫代硫酸钠溶液的标定**　称取基准重铬酸钾 0.15g（称准至 0.0001g）于碘量瓶中，加 25mL 水使其溶解。加 2g 碘化钾及 20mL 硫酸溶液，盖上瓶塞轻轻摇匀，以少量水封住瓶口，于暗处放置 10min。取出，用洗瓶冲洗瓶塞及瓶内壁，加入 150mL 水，用配制的 $Na_2S_2O_3$ 溶液滴定，接近终点时（溶液为浅黄绿色），加入 3mL 淀粉指示液，继续滴定至溶液由蓝色变为亮绿色为终点。

平行标定三份。同时做空白试验。

（3）**硫酸铜含量的测定**　称取硫酸铜试样 0.8～1.0g（称准至 0.0001g），于 250mL 锥形瓶中，加 100mL 水溶解。加 3 滴硝酸，煮沸，冷却，逐滴加入饱和碳酸钠溶液，直至有微量沉淀出现为止。然后加入 4mL 乙酸溶液，使溶液呈微酸性；加 5mL 饱和氟化钠溶液，2g 碘化钾；用 $c(Na_2S_2O_3)=0.1$mol/L 硫代硫酸钠标准溶液滴定，直到溶液呈现淡黄色，加 3 mL 淀粉指示液，继续滴定至蓝色消失为终点。

平行测定三份。测得质量分数的绝对偏差不应大于 0.006。

**【数据记录与处理】**

（1）**记录实验数据**　参照实验 5-3 的格式做实验数据记录。

（2）**硫代硫酸钠溶液的标定**

$$c(Na_2S_2O_3) = \frac{m}{(V-V_0)\times 49.03}$$

式中　$c(Na_2S_2O_3)$——硫代硫酸钠标准滴定溶液的实际浓度，mol/L；

$V$——标定消耗硫代硫酸钠溶液的体积，L；

$V_0$——空白试验消耗硫代硫酸钠溶液的体积，L；

$m$——基准重铬酸钾的质量，g；

49.03——$\frac{1}{6}K_2Cr_2O_7$ 的摩尔质量，g/moL。

(3) 硫酸铜含量的测定

$$w(CuSO_4 \cdot 5H_2O)=\frac{c(Na_2S_2O_3)V\times 249.7}{m}$$

式中 $c(Na_2S_2O_3)$——硫代硫酸钠标准滴定溶液的实际浓度，mol/L；

$V$——滴定消耗硫代硫酸钠标准滴定溶液的体积，L；

249.7——$CuSO_4 \cdot 5H_2O$ 的摩尔质量，g/mol；

$m$——试样质量，g。

**实验指南与安全提示**

**(1) 操作条件对间接碘量法的准确度影响很大。为防止碘的挥发和碘离子的氧化，必须严格按分析规程谨慎操作。**

**(2) 用重铬酸钾标定硫代硫酸钠溶液时，滴定完了的溶液放置一定时间可能又变为蓝色。如果放置 5min 后变蓝，是由于空气中 $O_2$ 的氧化作用所致，可不予考虑；如果很快变蓝，说明 $K_2Cr_2O_7$ 与 KI 的反应没有定量进行完全，必须弃去重做。**

**思 考 题**

(1) 配制硫代硫酸钠标准溶液为什么要煮沸、放置 2 周后过滤？

(2) 测定硫酸铜含量时，加入硝酸、碳酸钠溶液、乙酸和氟化钠溶液，各起什么作用？

## *5.2 电位分析法

电位分析法是以测量电池电动势为基础的电化学分析方法，包括直接电位法和电位滴定两大类。直接电位法是根据电池电动势与有关离子浓度之间的函数关系，直接测量出该离子的浓度，例如用直接电位法测定溶液的 pH 值。电位滴定是确定滴定分析终点的一种方法，可以代替指示剂，更加准确地指示滴定分析的终点。

### 5.2.1 直接电位法

直接电位法测定溶液的 pH 值，是以 pH 玻璃电极为指示电极，以饱和甘汞电极为参比电极，浸入待测溶液构成工作电池。利用酸度计，经标准缓冲溶液校正后，直接测出溶液的 pH 值。

#### 5.2.1.1 酸度计

酸度计也称 pH 计，其型号很多，它们都是具有电子放大器的高输入阻抗测量仪器。现以 pHS-3C 型酸度计为例，简介仪器的各部作用。图 5-15 为 pHS-3C 型酸度计的外形图。其面板上各调节器的作用如下。

(1) 功能转换开关　用于选择仪器测量功能，具有 mV 和 pH 两挡。“mV”挡用于测量电动势或电位差，“pH”挡用于测量溶液的 pH 值。

(2) 温度调节器　用于补偿溶液温度对 pH 值测量的影响。在进行 pH 值校准和测量溶

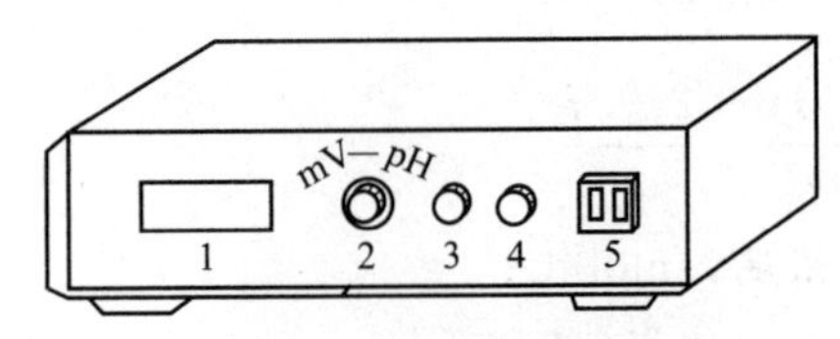

图 5-15　pHS-3C 型酸度计
1—数字显示屏；2—功能转换开关；
3—定位；4—斜率；5—温度

液的 pH 值时，必须将此调节器拨至溶液温度值处。

（3）定位调节器　用于校准 pH 显示值。在用已知 pH 值的标准缓冲溶液校准仪器时，用该调节器把仪器显示值恰调至标准缓冲溶液的 pH 值。

（4）斜率调节器　用于补偿电极的能斯特响应斜率。由于实际制造的电极往往达不到能斯特方程式中的理论斜率，该调节器能将不足理论值的实际电极斜率补偿到理论值。

#### 5.2.1.2　溶液 pH 值的测定

采用标准缓冲溶液校准仪器的方法测量溶液的 pH 值，应首先将 pH 玻璃电极和甘汞电极浸入已知 pH 值的标准缓冲溶液中，调节测量仪器上的定位调节器和斜率调节器，使测量仪表显示出标准缓冲溶液的 pH 值，这就达到了校准的目的。然后再把这套电极浸入待测溶液中，这时仪表显示值即为待测溶液的 pH 值。具体操作步骤如下。

（1）接通电源，安装仪器。把浸泡好的玻璃电极和甘汞电极安装在电极夹上固定好，玻璃电极插头插入电极插口，甘汞电极引线连接到接线柱上。

（2）将酸度计的功能转换开关拨至“pH”挡，将温度调节器拨至溶液温度值（预先用水银温度计测量溶液温度）。将斜率调节器左旋到头。

（3）将电极浸入第一种标准缓冲溶液中，调节定位调节器使仪表显示该温度下的标准 pH 值。

（4）移开第一种标准缓冲溶液，冲洗电极，用滤纸吸干。再将电极浸入第二种标准缓冲溶液中，调节斜率调节器使仪表显示该温度下的标准 pH 值。

（5）按第（3）步重复第一种标准缓冲溶液的测定。若此时仪表显示的 pH 值与标准值在误差允许范围内，即已完成定位；否则需再重复上述操作。

（6）定位完成后，冲洗、吸干电极，把这套电极浸入待测溶液中，这时仪表显示值即为待测溶液的 pH 值。

### 5.2.2　电位滴定

电位滴定是利用滴定过程中指示电极电位的突跃来确定滴定终点到达的一种电化学方法。实际测定中是利用浸入滴定池中的指示电极和参比电极之间电动势的突跃确定滴定终点。这种方法适用于试液有色、浑浊或找不到合适指示剂的情况。

滴定分析的各类滴定反应都可以采用电位滴定，只是所需的指示电极不同。在酸碱滴定中，溶液的 pH 值发生变化，常用 pH 玻璃电极作为指示电极；在氧化还原滴定中，溶液中氧化态与还原态组分的浓度比值发生变化，多采用惰性金属铂电极作为指示电极；在配位滴定中，常用汞电极或相应金属离子选择电极作为指示电极；在沉淀滴定中，常用银电极或相应卤素离子选择电极。

电位滴定的方法分为手动和自动两种。手动电位滴定是人工滴定的同时通过测定电位的变化控制终点，其确定终点的方法较为费时麻烦。自动电位滴定需要使用自动电位滴定仪，这种仪器分两类，一类是通过电子单元控制滴定的电磁阀，使其在电位突跃最大的一点自动终止滴定；另一类是利用仪器自动控制加入滴定剂，并自动记录滴定曲线，然后由滴定曲线确定滴定终点。

在没有自动电位滴定仪的情况下，通常采用手动电位滴定。

#### 5.2.2.1　手动电位滴定的仪器与操作

(1) 手动电位滴定的仪器装置　手动电位滴定的基本装置由滴定管、滴定池、指示电极、参比电极、酸度计以及电磁搅拌器等组成。进行电位滴定时，根据滴定反应类型，选好适当的指示电极和参比电极，按图5-16所示连接组装仪器。

(2) 手动电位滴定的操作　将滴定剂装入滴定管，调好零点。准确量取一定量待测溶液放于滴定池中，插入电极，开启电磁搅拌器和酸度计（将功能转换开关拨至“mV”挡），读取初始电动势值。然后开始滴定，在滴定过程中，每加一次滴定剂，测量一次电动势。滴定初期，滴定速度可适当快些，在终点附近应放慢速度（因为在终点附近，滴定剂体积的很小变化，将会引起指示电极电位的很大变化而发生电位突跃）。终点过后，滴定速度又可适当加快，滴定进行到超过终点适当值为止。这样就得到一系列滴定剂体积 $V$ 和相应的电动势 $E$ 数据，根据这些 $V$、$E$ 数据，利用适当方法就可以确定滴定终点。

#### 5.2.2.2　手动电位滴定终点的确定方法

(1) 图解法　以加入滴定剂的体积 $V$ 为横坐标，以测得的电动势 $E$ 为纵坐标，绘制 $E$-$V$ 滴定曲线。曲线拐点（即电位突变最大的一点）所对应的滴定剂体积，就是终点体积 $V_{ep}$，见图5-17。

对于滴定突跃不十分明显的体系，利用 $E$-$V$ 曲线确定滴定终点误差较大。这种情况可绘制 $\Delta E_1$-$V$ 曲线。在接近终点时，每次只加入少量滴定剂（为简便可每次加入滴定剂 $\Delta V=0.10$mL)，导致电动势的增量记作 $\Delta E_1$。$\Delta E_1$ 反映了由于滴定剂体积变化而引起电池电动势的变化率，以这个变化率为纵坐标对滴定剂体积作图，应得到一条尖峰状曲线，曲线极大值处所对应的滴定剂体积即为 $V_{ep}$，见图5-18。

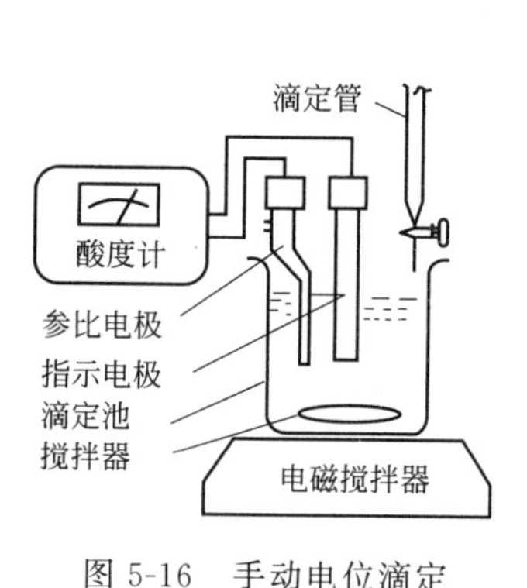

图5-16　手动电位滴定仪器装置

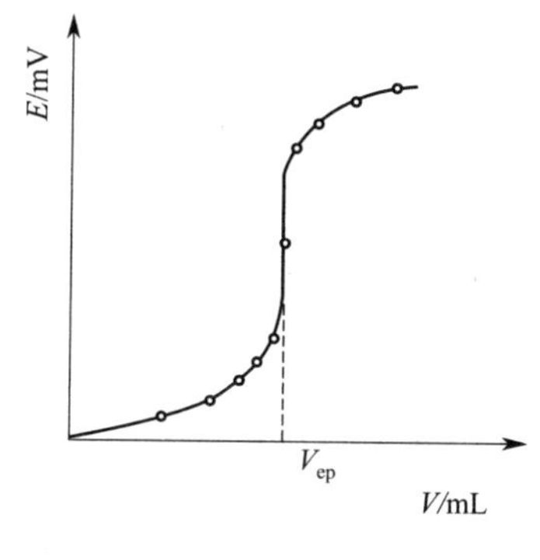

图5-17　$E$-$V$ 滴定曲线

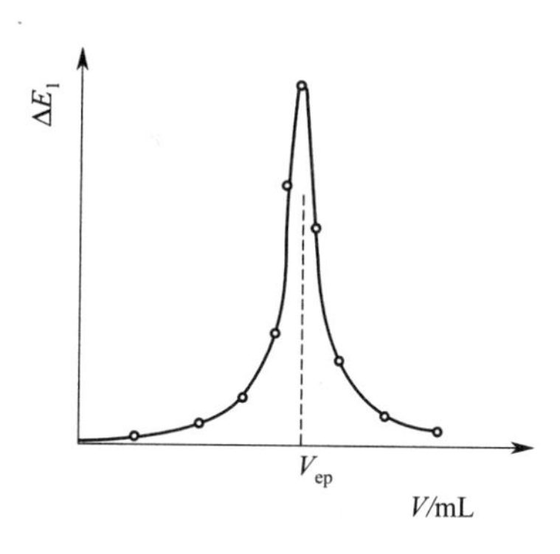

图5-18　$\Delta E_1$-$V$ 滴定曲线

(2) 计算法　在 $\Delta E_1$-$V$ 曲线中，若将顺次各个 $\Delta E_1$ 之间的差值记作 $\Delta E_2$，可以观察到：在尖峰状曲线的左侧，$\Delta E_2>0$，为正值；而在尖峰状曲线的右侧，$\Delta E_2<0$，为负值。显然，$\Delta E_2=0$ 时就是滴定终点。根据这个道理，不必通过作图，按简单比例关系便能直接计算出滴定的终点体积 $V_{ep}$。

$$V_{ep}=V+\frac{a}{a-b}\Delta V$$

式中　$a$——$\Delta E_2$ 最后一个正值；

$b$——$\Delta E_2$ 第一个负值；

$V$——$\Delta E_2$ 为 $a$ 时所加入的滴定剂体积，mL；

$\Delta V$——$\Delta E_2$ 由 $a$ 至 $b$ 时，加入的滴定剂体积，mL。

### 思 考 题

(1) 参比电极的作用是什么？

(2) 用酸度计测定溶液的 pH 值，为什么必须用标准缓冲溶液校准仪器？常用的标准缓冲溶液有哪些？

(3) 电位滴定法确定滴定终点，与指示剂法相比有哪些优缺点？

(4) 用 0.1000mol/L NaOH 标准滴定溶液电位滴定 50.00mL 乙酸溶液，得到下列数据：

| $V$(NaOH)/mL | 0.00 | 4.00 | 10.00 | 15.00 | 15.50 | 15.60 | 15.70 | 15.80 | 16.00 | 18.00 |
|---|---|---|---|---|---|---|---|---|---|---|
| pH | 2.00 | 5.05 | 5.85 | 7.04 | 7.70 | 8.24 | 9.43 | 10.03 | 10.61 | 11.60 |

请根据这组数据①绘制 pH-$V$ 滴定曲线；②绘制 $\Delta pH_1$-$V$ 曲线；③用计算法确定终点 $V_{ep}$；④计算试样中乙酸的浓度；⑤计算化学计量点的 pH 值。

## *实验 5-8 直接电位法测定溶液的 pH 值

**预习指导**

做实验前，请认真阅读“5.2.1 直接电位法”和“5.1.1.2”中有关标准滴定溶液的配制等内容。

**【目的要求】**

(1) 了解直接电位法测定溶液 pH 值的原理和方法；

(2) 掌握酸度计的使用方法。

**【实验原理】**

测定溶液 pH 值，常用玻璃电极作指示电极，以饱和甘汞电极作参比电极，与待测溶液组成工作电池。实验中用已知 pH 值的标准缓冲溶液对酸度计进行校准（即定位），然后再把这套电极浸入待测溶液中，测出溶液的 pH 值。

**【实验用品】**

| | |
|---|---|
| 酸度计 | 邻苯二甲酸氢钾（G. R.） |
| 甘汞电极 | 磷酸二氢钾（G. R.） |
| 玻璃电极 | 磷酸氢二钠（G. R.） |
| 小烧杯 | 乙酸溶液（0.1mol/L） |
| 容量瓶 | 醋酸钠溶液（0.1mol/L） |
| 硼砂（G. R.） | 氯化钾溶液（0.1mol/L） |

**【实验步骤】**

**(1) 配制标准缓冲溶液**

① 配制 pH=4.01 的酸性缓冲溶液　称取 1.021g 邻苯二甲酸氢钾，加少量水溶解后，于 100mL 容量瓶中定容。

② 配制 pH=6.86 的中性缓冲溶液　称取 0.340g 磷酸二氢钾和 0.355g 磷酸氢二钠，

加少量水溶解后，于100mL容量瓶定容。

③ 配制pH=9.18的碱性缓冲溶液　称取0.381g硼砂，加少量水溶解后，于100mL容量瓶定容。

**(2) 启动仪器**　按5.2.1.2中所述方法安装电极，启动仪器，调整零点。

**(3) 校准仪器**　按5.2.1.2中所述方法用配制的标准缓冲溶液进行定位调节。

**(4) 测定溶液的pH值**

① 将电极洗净擦干后浸入盛有HAc溶液的小烧杯中，测定pH值。

② 以KCl溶液代替HAc溶液，测定KCl溶液的pH值。

③ 以NaAc溶液代替HAc溶液，测定NaAc溶液的pH值。

**(5) 结束实验**　测定结束后，关闭电源，取出电极，冲洗干净，妥善保管。

**【数据记录与处理】**

将实验中测得的数据填入表中。

| 物质 | 标准缓冲溶液 | | | 被测溶液 | | |
|---|---|---|---|---|---|---|
| | 酸性 | 中性 | 碱性 | HAc | KCl | NaAc |
| 温度/℃ | | | | | | |
| pH值 | | | | | | |

## 实验指南与安全提示

**(1) 新使用的玻璃电极用前应浸泡在蒸馏水中活化48h。玻璃电极的球泡部位壁很薄，使用时应备加保护。**

**(2) 待测溶液应与标准缓冲溶液处于同一温度，否则需重新进行温度补偿和校正调节。**

**(3) 每次更换待测溶液，都必须将电极洗净、拭干，以免影响测定结果的准确性。**

## 思考题

(1) 采用定位法校准仪器时，应该用哪种标准缓冲溶液定位？为什么？

(2) 电位法测定溶液的pH值，为什么要进行“温度补偿”和“斜率补偿”？

# *实验5-9　电位滴定法测定酸牛乳的总酸度

**预习指导**

做实验前，请认真阅读“5.2.2 电位滴定”中有关内容，并思考在标定NaOH溶液浓度和测定酸牛乳的总酸度时，先进行粗测后再精确测量的原因。

【目的要求】

(1) 学习电位滴定装置的安装与操作；

(2) 初步掌握利用图解法确定滴定终点。

【实验原理】

酸牛乳中含有多种有机弱酸，其总酸度可利用酸碱中和滴定法进行测定。由于酸牛乳为乳浊液，为准确判断滴定终点，本实验采用电位滴定法，以玻璃电极为指示电极，饱和甘汞电极作参比电极，与试液组成工作电池，用 NaOH 标准溶液对试液进行电位滴定，通过测量试液 pH 值随加入滴定剂体积的变化情况，绘制 ΔpH-*V* 工作曲线，确定滴定终点。

【实验用品】

| | |
|---|---|
| 滴定分析仪器 | 基准邻苯二甲酸氢钾 |
| 酸度计 | 酸性标准缓冲溶液（pH=4.01，配制方法见实验 5-8） |
| 玻璃电极 | 碱性标准缓冲溶液（pH=9.18，配制方法见实验 5-8） |
| 饱和甘汞电极 | NaOH 溶液（0.1mol/L，准确浓度待标定） |
| 电磁搅拌器 | 酸牛乳 |
| 烧杯 | 无 $CO_2$ 的蒸馏水 |

【实验步骤】

**(1) 安装与调试仪器** 以玻璃电极为指示电极，以饱和甘汞电极作参比电极，参照图 5-16 安装手动电位滴定装置。按 5.2.1.2 中所述方法用标准缓冲溶液对酸度计进行定位。

**(2) 标定 NaOH 溶液的浓度** 称取基准邻苯二甲酸氢钾 0.2g（称准至 0.0001g），于 100mL 烧杯中，加入 50mL 无 $CO_2$ 的蒸馏水溶解，放入搅拌子，插入电极。将待标定的 NaOH 溶液装入滴定管中，液面调至 0.00mL 处，开动电磁搅拌器，进行滴定。测量在加入 NaOH 溶液 0、1mL、2mL 直至 10mL 后各个点的 pH 值，初步判断发生 pH 值突跃时所需 NaOH 溶液的体积范围。

重复上述实验步骤的操作，但在预计的化学计量点附近以 0.10mL 为体积增量来加入 NaOH 溶液，增加测量点的密度。记录每次加入滴定剂后的总体积 *V* 和相对应的 pH 值，计算出连续增加的 $\Delta pH_1$ 和 $\Delta pH_1$ 之间的差值 $\Delta pH_2$。$\Delta pH_1$ 的最大值即为滴定终点，终点后再继续记录一、二个 pH 值。

平行标定 2～3 份。

**(3) 测定酸牛乳的总酸度** 称取酸牛乳 5g（称准至 0.0001g），于 100mL 烧杯中，在搅拌下加入 50mL 无 $CO_2$ 的温水（约 40℃），放入搅拌子，插入电极，开动电磁搅拌器，用 NaOH 标准溶液滴定。按标定 NaOH 溶液的方法操作并记录。

平行测定 2 份。

【数据记录与处理】

**(1) 记录实验数据** 参照下表记录并整理标定 NaOH 溶液及测定酸牛乳总酸度的数据。

| $V$/mL | pH | $\Delta pH_1$ | $\Delta pH_2$ |
| --- | --- | --- | --- |
| | | | |
| | | | |
| | | | |
| | | | |
| | | | |
| | | | |

（2）**绘制 $\Delta pH_1$-$V$ 工作曲线** 以加入的滴定剂体积 $V$ 为横坐标，以测算的 pH 增量 $\Delta pH_1$ 为纵坐标绘制 $\Delta pH_1$-$V$ 工作曲线，确定滴定终点时消耗 NaOH 溶液的体积。

（3）**计算 NaOH 标准滴定溶液的浓度**

$$c(\mathrm{NaOH})=\frac{m}{204.2V}$$

式中 $c$（NaOH）——NaOH 标准滴定溶液的实际浓度，mol/L；

$V$——标定消耗 NaOH 溶液的体积，L；

$m$——邻苯二甲酸氢钾的质量，g；

204.2——邻苯二甲酸氢钾的摩尔质量，g/moL。

（4）**计算酸牛乳的总酸度（以乳酸表示）**

$$总酸度(\%)=\frac{c(\mathrm{NaOH})V\times 0.090}{m}\times 100$$

式中 $c$（NaOH）——NaOH 标准滴定溶液的实际浓度，mol/L；

$V$——测定消耗 NaOH 标准滴定溶液的体积，L；

$m$——测定所取酸牛乳的质量，g；

0.090——混合有机酸换算成乳酸的系数。

**实验指南与安全提示**

**标定 NaOH 溶液的浓度和测定酸牛乳的总酸度时，所用蒸馏水不能含有 $CO_2$，因为 $CO_2$ 溶于水生成的 $H_2CO_3$ 会同时被滴定，从而影响实验结果的准确性。**

**思　考　题**

（1）为什么在离化学计量点较远时，每次加入较多的滴定剂，而接近化学计量点时，每次仅加入 0.10mL 滴定剂？

（2）试以计算法求出滴定终点时消耗滴定剂的体积，并与图解法比较其准确性。

## *5.3 吸光光度法

吸光光度法是基于物质对光的选择性吸收而建立起来的仪器分析方法，具有简便、快捷、灵敏度和准确度高等特点，广泛应用于物质的定性、定量分析。

## 5.3.1 可见分光光度法

可见分光光度法是利用分光光度计测量物质分子对可见-紫外光的吸收程度，从而确定待测物质含量的分析方法。大多数无机组分和有机物都可以直接或间接地用此法测定，其测定物质的浓度下限可达 $10^{-5}\sim10^{-6}$mol/L，因此非常适用于试样中微量组分的测定。

### 5.3.1.1 基本原理

（1）物质对光的选择性吸收　光是一类电磁辐射，具有一定的波长和频率。可见光的波长范围是380～780nm。

一定波长的光称为单色光。由不同波长的光复合而成的光称为复合光。日光、白炽光都是复合光。如果让一束白光（日光）通过棱镜经折射后，便可分解为红、橙、黄、绿、青、蓝、紫等颜色的光。若在棱镜的后面装置一个狭缝，则由狭缝射出的便是波长范围很窄的单色光。

物质对不同波长光的吸收是有选择性的。通过实验可以测量溶液对不同波长单色光的吸收程度，溶液对光的吸收程度称为吸光度，常用字母 $A$ 表示。以波长（$\lambda$）为横坐标，吸光度（$A$）为纵坐标作图，可得一条光吸收曲线。其中吸光度最大处之波长称为最大吸收波长，用 $\lambda_{max}$ 表示。显然，在最大吸收波长处测量溶液的吸光度，其灵敏度最高。由于物质对光的选择性吸收与物质分子结构有关，因此每种物质具有自己特征的光吸收曲线。例如图5-19为3个不同浓度的1,10-邻二氮杂菲亚铁溶液的光吸收曲线，可以看到 $\lambda_{max}=510$nm，且溶液浓度越大，吸光度越大。

（2）光的吸收定律　当单色光通过一吸光物质的稀溶液时，若入射光通量为 $\Phi_0$，由于溶液吸收了一部分光，光通量减少至 $\Phi_{tr}$（见图5-20），则 $\frac{\Phi_{tr}}{\Phi_0}$ 表示该溶液对光的透射程度，称为透射比（$T$），其值可用小数或百分数表示：

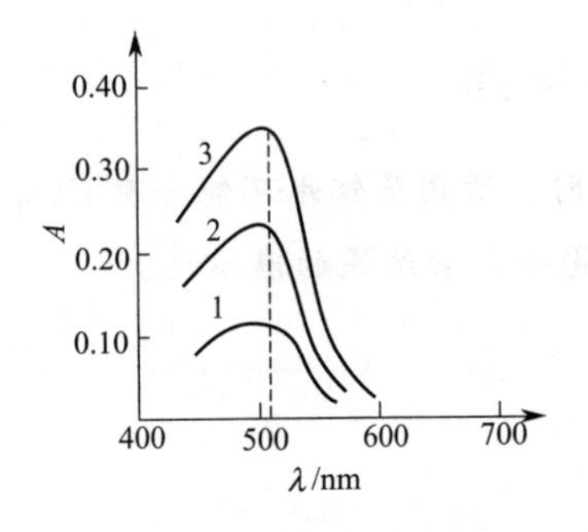


图5-19　1,10-邻二氮杂菲亚铁溶液的光吸收曲线

1—0.0002mg/mL（$Fe^{2+}$）；2—0.0004mg/mL（$Fe^{2+}$）；3—0.0006mg/mL（$Fe^{2+}$）

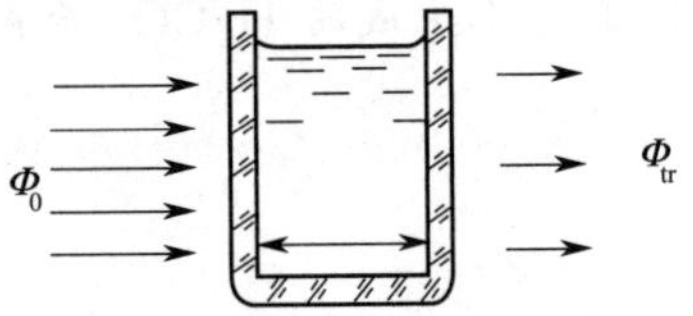

图5-20　单色光通过盛稀溶液的吸收池

$$T=\frac{\Phi_{tr}}{\Phi_0} \tag{5-11}$$

在吸光光度法中还经常以透射比倒数的对数表示溶液对光的吸收程度，即吸

光度

$$A=\lg\frac{1}{T} \tag{5-12}$$

当入射光全部透过溶液时，$\Phi_{tr}=\Phi_0$，$T=1$(或 100%)，$A=0$；当入射光全部被溶液吸收时，$\Phi_{tr}\to 0$，$T\to 0$，$A\to\infty$。

实验和理论推导都已证明：一束平行单色光垂直入射通过一定光程的均匀稀溶液时，溶液的吸光度 $A$ 与吸光物质浓度及光路长度的乘积成正比。这就是光的吸收定律，也称朗伯-比耳定律，即

$$A=\varepsilon bc=ab\rho \tag{5-13}$$

式中 $c$——溶液中吸光物质的物质的量浓度，mol/L；

$\varepsilon$——摩尔吸光系数，L/（cm·mol)；

$\rho$——溶液中吸光物质的质量浓度，g/L；

$a$——质量吸光系数，L/（cm·g)；

$b$——吸光液层的厚度，cm。

摩尔吸光系数或质量吸光系数是吸光物质的特性常数，它与吸光物质的性质、入射光波长及温度有关，$\varepsilon$ 或 $a$ 值愈大，表示该吸光物质的吸光能力愈强，用于吸光光度分析的灵敏度愈高。

#### 5.3.1.2 仪器与操作

(1) 仪器的组成　测量溶液对不同波长单色光吸收程度的仪器称为分光光度计。它由光源、单色器、吸收池、接收器和测量系统五个部分组成。

图 5-21 为分光光度计组成示意图。由光源发出的复合光，经棱镜或光栅单色器色散为测量所需的单色光，然后通过盛有吸光溶液的吸收池，透射光照射到接收器上，接收器使透射光转换为电信号，并在仪表上显示吸光度和透射比的数值。新型分光光度计多以数字显示仪表代替指针式仪表，读数精度更高。

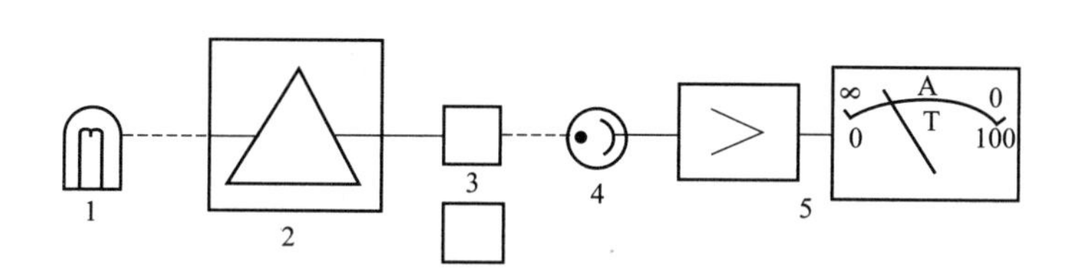


图 5-21　分光光度计组成示意图

1—光源；2—单色器；3—吸收池；4—接收器；5—测量系统

为了准确测出试液中待测物质的吸光度，必须扣除吸收池壁、溶剂和所加试剂对光吸收的影响。因此，首先要用一个吸收池盛空白溶液（除待测物质外，其他试剂都加入）作为参比，置于仪器光路中，用调节器将显示仪表读数调到透射比 $T=100\%$，即吸光度 $A=0$；然后再将盛待测物质试液的吸收池置于仪器光路中，这样测出的吸光度才能准确反映待测物质对光的吸收。

分光光度计的种类和型号繁多，如国产 721 型、7210 型、7230 型、7550 型、22PC 型等，其中最新出产的 22PC 型分光光度计联接电脑和打印机，能快捷、准确地得到分析

结果。

(2) 仪器的操作　用分光光度计测量溶液的吸光度，主要操作步骤如下：

① 仪表调零　在光源被切断的情况下，用调零装置将显示仪表读数调到 $T\%=0$。

② 空白调百　将空白溶液置于光路中，选定单色光波长，接通光源，将显示仪表读数调到 $T\%=100$。

③ 测量试液　将仪器调到吸光度挡，用试液代替空白溶液，这时显示仪表的读数就是试液的吸光度 $A$。

**5.3.1.3　光度分析的程序和方法**

(1) 显色　有些物质有颜色，能吸收一定波长的可见光，可直接用分光光度计测量其吸光度；而多数物质本身没有颜色，需要加入显色剂利用显色反应生成吸光物质，才能进行光度测定。

能与待测物质生成有色化合物的试剂叫显色剂。一种物质可能与几种显色剂反应，生成各种不同的有色化合物。选择显色反应和显色剂时，应尽量满足灵敏度高，选择性好，生成的有色化合物稳定，显色反应条件易于控制等要求。

(2) 选定光度测量条件　为使测量有较高的灵敏度和准确度，必须选择适当的仪器测量条件。

① 选定测定波长　一般根据显色溶液的光吸收曲线，选择最大吸收波长 $\lambda_{max}$ 作为测定波长。

② 选定空白溶液　空白溶液又叫参比溶液，用于调节吸光度零点（$T=100\%$）。表 5-4 列出几种常用的参比溶液，可根据实际情况进行选择。

**表 5-4　常用的参比溶液**

| 试样中的其他组分 | 显色剂 | 参比溶液 | 试样中的其他组分 | 显色剂 | 参比溶液 |
|---|---|---|---|---|---|
| 无色 | 无色 | 溶剂 | 有色 | 无色 | 试液 |
| 无色 | 有色 | 显色剂 | 有色 | 有色 | 将待测组分掩蔽后的试液加显色剂 |

③ 选定读数范围　为了保证测量数据的准确度，一般控制吸光度读数范围为 0.2～0.8。通过调整溶液的浓度或选择适当厚度的吸收池，可使吸光度读数落在适宜的范围内。

(3) 绘制标准曲线　根据光的吸收定律，一束平行单色光垂直入射通过液层厚度（$b$）一定的均匀稀溶液时，溶液的吸光度（$A$）与吸光物质浓度（$c$）成正比。因此若以吸光度（$A$）为纵坐标，吸光物质浓度（$c$）为横坐标作图，应得到一条直线。为了测绘这种直线关系，需要配制一组不同浓度吸光物质的标准溶液，用同样的吸收池分别测量其吸光度，在坐标纸上作图，绘制出一条直线。该直线称为标准曲线，如图 5-22 实线所示。

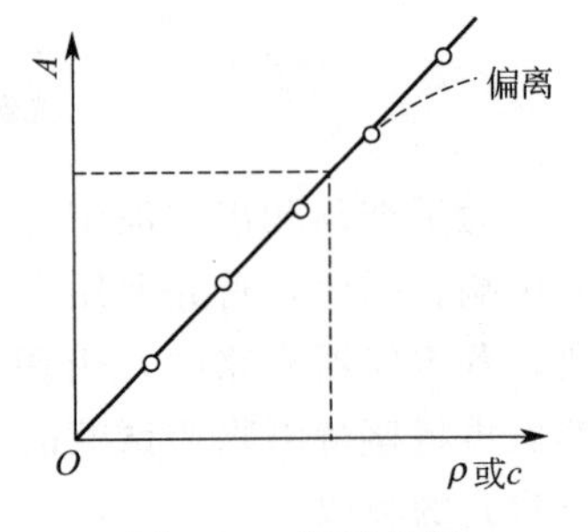

图 5-22　标准曲线

注意：当显色溶液浓度高时，可能出现吸光度 $A$ 偏小，实测点偏离直线的情况，如图 5-22 虚线所示。偏离直线的区域不能用于定量分析。

(4) 试样处理和测定　称取一定质量的待测试样，经溶解处理后稀释至一定体积，取全部或一部分稀释试液加入显色剂和其他试剂。按照上面绘制标准曲线相同的条件，测定试液的吸光度，并从标准曲线上查出对应的浓度。

应当指出，吸光光度法一般是测定试样中某种微量成分，而试样中的其他成分可能对测定有干扰。这种情况下可酌情采用加入掩蔽剂、控制溶液酸度、改变干扰离子的价态等方法排除干扰。

### 思考题

(1) 吸光光度法是依据什么原理进行定量分析的？这一方法具有哪些特点？

(2) 什么是光的吸收定律？吸光度、透射比和摩尔吸光系数各代表什么含义？

(3) 简述使用分光光度计测量溶液吸光度的操作步骤。

(4) 用邻二氮菲显色测定铁，已知显色液中亚铁含量为 50μg·100mL。用 2.0cm 的吸收池，在波长 510nm 处测得吸光度为 0.205。计算邻二氮菲亚铁的摩尔吸光系数。

## 5.3.2 原子吸收光谱法

原子吸收光谱法也叫原子吸收分光光度法，是根据气态原子对同类原子辐射出特征谱线的吸收作用进行定量分析的方法。它具有灵敏度高、抗干扰能力强、选择性好、仪器操作简便等特点，是对无机化合物进行定量分析的主要方法，广泛应用于化工、医药、冶金、地质、食品及环境监测等方面。

### 5.3.2.1 方法原理

用一定频率的光照射原子蒸气时，原子的外层电子可由较低能级的基态跃迁到较高能级的激发态，其中由基态跃迁到第一激发态所需能量较小，最容易发生，与这一过程所吸收的能量相对应的光谱线叫做共振线。

将待测样品的溶液雾化后喷入火焰中，待测物便可在高温下蒸发并离解为原子蒸气。元素基态原子的蒸气能够吸收同种原子发射的共振线。共振线被基态原子吸收的程度与火焰的宽度及原子蒸气浓度的关系，在一定条件下，符合光的吸收定律

$$A = Kcb \tag{5-14}$$

式中 $A$——吸光度；

$K$——原子吸收系数；

$c$——蒸气中基态原子的浓度；

$b$——共振线所通过的火焰宽度。

由于测定中 $b$ 一定，因此

$$A = Kc \tag{5-15}$$

采用能发出待测元素的共振线的特定光源，让其辐射光通过待测样品的原子蒸气，根据光的吸收程度便可测定出样品中该元素的含量。

### 5.3.2.2 仪器与操作

(1) 仪器的组成　原子吸收光谱仪（也称原子吸收分光光度计）的结构如图 5-23 所示。由光源、原子化器、单色器和检测装置四个部分组成。

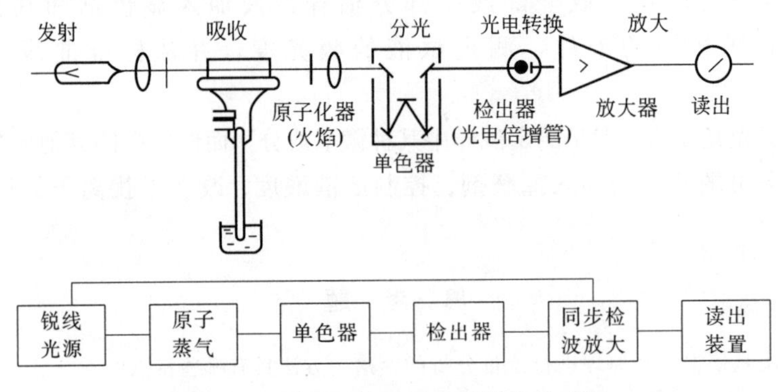


图 5-23　原子吸收光谱仪的结构示意图

① 光源　光源是原子吸收光谱仪的关键部件之一，它的作用是发射被测元素的共振线，通常采用空心阴极灯。空心阴极灯是一种低压气体放电管，它主要由一个阳极（钨棒）和一个空心圆柱形的阴极组成。空心圆柱形的阴极含有与待测元素相同的金属，采用不同元素做阴极材料，可制成各种不同元素的空心阴极灯。

② 原子化器　原子化器的作用是产生原子蒸气。火焰原子化器主要包括雾化器和燃烧器。试液经雾化器雾化后，再与燃料气混合，喷入燃烧器，在火焰中受热离解成基态原子蒸气。常用的火焰是空气-乙炔火焰。

③ 单色器　单色器的作用是将被测的共振吸收线与邻近的其他谱线分开。其出口和入口都有狭缝，狭缝的宽度在 0.05～0.5mm 范围内可调。

④ 检测装置　检测装置主要由检出器、放大器、参数变换器和指示仪表组成。其作用是将待测光信号转换成电讯号，经放大、数据处理后显示分析结果。

(2) 仪器的操作　原子吸收光谱仪的主要操作程序如下：

① 开启仪器　接通电源，调节灯电流，预热，使灯的发射强度达到稳定。选定波长。

② 调整灯位　按下检测器的负高压按钮，使光电倍增管开始工作。分别调节空心阴极灯座上的上下、左右旋钮，均使微安表能量指示最大值。

③ 调整燃烧器　先调节燃烧器转柄，再旋动燃烧器升降旋钮，调节燃烧器高度和角度。

④ 点火　开启空气泵，调节空气流量，将点火器对准燃烧器缝隙连续打火，同时缓慢旋开乙炔控制阀旋钮点燃空气-乙炔火焰。

⑤ 选择最佳实验条件　在其他工作条件固定的情况下，逐一改变灯电流、助燃比、燃烧器高度等条件，从中选择出最佳实验条件。

⑥ 测定　在选定的工作条件下，先吸喷去离子水（或空白溶液）调零，再吸喷标准溶液（或试液溶液），测定吸光度。为保证读数可靠，可平行测定三次，取平均值。

⑦ 关机　测定结束后，用去离子水吸喷 3～5min，再关闭机器。

#### 5.3.2.3　定量分析方法

原子吸收光谱的定量分析常采用工作曲线法。首先根据样品的实际情况，配制一组浓度适宜的标准溶液。在选定的工作条件下，将标准溶液按浓度由低到高的顺序依次喷入火焰中，分别测出各溶液的吸光度。再以测得的吸光度 $A$ 为纵坐标，以待测元素的浓度 $c$ 为横坐标，绘制 $A$-$c$ 标准工作曲线。然后在相同的实验条件下，喷入待测试液，测其吸光度，再从标准工作曲线上查出该吸光度所对应的浓度，通过计算求出试样中待测元素的含量。

## 思 考 题

(1) 原子吸收光谱法是依据什么原理进行定量分析的?

(2) 原子吸收光谱法与可见分光光度法有哪些异同点?

(3) 分别吸取 0.00、1.00mL、2.00mL、3.00mL、4.00mL 浓度为 20μg/mL 的镍标准溶液，于 5 支 25mL 容量瓶中定容。在火焰原子吸收光谱仪上测得这些溶液的吸光度分别为 0、0.12、0.23、0.35、0.48。另称取镍合金试样 0.5125g，溶解后于 100mL 容量瓶中定容。准确吸取此溶液 2.5mL，定容于 25mL 容量瓶中。在相同的测定条件下，测得溶液的吸光度为 0.28。求试样中镍的含量。

# *实验 5-10 可见分光光度法测定微量铁

**预习指导**

(1) 做实验前，请认真阅读"5.3 吸光光度法"的有关内容以及所用仪器的说明书与操作规程。

(2) 预习实验内容后，在下列括号中填上适当内容。

邻二氮菲分光光度法测定微量铁实验中，用（ ）作还原剂，其化学反应方程式为（ ）；用（ ）作显色剂，其化学反应方程式为（ ）；用（ ）作缓冲溶液，调节溶液 pH 值为（ ）。

**【目的要求】**

(1) 了解利用可见分光光度法进行定量分析的原理和方法；

(2) 初步掌握分光光度计的使用方法，学习测绘光吸收曲线和选择测定波长；

(3) 掌握利用标准曲线法进行定量分析的操作与数据处理方法。

**【实验原理】**

1,10-邻二氮菲在 pH=2～9 的水溶液中，能与 $Fe^{2+}$ 生成稳定的橙红色配合物。试样中 $Fe^{3+}$ 可预先用还原剂还原为 $Fe^{2+}$。

本实验中用抗坏血酸还原 $Fe^{3+}$，控制溶液 pH 值为 4～6，用邻二氮菲显色。通过测绘显色溶液的光吸收曲线，求得 $\lambda_{max}$ 作为测定波长，测量一组铁标准溶液的吸光度，绘制标准曲线，并在相同条件下测定试样水中杂质铁的含量。

**【实验用品】**

分光光度计

容量瓶（50mL、100mL）

吸量管（5mL、10mL）

移液管（25mL）

pH 试纸

盐酸溶液（1+1）或氨水（1+3）

铁标准溶液（0.010mg/mL）

试样水溶液（含 $Fe^{3+}$）

邻二氮菲溶液（2g/L）

抗坏血酸溶液（20g/L）

乙酸-乙酸钠缓冲溶液（pH=4.5）

**【实验步骤】**

**(1) 配制标准溶液** 用吸量管分别吸取 0.00mL、1.00mL、2.00mL、3.00mL、4.00mL、5.00mL 铁标准溶液于 6 个 100mL 容量瓶中，加入 50mL 水，用盐酸溶液或氨水调节 pH 值为 2，在各容量瓶中分别加入 2.5mL 抗坏血酸溶液，摇匀，再加入 10mL 乙酸-乙酸钠缓冲溶液、5mL 邻二氮菲溶液，用水稀释至刻度，混匀。

(2) **测绘吸收曲线** 用 3cm 玻璃吸收池，取上述含 4.00mL 铁标准溶液的显色溶液，以未加铁标准溶液的试剂溶液作参比，在分光光度计上从波长 440～600nm 之间测定吸光度，一般每隔 20nm 测定一个数据；在最大吸收波长附近，每隔 5nm 测定一个数据。

以波长为横坐标，吸光度为纵坐标，绘制吸收曲线，从而选择测定铁的适宜波长。

(3) **测绘标准曲线** 在选定波长下，用 3cm 玻璃吸收池分别取配制的标准系列显色溶液，以未加铁标准溶液的试剂溶液作参比，测定各溶液的吸光度。

(4) **测定试样中的铁含量** 用移液管移取试样水 50.00mL，置于 100mL 容量瓶中，按配制标准系列同样的操作，顺序加入各种试剂进行还原和显色，并在同样条件下以未加铁标准溶液的试剂溶液作参比，测定试样溶液的吸光度。

平行测定两份。

**【数据记录与处理】**

(1) **记录数据** 将标准溶液的铁含量及实验中测得的数据填入下表：

| 容量瓶编号 | 0 | 1 | 2 | 3 | 4 | 5 | 6 | 7 |
|---|---|---|---|---|---|---|---|---|
| 移取溶液体积/mL | 0.00 | 1.00 标液 | 2.00 标液 | 3.00 标液 | 4.00 标液 | 5.00 标液 | 50.00 水样 | 50.00 水样 |
| 100mL 溶液含铁量/mg | | | | | | | — | — |
| 吸光度 | | | | | | | | |

(2) **绘制标准曲线** 以 100mL 溶液中铁含量（mg）为横坐标，相应的吸光度为纵坐标，绘制吸光度对铁含量的标准曲线，从标准曲线上查出试样水的铁含量。

(3) **计算试样水中铁的质量浓度** 按下式计算试样水中铁的质量浓度：

$$\rho(\mathrm{Fe})=\frac{m}{V}(\mathrm{mg/L})$$

式中 $m$——根据试样溶液的吸光度，从标准曲线上查出的铁含量，mg；

$V$——实验所取试样水的体积，L。

## 实验指南与安全提示

**(1) 抗坏血酸性质不稳定，易氧化变质，最好现用现配。用抗坏血酸还原 $Fe^{3+}$ 时，酸度高些为宜（pH 值约为 2），因此应在加入抗坏血酸后，摇匀，再加缓冲溶液和显色剂。**

**(2) 本实验所用的水试样，可以是天然水、工业用水或人工配制的含铁样。待测水样应无色透明，如有浑浊必须预先过滤。**

**(3) 在标准系列的配制中，用（1+1）盐酸或（1+3）氨水调节溶液的 pH 值时，可用以下操作方法预试：另取一个 100mL 容量瓶，加 3.00mL 铁标准溶液，再加水至约 50mL，然后逐滴加入（1+1）盐酸或（1+3）氨水，用玻璃棒蘸取溶液在 pH 试纸上试验，记录调至溶液 pH 值为 2 时试剂的加入量（注意该瓶溶液不能用作绘制标准曲线）。在正式实验中，每个容量瓶加入同样量即可。**

### 思 考 题

(1) 实验中加入抗坏血酸和乙酸-乙酸钠缓冲溶液的作用如何？为什么要预先调节溶液的 pH 值为 2？

(2) 根据实验数据计算邻二氮菲-亚铁配合物的摩尔吸光系数。

## * 实验 5-11　原子吸收光谱法测定水中镁

**预习指导**

做实验前，请认真阅读“5.3.2 原子吸收光谱法”的有关内容以及所用仪器的说明书与操作规程。

**【目的要求】**

(1) 了解利用原子吸收光谱法进行定量分析的原理和方法；

(2) 学习原子吸收光谱仪的操作；

(3) 初步掌握原子吸收法最佳实验条件的选择。

**【实验原理】**

在一定条件下，基态原子蒸气对特定光源发出的共振线的吸收符合朗伯-比尔定律，其吸光度与待测元素在试样中的浓度成正比，即

$$A = Kc$$

根据这一关系对组成简单的试样可用工作曲线法进行定量分析。

本实验中，先在选定条件下测定一系列镁标准溶液的吸光度，并绘制工作曲线。然后在相同条件下测定水样的吸光度，再从工作曲线上查出相应的镁浓度，进而计算出水样中镁的含量。

在火焰原子吸收法中，分析方法的灵敏度、准确度、干扰情况和分析过程是否简便快速，除与所用仪器有关外，在很大程度上取决于实验条件。因此最佳条件的选择十分重要。本实验以镁的测定为例，分别对灯电流、狭缝宽度、燃烧器高度等因素进行优化选择。在条件优选时，将其他因素固定在同一条件下，逐一改变所欲研究因素的条件，然后测定某一标准溶液的吸光度，选取吸光度大且稳定性好的条件确定为该因素的最佳工作条件。

**【实验用品】**

原子吸收光谱仪　　容量瓶（100mL）

镁空心阴极灯　　移液管（5mL、10mL）

空气压缩机　　吸量管（10mL）

乙炔钢瓶　　烧杯（100mL）

水样（自来水、大井水）　　去离子水

镁储备液[$\rho$(Mg)＝1.000mg/mL]：准确称取于 800℃ 灼烧至恒重的氧化镁（A.R.）1.6583g，滴加 1mol/L HCl 至完全溶解，移入 1000mL 容量瓶中，稀释至标线，摇匀。

**【实验步骤】**

(1) 配制溶液

① 配制镁标准溶液

a. $\rho$(Mg)＝0.1000mg/mL 镁标准溶液：移取 10mL $\rho$(Mg)＝1.000mg/mL 镁储备液于 100mL 容量瓶中，用去离子水稀释至标线，混匀。

b. $\rho$(Mg)＝0.00500mg/mL（即 5.000μg/mL）镁标准溶液：移取 5mL 上述 $\rho$(Mg)＝0.1000mg/mL 标准溶液于 100mL 容量瓶中，稀释至标线，混匀。

c. $\rho(Mg)=0.300\mu g/mL$ 镁标准溶液：移取 6mL $\rho(Mg)=5.000\mu g/mL$ 标准溶液于 100mL 容量瓶中，稀释至标线，混匀。

② 配制镁系列标准溶液　用吸量管分别吸取 $\rho(Mg)=5.000\mu g/mL$ 标准溶液 2.00mL、4.00mL、6.00mL、8.00mL、10.00mL 于 5 个 100mL 容量瓶中，用去离子水稀释至标线，混匀（此溶液含镁分别为 0.1μg/mL、0.2μg/mL、0.3μg/mL、0.4μg/mL、0.5μg/mL）。

③ 配制水样溶液　分别移取 10mL 大井水和自来水（也可根据水质不同适当调节取用量），于两只 100mL 容量瓶中，用去离子水稀释至标线，混匀。

**(2) 仪器的准备**

① 检查仪器各按键及旋钮是否完全复位以及气路的连接是否正确。

② 安装镁空心阴极灯，接通电源，开启仪器，预热 20min。

③ 在进行波长调节和光源、燃烧器对光后，点火。

**(3) 选择最佳实验条件**　初步固定工作条件如下：

吸收线波长 285.2nm　　狭缝宽度"2"挡

空气流量 200L/h　　乙炔流量 70L/h

① 选择灯电流　在上述固定工作条件下，吸喷 0.300μg/mL 镁标准溶液，以不同的灯电流测定其吸光度，记录结果并选择合适的灯电流。

| 灯电流/mA | | | | |
|---|---|---|---|---|
| 吸光度 | | | | |

② 选择助燃比　固定其他工作条件，改变乙炔流量，吸喷 0.300μg/mL 镁标准溶液，测定其吸光度，记录结果并选择合适的助燃比。

| 空气流量/(L/h) | 200 | | | | |
|---|---|---|---|---|---|
| 乙炔流量/(L/h) | | | | | |
| 助燃比 | | | | | |
| 吸光度 | | | | | |

③ 选择燃烧器高度　固定其他工作条件，改变燃烧器高度，吸喷 0.300μg/mL 镁标准溶液，测定其吸光度，记录结果并选择合适的燃烧器高度。

| 燃烧器高/mm | | | | | |
|---|---|---|---|---|---|
| 吸光度 | | | | | |

④ 选定实验条件　根据实验结果，选出最佳操作条件。

灯电流：

助燃比：

燃烧器高度：

**(4) 测绘工作曲线**　在选定的实验条件下，按浓度由低到高的顺序依次测量镁系列标准溶液的吸光度，并列表记录。

**(5) 测定水样的吸光度**　在同样条件下，分别测定自来水和大井水试样溶液的吸光度并记录。

【数据记录与处理】

(1) 记录实验数据　参照实验 5-10 记录实验数据并标明实验条件。

(2) 绘制工作曲线　在坐标纸绘制镁的 $A$-$c$ 工作曲线。

(3) 计算水样中镁的质量浓度　根据水样吸光度从工作曲线中找出镁的相应含量，然后按下式求出水样中镁的质量浓度。

$$\rho(\mathrm{Mg})=\frac{m}{V}\ (\mathrm{mg/L})$$

式中　$m$——根据试样溶液的吸光度，从标准曲线上查出的镁含量，μg；

$V$——实验所取试样水的体积，mL。

**实验指南与安全提示**

**(1) 每次实验结束后，都应该在火焰继续点燃的情况下，吸喷去离子水 3～5min 清洗原子化器。**

**(2) 为确保安全，使用燃气和助燃气应严格按操作规程进行。如果在实验过程中因故突然停电，应立即关闭燃器，然后将空气压缩机及主机上所有开关和旋钮都恢复到操作前的状态。**

**思　考　题**

(1) 原子吸收光谱法主要的操作条件有哪些？应如何进行优化选择？

(2) 本实验中是如何对水样进行定量分析的？

# 5.4 色　谱　法

利用混合物中各组分在固定相和流动相之间的分配特性不同进行分离、分析的方法叫做色谱法。根据流动相的物态不同，可分为气相色谱法和液相色谱法。

## 5.4.1 气相色谱法

气相色谱法是以气体作为流动相的柱色谱技术。可分离气体以及在操作温度下能够气化的物质，并能高效、快速、灵敏、准确地测定物质的含量，在化工、制药、环境监测等领域得到广泛的应用。

### 5.4.1.1 方法原理

根据采用的固定相不同，气相色谱法又可分为气-固色谱法和气-液色谱法两类。

(1) 气-固色谱法　气-固色谱法是以固体颗粒（吸附剂）作为固定相，利用固定相对试样中各组分吸附能力的不同对混合物进行分离。例如，在填充有 13X 型分子筛的色谱柱中，以氢气作为流动相（又叫载气），能将空气中主要成分 $O_2$ 和 $N_2$ 分离，这是由于分子筛对 $O_2$ 的吸附力小于对 $N_2$ 的吸附力。当氢气带动样品空气连续流过色谱柱时，$O_2$ 比 $N_2$ 容易脱附，经反复多次地吸附和脱附，即可将 $O_2$ 和 $N_2$ 完全分离。$O_2$ 先流出色谱柱，$N_2$ 后流出色谱柱。

气-固色谱常用的吸附剂有分子筛、硅胶、氧化铝、活性炭及人工合成的多孔聚合物微球（商品名 GDX）等。

（2）气-液色谱法 气-液色谱法是将固定液涂渍在载体上作为固定相，利用固定液对试样中各组分溶解能力的不同对混合物进行分离。当气化了的试样混合物进入色谱柱时，首先溶解到固定液中，随着载气的流动，已溶解的组分会从固定液中挥发到气相，接着又溶解在以后的固定液中，这样反复多次地溶解、挥发、再溶解、再挥发……由于各组分在固定液中溶解度的差异，当色谱柱足够长时，各组分就彼此分离。例如，在硅藻土载体上涂以异三十烷作为固定相，用氢气作载气，$C_1 \sim C_3$ 烃类得到了较好分离，如图 5-24 所示。

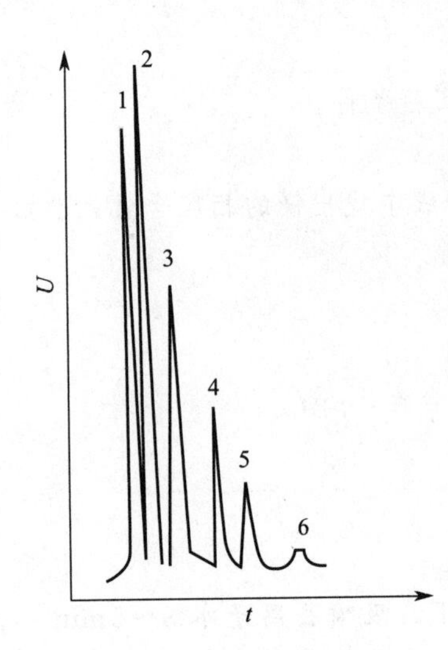

图 5-24 裂解气中 $C_1 \sim C_3$ 烃类的色谱图

1—甲烷；2—乙烯；3—乙烷；4—丙烯；5—丙烷；6—丙二烯

气-液色谱所用的固定液，一般为高沸点液态有机物或聚合物。

载体是负载固定液的惰性多孔颗粒（常用 60～80 目），一般由天然硅藻土煅烧而成。将一定量固定液溶于适当溶剂中，加入载体，搅拌均匀，再挥发掉溶剂，固定液就以液膜形式分布在载体表面，这样涂渍好的固定相装入柱管，即可安装到仪器上使用。

#### 5.4.1.2 仪器与操作

（1）仪器的组成 图 5-25 为单柱单气路气相色谱仪气路流程。高压气瓶中的载气经减压、净化、调至适宜的压力和流量，流经进样-气化室、色谱柱和检测器。试样用注射器由进样口注入气化室，气化了的样品由载气携带经过色谱柱进行分离，被分离的各组分依次进入检测器，在此将各组分的浓度或质量的变化转换为电信号，并在记录仪上记录出色谱图。

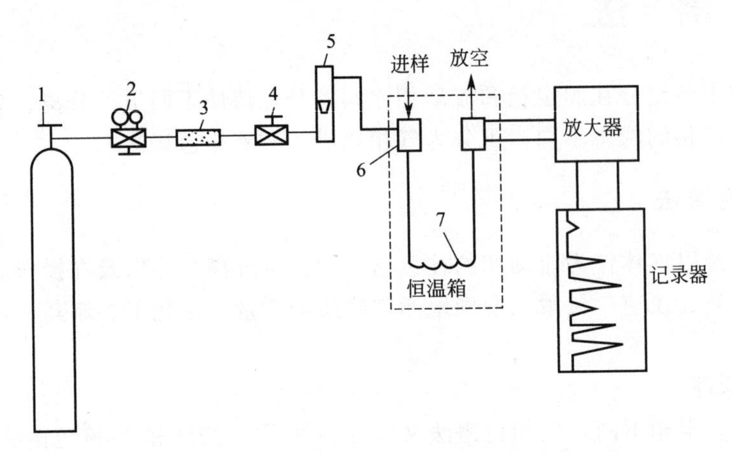

图 5-25 单柱单气路气相色谱仪气路流程

1—载气钢瓶；2—减压阀；3—净化器；4—气流调节阀；5—转子流速计；6—进样-气化室；7—色谱柱

图 5-26 为双柱双气路气相色谱仪气路流程。高压气瓶中载气经减压、净化、稳压后分成两路，分别进入两根色谱柱。每个色谱柱前装有进样-气化室，柱后连接检测器。双气路能够补偿气流不稳及固定液流失对检测器产生的影响。

气相色谱检测器有多种类型，其中常用的是热导检测器（TCD）和氢火焰检测器

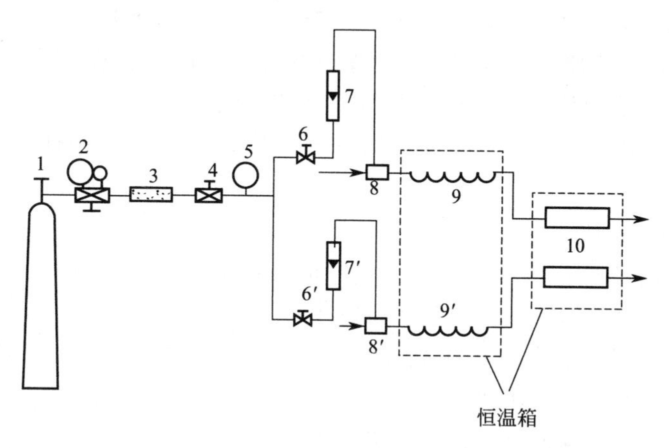


图 5-26　双柱双气路气相色谱仪气路流程

1—载气钢瓶；2—减压阀；3—净化器；4—稳压阀；5—压力表；
6，6′—针形阀；7，7′—转子流量计；8，8′—进样-气化室；
9，9′—色谱柱；10—检测器

(FID)。热导检测器是基于载气和被测组分通过热敏元件时，由于二者热导率不同，使其电阻变化而产生电信号；氢火焰检测器是基于有机物蒸气在氢火焰中燃烧时生成的离子，在电场作用下产生电信号。氢火焰检测器对有机物有很高的灵敏度，对无机物没有响应。

由于气化室、色谱柱和检测器都需要调控温度，故仪器设有加热装置和温度控制系统，分别控制气化室、柱箱和检测器的温度。

(2) 仪器的操作　气相色谱仪种类繁多，构造和性能也不尽相同。普及型气相色谱仪的一般操作程序如下。

① 使用 TCD 的操作程序

a. 检查气密性　将载气钢瓶输出气压调到 0.3MPa 左右，堵住仪器排气口，缓慢开启载气稳压阀，这时载气流量计应无指示；若有指示，表示气路漏气，应找到漏气处加以处理。

b. 调节载气流量　调节载气稳压阀和针形阀，使载气流量计指示实验所需的载气流量值。

c. 调控温度　开启电源开关，缓慢调节各温度调节旋钮，将气化室、柱箱和检测器分别调控到指定的温度。

d. 调节热导电流和池平衡　将热导电桥电流调至设定值（150～250mA）。开启记录仪，反复调节“调零”和“池平衡”，直到记录仪基线稳定为止。

e. 进样　用注射器吸取一定量的试样，由进样口注入气化室，记录仪画出试样的色谱图。

f. 关机　顺次关闭记录仪、检测器及各控温系统电源和总电源，待自然降温后再关闭载气稳压阀及钢瓶总阀。

② 使用 FID 的操作程序

a. 检查、调控载气流量和温度操作程序与使用 TCD 时 a、b、c 相同。

b. 调节氢气和空气流量　开启氢气钢瓶和空气压缩机，用各自的调节阀门将氢气和空气流量调节到氢焰检测器所需要的流量值。

c. 点火　开启氢焰检测器和记录仪电源，按下“点火”开关，如记录仪指针显著离开原来的位置，表示火已点燃。点火后用“基始电流补偿”将记录笔调回指定位置。

d. 进样　进样方法与使用TCD时相同，只是进样量较少。

e. 关机　首先关断氢气和空气，使火焰熄灭。再按使用TCD同样的步骤，关闭电源和载气钢瓶。

(3) 操作条件的选择

① 柱长　增加色谱柱长，有利于分离，但也延长了组分流出时间。在满足分离要求的前提下，应使用尽可能短的柱子。一般填充柱柱长为1～5m。

② 载气及流速　选用哪种气体作载气，与所采用的检测器有关。一般热导检测器用氢气作载气，氢焰检测器用氮气作载气。

载气流速对柱效率影响很大。提高流速可减小样品分子的自身扩散，提高柱效率，但流速增大，加剧了分配过程不平衡引起的谱峰展宽，又对分离不利。一般通过试验求出最佳流速。

③ 柱温　在气液色谱中，柱温不能高于固定液的最高使用温度。

柱温对分离效果影响很大。降低柱温有利于分离，但柱温过低导致峰形展宽，延长分析时间。一般气态样品，柱温可选在50℃左右；液态样品，柱温可选在低于或接近样品组分的平均沸点。

④ 进样条件　进样条件包括气化温度、进样量和进样技术。进样后要有足够的气化温度，使液态样品迅速完全气化并随载气进入色谱柱。一般选择气化温度比柱温高30～70℃。

进样量与仪器性能有关。一般液态样品进样0.1～5μL，气态样品进样0.1～10mL。

#### 5.4.1.3　定性与定量分析

(1) 色谱图及有关术语　气相色谱记录仪描绘的峰形曲线称为色谱图。图5-27表示一个典型的二组分试样的气液色谱图，现以这个色谱图为例说明有关术语。

① 基线　没有样品组分进入检测器时记录仪画出的线就是基线，稳定的基线是一条平行于时间坐标轴的直线。

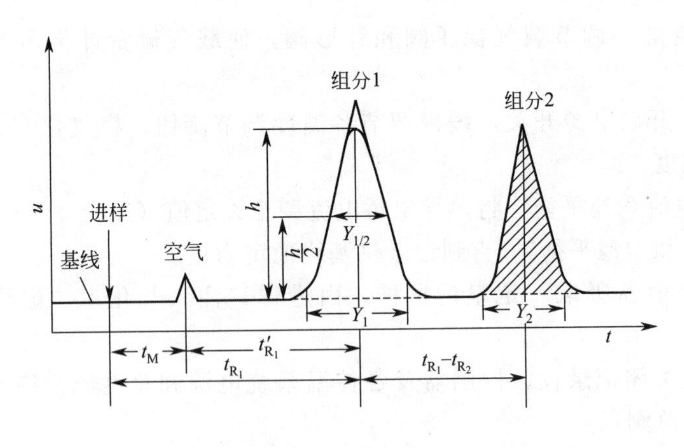


图5-27　色谱图

② 保留时间（$t_R$）　被测组分从进样开始到检测器出现其浓度最大值所需的时间。

③ 死时间（$t_M$）　不与固定相作用的组分（如空气）的保留时间。

④ 调整保留时间（$t'_R$） 扣除死时间后的保留时间，即

$$t'_R = t_R - t_M \tag{5-16}$$

⑤ 相对保留值（$\gamma_{1,2}$） 组分 1 和组分 2 调整保留时间之比。

⑥ 峰高（$h$） 色谱峰的最高点到基线的距离。

⑦ 峰底宽度（$Y$） 又叫基线宽度。指通过色谱峰两侧的拐点所做切线在基线上截距。

⑧ 半峰宽（$Y_{1/2}$） 指 1/2 峰高处色谱峰的宽度。

⑨ 峰面积（$A$） 某组分色谱图与基线延长线之间所围成的面积。图 5-27 中画斜线的区域即为组分 2 的峰面积。

（2）定性分析 在一定的色谱条件下，每种物质都有各自确定的保留值。可以通过比较未知物与纯物质保留值是否相同来进行定性分析。

（3）定量分析 在仪器操作条件一定时，被测组分的进样量与它的色谱峰面积成正比，即

$$m_i = f_i A_i \tag{5-17}$$

式中 $m_i$——组分 $i$ 的质量；

$f_i$——组分 $i$ 的绝对校正因子；

$A_i$——组分 $i$ 的峰面积。

由上式可知，色谱定量分析关系三个问题：测量峰面积；确定校正因子；用合适的定量计算方法，将色谱峰面积换算为试样中组分的含量。

当色谱峰形对称时，可用峰高乘半峰宽法求出峰面积，即

$$A = hY_{1/2} \tag{5-18}$$

当操作条件稳定不变时，在一定进样量范围内，对称峰的半峰宽不变。这种情况下可用峰高代替峰面积进行定量分析。

绝对校正因子 $f_i$ 表示单位峰面积所代表的组分 $i$ 的进样量。在相对测量中，还经常使用相对校正因子数据（$f'_i$）。相对校正因子 $f'_i$ 是某组分的绝对校正因子 $f_i$ 与一种基准物的绝对校正因子 $f_s$ 之比值。

相对校正因子可在有关手册中查到，也可通过实验测得。

下面介绍几种常用的定量分析方法。

① 归一化法 把所有出峰组分的质量分数之和按 1.00 计的定量方法称为归一化法。其计算式如下：

$$w_i = \frac{m_i}{m_1 + m_2 + \cdots + m_n} = \frac{f'_i A_i}{f'_1 A_1 + f'_2 A_2 + \cdots + f'_n A_n} \tag{5-19}$$

式中 $w_i$——试样中组分 $i$ 的质量分数；

$m_1$、$m_2 \cdots m_n$——各组分的质量；

$A_1$、$A_2 \cdots A_n$——各组分的峰面积；

$f'_1$、$f'_2 \cdots f'_n$——各组分的相对校正因子；

$m_i$、$A_i$、$f'_i$——试样中组分 $i$ 的质量、峰面积和相对校正因子。

归一化法简便、准确。进样量和操作条件变化时，对分析结果影响小。但要求试样中所有组分都必须流出色谱柱，并在记录仪上单独出峰。

② 内标法 当只要求测定试样中某几个组分，或试样中所有组分不能全部出峰时，可采用本法定量。将已知量的内标物（试样中没有的一种纯物质）加入试样中，进样出峰后根

据待测组分和内标物的峰面积及相对校正因子计算待测组分的含量。

设 $m$ 为称取试样的质量；$m_s$ 为加入内标物的质量；$A_i$、$A_s$ 分别为待测组分和内标物的峰面积；$f_i$、$f_s$ 分别为待测组分和内标物的校正因子。

则

$$\frac{m_i}{m_s}=\frac{f_iA_i}{f_sA_s}$$

$$w_i=\frac{m_i}{m}=f'_{i/s}\ \frac{A_im_s}{A_sm} \tag{5-20}$$

内标法定量准确，不像归一化法有使用上的限制。但需要称量试样和内标物的质量，不适合于快速控制分析。

③ 外标法　所谓外标法就是标准曲线法。利用待测组分的纯物质配成不同含量的标准样，分别取一定体积的标准样进样分析，测绘峰面积对含量的标准曲线。分析试样时，在同样条件下注入相同体积的试样，根据待测组分的峰面积，从标准曲线上查出其含量。

当被测组分的含量变化范围不大时，也可采用单点校正法。即配制一个和被测组分含量接近的标准样，分别准确进样，根据所得峰面积直接计算被测组分的含量。

$$w_i=\frac{A_i}{A'_i}w'_i \tag{5-21}$$

式中　$w_i$、$w'_i$——试样和标样中被测组分的含量；

$A_i$、$A'_i$——试样和标样中被测组分的峰面积。

外标法操作和计算都很简便，适用于生产控制分析。但要求操作条件稳定，进样量准确。

### 5.4.2　液相色谱法

液相色谱法是以液体作为流动相的柱色谱技术。现代液相色谱由于采用颗粒精细的高效固定相，以高压泵输送流动相，配备高灵敏度检测器，具有高速、高效、高灵敏度等分析特点，因此称为高效液相色谱法。与气相色谱法相比，高效液相色谱法的应用范围更加广泛，不仅适用于一般混合物的分离和分析，还可用于沸点较高、热稳定性差以及相对分子质量较大的物质（如高分子聚合体、生物分子及天然产物等）的分离与分析。

#### 5.4.2.1　方法原理

按照试样在两相间的分离机理不同，液相色谱可分为液-固吸附法、液-液分配法、离子交换法以及凝胶渗透法等多种方法。

(1) 液-固吸附法　液-固吸附法的固定相为固体吸附剂，是根据其对被测各组分吸附能力的差异进行分离的。当流动相携带被测组分通过色谱柱时，由于吸附剂对被测各组分的吸附能力不同，它们在固定相中的保留时间也不同，吸附能力弱的先流出，吸附能力强的后流出。

常用的吸附剂有硅胶、氧化铝、分子筛、聚酰胺等。

(2) 液-液分配法　液-液分配法以涂渍在载体上的固定液作固定相，是根据各组分在两相间的溶解度差异进行分离的。当流动相携带被测组分通过色谱柱时，由于被测各组分在两相间的溶解度不同，因此在固定相中的保留时间也不同，溶解度小的组分容易被流动相洗脱，先流出柱，溶解度大的组分不容易被流动相洗脱，后流出柱。

常用的固定液有聚乙二醇、正十八烷、异三十烷以及$\beta,\beta$-氧二丙腈等。载体可用硅藻土、硅胶等。

液-液分配法的流动相应选择与固定液的极性差别较大、互不混溶的液体。当流动相的极性小于固定相时，称为正相分配色谱法；当流动相的极性大于固定相时，称为反相分配色谱法。在正相分配色谱法中，非极性组分先洗脱，极性组分后洗脱。在反相分配色谱法中，洗脱的顺序与之相反。

（3）离子交换法　离子交换法以离子交换树脂作固定相，是根据各组分交换能力不同进行分离的。这一方法要求被测组分在流动相中能够解离成离子，当流动相携带被测组分通过色谱柱时，被测各组分离子与树脂离子亲和力弱的保留时间短，先流出柱，亲和力强的保留时间长，后流出柱。

常用的离子交换树脂有两种，一种是以硅胶为基质，表面涂渍离子交换树脂；另一种是以苯乙烯与二乙烯基苯的共聚物为基质的离子交换剂。

（4）凝胶渗透法　凝胶渗透法也叫体积排阻法，是以凝胶为固定相，根据被测组分分子体积不同进行分离的。凝胶具有一定大小的孔穴，当流动相携带被测组分通过色谱柱时，比孔穴尺寸大的分子由于不能进入孔穴而被排斥，随流动相流出色谱柱。比孔穴尺寸小的分子则渗入其中而完全不受排斥，所以最后流出。中等大小的分子则渗入较大的孔穴中，但受到较小孔穴的排斥。这样被测组分就按相对分子质量从高到低的顺序依次流出色谱柱。

常用的凝胶有软质（如葡萄糖凝胶、琼脂糖凝胶）、半硬脂（如苯乙烯-二乙烯基苯交联共聚凝胶）和硬脂凝胶（如多孔硅胶、多孔玻珠）等三种。

#### 5.4.2.2　仪器与操作

（1）仪器的组成　高效液相色谱仪的结构如图5-28所示。主要由储液器、高压泵、梯度洗脱装置、进样器、色谱柱、检测器和数据处理系统（工作站）等组成。

常用的检测器有紫外-可见光检测器、折光检测器和电导检测器等。现代高效液相色谱仪普遍配有色谱工作站，由微机系统完成数据处理并打印分析结果。

储液器中储存的载液经过滤后，由高压泵输送到色谱柱入口（若采用梯度洗脱时则需用双泵系统来完成输送），样品由进样器注入载液系统，随载液一起进入色谱柱进行分离。分离后的组分经检测器检测，输出信号送至数据处理系统。如果需要，还可在色谱柱一侧出口收集各组分。

（2）仪器的操作　高效液相色谱仪的型号繁多，但操作规程大致相同，其基本操作步骤如下：

① 接通高压输液泵电源，用所选流动相以1mL/min的流速平衡；

② 接通紫外-可见光检测器电源，设定所选用的波长和程序，预热；

③ 接通智能型接口的电源；

④ 打开计算机，进入色谱工作站，设定一分析方法；

⑤ 在泵、检测器和接口都准备好的情况下，按检测器自动调零，进样。仪器自动采集数据，自动计算，并打印结果报告；

⑥ 清洗色谱柱与进样器后，依次关闭检测器、接口、计算机和泵。

#### 5.4.2.3　定性与定量分析

（1）定性分析　高效液相色谱法常用标准样比较、检测器选择以及检测器扫描等方法进行定性分析。其中标准样比较法与气相色谱定性方法的原理相同，是利用保留值进行定性；

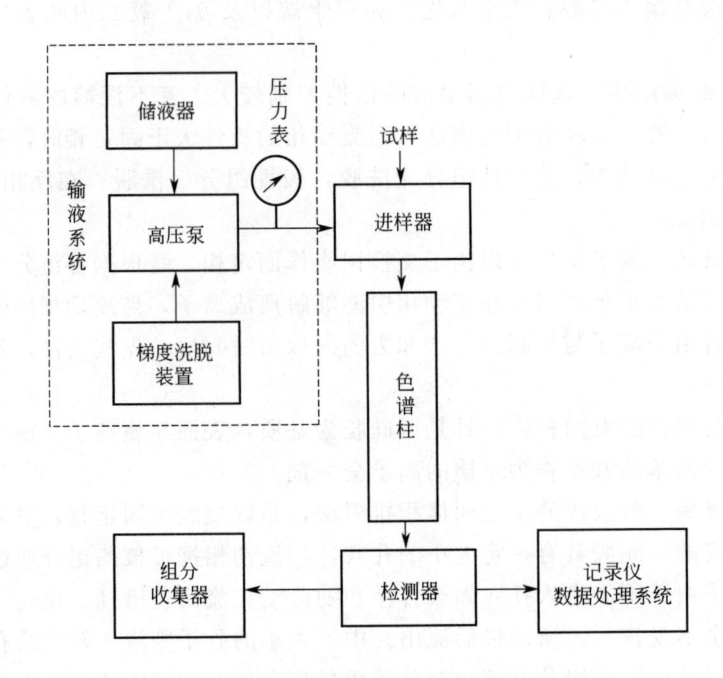

图 5-28 高效液相色谱仪的结构示意

检测器选择法是基于不同检测器对同一被测物的响应不同，而各检测器对被测物检测的灵敏度比值与被测物的性质有关，从而可对被测物进行定性；检测器扫描法是利用紫外检测器全波长扫描功能进行定性，因为全波长扫描紫外检测器可以根据被测物的紫外光谱图提供相关的定性信息。

（2）定量分析　高效液相色谱的定量方法与气相色谱类似，主要有归一化法、内标法和外标法。

## 思 考 题

（1）气相色谱与液相色谱有哪些相同和不同之处？

（2）解释下列术语：调整保留时间、相对保留值、半峰宽、峰高、峰面积。

（3）气-液色谱法的固定相如何制备？

（4）载气流速和柱温对气相色谱分离有什么影响，如何选择合适的载气流速和柱温？

（5）高效液相色谱有哪些类型？各是根据什么原理对混合物进行分离的？

（6）色谱法定量分析的基本依据是什么？如何求出试样中待测组分的含量？

## *实验 5-12　乙醇中少量水分的气相色谱分析

**预习指导**

（1）做实验前，请认真阅读“5.4.1 气相色谱法”的有关内容以及所用仪器的说明书与操作规程。

（2）参照实验 5-13 列出记录实验数据（水、甲醇的质量与峰高；试样乙醇的质量）及计算结果（$f'_{水/甲醇}$、$w_{水}$）的表格。

【目的要求】

(1) 掌握气相色谱仪使用热导检测器的操作及液体进样技术；

(2) 掌握内标法定量分析的原理和方法。

【实验原理】

用气相色谱法分析有机物中微量水，宜采用高分子微球（GDX）作为固定相，因为该多孔聚合物与羟基化合物的亲和力极小，且基本上按相对分子质量顺序出峰，相对分子质量较小的水分子在有机物之前流出，水峰陡而对称，便于测量。

本实验以 GDX-104 为固定相，以无水甲醇作内标物，使用热导检测器，按内标法定量分析乙醇中微量水。

【实验用品】

气相色谱仪（热导检测器）　　带胶盖的小药瓶

微量注射器（10μL）　　乙醇试样

色谱柱（不锈钢或玻璃，3mm×2m；GDX-104，60～80 目）

无水乙醇（在分析纯试剂无水乙醇中，加入于 500℃加热处理过的 5A 分子筛，密封放置一日，以除去试剂中的微量水分）

无水甲醇（按照无水乙醇同样方法做脱水处理）

【实验步骤】

**(1) 开机设定操作条件**　启动仪器，设定仪器操作条件为：柱温 90℃；气化温度 120℃；检测器温度 120℃；载气（$H_2$）流速 30mL/min；桥电流 150mA。

**(2) 峰高相对校正因子的测定**

① 配制标准溶液　将带胶盖的小药瓶洗净、烘干。加入约 3mL 无水乙醇，称量（称准至 0.0001g，下同）；再加入蒸馏水和无水甲醇各约 0.1mL，分别称量。混匀。

② 进样测量　吸取 5.0μL 上述配制的标准溶液，进样，记录色谱图，测量水和甲醇的峰高。平行进样二次。

**(3) 乙醇试样的测定**

① 配制试样溶液　将带胶盖的小药瓶洗净、烘干、称量。加入 3mL 试样乙醇，称量；再加入适量体积的无水甲醇（视试样中水含量而定，应使甲醇峰高接近试样中水的峰高），称量。混匀。

② 进样测量　吸取 5.0μL 试样溶液进样，记录色谱图，测量水和甲醇的峰高。

【数据记录与处理】

**(1) 记录数据**　将实验中测得的有关数据填入事先列好的表格中（水、甲醇的质量与峰高，试样乙醇的质量）。

**(2) 计算峰高相对校正因子**　按下式计算峰高相对校正因子，并将计算结果填入表中。

$$f'_{水/甲醇}=\frac{m_{水}\,h_{甲醇}}{m_{甲醇}\,h_{水}}$$

式中　$m_{水}$，$m_{甲醇}$——分别为水和甲醇的质量，g；

$h_{水}$，$h_{甲醇}$——分别为水和甲醇的峰高，mm。

**(3) 计算试样中水的质量分数**　按下式计算乙醇试样中水的质量分数，并将计算结果填入表中。

$$w_{水}=f'_{水/甲醇}\times\frac{h_{水}}{h_{甲醇}}\times\frac{m_{甲醇}}{m}$$

式中 $f'_{水/甲醇}$——水对甲醇的峰高相对校正因子；

$m$——乙醇试样的质量，g；

$m_{甲醇}$——加入甲醇的质量，g；

$h_{水}$，$h_{甲醇}$——分别为水和甲醇的峰高，mm。

## 实验指南与安全提示

**(1) 本实验适用于95%试剂乙醇或不含甲醇的工业乙醇中少量水分的测定。若测定无水乙醇中的微量水分，则需适当改变操作条件进行精密测定。**

**(2) 色谱柱的制备：将60～80目的聚合物固定相GDX-104装入长2m的不锈钢柱或玻璃柱，于150℃老化处理数小时。**

### 思考题

(1) 本实验为什么可以用峰高定量？试推导求峰高相对校正因子的计算式。

(2) 欲求乙醇试样中水的体积分数，应如何进行操作和计算？

## *实验5-13 果汁中有机酸的液相色谱分析

**预习指导**

(1) 做实验前，请认真阅读“5.4.2液相色谱法”的有关内容以及所用仪器的说明书与操作规程。

(2) 通过查阅有关资料或实际调查了解常见果汁中的化学成分及其含量。

**【目的要求】**

(1) 了解反相高效液相色谱法分析有机酸的原理和方法；

(2) 掌握高效液相色谱仪的操作技术。

**【实验原理】**

水果中主要的有机酸是乙酸、乳酸、丁二酸、苹果酸、柠檬酸及酒石酸等。这些有机酸在水溶液中都有较大的离解度，但在酸性流动相中，有机酸的离解得到抑制，可利用分子状态有机酸的疏水性，使其在反相分配色谱柱中保留。由于不同有机酸的疏水性不同，在固定相中的保留时间也不同，疏水性小的有机酸在固定相中保留时间短，先流出柱，疏水性大的有机酸在固定相中保留时间长，后流出柱，从而得到分离。

苹果汁中的有机酸主要是苹果酸和柠檬酸，它们在波长210nm附近有较强的吸收，本实验采用反相高效液相色谱法以紫外检测器对其进行分析，并以外标法定量。

【实验用品】

高效液相色谱仪（普通配置，紫外检测器）　　移液管（50mL）

平头微量注射器（25μL）　　烧杯（50mL）

流动相过滤器　　苹果汁

容量瓶（250mL、50mL）

色谱柱（PE Brownlee$C_{18}$，5μm，4.6mm i.d.×150mm）

磷酸二氢铵溶液（准确称取优级纯磷酸二氢铵460mg，于小烧杯中，用蒸馏水溶解，定量移入1000mL容量瓶中，稀释至标线，混匀，备用）

苹果酸标准储备液（准确称取250mg优级纯苹果酸于50mL小烧杯中，用蒸馏水溶解后定量移入250mL容量瓶，稀释至标线，混匀，备用）

柠檬酸标准储备液（准确称取250mg优级纯柠檬酸于50mL小烧杯中，用蒸馏水溶解后定量移入250mL容量瓶，稀释至标线，混匀，备用）

【实验步骤】

(1) 测试溶液的准备

① 苹果酸和柠檬酸标准溶液的配制　移取苹果酸标准储备液5.00mL于50mL容量瓶中定容，混匀。

以相同的操作配制柠檬酸标准溶液。

② 试样溶液的处理　市售苹果汁用0.45μm水相滤膜减压过滤后，置于冰箱中冷藏保存。

(2) 仪器的准备

① 流动相的处理　将磷酸二氢铵溶液用0.45μm水相滤膜减压过滤，脱气。

② 色谱柱的安装和流动相的更换　将PE Brownlee$C_{18}$色谱柱安装在色谱仪上，将流动相更换成已处理过的磷酸二氢铵溶液。

**(3) 仪器的启动**　开机，将仪器调试到正常工作状态，设置流动相流速为1.0mL/min；柱温为30～40℃；紫外检测波长为210nm。

**(4) 标准溶液的分析**　待基线稳定后，用平头微量注射器分别进样苹果酸和柠檬酸的标准溶液20μL进行分析，记录样品对应的文件名，打印色谱图和分析结果。

**(5) 试样溶液的分析**　用平头微量注射器注入苹果汁样品20μL进行分析，记录样品对应的文件名，打印色谱图和分析结果。平行测定三次。

将苹果汁样品的谱图与标准溶液的谱图比较即可确认苹果汁中苹果酸和柠檬酸的峰位置。

**(6) 关闭仪器**　所有样品分析完毕，按正常的步骤关闭仪器。

【数据记录与处理】

将打印的分析结果按下式计算整理后填入表中

$$\rho=\frac{A_i}{A_i'}\times 100$$

式中　$\rho$——苹果汁中苹果酸（或柠檬酸）的含量，mg/L；

$A_i$、$A_i'$——分别为苹果汁和标准溶液中苹果酸（或柠檬酸）的峰面积，$cm^2$；

100——标准溶液中苹果酸（或柠檬酸）的含量，mg/L。

| 被测组分 | 测定次数 | 保留时间/min | 各次测定值/(mg/L) | 平均值/(mg/L) |
| --- | --- | --- | --- | --- |
| 苹果酸 | 1 | | | |
| | 2 | | | |
| | 3 | | | |
| 柠檬酸 | 1 | | | |
| | 2 | | | |
| | 3 | | | |

## 实验指南与安全提示

**如果苹果酸和柠檬酸与邻近峰分离不完全，应适当调整流动相配比和流速，再重复（5）、（6）步骤的操作。**

## 思考题

（1）本实验如果用50%的甲醇或乙醇作流动相，有机酸的保留值是变大还是变小，分离效果如何？试说明理由。

（2）如果用酒石酸作内标定量苹果酸和柠檬酸，对酒石酸有什么要求？写出该内标法的操作步骤和分析结果的计算方法。

# 6 化学实验技术综合实训

知识目标

- 熟练掌握物质的制备与提纯以及天然产物的提取与分析方法
- 熟练掌握常用物理参数的测定技术
- 熟练掌握物质的定量分析和数据处理方法

技能目标

- 能综合运用化学实验的各类基本操作技术，独立组装和操作各种化学实验装置
- 能熟练使用常见的分析仪器和物理参数测量仪器
- 能正确处理实验室常见事故
- 能准确表达实验结果，规范完成实验报告

化学实验技术综合实训是在化学实验的基础知识、化学实验的基本操作、物理参数的测定、物质的制备和物质的定量分析等教学内容完成之后，在已初步掌握了化学实验的基本知识和基本操作技能的基础上，集中进行的化学实验操作综合训练。

(1) 综合实训的意义和目的　本章所选编的实验内容包括多步骤物质制备与分析及天然化合物的提取。通过这些实验，训练综合运用化学实验的操作技术，独立完成原料的准备与处理、中间体的制备与分离、目的产物的制备、纯化与分析等全过程；熟悉各类天然化合物的提取与分离手段。从而拓宽知识视野，提高动手能力。熟练掌握回流、蒸馏、萃取、过滤和物理参数测量、化学成分检测等各项实验操作技术，为学习后续专业实验课程和将来从事化工生产操作奠定良好基础。

(2) 多步骤的制备　多步骤制备是指从基本原料开始，经过多步化学反应，制备一个比较复杂化合物的过程。

进行多步骤的制备实验，应首先通过查阅有关资料，了解实验所需原料、溶剂及产物的物理参数和化学性质，以便更好地控制反应条件和指导精制操作。再根据实验需求准备好试剂和仪器，并制定出详尽的计划，然后才可按计划实施实验。实验中要严格遵守操作规程，一般不可随意改变实验条件。对于所用药品的规格、用量、状态、颜色、批号、生产厂家及出厂日期等都应做好记录。

实验中制备的中间体有的必须分离提纯，有的可不经提纯，直接用于下步反应，要根据实验的需要，做到心中有数，以避免操作失误。

在多步骤制备实验中，由于每一步反应的实际产量都低于理论产量，实验的总产率必然会受到累加的影响。例如，一个需要五步反应的制备实验，假设每步产率都是80%，那么总产率是：$0.8^5 \times 100\% = 32.8\%$。因此实验者必须在实验前做好充分的准备工作，以严谨的科学态度和熟练的操作技能，认真做好每一步实验，尽量减少产品损失。只有各个环节考虑周全，保证每一步实验的产率，才能使实验最终有较高的收率。

(3) 天然产物的提取　凡是来自天然动物、植物资源的物质都称为天然产物。人类对化合物的使用和研究最初都是由天然产物开始的。

天然产物的种类很多，一般可根据其结构特征将它们分为四大类，即碳水化合物、类脂化合物、萜类和甾族化合物、生物碱类化合物。其中生物碱是种类和变化最多的含氮碱性有机化合物，也是长期以来被人们广泛关注和研究的一类天然有机物。因为许多天然生物碱显示了惊人的生理效能，可以作为药物治疗疾病。例如，从金鸡纳树皮中提取出的金鸡纳碱奎宁，因具有杀灭疟虫裂殖体的功能，曾从疟疾的肆虐中拯救了千百万人的生命；从箩芙藤中分离出的利血平是治疗高血压的药物；由喜树中提取出的喜树碱及红杉树中提取的红杉醇均具有抗癌作用等。此外，还有些植物中含有调味品、香料和染料等极有价值的天然产物。因此天然产物的分离和鉴定一直是化学领域中一个十分重要的研究课题。

## 实验 6-1　三草酸合铁（Ⅲ）酸钾的制备及其组成的测定

**预习指导**

(1) 查阅资料并进行有关计算后，填写下表。

| 品　名 | $M$ /(g/mol) | 熔点 /℃ | 沸点 /℃ | $\rho$ /(g/cm³) | 水溶性 | 使用规格 | 投料量 | | 理论产量 |
|---|---|---|---|---|---|---|---|---|---|
| | | | | | | | 质量(体积) /g(mL) | $n$/mol | |
| $FeSO_4 \cdot 7H_2O$ | | | — | — | | — | | | — |
| $H_2SO_4$ 溶液 | — | — | — | — | — | | | | |
| $FeC_2O_4 \cdot 2H_2O$ | | | | | | | | | |
| $H_2C_2O_4$ 溶液 | | — | | | | — | | — | — |
| $K_2C_2O_4$ 溶液 | | — | | | | — | — | — | |
| $H_2O_2$ 溶液 | — | — | — | | — | | | | |
| $K_3[Fe(C_2O_4)_3] \cdot 3H_2O$ | | | | | | | | | |

(2) 做实验前请认真阅读“5.1.4 氧化还原滴定法”中有关内容。

**【目的要求】**

(1) 了解氧化、还原、配位等反应原理，掌握三草酸合铁（Ⅲ）酸钾的制备方法；

(2) 掌握配位化合物组成的测定方法；

(3) 熟练掌握溶解、加热、沉淀、过滤以及滴定分析等基本操作。

**【实验原理】**

三草酸合铁（Ⅲ）酸钾是翠绿色晶体，可溶于水而难溶于乙醇。对光敏感，光照下发生分解，是制备负载型活性铁催化剂的主要原料。本实验是以 Fe(Ⅱ) 盐为原料，先制取 $FeC_2O_4 \cdot 2H_2O$，再通过氧化、配位等多步反应，制得 $K_3[Fe(C_2O_4)_3] \cdot 3H_2O$。主要反应如下：

$$FeSO_4 + H_2C_2O_4 + 2H_2O = FeC_2O_4 \cdot 2H_2O + H_2SO_4$$

$$6FeC_2O_4 \cdot 2H_2O + 3H_2O_2 + 6K_2C_2O_4 = 4K_3[Fe(C_2O_4)_3] + 2Fe(OH)_3 \downarrow + 12H_2O$$

$$2Fe(OH)_3 + 3H_2C_2O_4 + 3K_2C_2O_4 = 2K_3[Fe(C_2O_4)_3] + 6H_2O$$

在反应物的混合液中加入乙醇后，便析出三草酸合铁（Ⅲ）酸钾晶体。产物的组成可采用氧化还原滴定法进行测定。

**(1) $C_2O_4^{2-}$ 含量的测定** $C_2O_4^{2-}$ 含量可直接用 $KMnO_4$ 标准溶液在酸性介质中滴定，根据消耗 $KMnO_4$ 标准溶液的体积（$V_1$）和浓度计算出 $C_2O_4^{2-}$ 的含量。反应式如下。

$$5C_2O_4^{2-} + 2MnO_4^- + 16H^+ = 10CO_2 \uparrow + 2Mn^{2+} + 8H_2O$$

**(2) $Fe^{3+}$ 含量的测定** $Fe^{3+}$ 含量的测定是采用 $SnCl_2$-$TiCl_3$ 联合还原法，先将 $Fe^{3+}$ 还原为 $Fe^{2+}$，然后在酸性介质中，用 $KMnO_4$ 标准溶液滴定试液中 $Fe^{2+}$ 和 $C_2O_4^{2-}$ 的总量，再根据消耗 $KMnO_4$ 标准溶液的体积（$V_2$）与测定 $C_2O_4^{2-}$ 含量时消耗的体积（$V_1$）以及此标准溶液的浓度计算出试液中 $Fe^{3+}$ 的含量。其滴定反应如下。

$$MnO_4^- + 5Fe^{2+} + 8H^+ = Mn^{2+} + 5Fe^{3+} + 4H_2O$$

为了避免 $Cl^-$ 存在下发生诱导反应和便于终点颜色的判断，需加入由一定量的 $MnSO_4$、$H_3PO_4$ 和浓 $H_2SO_4$ 组成的混合溶液，其中 $MnSO_4$ 可防止 $Cl^-$ 对 $MnO_4^-$ 的还原作用，$H_3PO_4$ 可与滴定过程中产生的 $Fe^{3+}$ 配位生成无色的 $[Fe(PO_4)_2]^{3-}$ 阴离子，从而消除 $Fe^{3+}$ 对滴定终点颜色的干扰。

**【实验用品】**

| | | |
|---|---|---|
| 减压过滤装置 | 去离子水 | $CuSO_4$ 溶液（0.4%） |
| 分析天平 | $KMnO_4$（s） | $Na_2WO_4$ 溶液（2.5%） |
| 微孔玻璃漏斗 | $FeSO_4 \cdot 7H_2O$（s） | $H_2SO_4$ 溶液（3mol/L） |
| 酸式滴定管（50mL） | HCl 溶液（6mol/L） | $K_2C_2O_4$ 溶液（饱和） |
| 移液管 | $SnCl_2$ 溶液（15%） | $H_2O_2$ 溶液（3%） |
| 容量瓶（250mL） | $TiCl_3$ 溶液（6%） | $H_2C_2O_4$ 溶液（1mol/L） |

$MnSO_4$ 混合液：称取 4.5g $MnSO_4$ 溶于 50mL 水中，缓慢加入浓 $H_2SO_4$ 13mL，再加入 $H_3PO_4$（85%）30mL，稀释到 100mL

**【实验步骤】**

**(1) 制取 $FeC_2O_4 \cdot 2H_2O$** 称取 4g $FeSO_4 \cdot 7H_2O$ 晶体于烧杯中，加入 15mL 去离子水和 1mL $H_2SO_4$ 溶液，加热使其溶解。然后在不断搅拌下加入 20mL $H_2C_2O_4$ 溶液，加热至沸腾。静置，待黄色 $FeC_2O_4 \cdot 2H_2O$ 晶体沉淀完全后，倾析弃去上层清液，晶体用少量去离子水洗涤 2～3 次。

**(2) 制取 $K_3[Fe(C_2O_4)_3] \cdot 3H_2O$** 在盛有黄色晶体 $FeC_2O_4 \cdot 2H_2O$ 的烧杯中，加入 10mL $K_2C_2O_4$ 溶液，加热至 40℃左右，缓慢滴加 20mL $H_2O_2$，并不断搅拌。此时沉淀转化为黄褐色，将溶液加热至沸腾以去除过量的 $H_2O_2$。

分两次加入 8～9mL $H_2C_2O_4$，第一次加入 7mL，然后将剩余的 $H_2C_2O_4$ 慢慢滴入至沉淀溶解。此时溶液呈翠绿色，pH 值约为 4～5。加热浓缩至溶液体积约为 25～30mL，冷却，即有翠绿色 $K_3[Fe(C_2O_4)_3] \cdot 3H_2O$ 晶体析出。抽滤，称量并计算产率，将产物避光保存。

**(3) 产物组成的测定**

① 配制高锰酸钾标准滴定溶液 参照实验 5-6 的操作方法配制 500mL 0.01mol/L

$KMnO_4$ 溶液，并标定其准确浓度。

② 配制测试溶液　准确称取已干燥的 $K_3[Fe(C_2O_4)_3]\cdot 3H_2O$ 1.0～1.2g(称准至0.0001g) 于烧杯中，加水溶解后，定量转移到250mL容量瓶中，稀释至刻度，混匀。

③ 测定 $C_2O_4^{2-}$　准确吸取25.00mL试液于250mL锥形瓶中，加入5mL $MnSO_4$ 混合液和5mL $H_2SO_4$ 溶液，加热至75～80℃，用 $KMnO_4$ 标准溶液滴定至浅粉红色，记录消耗滴定剂体积（$V_1$）。平行测定三次，计算 $C_2O_4^{2-}$ 的含量。

④ 测定 $Fe^{3+}$　准确吸取25.00mL试液于250mL锥形瓶中，加入10mL HCl溶液，加热至75～80℃，逐滴加入 $SnCl_2$ 溶液至溶液呈浅黄色，加入1mL $Na_2WO_4$ 溶液，滴加 $TiCl_3$ 至溶液呈蓝色，并过量1滴，加入2滴 $CuSO_4$ 溶液和20mL去离子水，在冷水中冷却并振荡至蓝色褪尽。隔1～2min后，再加入10mL $MnSO_4$ 混合液，然后用 $KMnO_4$ 标准溶液滴定至溶液呈浅粉红色，并保持30s不褪色即达终点。平行测定三次，记下 $KMnO_4$ 体积（$V_2$），用差减法计算 $Fe^{3+}$ 的含量。

⑤ 计算配位比　根据测得的 $C_2O_4^{2-}$ 与 $Fe^{3+}$ 的含量，按下式计算 $K_3[Fe(C_2O_4)_3]\cdot 3H_2O$ 中 $C_2O_4^{2-}$ 与 $Fe^{3+}$ 的配位比。

$$n_{C_2O_4^{2-}} : n_{Fe^{3+}} = \frac{w_{C_2O_4^{2-}}}{88.0} : \frac{w_{Fe^{3+}}}{55.8}$$

**实验指南与安全提示**

**(1) 用 $KMnO_4$ 滴定 $C_2O_4^{2-}$ 时，温度不能超过85℃。否则草酸会发生分解。**

**(2) 在制取 $K_3[Fe(C_2O_4)_3]\cdot 3H_2O$ 加热浓缩时，若冷却时不析出晶体，则说明溶液未达饱和，可继续加热浓缩或加入5mL 95%乙醇，即可析出晶体。**

**(3) $KMnO_4$ 是强氧化剂，$H_2O_2$ 既有氧化性又有还原性，使用时应注意安全，避免触及皮肤或衣物。**

**思考题**

(1) 制备的 $K_3[Fe(C_2O_4)_3]\cdot 3H_2O$ 应如何保存？为什么？

(2) 测定 $C_2O_4^{2-}$ 时，为什么要加热？温度是否越高越好？为什么？滴定速度应如何掌握为宜？

(3) 为什么还原试样中的 $Fe^{3+}$ 要用 $SnCl_2$、$TiCl_3$ 两个还原剂？如果 $SnCl_2$ 加入量太少，而 $TiCl_3$ 加得多，加水稀释后可能会产生什么现象？

## 实验 6-2　增塑剂邻苯二甲酸二丁酯的制备

**预习指导**

(1) 查阅有关资料，填写下表。

| 品名 | $M$ /(g/mol) | 熔点 /℃ | 沸点 /℃ | $\rho$ /(g/cm³) | 水溶性 | 使用规格 | 投料量 | | 理论产量 |
|---|---|---|---|---|---|---|---|---|---|
| | | | | | | | 质量(体积) /g(mL) | $n$/mol | |
| 邻苯二甲酸酐 | | | — | — | | — | | | — |

续表

| 品名 | M /(g/mol) | 熔点 /℃ | 沸点 /℃ | ρ /(g/cm³) | 水溶性 | 使用规格 | 投料量 | | 理论产量 |
|---|---|---|---|---|---|---|---|---|---|
| | | | | | | | 质量(体积) /g(mL) | n/mol | |
| 正丁醇 | | — | — | — | — | | | | — |
| 硫酸 | | — | | | | — | | — | — |
| 邻苯二甲酸二丁酯 | | | | | | | | | |

(2) 做实验前，请阅读本书中“4.4.1.4 带有分水器的回流装置”，“2.7.2 液体物质的萃取（或洗涤）”和“2.6.4 减压蒸馏”。

**【目的要求】**

(1) 熟悉芳香族二元羧酸的酯化反应原理，掌握邻苯二甲酸二丁酯的制备方法；

(2) 熟练掌握带有分水器的回流装置的安装与操作；

(3) 熟悉减压蒸馏装置，掌握减压蒸馏操作。

**【实验原理】**

邻苯二甲酸二丁酯是无色透明、具有芳香气味的油状液体。无毒，沸点340℃，不溶于水，易溶于乙醇、乙醚等有机溶剂。它是塑料、合成橡胶、人造革等常用的增塑剂，也是香料的溶剂和固定剂。

邻苯二甲酸二丁酯可由邻苯二甲酸二甲酯与正丁醇在分子筛存在下发生酯交换反应制取，也可由邻苯二甲酸酐与正丁醇在硫酸催化下发生酯化反应而制得。本实验采用的是后一种方法。反应式如下：

$$C_6H_4(CO)_2O + CH_3CH_2CH_2CH_2OH \xrightarrow[\triangle]{\text{浓 } H_2SO_4} C_6H_4(COOC_4H_9)(COOH)$$

邻苯二甲酸酐　　正丁醇　　邻苯二甲酸单丁酯

$$C_6H_4(COOC_4H_9)(COOH) + CH_3CH_2CH_2CH_2OH \underset{\triangle}{\overset{\text{浓 } H_2SO_4}{\rightleftharpoons}} C_6H_4(COOC_4H_9)_2 + H_2O$$

邻苯二甲酸二丁酯

反应分两步进行。第一步是酸酐的醇解反应，进行得迅速而完全。第二步是邻苯二甲酸单丁酯与正丁醇发生酯化反应，这步反应是可逆的，进行得比较缓慢。为使反应向生成邻苯二甲酸二丁酯的方向进行，本实验除使反应物之一正丁醇过量外，还利用分水器将生成的水从反应体系中分离出去，以提高转化率。

**【实验用品】**

| | | |
|---|---|---|
| 带有分水器和测温仪的回流装置 | 饱和食盐水 | 邻苯二甲酸酐 |
| 减压蒸馏装置 | 电炉与调压器 | 正丁醇 |
| 分液漏斗（100mL） | 液体石蜡（或硅油） | 浓硫酸 |
| 电热套 | 沸石 | 碳酸钠溶液（5%） |
| 油浴锅 | pH试纸 | |

【实验步骤】

(1) **加料、安装仪器** 在干燥的100mL三颈烧瓶中加入5.9g邻苯二甲酸酐、12.6mL正丁醇和几粒沸石，振摇下加入3滴浓硫酸。参照图4-9安装带有分水器的回流装置，分水器中加入正丁醇至与支管平齐处。用塞子封闭三颈烧瓶的一侧口，另一侧口安装温度计（汞球应浸入液面下，但不可触及瓶底），用电热套加热。

(2) **加热酯化** 缓慢升温，使反应混合物微沸。约10min后，烧瓶内的固体邻苯二甲酸酐完全消失，这标志着生成邻苯二甲酸单丁酯的阶段已完成。

继续升温，使反应液回流。此时很快有正丁醇与水的共沸物[1]蒸出，并可看到有小水珠逐渐下沉到分水器的底部，上层的正丁醇则返回到三颈烧瓶中继续参与反应。随着反应的进行，分出的水层不断增加，反应液温度也逐渐升高。当温度升到160℃时停止加热。反应时间约需2h。

(3) **洗涤、分离** 当反应液降温至50℃以下时，拆除装置。将反应混合液倒入分液漏斗中，先用30mL碳酸钠溶液分两次洗涤．再用30mL饱和食盐水洗涤2～3次[2]，用pH试纸检验呈中性后，小心分去水层。

(4) **减压蒸馏** 粗酯倒入50mL圆底烧瓶中。参照图2-36安装减压蒸馏装置，用油浴加热进行减压蒸馏。先蒸去过量的正丁醇（回收），再更换接收器，收集180～190℃/1333Pa或200～210℃/2666Pa的馏分，称量并计算产率。

(5) **产品检验** 测定产品的折射率，鉴定邻苯二甲酸二丁酯，并检测其纯度。

---

**注释** [1] 正丁醇与水的共沸混合物组成为：正丁醇55.5%，水45.5%，沸点是93℃，冷凝时分为两层，上层为正丁醇，其中含水20.1%，下层为水，其中含正丁醇7.7%。

[2] 用饱和食盐水洗涤可防止发生乳化现象，同时由于分离效果好，可不必进行干燥。

**制备邻苯二甲酸二丁酯的操作流程示意图**

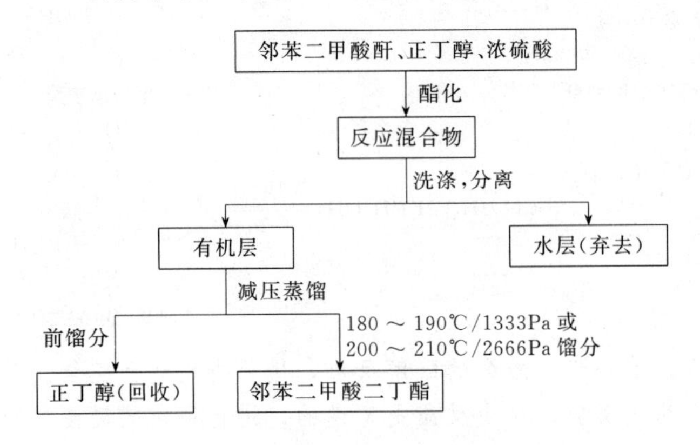


## 实验指南与安全提示

**(1) 在无机酸存在下，温度高于180℃时，邻苯二甲酸二丁酯容易发生分解，因此应严格控制反应温度，不可超过160℃。**

(2) 碱洗时，温度不得高于70℃，碱的浓度也不宜过高，更不能使用氢氧化钠，否则，容易发生酯的水解反应。

(3) 分液漏斗使用前应涂油试漏，用碳酸钠溶液洗涤粗产物时，应注意及时排放二氧化碳气体。

(4) 减压蒸馏装置的安装与操作须在教师指导下进行，以防发生安全事故。

(5) 邻苯二甲酸酐有毒，使用时不要与皮肤接触！

### 思　考　题

(1) 正丁醇在浓硫酸存在下加热至较高温度时，会发生哪些反应？本实验中若浓硫酸用量过多，会有什么不良影响？

(2) 用碳酸钠溶液洗涤粗产物的目的是什么？洗涤操作时，产品在哪一层，为什么？

(3) 减压蒸馏时，是否有前馏分，为什么？

## *实验6-3　用糠醇改性的脲醛树脂黏合剂的制备

**预习指导**

(1) 查阅有关资料，填写下表。

| 品　名 | $M$ /(g/mol) | 熔点 /℃ | 沸点 /℃ | $\rho$ /(g/cm$^3$) | 水溶性 | 使用规格 | 投料量 | | 理论产量 |
|---|---|---|---|---|---|---|---|---|---|
| | | | | | | | 质量(体积)/g(mL) | $n$/mol | |
| 尿素 | | | — | — | | — | | | — |
| 甲醛溶液 | | | — | — | — | | | | — |
| 糠醛 | | — | | | | — | | — | — |
| 糠醇 | | — | | | | — | — | — | |
| 糠酸 | | | — | — | | — | — | — | |

(2) 做实验前，请阅读本书中“4.4.1.5 带有搅拌器、测温仪及滴加液体反应物的回流装置”，“2.7.2 液体物质的萃取（或洗涤）”，“2.6.1 普通蒸馏”和“2.6.4 减压蒸馏”。

**【目的要求】**

(1) 了解利用歧化反应制取糠醇的原理，掌握其制备方法；

(2) 了解利用缩合反应制取脲醛树脂的原理，掌握其制备方法；

(3) 了解用糠醇改性的脲醛树脂黏合剂的性能，掌握副产物及溶剂的回收方法；

(4) 掌握带电动搅拌的回流装置及减压蒸馏装置的安装与操作；

(5) 熟练掌握利用蒸馏和重结晶提纯化合物的操作技术。

**【实验原理】**

脲醛树脂由尿素和甲醛缩聚而成，是胶合板工业常用的黏合剂，具有常温下固化速度快、不污染制品、成本低、毒性小等优点。但其胶黏强度较差，且固化时发生收缩现象，产生内应力。

糠醇又称$\alpha$-呋喃甲醇，由糠醛在浓碱作用下发生歧化反应制得。

将糠醇加入脲醛树脂中，可增强树脂的渗透力，缓解收缩现象，减小内应力，加快粘接速度，强化胶黏牢固度。因此，用糠醇改性的脲醛树脂作为一种强力黏合剂，在生产高强度、坚牢的胶合板，尤其是装饰层板材中，占有重要地位，其制备反应如下。

(1) 脲醛树脂的制备

① 加成反应　尿素和甲醛在弱碱性条件下，首先发生加成反应，生成羟甲基脲的混合物：

$$H_2N-\overset{\overset{\displaystyle O}{\|}}{C}-NH_2 + H_2C{=}O \xrightarrow{OH^-} HOCH_2-NH-\overset{\overset{\displaystyle O}{\|}}{C}-NH_2 + HOCH_2-NH-\overset{\overset{\displaystyle O}{\|}}{C}-NH-CH_2-OH$$

② 缩合反应　羟甲基脲的亚胺基与羟甲基之间、羟甲基与羟甲基之间都可发生脱水缩合反应，形成线型缩聚物，即脲树脂。其主链上具有如下结构：

$$\cdots -NH-CH_2-N(CONH_2)-CH_2-N(CONH_2)-CH_2-N(CONHCH_2OH)-\cdots$$

（首端 NH 连接 $C{=}O$—NH—$CH_2OH$）

③ 交联反应　上述产物中含有大量的活性端基（如羟甲基、氨基等），当加热或在固化剂作用下，羟甲基与氨基进一步缩合交联成复杂的网状体型结构：

$$\cdots -CH_2-N-CH_2- \cdots$$
$$|\;C{=}O\;|$$
$$\cdots -N-CH_2-N-CH_2-N-CH_2-N- \cdots$$
$$|\;C{=}O\;|\qquad\qquad |\;C{=}O\;|\quad |\;C{=}O$$
$$HO-CH_2-N-CH_2-N-CH_2-N-CH_2OH$$
$$|\;C{=}O\;|$$
$$\cdots -N-CH_2-N-CH_2-N-CH_2- \cdots$$
$$|\;C{=}O\qquad\qquad |\;C{=}O$$

由于最终产物中保留了部分羟甲基，因而赋予胶层较好的粘接能力。

(2) 糠醇的制备

① 歧化反应　糠醛（α-呋喃甲醛）在浓碱作用下，发生歧化反应，生成糠醇和糠酸（在碱性介质中以盐的形式存在）：

$$2\ C_4H_3O{-}CHO \xrightarrow{浓\ NaOH} C_4H_3O{-}CH_2OH + C_4H_3O{-}COONa$$

$$C_4H_3O{-}COONa \xrightarrow{H^+} C_4H_3O{-}COOH$$

② 萃取分离　用乙醚将糠醇从反应混合物中萃取出来，蒸去溶剂后，即得糠醇。副产物糠酸是防腐和杀菌剂，也用于制造香料。可通过重结晶得到纯品，回收。

【实验用品】

| | | |
|---|---|---|
| 带有搅拌器和测温仪的回流装置 | 活性炭 | 无水硫酸钠 |
| 减压蒸馏装置 | 锥形瓶 | 磷酸氢钙 |
| 普通蒸馏装置 | 沸石 | 三乙醇胺 |
| 低沸易燃物蒸馏装置 | 碎木屑 | 甲醛溶液（37%） |
| 阿贝折射仪 | 糠醛 | 氢氧化钠溶液（10%、40%） |
| 滴液漏斗（60mL） | pH试纸（精密） | 饱和氯化铵溶液 |
| 分液漏斗（150mL） | 尿素 | 浓盐酸 |
| 电热套（或甘油浴） | 乌洛托品 | |
| 玻璃棒 | 乙醚 | |

【实验步骤】

(1) 脲醛树脂的制备

① 安装仪器　将250mL三颈烧瓶置于盐水浴中[1]，在三颈烧瓶中口装上电动搅拌器，两侧口分别安装球形冷凝管和温度计。

② 加入物料　取下温度计，从侧口加入90mL甲醛溶液，缓慢开动电动搅拌器。在搅拌下滴加10%的氢氧化钠溶液（约3～4滴），使溶液pH值为5.6～5.7（用精密pH试纸测试），再加入1.3g乌洛托品，溶解后测pH值。调节溶液pH值为8时，加入25g尿素，安装好温度计。

③ 加热、测pH值　调节热源，使反应液缓慢升温至60℃。在此温度下反应15min，继续升温并保持在94～96℃之间进行反应。此间每隔10min取样一次，测定pH值。当pH=6时，每隔5min取样测定一次。当pH=5.4时，取试样2滴，加入4滴水混合，如不出现混浊，从此时起继续反应40min，此间反应温度可升至98℃。

④ 降温、测pH值　将反应液降温至60℃，测pH值。滴加氢氧化钠溶液（2～3滴），搅拌15min，使pH=7，停止回流。

⑤ 减压脱水　将反应混合液倒入250mL圆底烧瓶中，安装减压蒸馏装置，减压脱水。控制真空度为85.5kPa，蒸馏温度45～50℃，蒸出水量约40mL时，停止蒸馏。称量树脂量，应为无色透明黏稠状液体。

(2) 糠醇的制备

① 蒸馏糠醛[2]　在100mL干燥的圆底烧瓶中，加入35mL糠醛及几粒沸石，安装一套普通蒸馏装置，用电热套或甘油浴加热蒸馏，收集160～162℃馏分25mL。

② 歧化反应　将新蒸馏的糠醛倒入250mL烧杯中，于冰-盐浴中冷却至0～2℃。在不断搅拌下，通过滴液漏斗缓慢地向其中滴加25mL 40%氢氧化钠溶液（约需1h）。其间需间歇测温，应始终保持反应液温度在8～12℃之间[3]。滴加完毕，在此温度下继续搅拌30min[4]，以确保反应完全。最后得到黄色浆状物。

③ 萃取分离　在不断搅拌下，向反应混合物中加入约30mL水至浆状物恰好溶解，得酒红色透明液体。

将此溶液倒入分液漏斗中，用100mL乙醚分四次萃取，水层保留，醚层并入250mL干燥的锥形瓶中，用5g无水硫酸钠干燥，静置30min。

④ 回收溶剂　将干燥好的乙醚萃取液倒入150mL干燥的圆底烧瓶中，加入几粒沸石。安装一套低沸易燃物蒸馏装置[5]，用热水浴蒸出乙醚并回收。

⑤ 蒸馏糠醇　撤去水浴，补加沸石后，用电热套或甘油浴加热蒸馏糠醇，收集170～172℃馏分，计量体积。糠醇为无色或微黄色透明液体，沸点171℃，折射率$n_D^{23}=1.4852$。

⑥ 回收糠酸　经乙醚萃取后的水层加浓盐酸酸化至pH=2，糠酸即析出，充分冷却后抽滤，用冷水洗涤两次，压紧抽干。以水作溶剂进行重结晶，并用活性炭脱色。纯糠酸应为白色针状晶体，熔点133～134℃。

**(3) 产品检验**

① 测定糠醇的折射率　用阿贝折射仪测定糠醇的折射率，以鉴定糠醇并检验其纯度。

② 测定糠酸的熔点　用提勒管法测定糠酸熔点，以鉴定糠酸并检验其纯度。

**(4) 黏合剂的应用对比试验**　在干燥的200mL烧杯中，加入20mL脲醛树脂、5g碎木屑、5g糠醇、0.2g磷酸氢钙和3滴三乙醇胺，混匀。于蒸汽浴上加热至90℃并不断搅拌15min。离开蒸汽浴，滴加10滴饱和氯化铵溶液，充分搅匀后，将混合物倒入一只小纸盒中定型、压实，放置晾干。

同样条件下做不加糠醇的对比试验。干后观察（可做折断试验），对比其胶黏牢固度，描述其性状差异。

---

**注释**　[1] 盐水浴可使浴液温度超过水的沸点，从而使反应液温度达到98℃。

[2] 糠醛容易氧化，在空气中放置时会变成棕褐色，因此使用前需蒸馏纯化。

[3] 反应液温度不可超过12℃，否则将会有大量副反应发生，使产物变成深红色。但也不能低于8℃，因为温度过低，反应缓慢，会使氢氧化钠积聚，一旦发生反应则过于剧烈，难以控制。

[4] 因反应在两相中进行，所以自始至终应不断搅拌，为防止搅拌棒碰坏温度计，可采用间歇测温方式测量温度。

[5] 蒸馏低沸点易燃烧物质时。不可用明火加热，接收器应浸入冰-水浴中，以防馏出液挥发。

**制备糠醇的操作流程示意图**

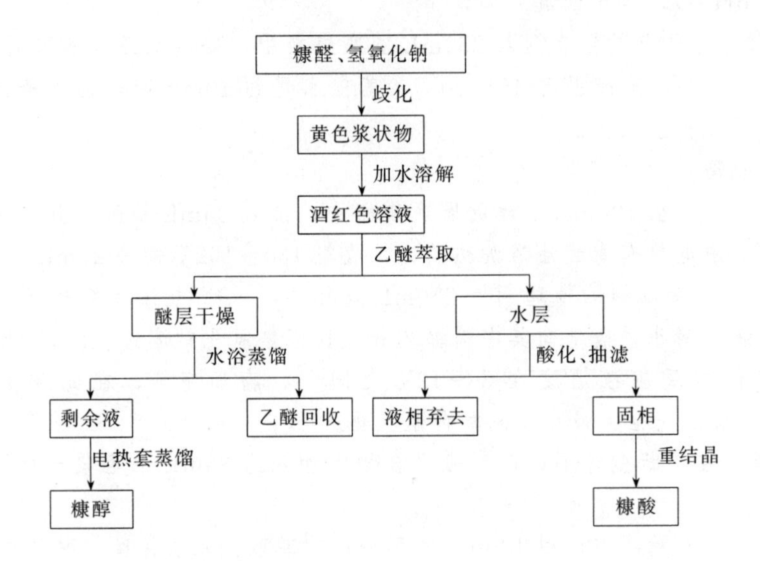

### 实验指南与安全提示

(1) 在脲醛树脂的制备中，碱液应一滴一滴地加入，每加一滴需反应一会儿，再测 pH 值，以防测试不准，或加碱过量。

(2) 缩合反应开始时，升温一定要缓慢，否则难以使反应液温度控制在 60℃ 并维持 15min。一旦超过 60℃，应立即在盐水浴中加入冷水以降低浴温。

(3) 减压脱水时，蒸出水量可根据实际情况酌定，发现蒸馏液黏稠即可停止蒸馏。否则蒸出水量过多，会使树脂呈胶冻状，在烧瓶中难以倒出。

(4) 歧化反应时，加碱速度不可过快，否则将使反应温度迅速升高，导致实验失败。

(5) 注意：糠醇有毒，蒸馏或使用时应防止吸入其蒸气并避免与皮肤直接接触。

(6) 回收乙醚时，须注意室内不得有明火！应使用事先烧好的热水进行蒸馏。接液管的支管处应连接长胶管，以便将其蒸气导入下水道或室外。

### 思　考　题

(1) 在脲醛树脂的制备过程中，应注意控制哪些反应条件？
(2) 若减压脱水量过大，会出现什么后果？
(3) 制备糠醇时，为什么要在较低温度下进行？如何控制反应温度？
(4) 糠醇和糠酸是如何分离开的？
(5) 蒸馏回收乙醚时，应注意哪些问题？

## *实验 6-4　植物生长调节剂 2,4-二氯苯氧乙酸的制备

**预习指导**

(1) 查阅有关资料，填写下列各表。

① 苯氧乙酸的制备

| 品　名 | $M$ /(g/mol) | 熔点 /℃ | 沸点 /℃ | $\rho$ /(g/cm$^3$) | 水溶性 | 使用规格 | 投料量 | | 理论产量 |
|---|---|---|---|---|---|---|---|---|---|
| | | | | | | | 质量(体积)/g(mL) | $n$/mol | |
| 氯乙酸 | | | — | — | | — | | | — |
| 苯酚 | | — | — | — | — | | | | — |
| 苯氧乙酸 | | — | | | | — | | — | — |

② 对氯苯氧乙酸的制备

| 品　名 | $M$ /(g/mol) | 熔点 /℃ | 沸点 /℃ | $\rho$ /(g/cm$^3$) | 水溶性 | 使用规格 | 投料量 | | 理论产量 |
|---|---|---|---|---|---|---|---|---|---|
| | | | | | | | 质量(体积)/g(mL) | $n$/mol | |
| 氯苯氧乙酸 | | | — | — | | — | | | — |
| 冰醋酸 | | — | — | — | — | | | | — |
| 浓盐酸 | | — | | | | — | | — | — |
| 过氧化氢 | | | | | | | | | |
| 对氯苯氧乙酸 | | | | | | | | | |

③ 2,4-二氯苯氧乙酸的制备

| 品　名 | $M$ /(g/mol) | 熔点 /℃ | 沸点 /℃ | $\rho$ /(g/cm$^3$) | 水溶性 | 使用规格 | 投料量 质量(体积)/g(mL) | 投料量 $n$/mol | 理论产量 |
|---|---|---|---|---|---|---|---|---|---|
| 对氯苯氧乙酸 | | | — | — | | — | | | — |
| 冰醋酸 | | — | — | — | — | | | | — |
| 次氯化钠溶液 | | — | | | | — | | — | — |
| 2,4-二氯苯氧乙酸 | | | | | | | | | |

(2) 做实验前，请认真阅读本书中“4.4.1.5 带有搅拌器、测温仪及滴加液体反应物的回流装置”“2.3.2.3 减压过滤”“2.4.2 重结晶”“2.7.2 液体物质的萃取（或洗涤）”“2.6.1 普通蒸馏”和“熔点的测定”等内容，并注意下列操作流程示意图。

**【目的要求】**

(1) 了解威廉逊法合成混醚的原理，熟悉苯氧乙酸的实验室制法；

(2) 了解芳环卤代反应原理，熟悉卤代芳烃的实验室制法；

(3) 熟练掌握加热、回流、搅拌、萃取及重结晶等操作技术。

**【实验原理】**

对氯苯氧乙酸又称防落素，具有防止或减少农作物落花落果的作用。2,4-二氯苯氧乙酸也叫防莠剂，可选择性地除掉杂草，有效地促进植物生长。二者都是重要的植物生长调节剂，在农业生产中被广泛应用。

本实验中，先以苯酚和氯乙酸为原料，通过威廉逊合成法制备苯氧乙酸，再用苯氧乙酸发生环上氯化反应，制得对氯苯氧乙酸和2,4-二氯苯氧乙酸（简称2,4-D）。

**(1) 苯氧乙酸的制备反应**

$$2ClCH_2COOH + Na_2CO_3 \longrightarrow 2ClCH_2COONa + CO_2 + H_2O$$

$$ClCH_2COONa + C_6H_5OH \xrightarrow{NaOH} C_6H_5OCH_2COONa + NaCl + H_2O$$

$$C_6H_5OCH_2COONa + HCl \longrightarrow C_6H_5OCH_2COOH + NaCl$$

**(2) 对氯苯氧乙酸的制备反应**

$$C_6H_5OCH_2COOH + HCl + H_2O_2 \xrightarrow{FeCl_3} 4\text{-}ClC_6H_4OCH_2COOH + 2H_2O$$

**(3) 2,4-二氯苯氧乙酸的制备反应**

$$4\text{-}ClC_6H_4OCH_2COOH + NaOCl \xrightarrow{H^+} 2,4\text{-}Cl_2C_6H_3OCH_2COOH + NaCl + H_2O$$

**【实验用品】**

| | | |
|---|---|---|
| 带搅拌器、测温仪和滴加液体反应物的回流装置 | | 石棉网 |
| 分液漏斗 | 水浴锅 | 酒精灯 |
| 减压过滤装置 | 电子天平 | 三氯化铁 |
| 电炉和调压器 | 蒸发皿 | 过氧化氢溶液（33%） |

| | | |
|---|---|---|
| 次氯酸钠溶液（0.5%） | 乙醇-水溶液（1∶3） | pH试纸 |
| 盐酸溶液（6 mol/L） | 乙醚 | 冰醋酸 |
| 氢氧化钠溶液（35%） | 饱和碳酸钠溶液 | 刚果红试纸 |
| 氯乙酸 | 苯酚 | 浓盐酸 |

**【实验步骤】**

(1) 苯氧乙酸的制备

① 威廉逊合成　在三颈烧瓶中加入7.6g氯乙酸和10mL水，三颈烧瓶的中口安装电动搅拌器，一侧口安装球形冷凝管。调节装置后，开动搅拌器。用滴管从另一侧口向三颈烧瓶中滴加饱和碳酸钠溶液，至pH值为7～8（用试纸检验）。然后加入5g苯酚，再慢慢滴加氢氧化钠溶液至pH值为12，用沸水浴加热回流45min。此间应经常检测反应液的pH值，使之保持在12左右，如有降低，应补加氢氧化钠溶液。

② 酸化、分离　移去水浴，在继续搅拌下，趁热向三颈烧瓶中滴加浓盐酸，至pH=3～4为止，停止搅拌，拆除装置。充分冷却溶液，待苯氧乙酸析出完全后，减压过滤（保留滤液），滤饼用冷水洗涤两次，压紧抽干，称质量。纯苯氧乙酸为无色针状晶体，熔点99℃。

③ 回收副产品　将滤液倒入蒸发皿中，在石棉网上加热蒸发浓缩。冷却后抽滤，得氯化钠晶体。

(2) 对氯苯氧乙酸的制备

① 氯化　在150mL三颈烧瓶中加入3g（0.02mol）苯氧乙酸、10mL冰醋酸。三颈烧瓶的中口安装电动搅拌器，一侧口装上球形冷凝管，另一侧口暂时用塞子塞上。开动搅拌器，水浴加热。当水浴温度升至55℃时，取下塞子，向三颈烧瓶中加入20mg三氯化铁和10mL浓盐酸。在此侧口安装滴液漏斗，滴液漏斗内盛放3mL过氧化氢溶液。当水浴温度升至60℃以上时，开始滴加过氧化氢溶液（在10min内滴完），并保持水浴温度在60～70℃之间，继续反应20min。升高温度使反应器内固体全部溶解，停止加热，拆除装置。

② 分离　将三颈烧瓶中的混合液趁热倒入烧杯中，充分冷却，待结晶析出完全后，抽滤，用水洗涤滤饼两次，压紧抽干。

③ 重结晶　粗产品用乙醇-水溶液重结晶后得纯品。纯的对氯苯氧乙酸为白色晶体，熔点158～159℃。

④ 测熔点　用提勒管法测定自制对氯苯氧乙酸的熔点，以鉴定对氯苯氧乙酸并检验其纯度。

(3) 2,4-二氯苯氧乙酸的制备

① 氯化　在250mL锥形瓶中加入1g对氯苯氧乙酸和12mL冰醋酸，搅拌使其溶解。将锥形瓶置于冰-水浴中冷却，在不断振摇下分批缓慢加入38mL次氯酸钠溶液。然后将锥形瓶自冰-水浴中取出，待反应混合液温度升至室温后再保持5min。

② 酸化、萃取　向锥形瓶中加入50mL水，并用6mol/L盐酸溶液酸化至刚果红试纸变蓝。将此溶液倒入分液漏斗中，用50mL乙醚分两次萃取，合并萃取液，用15mL水洗涤一次，分去水层。再用15mL饱和碳酸钠溶液萃取（注意排放产生的二氧化碳）。将碱萃取液放入烧杯中（醚层保留），加入25mL水，用浓盐酸酸化至刚果红试纸变蓝。

③ 结晶、抽滤　充分冷却，待结晶析出完全后，抽滤，用冷水洗涤滤饼两次，压紧抽干。

④ 重结晶　粗产品用15mL乙醚重结晶，可得纯品2,4-二氯苯氧

乙酸。纯2,4-二氯苯氧乙酸为白色晶体，熔点138℃。

⑤ 测熔点　用提勒管法测定自制2,4-二氯苯氧乙酸的熔点，以鉴定2,4-二氯苯氧乙酸并检验其纯度。

⑥ 回收溶剂　醚层用热水浴加热蒸馏，回收乙醚。

**制备2，4-二氯苯氧乙酸的操作流程示意图**

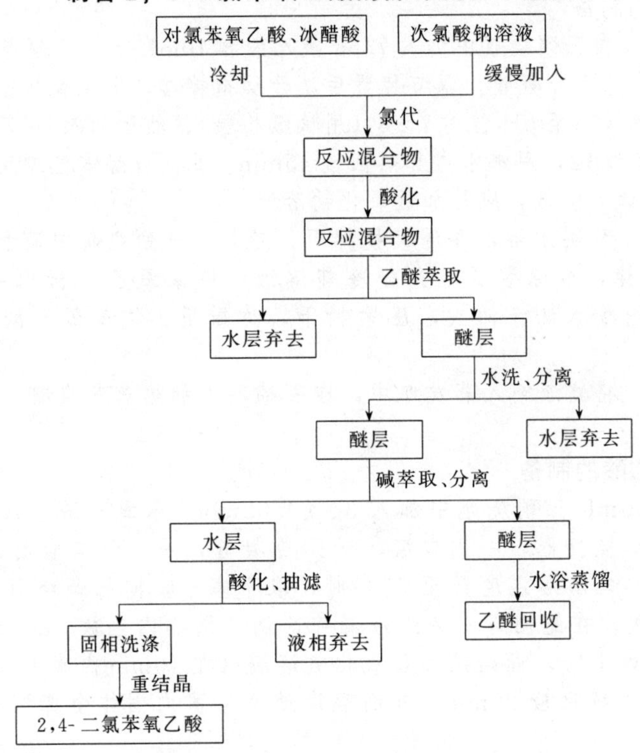


## 实验指南与安全提示

**(1) 冰醋酸具有强烈的刺激性并能灼伤皮肤，使用时应注意安全，避免与皮肤直接接触或吸入其大量蒸气。**

**(2) 次氯酸钠溶液不能过量，否则会使产量降低。**

**(3) 用碳酸钠溶液萃取2,4-二氯苯氧乙酸时，应分批缓慢加入，以防产生大量气泡，使物料冲出，造成损失。**

## 思　考　题

(1) 苯氧乙酸是依据什么原理制备的？

(2) 制备苯氧乙酸为什么要在碱性介质中进行？

(3) 制备对氯苯氧乙酸时，为什么要加入过氧化氢溶液？加入的三氯化铁起什么作用？

(4) 制备2,4-二氯苯氧乙酸时，粗产物中的水溶性杂质是如何除去的？

(5) 制备对氯苯氧乙酸和2,4-二氯苯氧乙酸时，加入的冰醋酸起什么作用？

# 实验 6-5　局部麻醉剂苯佐卡因的制备

**预习指导**

（1）查阅有关资料，填写下列各表。

① 对硝基甲苯的制备

| 品名 | $M$ /(g/mol) | 熔点 /℃ | 沸点 /℃ | $\rho$ /(g/cm$^3$) | 水溶性 | 使用规格 | 投料量 | | 理论产量 |
|---|---|---|---|---|---|---|---|---|---|
| | | | | | | | 质量(体积)/g(mL) | $n$/mol | |
| 甲苯 | | | — | — | | — | | | — |
| 浓硝酸 | | — | — | — | — | | | | — |
| 浓硫酸 | | — | | | | — | | — | — |
| 邻硝基甲苯 | | | | | | | | | |
| 对硝基甲苯 | | | | | | | | | |

② 对硝基苯甲酸的制备

| 品名 | $M$ /(g/mol) | 熔点 /℃ | 沸点 /℃ | $\rho$ /(g/cm$^3$) | 水溶性 | 使用规格 | 投料量 | | 理论产量 |
|---|---|---|---|---|---|---|---|---|---|
| | | | | | | | 质量(体积)/g(mL) | $n$/mol | |
| 对硝基甲苯 | | | — | — | | — | | | — |
| 重铬酸钾 | | — | — | — | — | | | | — |
| 浓硫酸 | | — | | | | — | | — | — |
| 对硝基苯甲酸 | | | | | | | | | |

③ 对氨基苯甲酸的制备

| 品名 | $M$ /(g/mol) | 熔点 /℃ | 沸点 /℃ | $\rho$ /(g/cm$^3$) | 水溶性 | 使用规格 | 投料量 | | 理论产量 |
|---|---|---|---|---|---|---|---|---|---|
| | | | | | | | 质量(体积)/g(mL) | $n$/mol | |
| 对硝基苯甲酸 | | | — | — | | — | | | — |
| 锡粉 | | — | — | — | — | | | | — |
| 浓盐酸 | | — | | | | — | | — | — |
| 对氨基苯甲酸 | | | | | | | | | |

④ 苯佐卡因的制备

| 品名 | $M$ /(g/mol) | 熔点 /℃ | 沸点 /℃ | $\rho$ /(g/cm$^3$) | 水溶性 | 使用规格 | 投料量 | | 理论产量 |
|---|---|---|---|---|---|---|---|---|---|
| | | | | | | | 质量(体积)/g(mL) | $n$/mol | |
| 对氨基苯甲酸 | | | — | — | | — | | | — |
| 无水乙醇 | | — | — | — | — | | | | — |
| 浓硫酸 | | — | | | | — | | — | — |
| 苯佐卡因 | | | | | | | | | |

（2）做实验前，请注意操作流程示意图。

**【目的要求】**

（1）熟悉芳环硝化、氧化、还原和酯化等反应原理及苯佐卡因的制备方法；

（2）熟练掌握加热、搅拌、回流、结晶、洗涤、干燥和过滤等基本操作技术；

（3）熟练掌握蒸馏、分馏、萃取和重结晶等分离提纯化合物的方法。

**【实验原理】**

苯佐卡因的化学名称为对氨基苯甲酸乙酯，是一种局部麻醉剂，常制成软膏用于疮面溃疡的止痛。

本实验中以甲苯为原料，经硝化、氧化、还原、酯化等反应制取苯佐卡因。各步制备的反应式如下。

(1) 硝化反应

$$C_6H_5CH_3 + 2HNO_3 \xrightarrow[\triangle]{\text{浓}H_2SO_4} o\text{-}CH_3C_6H_4NO_2 + p\text{-}CH_3C_6H_4NO_2 + 2H_2O$$

(2) 氧化反应

$$p\text{-}CH_3C_6H_4NO_2 + K_2Cr_2O_7 + 4H_2SO_4 \longrightarrow p\text{-}HOOCC_6H_4NO_2 + Cr_2(SO_4)_3 + K_2SO_4 + 5H_2O$$

(3) 还原反应

$$p\text{-}HOOCC_6H_4NO_2 \xrightarrow[HCl]{Sn} p\text{-}HOOCC_6H_4NH_2\cdot HCl \xrightarrow{NH_3\cdot H_2O} p\text{-}H_4NOOCC_6H_4NH_2 \xrightarrow{CH_3COOH} p\text{-}HOOCC_6H_4NH_2$$

(4) 酯化反应

$$p\text{-}HOOCC_6H_4NH_2 + C_2H_5OH \xrightarrow[\triangle]{\text{浓}H_2SO_4} p\text{-}C_2H_5OOCC_6H_4NH_2\cdot H_2SO_4 \xrightarrow{Na_2CO_3} p\text{-}C_2H_5OOCC_6H_4NH_2$$

**【实验用品】**

| | | |
|---|---|---|
| 带搅拌器、测温仪和滴加液体反应物的回流装置 | | 碳酸钠 |
| 普通回流装置 | 电子天平 | 锡粉 |
| 简单分馏装置 | 蓝色石蕊试纸 | 甲苯 |
| 减压过滤装置 | 沸石 | 氢氧化钠溶液（5%） |
| 分液漏斗 | 浓氨水 | 浓硫酸 |
| 水浴锅 | 冰醋酸 | 碳酸钠溶液（10%） |
| 电热套 | 无水氯化钙 | 浓硝酸 |
| 玻璃棒 | 重铬酸钾 | 乙醇溶液（50%） |
| 锥形瓶 | 无水乙醇 | 浓盐酸 |
| | | 硫酸溶液（5%） |

**【实验步骤】**

(1) 对硝基甲苯的制备

① 硝化　在250mL三颈烧瓶中加入100mL混酸[1]，三颈烧瓶的中口安装电动搅拌器，一侧口安装温度计，另一侧口通过双口接管安装球形冷凝管和滴液漏斗。滴液漏斗中盛放77mL甲苯。

在搅拌下缓慢滴加甲苯，由于反应放热，反应液温度不断升高，可通过调节加料速度或适当使用冷水浴来控制反应温度在45～50℃之间[2]。甲苯加完后，继续在此温度下搅拌30min。

② 分离　将冷却至室温的反应液倒入分液漏斗中，分去酸层（哪一层?），有机层分别用水和碳酸钠溶液洗涤后，倒入干燥的锥形瓶中，加入适量无水氯化钙，振摇至油状液体澄清后，转移至100mL圆底烧瓶中，安装简单分馏装置，用电热套加热分馏出邻硝基甲苯[3]。当油状物蒸出近1/2时，停止分馏。

③ 结晶、过滤　将烧瓶内的残留液趁热倒入烧杯中，稍冷后再用冰-水浴冷却至0℃[4]，对硝基甲苯便结晶析出，减压过滤。称量粗产品质量。必要时，可用乙醇进行重结晶。

纯对硝基甲苯为淡黄色晶体，熔点 51.4 ℃。

④ 产品检验　测定产品的熔点，鉴定对硝基甲苯并检测其纯度。

(2) 对硝基苯甲酸的制备

① 氧化　在 100mL 三颈烧瓶中加入 3g 研细的对硝基甲苯、9.1g 重铬酸钾和 11mL 水。三颈烧瓶的中口安装电动搅拌器，一侧口安装冷凝管，另一侧口安装滴液漏斗，在滴液漏斗中盛放 15mL 浓硫酸。开动搅拌器，并缓慢滴加浓硫酸[5]，随着反应开始进行，温度升高，料液颜色也逐渐加深。硫酸加完后，用小火加热，使反应液保持微沸状态约 30min。

② 分离　稍冷后，将反应混合液倒入盛有 40mL 冷水的烧杯中，粗品对硝基苯甲酸即呈结晶析出，充分冷却后，减压过滤，用冷水洗涤至滤液不显绿色[6]。

③ 提纯　将滤饼移至烧杯中，在搅拌下加入 38mL 氢氧化钠溶液，使晶体溶解[7]。抽滤。在搅拌下，将上述滤液缓慢倒入盛有 30mL 硫酸溶液的烧杯中，对硝基苯甲酸析出。充分冷却后，减压过滤，滤饼用少量冷水洗涤两次，压紧抽干。称量质量并计算产率。必要时可用 50%乙醇溶液重结晶。

纯对硝基苯甲酸为浅黄色晶体，熔点 142℃。

④ 产品检验　测定产品的熔点，鉴定对硝基苯甲酸并检测其纯度。

(3) 对氨基苯甲酸的制备

① 还原　在 100mL 圆底烧瓶中加入 4g 对硝基苯甲酸、9g 锡粉和 20mL 浓盐酸，安装球形冷凝管，小火加热至还原反应发生（反应液呈微沸状态），停止加热[8]，不断振摇烧瓶，约 30min 后，还原反应基本完成，反应液呈透明状。

② 分离　冷却后，将反应混合液倒入烧杯中，在搅拌下滴加浓氨水至溶液刚好呈碱性（用 pH 试纸检测）。抽滤，除去锡粉及氢氧化锡沉淀。

③ 酸化　滤液转移至干净的烧杯中，在不断搅拌下缓慢滴加冰醋酸至溶液刚好呈酸性（用蓝色石蕊试纸检测），对氨基苯甲酸晶体析出。用冰-水浴充分冷却后，减压过滤。晾干、称量质量，计算产率。

纯对氨基苯甲酸为无色针状晶体，熔点 187～188℃。

④ 产品检验　测定产品的熔点，鉴定对氨基苯甲酸并检测其纯度。

(4) 苯佐卡因（对氨基苯甲酸乙酯）的制备

① 酯化　在干燥的 100mL 圆底烧瓶中加入 2g 对氨基甲苯酸、12.5mL 无水乙醇和 2.5mL 浓硫酸，混匀后，加入几粒沸石。安装球形冷凝管，用水浴加热回流 1～1.5h。

② 分离　将反应混合液趁热倒入盛有 80mL 冷水的烧杯中。在不断搅拌下，分批加入碳酸钠粉末至液面有少许沉淀出现时[9]，再用少量水洗涤滤饼，压紧抽干，称量质量。必要时可用 50%乙醇重结晶。

纯苯佐卡因为白色针状晶体，熔点 92℃。

③ 产品检验　测定产品的熔点，鉴定苯佐卡因并检测其纯度。

④ 回收副产品　将滤液加热浓缩，当液面出现晶体膜时，停止加热。冷却，使硫酸钠晶体析出。抽滤，称量质量，计算产率。

注释 [1] 混酸的配制：将盛有浓硝酸的烧杯置于冷水浴中，在不断搅拌下，缓慢加入浓硫酸。混酸腐蚀性很强，操作时一定要注意安全。

[2] 甲苯的硝化容易进行。当温度过高（超过 50℃）时，会发生环上的二元硝化反应。

[3] 产物中的主要成分是三种硝基甲苯的混合物。其中邻硝基甲苯的沸点为 222.3℃，对硝基甲苯的沸点为 237.7℃，可利用分馏的方法将它们基本分离开。极少量的间硝基甲苯常混杂在邻位产物中。

[4] 邻硝基甲苯的熔点为−4.14℃，对硝基甲苯的熔点为 51.4℃。熔点差较大，所以当对硝基甲苯析出结晶时，残余的邻硝基甲苯仍留在溶液中，从而得到进一步分离。

[5] 硫酸加入后可放出大量的热，氧化反应也随之发生，反应液由橙红色变成暗绿色。可通过控制硫酸的滴加速度来缓解反应的剧烈程度，否则，反应过于猛烈，容易使对硝基甲苯受热外逸。

[6] 应尽量洗去粗产物中夹杂的无机盐。

[7] 加碱的目的是使对硝基苯甲酸生成钠盐溶解，而铬盐则转变成氢氧化铬沉淀析出，经过滤除去：

$$Cr_2(SO_4)_3 + 6NaOH \longrightarrow 2Cr(OH)_3\downarrow + 3Na_2SO_4$$

但碱的用量不宜过多，否则，氢氧化铬会溶于过量的碱而成为可溶性的亚铬酸盐：

$$Cr(OH)_3 + NaOH \longrightarrow NaCrO_2 + 2H_2O$$

未反应的对硝基甲苯，由于不溶于氢氧化钠溶液，可在此时一并除去。

[8] 不可过热，以防氨基被氧化。若反应液不沸腾，可微热片刻，以保持反应进行。

[9] 碳酸钠粉末应分多次少量加入，待反应完全，不再有气泡产生后，测 pH 值，不足时再补加，切忌过量。

**制备苯佐卡因的操作流程示意图**

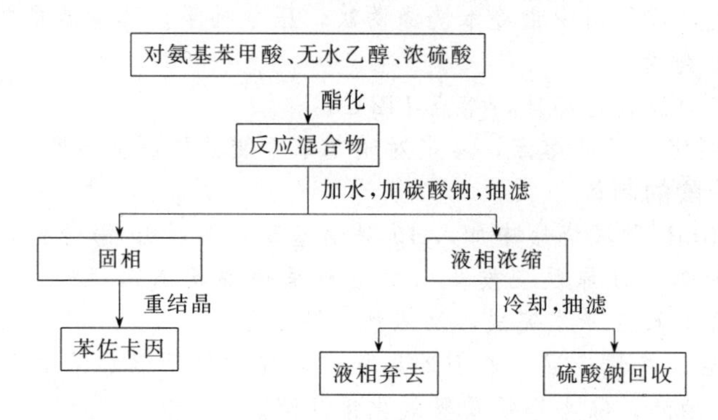


## 实验指南与安全提示

**(1) 对氨基苯甲酸呈两性，在加酸和加碱时都要严格控制用量，宜少量分批加入，并随时测试溶液 pH 值，以防酸或碱过量而影响产量和质量。**

**(2) 重铬酸钾有毒，浓硝酸和浓硫酸具有强氧化性和腐蚀性，避免直接触及皮肤。**

**(3) 若因时间或其他条件所限，本实验亦可从某一中间体开始进行制备。**

### 思 考 题

(1) 制备对硝基甲苯时，若温度高对反应会有什么影响？

(2) 邻硝基甲苯和对硝基甲苯是如何分离的？

(3) 制备对硝基苯甲酸时，硫酸为什么要缓慢滴加？一次性加入可以吗？为什么？

(4) 酯化反应结束后，为什么要加入碳酸钠固体和碳酸钠溶液？

(5) 在对氨基苯甲酸的纯化过程中，加氨水和冰醋酸各起什么作用？

## *实验 6-6 含锌药物的制备及其含量测定

**预习指导**

实验前请认真阅读“2.1.1.2 加热方式”“2.2 溶解与蒸发技术”“2.3.2.3 减压过滤”以及“5.1.3 配位滴定法”等有关内容。

【目的要求】

(1) 掌握含锌药物的制备原理和方法;

(2) 掌握含锌药物含量的测定原理和方法;

(3) 熟练掌握过滤、蒸发、结晶、灼烧及滴定分析等基本操作。

【实验原理】

$ZnSO_4 \cdot 7H_2O$、$ZnO$ 和 $Zn(CH_3COO)_2 \cdot 2H_2O$ 等含锌化合物都是重要的化工原料，并具有一定的药理作用。根据用途不同，既有工业制法，也有药用制法。本实验按药用目的制取这些含锌化合物并测定其含量。

(1) $ZnSO_4 \cdot 7H_2O$ 的制备

$$ZnO + H_2SO_4 = ZnSO_4 + H_2O$$

若采用粗 ZnO 为原料，此时产物混合液含有 $Fe^{2+}$、$Mn^{2+}$、$Cd^{2+}$、$Ni^{2+}$ 等杂质，需利用有关反应将其除去。

① $KMnO_4$ 氧化法除 $Fe^{2+}$，$Mn^{2+}$

$$MnO_4^- + 3Fe^{2+} + 7H_2O = 3Fe(OH)_3 \downarrow + MnO_2 + 5H^+$$

$$2MnO_4^- + 3Mn^{2+} + 2H_2O = 5MnO_2 \downarrow + 4H^+$$

② Zn 粉置换法除 $Cd^{2+}$，$Ni^{2+}$

$$CdSO_4 + Zn = ZnSO_4 + Cd$$

$$NiSO_4 + Zn = ZnSO_4 + Ni$$

除去杂质后的 $ZnSO_4$ 溶液经浓缩、结晶，得到 $ZnSO_4 \cdot 7H_2O$ 纯品，可供药用。

(2) ZnO 的制备

$$3ZnSO_4 + 3Na_2CO_3 + 4H_2O = ZnCO_3 \cdot 2Zn(OH)_2 \cdot 2H_2O \downarrow + 3Na_2SO_4 + 2CO_2 \uparrow$$

$$ZnCO_3 \cdot 2Zn(OH)_2 \cdot 2H_2O \xrightarrow[\text{煅烧}]{250\sim300℃} 3ZnO + CO_2 \uparrow + 4H_2O \uparrow$$

(3) $Zn(CH_3COO)_2 \cdot 2H_2O$ 的制备

$$2CH_3COOH + ZnO = Zn(CH_3COO)_2 + H_2O$$

【实验用品】

粗 ZnO（或闪锌矿焙烧的矿粉）

纯锌粉

铬黑 T

$H_2SO_4$ 溶液 (3mol/L)

HAc 溶液 (2mol/L)

HCl 溶液 (6mol/L)

饱和 $H_2S$ 溶液

$NH_3 \cdot H_2O$ (6mol/L)

$KMnO_4$ 溶液 (0.5mol/L)

$Na_2CO_3$ 溶液 (0.5mol/L)

$NH_3 \cdot H_2O$-$NH_4Cl$ 缓冲溶液 (pH=10)

EDTA 标准滴定溶液 (0.01mol/L)

铬黑 T 指示剂

【实验步骤】

(1) $ZnSO_4 \cdot 7H_2O$ 的制备

① 制备 $ZnSO_4$ 溶液　称取市售粗 ZnO（或闪锌矿焙烧所得的矿粉）30g，于 200mL 烧杯中，加入 150～180mL $H_2SO_4$ 溶液，在不断搅拌下，加热至 90℃，并保持该温度下使之溶解，同时用少量 ZnO 调节溶液的 pH≈4，趁热减压过滤，滤液置于 200mL 烧杯中。

② 去除 $Fe^{2+}$、$Mn^{2+}$ 杂质　将上述滤液加热至 80～90℃，滴加 $KMnO_4$ 溶液至呈微红

色，继续加热至溶液为无色，并控制溶液 pH≈4，趁热减压过滤，弃去残渣。滤液置于200mL 烧杯中。

③ 去除 $Ni^{2+}$，$Cd^{2+}$ 杂质　将除去 $Fe^{2+}$，$Mn^{2+}$ 杂质的滤液加热至 80℃左右，在不断搅拌下分批加入 1g 纯锌粉，反应 10min 后，检查溶液中 $Cd^{2+}$，$Ni^{2+}$ 是否除尽[1]，如未除尽，可补加少量锌粉，直至 $Cd^{2+}$，$Ni^{2+}$ 等杂质除尽为止。冷却，减压过滤，滤液置于 200mL 烧杯中。

④ 结晶、抽滤　量取精制后的 $ZnSO_4$ 滤液 1/3 于 100mL 烧杯中，滴加 $H_2SO_4$ 溶液调节至 pH≈1，将溶液转移至洁净的蒸发皿中，水浴加热蒸发至液面出现晶膜后，停止加热，冷却结晶，减压过滤，晶体用滤纸吸干后称量，计算产率。

**(2) ZnO 的制备**　量取剩余的精制 $ZnSO_4$ 滤液于 150mL 烧杯中，在搅拌下慢慢加入 $Na_2CO_3$ 溶液至 pH≈6.8 为止，随后加热煮沸 15min，沉淀即呈颗粒状析出，倾去上层溶液，将沉淀反复用热水洗涤至无 $SO_4^{2-}$ 后[2]，于 50℃烘干。

将上述碱式碳酸锌沉淀置于坩埚（或蒸发皿）中，于 250～300℃煅烧并不断搅拌，至取出少许反应物，投入稀酸中无气泡发生时，停止加热，放置冷却，得细粉状白色 ZnO 产品，称量，计算产率。

**(3) $Zn(CH_3COO)_2 \cdot 2H_2O$ 的制备**　称取粗 3g ZnO 于 100mL 烧杯中，加入 20mL HAc 溶液，搅拌均匀后，加热至沸，趁热过滤后静置，结晶，得粗制品。粗品加少量水使其溶解后重新结晶，便得精制品，抽滤、吸干后，称量并计算产率。

**(4) ZnO 含量测定**　称取 0.15～0.2g（称准至 0.0001g）ZnO 于 250mL 烧杯中，加 3mL HCl 溶液，微热溶解后，定量转移入 250mL 容量瓶中，加水稀释至刻度、摇匀。用移液管吸取 25.00mL 锌试样溶液于 250mL 锥形瓶中，滴加氨水至开始出现白色沉淀，再加入 10mL $NH_3 \cdot H_2O$-$NH_4Cl$ 缓冲溶液和 20mL 水，加入几滴铬黑 T 指示剂，用 0.01mol/LEDTA 标准溶液滴定至溶液由酒红色变为蓝色，即达终点。根据消耗的 EDTA 标准溶液的体积，计算 ZnO 的含量。

注释　[1] $Ni^{2+}$ 的检验：取 2mL 溶液于试管中，用醋酸钠溶液调节 pH ＝ 5.1，滴加锌试剂，若有 $Ni^{2+}$ 存在，则产生红色沉淀。$Cd^{2+}$ 的检验：取 2mL 溶液于试管中，滴加 $Na_2S$ 溶液，若有 $Cd^{2+}$ 存在，则产生黄色沉淀。

[2] $SO_4^{2-}$ 的检验：取 2mL 溶液于试管中，滴加 $BaCl_2$ 溶液，若有 $SO_4^{2-}$ 存在，则产生白色沉淀。

## 实验指南与安全提示

**(1) 碱式碳酸锌沉淀开始加热时，呈熔融状。不断搅拌至粉状后，逐渐升高温度，但不要超过 300℃，否则 ZnO 分子黏结后，不易再分散，冷却后呈黄白色细粉，并夹有砂砾状的颗粒。**

**(2) 醋酸锌溶液受热后，易部分水解并析出碱式醋酸锌（白色沉淀）：**

$$2Zn(CH_3COO)_2 + 2H_2O = Zn(OH)_2 \cdot Zn(CH_3COO)_2 + 2CH_3COOH$$

**为了防止上述反应的产生，加入的 HAc 应适当过量，保持滤液呈酸性（pH≈ 4）。**

**(3) 干燥 $Zn(CH_3COO)_2 \cdot 2H_2O$ 成品时，不宜加热，以免部分产品失去结晶水。**

## 思考题

(1) 在精制 $ZnSO_4$ 溶液过程中，为什么要把可能存在的 $Fe^{2+}$ 氧化成为 $Fe^{3+}$？为什么选用 $KMnO_4$ 作氧化剂，还可选用什么氧化剂？(2) 在氧化除铁和用锌粉除重金属离子的操作过程中，温度过高、过低有何影响？

(3) 在 $ZnSO_4$ 溶液中加入 $Na_2CO_3$ 使沉淀呈颗粒状析出后，为什么反复洗涤该沉淀至无 $SO_4^{2-}$？$SO_4^{2-}$ 的存在会有什么影响？

# 实验 6-7　从黄连中提取黄连素

**【目的要求】**

(1) 熟悉从植物中提取天然产物的原理和方法；

(2) 熟练掌握回流、蒸馏和重结晶等操作技术。

**【实验原理】**

黄连是一种多年生草本植物，为我国名产中草药材之一。其根茎中含有多种生物碱，如小檗碱(黄连素)、甲基黄连碱和棕榈碱等。其中以黄连素为主要有效成分，含量约为 4%～10%。

黄连素是黄色针状晶体，微溶于水和乙醇，易溶于热水和热乙醇，不溶于乙醚。它具有较强的抗菌性能，对急性结膜炎、口疮、急性细菌性痢疾和急性胃肠炎等都有很好的疗效。自然界中，黄连素主要以季铵碱的形式存在。本实验中用乙醇作溶剂，从黄连中提取黄连素，再加入盐酸，使其以盐酸盐的形式呈晶体析出。

**【实验用品】**

| | | |
|---|---|---|
| 普通回流装置 | 研钵 | 浓盐酸 |
| 普通蒸馏装置 | 电子天平 | 丙酮 |
| 减压过滤装置 | 石棉网 | 黄连 |
| 水浴锅 | 酒精灯 | 乙醇 (95%) |
| 电炉与调压器 | 玻璃棒 | 乙酸溶液 (10%) |

**【实验步骤】**

**(1) 提取**　称取 10g 中药黄连，在研钵中捣碎后放入 250mL 圆底烧瓶中，加入 100mL 乙醇，安装球形冷凝管。用水浴加热回流 40min[1]。再静置浸泡 1h。

**(2) 过滤**　减压过滤，滤渣用少量乙醇洗涤两次。

**(3) 蒸馏**　将滤液倒入 250mL 圆底烧瓶中，安装普通蒸馏装置。用水浴加热蒸馏，回收乙醇。当烧瓶内残留液呈棕红色糖浆状时，停止蒸馏（不可蒸得过干!）。

**(4) 溶解、过滤**　向烧瓶内加入 30mL 乙酸溶液，加热溶解，趁热抽滤，除去不溶物。

将滤液倒入 200mL 烧杯中，滴加浓盐酸至溶液出现混浊为止（约需 10mL）。将烧杯置于冰-水浴中充分冷却后，黄连素盐酸盐呈黄色晶体析出。减压过滤。

**(5) 重结晶**　将滤饼放入 200mL 烧杯中，先加少量水，用石棉网小火加热，边搅拌边补加水至晶体在受热情况下恰好溶解。停止加热，稍冷后，将烧杯放入冰-水浴中充分冷却，抽滤。用冰-水洗涤滤饼两次，再用少量丙酮洗涤一次[2]，压紧抽干。称量质量。

---

**注释**　[1] 也可用索氏提取器连续提取 2h，其效果会更好些。

[2] 用丙酮洗涤，可加快干燥速度。

**实验指南与安全提示**

**（1）浓盐酸易挥发并具有强烈刺激性，应避免吸入其蒸气。**

**（2）滴加浓盐酸时，应将溶液冷却至室温再进行，以防浓盐酸大量挥发。**

### 思 考 题

（1）用浸泡的方法提取天然产物与用索氏提取器连续萃取，哪种方法效果更好些？为什么？

（2）作为生物碱，黄连素具有哪些生理功能？

（3）蒸馏回收溶剂时，为什么不能蒸得太干？

## *实验 6-8　从橙皮中提取柠檬油

**【目的要求】**

（1）熟悉从植物中提取香精油的原理和方法；

（2）掌握水蒸气蒸馏装置的安装与操作；

（3）熟练掌握利用萃取和蒸馏提纯液体有机物的操作技术。

**【实验原理】**

香精油的主要成分为萜类，是广泛存在于动物、植物体内的一类天然有机化合物。大多具有令人愉快的香味，常用作食品、化妆品和洗涤用品的香料添加剂。由于其容易挥发，可通过水蒸气蒸馏进行提取。

柠檬、橙子和柑橘等水果的新鲜果皮中含有一种香精油，叫做柠檬油，为黄色液体，具有浓郁的柠檬香气，是饮料中常用的香精成分。

本实验以橙皮为原料，利用水蒸气蒸馏提取香精油，馏出液用乙醚进行萃取，蒸去溶剂后，即可得到柠檬油。

**【实验用品】**

| | | |
|---|---|---|
| 水蒸气蒸馏装置 | 电炉与调压器 | 分液漏斗（125mL） |
| 低沸易燃物蒸馏装置 | 锥形瓶 | 无水硫酸钠 |
| 水浴锅 | 橙皮（新鲜） | 乙醚 |

**【实验步骤】**

**（1）水蒸气蒸馏**　将50g新鲜橙皮剪切成碎片后[1]，放入500mL三颈烧瓶中，加入250mL水。参照图2-25安装水蒸气蒸馏装置，加热进行水蒸气蒸馏。控制馏出速度为每秒2～3滴。收集馏出液约80mL时[2]，停止蒸馏。

**（2）溶剂萃取**　将馏出液倒入分液漏斗中，用30mL乙醚分三次萃取（有机相在哪一层?）。

**（3）干燥除水**　合并萃取液，放入50mL干燥的锥形瓶中，加入适量无水硫酸钠，振摇至液体澄清透明为止。

**（4）回收溶剂**　将干燥后的萃取液滤入干燥的50mL梨形烧瓶中，安装低沸易燃物蒸馏装置。用热水浴加热蒸馏，回收乙醚[3]。烧瓶中所剩少量黄色油状液体即为柠檬油，可交指导教师统一收存。

注释 [1] 果皮应尽量剪切得碎些，最好直接剪入烧瓶中，以防精油损失。

[2] 此时馏出液中可能还有油珠存在，但量已很少，限于时间，可不再继续蒸馏。

[3] 乙醚易挥发，接收器应浸入冰浴中，以防其蒸气挥发。接液管的支管应连接一长橡胶导管，接入下水道。

**实验指南与安全提示**

**(1) 也可选用柠檬皮或柑橘皮作为实验原料。**

**(2) 乙醚易燃，蒸馏时室内不得有明火。**

**思考题**

(1) 为什么可采用水蒸气蒸馏的方法提取香精油？

(2) 干燥的橙皮中，柠檬油的含量大大降低，试分析原因。

## 实验 6-9 从绿色蔬菜中提取天然色素

**【目的要求】**

(1) 熟悉从植物中提取天然色素的原理和方法；

(2) 熟悉柱色谱分离的原理和方法；

(3) 熟练掌握萃取、分离等操作技术。

**【实验原理】**

绿色植物的茎、叶中含有叶绿素（绿色）、叶黄素（黄色）和胡萝卜素（橙色）等多种天然色素。

叶绿素是吡咯衍生物与金属镁的配合物，是植物进行光合作用所必需的催化剂。

胡萝卜素（$C_{40}H_{56}$）是具有长链结构的共轭多烯，属萜类化合物。有三种异构体：α-、β-和 γ-胡萝卜素。其中 β-异构体具有维生素 A 的生理活性，在人和动物的肝脏内受酶的催化可分解成维生素 A，所以 β-胡萝卜素又称做维生素 A 元，用于治疗夜盲症，也常用作食品色素。目前已可进行大规模的工业生产。

叶黄素（$C_{40}H_{56}O_2$）是胡萝卜素的羟基衍生物，在绿叶中的含量较高。因为分子中含有羟基，较易溶于醇，而在石油醚中溶解度较小。叶绿素和胡萝卜素则由于分子中含有较大的烃基而易溶于醚和石油醚等非极性溶剂。

本实验以蔬菜叶为原料，用石油醚-乙醇混合溶剂萃取出色素，再用柱色谱法进行分离。

胡萝卜素极性最小，当用石油醚-丙酮洗脱时，随溶剂流动较快，第一个被分离出；叶黄素分子中含有两个极性的羟基，增加洗脱剂中丙酮的比例，便随溶剂流出；叶绿素分子中极性基团较多，可用正丁醇-乙醇-水混合溶剂将其洗脱。

**【实验用品】**

| | | |
|---|---|---|
| 低沸易燃物蒸馏装置 | 分液漏斗（125mL） | 玻璃棒 |
| 减压过滤装置 | 电子天平 | 滤纸 |
| 滴液漏斗（125mL） | 锥形瓶 | 滴管 |
| | | 脱脂棉 |

| 玻璃漏斗 | 蒸馏水 | 正丁醇-乙醇-水溶液（3∶1∶1） |
| --- | --- | --- |
| 酸式滴定管（25mL） | 蔬菜叶（新鲜、绿色） | 无水硫酸钠 |
| 研钵 | 石油醚-乙醇溶液（2∶1） | 石油醚 |
| 水浴锅 | 石油醚-丙酮溶液（9∶1、7∶3） | 氧化铝 |
| 电炉与调压器 | | |

**【实验步骤】**

**(1) 萃取、分离** 将新鲜蔬菜叶洗净晾干，称取 20g，剪切成碎块放入研钵中。初步捣烂后，加入 20mL 石油醚-乙醇溶液，研磨约 5min[1]。减压过滤。滤渣放回研钵中，重新加入 10mL 石油醚-乙醇溶液，研磨后抽滤。再用 10mL 混合溶剂重复上述操作一次。

**(2) 洗涤、干燥** 合并三次抽滤的萃取液，转入分液漏斗中，用 20mL 蒸馏水分两次洗涤[2]，以除去水溶性杂质及乙醇。分去水层后，将醚层（在哪一层?）倒入干燥的 100mL 锥形瓶中，加入适量无水硫酸钠干燥。

**(3) 回收溶剂** 将干燥好的萃取液滤入 100mL 圆底烧瓶中，安装低沸易燃物蒸馏装置。用水浴加热蒸馏，回收石油醚。当烧瓶内液体剩下约 5mL 左右时[3]，停止蒸馏。

**(4) 色谱分离**

① 装柱 用 25mL 酸式滴定管代替层析柱。取少许脱脂棉，用石油醚浸润后，挤压以驱除气泡，然后借助长玻璃棒将其放入色谱柱底部，上面再覆盖一片直径略小于柱径的圆形滤纸。关好旋塞后，加入约 20mL 石油醚，将层析柱固定在铁架台上。从色谱柱上口通过玻璃漏斗缓缓加入 20g 中性氧化铝，同时小心打开旋塞，使柱内石油醚高度保持不变，并最终高出氧化铝表面约 2mm[4]。装柱完毕，关好旋塞。

② 加入色素 将上述蔬菜色素的浓缩液，用滴管小心加入色谱柱内，滴管及盛放浓缩液的容器用 2mL 石油醚冲洗，洗涤液也加入柱中。加完后，打开下端旋塞，让液面下降到柱面以下约 1mm 左右，关闭旋塞，在柱顶滴加石油醚至超过柱面 1mm 左右，再打开旋塞，使液面下降。如此反复操作几次，使色素全部进入柱体。最后再滴加石油醚至超过柱面 2mm 处。

③ 洗脱 在柱顶安装滴液漏斗，内盛约 50mL 体积比为 9∶1 的石油醚-丙酮溶液。同时打开滴液漏斗及柱下端的旋塞，让洗脱剂逐滴放出，柱色谱即开始进行。先用烧杯在柱底接收流出液体。当第一个色带即将滴出时，换一个洁净干燥的小锥形瓶接收，得橙黄色溶液，即胡萝卜素。

在滴液漏斗中加入体积比为 7∶3 的石油醚-丙酮溶剂，当第二个黄色带即将滴出时，换一个锥形瓶，接收叶黄素[5]。

最后用体积比为 3∶1∶1 的正丁醇-乙醇-水为洗脱剂（约需 30mL 左右），分离出叶绿素。将收集的三种色素提交给实验教师。

注释 [1] 应尽量研细。通过研磨，使溶剂与色素充分接触，并将其浸取出来。

[2] 洗涤时，要轻轻振摇，以防产生乳化现象。

[3] 不可蒸得太干，以避免色素溶液浓度较高，由烧瓶倒出时，沾到内壁上，造成损失。

[4] 应注意使氧化铝在整个实验过程中始终保持在溶剂液面下。

[5] 叶黄素易溶于醇，而在石油醚中溶解度较小，所以在此提取液中含量较低，以至有时不易从柱中分出。

## 实验指南与安全提示

**(1) 可选择菠菜、韭菜、油菜等绿叶蔬菜作为实验原料。**

**(2) 石油醚易挥发，易燃，使用时应注意防火。**

### 思 考 题

(1) 绿色植物中主要含有哪些天然色素？

(2) 叶绿素在植物生长过程中起什么作用？

(3) 本实验是如何从蔬菜叶中提取色素的？

(4) 分离色素时，为什么胡萝卜素最先被洗脱？三种色素的极性大小顺序如何？

(5) 蔬菜胡萝卜中的胡萝卜素含量较高，试设计一合适的实验方案进行提取。

# 附　　录

## 附录 1　国际相对原子质量表（1997 年）

| 元素 | 符号 | 原子量 | 元素 | 符号 | 原子量 | 元素 | 符号 | 原子量 |
|---|---|---|---|---|---|---|---|---|
| 银 | Ag | 107.8682 | 铪 | Hf | 178.49 | 铷 | Rb | 85.4678 |
| 铝 | Al | 26.981538 | 汞 | Hg | 200.59 | 铼 | Re | 186.207 |
| 氩 | Ar | 39.948 | 钬 | Ho | 164.93032 | 铑 | Rh | 102.90550 |
| 砷 | As | 74.92160 | 碘 | I | 126.90447 | 钌 | Ru | 101.07 |
| 金 | Au | 196.96655 | 铟 | In | 114.818 | 硫 | S | 32.066 |
| 硼 | B | 10.811 | 铱 | Ir | 192.217 | 锑 | Sb | 121.760 |
| 钡 | Ba | 137.327 | 钾 | K | 39.0983 | 钪 | Sc | 44.955910 |
| 铍 | Be | 9.012182 | 氪 | Kr | 83.80 | 硒 | Se | 78.96 |
| 铋 | Bi | 208.98038 | 镧 | La | 138.9055 | 硅 | Si | 28.0855 |
| 溴 | Br | 79.904 | 锂 | Li | 6.941 | 钐 | Sm | 150.36 |
| 碳 | C | 12.0107 | 镥 | Lu | 174.967 | 锡 | Sn | 118.710 |
| 钙 | Ca | 40.078 | 镁 | Mg | 24.3050 | 锶 | Sr | 87.62 |
| 镉 | Cd | 112.411 | 锰 | Mn | 54.938049 | 钽 | Ta | 180.9479 |
| 铈 | Ce | 140.116 | 钼 | Mo | 95.94 | 铽 | Tb | 158.92534 |
| 氯 | Cl | 35.4527 | 氮 | N | 14.00674 | 碲 | Te | 127.60 |
| 钴 | Co | 58.933200 | 钠 | Na | 22.989770 | 钍 | Th | 232.0381 |
| 铬 | Cr | 51.9961 | 铌 | Nb | 92.90638 | 钛 | Ti | 47.867 |
| 铯 | Cs | 132.90545 | 钕 | Nd | 144.24 | 铊 | Tl | 204.3833 |
| 铜 | Cu | 63.546 | 氖 | Ne | 20.1797 | 铥 | Tm | 168.93421 |
| 镝 | Dy | 162.50 | 镍 | Ni | 58.6934 | 铀 | U | 238.0289 |
| 铒 | Er | 167.26 | 镎 | Np | (237) | 钒 | V | 50.9415 |
| 铕 | Eu | 151.964 | 氧 | O | 15.9994 | 钨 | W | 183.84 |
| 氟 | F | 18.9984032 | 锇 | Os | 190.23 | 氙 | Xe | 131.29 |
| 铁 | Fe | 55.845 | 磷 | P | 30.973761 | 钇 | Y | 88.90585 |
| 镓 | Ga | 69.723 | 铅 | Pb | 207.2 | 镱 | Yb | 173.04 |
| 钆 | Gd | 157.25 | 钯 | Pd | 106.42 | 锌 | Zn | 65.39 |
| 锗 | Ge | 72.61 | 镨 | Pr | 140.90765 | 锆 | Zr | 91.224 |
| 氢 | H | 1.00794 | 铂 | Pt | 195.078 | | | |
| 氦 | He | 4.002602 | 镭 | Ra | (226) | | | |

注：天然放射性元素选列最重要的同位素的质量数用括号表示。

# 附录 2 常用酸溶液和碱溶液的相对密度和浓度

| 酸 | | | | | | |
|---|---|---|---|---|---|---|
| 相对密度（15℃） | HCl 溶液 | | $HNO_3$ 溶液 | | $H_2SO_4$ 溶液 | |
| | g/100g | mol/L | g/100g | mol/L | g/100g | mol/L |
| 1.02 | 4.13 | 1.15 | 3.70 | 0.6 | 3.1 | 0.3 |
| 1.04 | 8.16 | 2.3 | 7.26 | 1.2 | 6.1 | 0.6 |
| 1.05 | 10.2 | 2.9 | 9.0 | 1.5 | 7.4 | 0.8 |
| 1.06 | 12.2 | 3.5 | 10.7 | 1.8 | 8.8 | 0.9 |
| 1.08 | 16.2 | 4.8 | 13.9 | 2.4 | 11.6 | 1.3 |
| 1.10 | 20.0 | 6.0 | 17.1 | 3.0 | 14.4 | 1.6 |
| 1.12 | 23.8 | 7.3 | 20.2 | 3.6 | 17.0 | 2.0 |
| 1.14 | 27.7 | 8.7 | 23.3 | 4.2 | 19.9 | 2.3 |
| 1.15 | 29.6 | 9.3 | 24.8 | 4.5 | 20.9 | 2.5 |
| 1.19 | 37.2 | 12.2 | 30.9 | 5.8 | 26.0 | 3.2 |
| 1.20 | | | 32.3 | 6.2 | 27.3 | 3.4 |
| 1.25 | | | 39.8 | 7.9 | 33.4 | 4.3 |
| 1.30 | | | 47.5 | 9.8 | 39.2 | 5.2 |
| 1.35 | | | 55.8 | 12.0 | 44.8 | 6.2 |
| 1.40 | | | 65.3 | 14.5 | 50.1 | 7.2 |
| 1.42 | | | 69.8 | 15.7 | 52.2 | 7.6 |
| 1.45 | | | | | 55.0 | 8.2 |
| 1.50 | | | | | 59.8 | 9.2 |
| 1.55 | | | | | 64.3 | 10.2 |
| 1.60 | | | | | 68.7 | 11.2 |
| 1.65 | | | | | 73.0 | 12.3 |
| 1.70 | | | | | 77.2 | 13.4 |
| 1.84 | | | | | 95.6 | 18.0 |

| 碱 | | | | | | |
|---|---|---|---|---|---|---|
| 相对密度（15℃） | $NH_3$ 水溶液 | | NaOH 溶液 | | KOH 溶液 | |
| | g/100g | mol/L | g/100g | mol/L | g/100g | mol/L |
| 0.88 | 35.0 | 18.0 | | | | |
| 0.90 | 28.3 | 15 | | | | |
| 0.91 | 25.0 | 13.4 | | | | |
| 0.92 | 21.8 | 11.8 | | | | |
| 0.94 | 15.6 | 8.6 | | | | |
| 0.96 | 9.9 | 5.6 | | | | |
| 0.98 | 4.8 | 2.8 | | | | |
| 1.05 | | | 4.5 | 1.25 | 5.5 | 1.0 |
| 1.10 | | | 9.0 | 2.5 | 10.9 | 2.1 |
| 1.15 | | | 13.5 | 3.9 | 16.1 | 3.3 |
| 1.20 | | | 18.0 | 5.4 | 21.2 | 4.5 |
| 1.25 | | | 22.5 | 7.0 | 26.1 | 5.8 |
| 1.30 | | | 27.0 | 8.8 | 30.9 | 7.2 |
| 1.35 | | | 31.8 | 10.7 | 35.5 | 8.5 |

# 附录 3　标准电极电势（位）(298K)

| 电极反应 | $E^{\ominus}$/V | 电极反应 | $E^{\ominus}$/V |
|---|---|---|---|
| $Al^{3+}+3e \rightleftharpoons Al$ | −1.67 | * $MnO_4^{2-}+2H_2O+2e \rightleftharpoons MnO_2+4OH^-$ | 0.58 |
| $Zn^{2+}+2e \rightleftharpoons Zn$ | −0.762 | * $ClO_3^-+3H_2O+6e \rightleftharpoons Cl^-+6OH^-$ | 0.62 |
| * $Fe(OH)_3+e \rightleftharpoons Fe(OH)_2+OH^-$ | −0.56 | $O_2+2H^++2e \rightleftharpoons H_2O_2$ | 0.682 |
| * $NO_2^-+H_2O+e \rightleftharpoons NO+2OH^-$ | −0.46 | $Fe^{3+}+e \rightleftharpoons Fe^{2+}$ | 0.771 |
| * $Fe^{2+}+2e \rightleftharpoons Fe$ | −0.441 | $Ag^++e \rightleftharpoons Ag$ | 0.7991 |
| $Sn^{2+}+2e \rightleftharpoons Sn$ | −0.140 | * $HO_2^-+H_2O+2e \rightleftharpoons 3OH^-$ | 0.88 |
| $Pb^{2+}+2e \rightleftharpoons Pb$ | −0.126 | * $ClO^-+H_2O+2e \rightleftharpoons Cl^-+2OH^-$ | 0.89 |
| * $CrO_4^{2-}+4H_2O+3e \rightleftharpoons Cr(OH)_3+5OH^-$ | −0.12 | $NO_3^-+4H^++3e \rightleftharpoons NO+2H_2O$ | 0.90 |
| * $[Cu(NH_3)_2]^++e \rightleftharpoons Cu+2NH_3$ | −0.11 | $Br_2+2e \rightleftharpoons 2Br^-$ | 1.0652 |
| * $O_2+H_2O+2e \rightleftharpoons HO_2^-+OH^-$ | −0.076 | $IO_3^-+6H^++6e \rightleftharpoons I^-+3H_2O$ | 1.085 |
| * $MnO_2+H_2O+2e \rightleftharpoons Mn(OH)_2+2OH^-$ | −0.05 | $IO_3^-+6H^++5e \rightleftharpoons \frac{1}{2}I_2+3H_2O$ | 1.195 |
| $Fe^{3+}+3e \rightleftharpoons Fe$ | −0.036 | $O_2+4H^++4e \rightleftharpoons 2H_2O$ | 1.229 |
| $2H^++2e \rightleftharpoons H_2$ | 0.0000 | $MnO_2+4H^++2e \rightleftharpoons Mn^{2+}+2H_2O$ | 1.23 |
| * $[Co(NH_3)_6]^{3+}+e \rightleftharpoons [Co(NH_3)_6]^{2+}$ | 0.2 | $Cr_2O_7^{2-}+14H^++6e \rightleftharpoons 2Cr^{3+}+7H_2O$ | 1.33 |
| $S+2H^++2e \rightleftharpoons H_2S$ | 0.141 | $Cl_2+2e \rightleftharpoons 2Cl^-$ | 1.3595 |
| $Sn^{4+}+2e \rightleftharpoons Sn^{2+}$ | 0.15 | $ClO_3+4H^++4e \rightleftharpoons ClO^-+2H_2O$ | 1.42 |
| $Cu^{2+}+e \rightleftharpoons Cu^+$ | 0.167 | $ClO_3^-+6H^++6e \rightleftharpoons Cl^-+3H_2O$ | 1.45 |
| $S_4O_6^{2-}+2e \rightleftharpoons 2S_2O_3^{2-}$ | 0.17 | $PbO_2^-+4H^++2e \rightleftharpoons Pb^{2+}+2H_2O$ | 1.455 |
| * $Co(OH)_3+e \rightleftharpoons Co(OH)_2+OH^-$ | 0.20 | $ClO_3^-+6H^++5e \rightleftharpoons \frac{1}{2}Cl_2+3H_2O$ | 1.47 |
| * $IO_3^-+3H_2O+6e \rightleftharpoons I^-+6OH^-$ | 0.26 | $HClO+H^++2e \rightleftharpoons Cl^-+H_2O$ | 1.49 |
| $Cu^{2+}+2e \rightleftharpoons Cu$ | 0.345 | $MnO_4^-+8H^++5e \rightleftharpoons Mn^{2+}+4H_2O$ | 1.51 |
| $I_2+2e \rightleftharpoons 2I^-$ | 0.534 | $NaBiO_3+6H^++2e \rightleftharpoons Bi^{3+}+Na^++3H_2O$ | 1.61 |
| * $O_2+2H_2O+4e \rightleftharpoons 4OH^-$ | 0.401 | $HClO+2H^++2e \rightleftharpoons Cl_2+2H_2O$ | 1.63 |
| $H_2SO_3+4H^++4e \rightleftharpoons S+3H_2O$ | 0.45 | $MnO_4^-+4H^++3e \rightleftharpoons MnO_2+2H_2O$ | 1.695 |
| * $2ClO^-+2H_2O+2e \rightleftharpoons Cl_2+4OH^-$ | 0.52 | $H_2O_2+2H^++2e \rightleftharpoons 2H_2O$ | 1.77 |
| $MnO_4^-+e \rightleftharpoons MnO_4^{2-}$ | 0.54 | $Co^{3+}+e \rightleftharpoons Co^{2+}$ | 1.82 |
| * $MnO_4^-+2H_2O+3e \rightleftharpoons MnO_2+4OH^-$ | 0.57 | $S_2O_6^{2-}+2e \rightleftharpoons 2SO_4^{2-}$ | 2.01 |

注：本表所采用的标准电极电势系还原电势；表中凡前面有 * 符号的电极反应是在碱性溶液中进行，其余都在酸性溶液中进行。

# 附录 4　我国选定的非国际单位制单位

| 量的名称 | 单位名称 | 单位符号 | 换算关系和说明 |
|---|---|---|---|
| 时　间 | 分 | min | 1 min=60 s |
| | [小]时 | h | 1 h=60min=3600 s |
| | 天(日) | d | 1 d=24h=86400 s |
| 平 面 角 | [角]秒 | (″) | 1″(π/648000)rad (π 为圆周率) |
| | [角]分 | (′) | 1′=60″=(π/10800)rad |
| | 度 | (°) | 1°=60′=(π/180)rad |
| 旋转速度 | 转每分 | r/min | 1 r/min=(1/60)$s^{-1}$ |
| 长　度 | 海里 | n mile | 1 n mile=1852m(只用于航程) |
| 速　度 | 节 | kn | 1 kn =1n mile/h<br>=(1852/3600)m/s(只用于航行) |
| 质　量 | 吨 | t | 1 t=$10^3$kg |
| | 原子质量单位 | u | 1 u≈1.6605655×$10^{-27}$kg |
| 体　积 | 升 | L(l) | 1 L=1$dm^3$=$10^{-3}$$m^3$ |
| 能 | 电子伏 | eV | 1eV≈1.6021892×$10^{-19}$J |
| 级　差 | 分贝 | dB | |
| 线 密 度 | 特[克斯] | tex | 1 tex=1 g/km |

# 附录 5　水在不同温度下的饱和蒸气压

| t/℃ | p/mmHg | p/Pa | t/℃ | p/mmHg | p/Pa |
|---|---|---|---|---|---|
| 0 | 4.597 | 610.5 | 21 | 18.650 | 2466.5 |
| 1 | 4.926 | 656.7 | 22 | 19.827 | 2643.4 |
| 2 | 5.294 | 705.8 | 23 | 21.068 | 2808.8 |
| 3 | 5.685 | 757.9 | 24 | 22.377 | 2983.3 |
| 4 | 6.101 | 813.4 | 25 | 23.756 | 3167.2 |
| 5 | 6.543 | 872.3 | 26 | 25.209 | 3360.9 |
| 6 | 7.013 | 935.0 | 27 | 26.738 | 3564.9 |
| 7 | 7.513 | 1001.6 | 28 | 28.349 | 3779.5 |
| 8 | 8.045 | 1072.6 | 29 | 30.043 | 4005.2 |
| 9 | 8.609 | 1147.8 | 30 | 31.824 | 4242.8 |
| 10 | 9.209 | 1227.8 | 31 | 33.695 | 4492.3 |
| 11 | 9.844 | 1312.4 | 32 | 35.663 | 4754.7 |
| 12 | 10.518 | 1402.3 | 33 | 37.729 | 5030.1 |
| 13 | 11.231 | 1497.3 | 34 | 39.898 | 5319.3 |
| 14 | 11.987 | 1598.1 | 35 | 42.175 | 5622.9 |
| 15 | 12.788 | 1704.9 | 40 | 55.324 | 7375.9 |
| 16 | 13.634 | 1817.7 | 45 | 71.88 | 9583.2 |
| 17 | 14.630 | 1937.2 | 50 | 92.51 | 12334 |
| 18 | 15.477 | 2063.4 | 60 | 149.38 | 19916 |
| 19 | 16.477 | 2196.7 | 80 | 355.1 | 47343 |
| 20 | 17.535 | 2337.8 | 100 | 760 | 101325 |

# 附录 6 水在不同温度下的黏度

mPa·s

| t/℃ | 0 | 1 | 2 | 3 | 4 | 5 | 6 | 7 | 8 | 9 |
| --- | --- | --- | --- | --- | --- | --- | --- | --- | --- | --- |
| 0 | 1.787 | 1.728 | 1.671 | 1.618 | 1.567 | 1.519 | 1.472 | 1.428 | 1.386 | 1.346 |
| 10 | 1.307 | 1.271 | 1.235 | 1.202 | 1.169 | 1.130 | 1.109 | 1.081 | 1.053 | 1.027 |
| 20 | 1.002 | 0.9779 | 0.9548 | 0.9325 | 0.9111 | 0.8904 | 0.8705 | 0.8513 | 0.8327 | 0.8148 |
| 30 | 0.7975 | 0.7808 | 0.7647 | 0.7491 | 0.7340 | 0.7194 | 0.7052 | 0.6915 | 0.6783 | 0.6654 |
| 40 | 0.6529 | 0.6408 | 0.6291 | 0.6178 | 0.6067 | 0.5960 | 0.5856 | 0.5755 | 0.5656 | 0.5561 |

# 附录 7 水在不同温度下的折射率（$\lambda=589.3nm$）

| t/℃ | $n_D$ | t/℃ | $n_D$ | t/℃ | $n_D$ | t/℃ | $n_D$ |
| --- | --- | --- | --- | --- | --- | --- | --- |
| 14 | 1.33348 | 22 | 1.33281 | 32 | 1.33164 | 42 | 1.33023 |
| 15 | 1.33341 | 24 | 1.33262 | 34 | 1.33136 | 44 | 1.32992 |
| 16 | 1.33333 | 26 | 1.33241 | 36 | 1.33107 | 46 | 1.32959 |
| 18 | 1.33317 | 28 | 1.33219 | 38 | 1.33079 | 48 | 1.32927 |
| 20 | 1.33299 | 30 | 1.33192 | 40 | 1.33051 | 50 | 1.32894 |

# 附录 8 不同温度下水、乙醇、汞的密度

$10^3 kg/m^3$

| t/℃ | 水 | 乙醇 | 汞 | t/℃ | 水 | 乙醇 | 汞 |
| --- | --- | --- | --- | --- | --- | --- | --- |
| 5 | 0.9999 | 0.8020 | 13.583 | 18 | 0.9986 | 0.7911 | 13.551 |
| 6 | 0.9999 | 0.8012 | 13.581 | 19 | 0.9984 | 0.7902 | 13.549 |
| 7 | 0.9999 | 0.8003 | 13.578 | 20 | 0.9982 | 0.7894 | 13.546 |
| 8 | 0.9998 | 0.7995 | 13.576 | 21 | 0.9980 | 0.7886 | 13.544 |
| 9 | 0.9998 | 0.7987 | 13.573 | 22 | 0.9978 | 0.7877 | 13.541 |
| 10 | 0.9997 | 0.7978 | 13.571 | 23 | 0.9975 | 0.7869 | 13.539 |
| 11 | 0.9996 | 0.7970 | 13.568 | 24 | 0.9973 | 0.7860 | 13.536 |
| 12 | 0.9995 | 0.7962 | 12.566 | 25 | 0.9970 | 0.7852 | 13.534 |
| 13 | 0.9994 | 0.7953 | 13.563 | 26 | 0.9968 | 0.7843 | 13.532 |
| 14 | 0.9992 | 0.7945 | 13.561 | 27 | 0.9965 | 0.7835 | 13.529 |
| 15 | 0.9991 | 0.7936 | 13.559 | 28 | 0.9962 | 0.7826 | 13.527 |
| 16 | 0.9989 | 0.7828 | 12.556 | 29 | 0.9959 | 0.7818 | 13.524 |
| 17 | 0.9988 | 0.7919 | 13.554 | 30 | 0.9956 | 0.7809 | 13.522 |

# 附录 9　几种常见金属的熔点

| 金属物质 | 熔点 $t_m$/℃ | 金属物质 | 熔点 $t_m$/℃ | 金属物质 | 熔点 $t_m$/℃ |
|---|---|---|---|---|---|
| 钠(Na) | 97.8 | 铬(Cr) | 1863 | 锡(Sn) | 231.97 |
| 镁(Mg) | 650 | 锰(Mn) | 1246 | 铂(Pt) | 1769.0 |
| 铝(Al) | 660.45 | 铁(Fe) | 1538 | 金(Au) | 1064.43 |
| 硅(Si) | 1414 | 铜(Cu) | 1084.87 | 汞(Hg) | −38.84 |
| 钾(K) | 63.71 | 锌(Zn) | 419.58 | 铅(Pb) | 327.50 |
| 钙(Ca) | 842 | 钼(Mo) | 2623 | 铀(U) | 1135 |
| 钒(V) | 1910 | 银(Ag) | 961.93 | | |

# 附录 10　弱酸和弱碱的离解常数（25℃）

| 名称 | 化学式 | $K_{a(b)}$ | $pK_{a(b)}$ |
|---|---|---|---|
| 硼 酸 | $H_3BO_3$ | $5.8\times10^{-10}(K_{a1})$ | 9.24 |
| 碳 酸 | $H_2CO_3$ | $4.5\times10^{-7}(K_{a1})$ | 6.35 |
| | | $4.7\times10^{-11}(K_{a2})$ | 10.33 |
| 砷 酸 | $H_3AsO_3$ | $6.3\times10^{-3}(K_{a1})$ | 2.20 |
| | | $1.0\times10^{-7}(K_{a2})$ | 7.00 |
| | | $3.2\times10^{-12}(K_{a3})$ | 11.50 |
| 亚砷酸 | $HAsO_2$ | $6.0\times10^{-10}$ | 9.22 |
| 氢氰酸 | HCN | $6.2\times10^{-10}$ | 9.21 |
| 铬 酸 | $HCrO_4^-$ | $3.2\times10^{-7}(K_{a2})$ | 6.50 |
| 氢氟酸 | HF | $7.2\times10^{-4}$ | 3.14 |
| 亚硝酸 | $HNO_2$ | $5.1\times10^{-4}$ | 3.29 |
| 磷 酸 | $H_3PO_4$ | $7.6\times10^{-3}(K_{a1})$ | 2.12 |
| | | $6.3\times10^{-8}(K_{a2})$ | 7.20 |
| | | $4.4\times10^{-13}(K_{a3})$ | 12.36 |
| 亚磷酸 | $H_3PO_3$ | $5.0\times10^{-2}(K_{a1})$ | 1.30 |
| | | $2.5\times10^{-7}(K_{a2})$ | 6.60 |
| 氢硫酸 | $H_2S$ | $5.7\times10^{-8}(K_{a1})$ | 7.24 |
| | | $1.2\times10^{-15}(K_{a2})$ | 14.92 |
| 硫 酸 | $HSO_4^-$ | $1.2\times10^{-2}(K_{a2})$ | 1.99 |
| 亚硫酸 | $H_2SO_3$ | $1.3\times10^{-2}(K_{a1})$ | 1.90 |
| | | $6.3\times10^{-8}(K_{a2})$ | 7.20 |
| 硫氰酸 | HSCN | $1.4\times10^{-1}$ | 0.85 |
| 偏硅酸 | $H_2SiO_3$ | $1.7\times10^{-10}(K_{a1})$ | 9.77 |
| | | $1.6\times10^{-12}(K_{a2})$ | 11.80 |
| 甲酸(蚁酸) | HCOOH | $1.77\times10^{-4}$ | 3.75 |
| 乙酸(醋酸) | $CH_3COOH$ | $1.75\times10^{-5}$ | 4.76 |
| 丙 酸 | $C_2H_5COOH$ | $1.3\times10^{-5}$ | 4.89 |
| 一氯乙酸 | $CH_2ClCOOH$ | $1.4\times10^{-3}$ | 2.86 |
| 二氯乙酸 | $CHCl_2COOH$ | $5.0\times10^{-2}$ | 1.30 |
| 三氯乙酸 | $CCl_3COOH$ | 0.23 | 0.64 |
| 乳 酸 | $CH_3CHOHCOOH$ | $1.4\times10^{-4}$ | 3.86 |
| 苯甲酸 | $C_6H_5COOH$ | $6.2\times10^{-5}$ | 4.21 |
| 邻苯二甲酸 | $C_6H_4(COOH)_2$ | $1.1\times10^{-3}(K_{a1})$ | 2.96 |
| | | $3.9\times10^{-6}(K_{a2})$ | 5.41 |
| 草 酸 | $H_2C_2O_4$ | $5.9\times10^{-2}(K_{a1})$ | 1.22 |
| | | $6.4\times10^{-5}(K_{a2})$ | 4.19 |

| 名称 | 化学式 | $K_{a(b)}$ | $pK_{a(b)}$ |
|---|---|---|---|
| 苯 酚 | $C_6H_5OH$ | $1.1\times10^{-10}$ | 9.95 |
| 水杨酸 | $C_6H_4OHCOOH$ | $1.0\times10^{-3}(K_{a1})$ | 3.00 |
| | | $4.2\times10^{-13}(K_{a2})$ | 12.38 |
| 磺基水杨酸 | $C_6H_3SO_3HOHCOOH$ | $4.7\times10^{-3}(K_{a1})$ | 2.33 |
| | | $4.8\times10^{-12}(K_{a2})$ | 11.32 |
| 乙二胺四乙酸(EDTA) | $H_6Y^{2+}$ | $0.1(K_{a1})$ | 0.90 |
| | $H_5Y^+$ | $3.0\times10^{-2}(K_{a2})$ | 1.60 |
| | $H_4Y$ | $1.0\times10^{-2}(K_{a3})$ | 2.00 |
| | $H_3Y^-$ | $2.1\times10^{-3}(K_{a4})$ | 2.67 |
| | $H_2Y^{2-}$ | $6.9\times10^{-7}(K_{a5})$ | 6.16 |
| | $HY^{3-}$ | $5.5\times10^{-11}(K_{a6})$ | 10.26 |
| 硫代硫酸 | $H_2S_2O_3$ | $5.0\times10^{-1}(K_{a1})$ | 0.30 |
| | | $1.0\times10^{-2}(K_{a2})$ | 2.00 |
| 苦味酸 | $HOC_6H_2(NO_2)_3$ | $4.2\times10^{-1}$ | 0.38 |
| 乙酰丙酮 | $CH_3COCH_2COCH_3$ | $1.0\times10^{-9}$ | 9.00 |
| 邻二氮菲 | $C_{12}H_8N_2$ | $1.1\times10^{-5}$ | 4.96 |
| 8-羟基喹啉 | $C_9H_6NOH$ | $9.6\times10^{-6}(K_{a1})$ | 5.02 |
| | | $1.55\times10^{-10}(K_{a2})$ | 9.81 |
| 邻硝基苯甲酸 | $C_6H_4NO_2COOH$ | $6.71\times10^{-3}$ | 2.17 |
| 氨 水 | $NH_3\cdot H_2O$ | $1.8\times10^{-5}$ | 4.74 |
| 联 氨 | $H_2NNH_2$ | $3.0\times10^{-6}(K_{b1})$ | 5.52 |
| | | $7.6\times10^{-15}(K_{b2})$ | 14.12 |
| 苯 胺 | $C_6H_5NH_2$ | $4.2\times10^{-10}$ | 9.38 |
| 羟 胺 | $NH_2OH$ | $9.1\times10^{-9}$ | 8.04 |
| 甲 胺 | $CH_3NH_2$ | $4.2\times10^{-4}$ | 3.38 |
| 乙 胺 | $C_2H_5NH_2$ | $5.6\times10^{-4}$ | 3.25 |
| 二甲胺 | $(CH_3)_2NH$ | $1.2\times10^{-4}$ | 3.93 |
| 二乙胺 | $(C_2H_5)_2NH$ | $1.3\times10^{-3}$ | 2.89 |
| 乙醇胺 | $HOCH_2CH_2NH_2$ | $3.2\times10^{-5}$ | 4.50 |
| 三乙醇胺 | $(HOCH_2CH_2)_3N$ | $5.8\times10^{-7}$ | 6.24 |
| 六亚甲基四胺 | $(CH_2)_6N_4$ | $1.4\times10^{-9}$ | 8.85 |
| 乙二胺 | $H_2NCH_2CH_2NH_2$ | $8.5\times10^{-5}(K_{b1})$ | 4.07 |
| | | $7.1\times10^{-8}(K_{b2})$ | 7.15 |
| 吡 啶 | $C_6H_5N$ | $1.7\times10^{-9}$ | 8.77 |
| 喹 啉 | $C_9H_7N$ | $6.3\times10^{-10}$ | 9.20 |
| 尿 素 | $CO(NH_2)_2$ | $1.5\times10^{-14}$ | 13.82 |

# 附录 11　一些物质在热导检测器上的相对响应值和相对校正因子

| 组分名称 | $s'_M$ | $s'_m$ | $f'_M$ | $f'_m$ | 组分名称 | $s'_M$ | $s'_m$ | $f'_M$ | $f'_m$ |
|---|---|---|---|---|---|---|---|---|---|
| 直链烷烃 | | | | | 丙　烷 | 0.645 | 1.16 | 1.55 | 0.86 |
| 甲　烷 | 0.357 | 1.73 | 2.80 | 0.58 | 丁　烷 | 0.851 | 1.15 | 1.18 | 0.87 |
| 乙　烷 | 0.512 | 1.33 | 1.96 | 0.75 | 戊　烷 | 1.05 | 1.14 | 0.95 | 0.88 |
| 己　烷 | 1.23 | 1.12 | 0.81 | 0.89 | 戊　烯 | 0.99 | 1.10 | 1.01 | 0.91 |
| 庚　烷 | 1.43 | 1.12 | 0.70 | 0.89 | 反 2-戊烯 | 1.04 | 1.16 | 0.96 | 0.86 |
| 辛　烷 | 1.60 | 1.09 | 0.63 | 0.92 | 顺 2-戊烯 | 0.98 | 1.10 | 1.02 | 0.91 |
| 壬　烷 | 1.77 | 1.08 | 0.57 | 0.93 | 2-甲基-2-戊烯 | 0.96 | 1.04 | 1.04 | 0.96 |
| 癸　烷 | 1.99 | 1.09 | 0.50 | 0.92 | 2,4,4-三甲基-1-戊烯 | 1.58 | 1.10 | 0.63 | 0.91 |
| 十一烷 | 1.98 | 0.99 | 0.51 | 1.01 | 丙二烯 | 0.53 | 1.03 | 1.89 | 0.97 |
| 十四烷 | 2.34 | 0.92 | 0.42 | 1.09 | 1,3-丁二烯 | 0.80 | 1.16 | 1.25 | 0.86 |
| $C_{20}$～$C_{36}$ | | 1.09 | | 0.92 | 环戊二烯 | 0.68 | 0.81 | 1.47 | 1.23 |
| 支链烷烃 | | | | | 异戊二烯 | 0.92 | 1.06 | 1.09 | 0.94 |
| 异丁烷 | 0.82 | 1.10 | 1.22 | 0.91 | 1-甲基环己烯 | 1.15 | 0.93 | 0.87 | 1.07 |
| 异戊烷 | 1.02 | 1.10 | 0.98 | 0.91 | 甲基乙炔 | 0.58 | 1.13 | 1.72 | 0.88 |
| 新戊烷 | 0.99 | 1.08 | 1.01 | 0.93 | 双环戊二烯 | 0.76 | 0.78 | 1.32 | 1.28 |
| 2,2-二甲基丁烷 | 1.16 | 1.05 | 0.86 | 0.95 | 4-乙烯基环己烯 | 1.30 | 0.94 | 0.77 | 1.07 |
| 2,3-二甲基丁烷 | 1.16 | 1.05 | 0.86 | 0.95 | 环戊烯 | 0.80 | 0.92 | 1.25 | 1.09 |
| 2-甲基戊烷 | 1.20 | 1.09 | 0.83 | 0.92 | 降冰片烯 | 1.13 | 0.94 | 0.89 | 1.06 |
| 3-甲基戊烷 | 1.19 | 1.08 | 0.84 | 0.93 | 降冰片二烯 | 1.11 | 0.95 | 0.90 | 1.05 |
| 2,2-二甲基戊烷 | 1.33 | 1.04 | 0.75 | 0.96 | 环庚三烯 | 1.04 | 0.88 | 0.96 | 1.14 |
| 2,4-二甲基戊烷 | 1.29 | 1.01 | 0.78 | 0.99 | 1,3-环辛二烯 | 1.27 | 0.91 | 0.79 | 1.10 |
| 2,3-二甲基戊烷 | 1.35 | 1.05 | 0.74 | 0.95 | 1,5-环辛二烯 | 1.31 | 0.95 | 0.76 | 1.05 |
| 3,5-二甲基戊烷 | 1.33 | 1.04 | 0.75 | 0.96 | 1,3,5,7-环辛四烯 | 1.14 | 0.86 | 0.88 | 1.16 |
| 2,2,3-三甲基丁烷 | 1.29 | 1.01 | 0.78 | 0.99 | 环十二碳三烯(反) | 1.68 | 0.81 | 0.60 | 1.23 |
| 2-甲基己烷 | 1.36 | 1.06 | 0.74 | 0.94 | 环十二碳三烯 | 1.53 | 0.73 | 0.65 | 1.37 |
| 3-甲基己烷 | 1.33 | 1.04 | 0.75 | 0.96 | 芳　烃 | | | | |
| 3-乙基戊烷 | 1.31 | 1.02 | 0.76 | 0.98 | 苯 | 1.00 | 1.00 | 1.00 | 1.00 |
| 2,2,4-三甲基戊烷 | 1.47 | 1.01 | 0.68 | 0.99 | 甲　苯 | 1.16 | 0.98 | 0.86 | 1.02 |
| 不饱和烃 | | | | | 乙基苯 | 1.29 | 0.95 | 0.78 | 1.05 |
| 乙　烯 | 0.48 | 1.34 | 2.08 | 0.75 | 间二甲苯 | 1.31 | 0.96 | 0.76 | 1.04 |
| 丙　烯 | 0.65 | 1.20 | 1.54 | 0.83 | 对二甲苯 | 1.31 | 0.96 | 0.76 | 1.04 |
| 异丁烯 | 0.82 | 1.14 | 1.22 | 0.88 | 邻二甲苯 | 1.27 | 0.93 | 0.79 | 1.08 |
| 丁　烯 | 0.81 | 1.13 | 1.23 | 0.88 | 异丙苯 | 1.42 | 0.92 | 0.70 | 1.09 |
| 反 2-丁烯 | 0.85 | 1.19 | 1.18 | 0.84 | 正丙苯 | 1.45 | 0.95 | 0.69 | 1.05 |
| 顺 2-丁烯 | 0.87 | 1.22 | 1.15 | 0.82 | 1,2,4-三甲苯 | 1.50 | 0.98 | 0.67 | 1.02 |
| 3-甲基 1-丁烯 | 0.99 | 1.10 | 1.01 | 0.91 | 1,2,3-三甲苯 | 1.49 | 0.97 | 0.67 | 1.03 |
| 2-甲基 1-丁烯 | 0.99 | 1.10 | 1.01 | 0.91 | 对乙基甲苯 | 1.50 | 0.98 | 0.67 | 1.02 |

续表

| 组分名称 | $s'_M$ | $s'_m$ | $f'_M$ | $f'_m$ |
|---|---|---|---|---|
| 1,3,5-三甲苯 | 1.49 | 0.97 | 0.67 | 1.03 |
| 仲丁苯 | 1.58 | 0.92 | 0.63 | 1.09 |
| 联二苯 | 1.69 | 0.86 | 0.59 | 1.16 |
| 邻三联苯 | 2.17 | 0.74 | 0.46 | 1.35 |
| 间三联苯 | 2.30 | 0.78 | 0.43 | 1.28 |
| 对三联苯 | 2.24 | 0.76 | 0.45 | 1.32 |
| 三苯甲烷 | 2.32 | 0.74 | 0.43 | 1.35 |
| 萘 | 1.39 | 0.84 | 0.72 | 1.19 |
| 四氢萘 | 1.45 | 0.86 | 0.69 | 1.16 |
| 甲基四氢萘 | 1.58 | 0.84 | 0.63 | 1.19 |
| 乙基四氢萘 | 1.70 | 0.83 | 0.59 | 1.20 |
| 反十氢萘 | 1.50 | 0.85 | 0.67 | 1.18 |
| 顺十氢萘 | 1.51 | 0.86 | 0.66 | 1.16 |
| 环烷烃 | | | | |
| 环戊烷 | 0.97 | 1.09 | 1.03 | 0.92 |
| 甲基环戊烷 | 1.15 | 1.07 | 0.87 | 0.93 |
| 1,1-二甲基环戊烷 | 1.24 | 0.99 | 0.81 | 1.01 |
| 乙基环戊烷 | 1.26 | 1.01 | 0.79 | 0.99 |
| 顺 1,2-二甲基环戊烷 | 1.25 | 1.00 | 0.80 | 1.00 |
| 顺+反 1,3-二甲基环戊烷 | 1.25 | 1.00 | 0.80 | 1.00 |
| 1,2,4-三甲基环戊烷(顺,反,顺) | 1.36 | 0.95 | 0.74 | 1.05 |
| 1,2,4-三甲基环戊烷(顺,顺,反) | 1.43 | 1.00 | 0.70 | 1.00 |
| 环己烷 | 1.14 | 1.06 | 0.88 | 0.94 |
| 甲基环己烷 | 1.20 | 0.95 | 0.83 | 1.05 |
| 1,1-二甲基环己烷 | 1.41 | 0.98 | 0.71 | 1.02 |
| 1,4-二甲基环己烷 | 1.46 | 1.02 | 0.68 | 0.98 |
| 乙基环己烷 | 1.45 | 1.01 | 0.69 | 0.99 |
| 正丙基环己烷 | 1.58 | 0.98 | 0.63 | 1.02 |
| 1,1,3-三甲基环己烷 | 1.39 | 0.86 | 0.72 | 1.16 |
| 无机物 | | | | |
| 氩 | 0.42 | 0.82 | 2.38 | 1.22 |
| 氮 | 0.42 | 1.16 | 2.38 | 0.86 |
| 氧 | 0.40 | 0.98 | 2.50 | 1.02 |
| 二氧化碳 | 0.48 | 0.85 | 2.08 | 1.18 |
| 一氧化碳 | 0.42 | 1.16 | 2.38 | 0.86 |
| 四氯化碳 | 1.08 | 0.55 | 0.93 | 1.82 |
| 羰基铁[$Fe(CO)_5$] | 1.50 | 0.60 | 0.67 | 1.67 |
| 硫化氢 | 0.38 | 0.88 | 2.63 | 1.14 |
| 水 | 0.33 | 1.42 | 3.03 | 0.70 |
| 含氧化合物 | | | | |
| 酮类 | | | | |
| 丙酮 | 0.86 | 1.15 | 1.16 | 0.87 |
| 甲乙酮 | 0.98 | 1.05 | 1.02 | 0.95 |
| 二乙酮 | 1.10 | 1.00 | 0.91 | 1.00 |
| 3-己酮 | 1.23 | 0.96 | 0.81 | 1.04 |
| 2-己酮 | 1.30 | 1.02 | 0.77 | 0.98 |
| 3,3-二甲基 2-丁酮 | 1.18 | 0.81 | 0.85 | 1.23 |
| 甲基正戊基酮 | 1.33 | 0.91 | 0.75 | 1.10 |
| 甲基正己基酮 | 1.47 | 0.90 | 0.68 | 1.11 |
| 环戊酮 | 1.06 | 0.99 | 0.94 | 1.01 |
| 环己酮 | 1.25 | 0.99 | 0.80 | 1.01 |
| 2-壬酮 | 1.61 | 0.93 | 0.62 | 1.07 |
| 甲基异丁基酮 | 1.18 | 0.91 | 0.85 | 1.10 |
| 甲基异戊基酮 | 1.38 | 0.94 | 0.72 | 1.06 |
| 醇类 | | | | |
| 甲醇 | 0.55 | 1.34 | 1.82 | 0.75 |
| 乙醇 | 0.72 | 1.22 | 1.39 | 0.82 |
| 丙醇 | 0.83 | 1.09 | 1.20 | 0.92 |
| 异丙醇 | 0.85 | 1.10 | 1.18 | 0.91 |
| 正丁醇 | 0.95 | 1.00 | 1.05 | 1.00 |
| 异丁醇 | 0.96 | 1.02 | 1.04 | 0.98 |
| 仲丁醇 | 0.97 | 1.03 | 1.03 | 0.97 |
| 叔丁醇 | 0.96 | 1.02 | 1.04 | 0.98 |
| 3-甲基 1-戊醇 | 1.07 | 0.98 | 0.93 | 1.02 |
| 2-戊醇 | 1.10 | 0.98 | 0.91 | 1.02 |
| 3-戊醇 | 1.09 | 0.96 | 0.92 | 1.04 |
| 2-甲基 2-丁醇 | 1.06 | 0.94 | 0.94 | 1.06 |
| 正己醇 | 1.18 | 0.90 | 0.85 | 1.11 |
| 3-己醇 | 1.25 | 0.98 | 0.80 | 1.02 |
| 2-己醇 | 1.30 | 1.02 | 0.77 | 0.98 |
| 正庚醇 | 1.28 | 0.86 | 0.78 | 1.16 |

续表

| 组分名称 | $s'_M$ | $s'_m$ | $f'_M$ | $f'_m$ | 组分名称 | $s'_M$ | $s'_m$ | $f'_M$ | $f'_m$ |
|---|---|---|---|---|---|---|---|---|---|
| 5-癸醇 | 1.84 | 0.91 | 0.54 | 1.10 | 反十氢喹啉 | 1.17 | 0.66 | 0.85 | 1.51 |
| 2-十二烷醇 | 1.98 | 0.84 | 0.51 | 1.19 | 顺十氢喹啉 | 1.17 | 0.66 | 0.85 | 1.51 |
| 环戊醇 | 1.09 | 0.99 | 0.92 | 1.01 | 氨 | 0.40 | 1.86 | 2.50 | 0.54 |
| 环己醇 | 1.12 | 0.88 | 0.89 | 1.14 | 杂环化合物 | | | | |
| 酯类 | | | | | 环氧乙烷 | 0.58 | 1.03 | 1.72 | 0.97 |
| 乙酸乙酯 | 1.11 | 0.99 | 0.90 | 1.01 | 环氧丙烷 | 0.80 | 1.07 | 1.25 | 0.93 |
| 乙酸乙丙酯 | 1.21 | 0.93 | 0.83 | 1.08 | 硫化氢 | 0.38 | 0.88 | 2.63 | 1.14 |
| 乙酸正丁酯 | 1.35 | 0.91 | 0.74 | 1.10 | 甲硫醇 | 0.59 | 0.96 | 1.69 | 1.04 |
| 乙酸正戊酯 | 1.46 | 0.88 | 0.68 | 1.14 | 乙硫醇 | 0.87 | 1.09 | 1.15 | 0.92 |
| 乙酸异戊酯 | 1.45 | 0.87 | 0.69 | 1.10 | 1-丙硫醇 | 1.01 | 1.04 | 0.99 | 0.96 |
| 乙酸正庚酯 | 1.70 | 0.84 | 0.59 | 1.19 | 四氢呋喃 | 0.83 | 0.90 | 1.20 | 1.11 |
| 醚类 | | | | | 噻吩烷 | 1.03 | 0.91 | 0.97 | 1.09 |
| 乙醚 | 1.10 | 1.16 | 0.91 | 0.86 | 硅酸乙酯 | 2.08 | 0.79 | 0.48 | 1.27 |
| 异丙醚 | 1.30 | 0.99 | 0.77 | 1.01 | 乙醛 | 0.65 | 1.15 | 1.54 | 0.87 |
| 正丙醚 | 1.31 | 1.00 | 0.76 | 1.00 | 2-乙氧基乙醇(溶纤剂) | 1.07 | 0.93 | 0.93 | 1.08 |
| 正丁醚 | 1.60 | 0.96 | 0.63 | 1.04 | 卤化物 | | | | |
| 正戊醚 | 1.83 | 0.91 | 0.55 | 1.10 | 氟己烷 | 1.24 | 0.93 | 0.81 | 1.08 |
| 乙基正丁基醚 | 1.30 | 0.99 | 0.77 | 1.01 | 氯丁烷 | 1.11 | 0.94 | 0.90 | 1.06 |
| 二醇类 | | | | | 2-氯乙烷 | 1.09 | 0.91 | 0.92 | 1.10 |
| 2,5-癸二醇 | 1.27 | 0.84 | 0.79 | 1.19 | 1-氯-2-甲基丙烷 | 1.08 | 0.91 | 0.93 | 1.10 |
| 1,6-癸二醇 | 1.21 | 0.80 | 0.83 | 1.25 | 2-氯-2-甲基丙烷 | 1.04 | 0.88 | 0.96 | 1.14 |
| 1,10-癸二醇 | 1.08 | 0.48 | 0.93 | 2.08 | 1-氯戊烷 | 1.23 | 0.91 | 0.81 | 1.10 |
| 含氮化合物 | | | | | 1-氯己烷 | 1.34 | 0.87 | 0.75 | 1.14 |
| 正丁胺 | 1.14 | 1.22 | 0.88 | 0.82 | 1-氯庚烷 | 1.47 | 0.86 | 0.68 | 1.16 |
| 正戊胺 | 1.52 | 1.37 | 0.66 | 0.73 | 溴代乙烷 | 0.98 | 0.70 | 1.02 | 1.43 |
| 正己胺 | 1.04 | 0.80 | 0.96 | 1.25 | 溴丙烷 | 1.08 | 0.68 | 0.93 | 1.47 |
| 吡咯 | 0.86 | 1.00 | 1.16 | 1.00 | 2-溴丙烷 | 1.07 | 0.68 | 0.93 | 1.47 |
| 二氢吡咯 | 0.83 | 0.94 | 1.20 | 1.06 | 溴乙烷 | 1.19 | 0.68 | 0.84 | 1.47 |
| 四氢吡咯 | 0.91 | 1.00 | 1.09 | 1.00 | 2-溴丁烷 | 1.16 | 0.66 | 0.86 | 1.52 |
| 吡啶 | 1.00 | 0.99 | 1.00 | 1.01 | 1-溴-2-甲基丙烷 | 1.15 | 0.66 | 0.87 | 1.52 |
| 1,2,5,6-四氯吡啶 | 1.03 | 0.96 | 0.97 | 1.04 | 溴戊烷 | 1.28 | 0.66 | 0.78 | 1.52 |
| 哌啶 | 1.02 | 0.94 | 0.98 | 1.06 | 碘代甲烷 | 0.96 | 0.53 | 1.04 | 1.89 |
| 丙烯腈 | 0.78 | 1.15 | 1.28 | 0.87 | 碘代乙烷 | 1.06 | 0.53 | 0.94 | 1.89 |
| 丙腈 | 0.84 | 1.20 | 1.19 | 0.83 | 碘丙烷 | 1.17 | 0.54 | 0.85 | 1.85 |
| 正丁腈 | 1.05 | 1.19 | 0.95 | 0.84 | 碘丁烷 | 1.29 | 0.55 | 0.78 | 1.82 |
| 苯胺 | 1.14 | 0.95 | 0.88 | 1.05 | 2-碘丁烷 | 1.23 | 0.52 | 0.81 | 1.92 |
| 喹啉 | 1.94 | 1.16 | 0.52 | 0.86 | 1-碘-2-甲基丙烷 | 1.22 | 0.52 | 0.82 | 1.92 |

续表

| 组分名称 | $s'_M$ | $s'_m$ | $f'_M$ | $f'_m$ | 组分名称 | $s'_M$ | $s'_m$ | $f'_M$ | $f'_m$ |
|---|---|---|---|---|---|---|---|---|---|
| 碘戊烷 | 1.38 | 0.55 | 0.73 | 1.82 | 三氯乙烯 | 1.15 | 0.69 | 0.87 | 1.45 |
| 二氯甲烷 | 0.94 | 0.87 | 1.06 | 1.14 | 氟代苯 | 1.05 | 0.85 | 0.95 | 1.18 |
| 氯仿 | 1.08 | 0.71 | 0.93 | 1.41 | 间二氟代苯 | 1.07 | 0.73 | 0.93 | 1.37 |
| 四氯化碳 | 1.20 | 0.61 | 0.83 | 1.64 | 邻氟代甲苯 | 1.16 | 0.83 | 0.86 | 1.20 |
| 二溴甲烷 | 1.07 | 0.48 | 0.93 | 2.08 | 对氟代甲苯 | 1.17 | 0.83 | 0.85 | 1.20 |
| 溴氯甲烷 | 1.00 | 0.61 | 1.00 | 1.64 | 间氟代甲苯 | 1.18 | 0.84 | 0.85 | 1.19 |
| 1,2-二溴乙烷 | 1.17 | 0.48 | 0.85 | 2.08 | 1-氯-3-氟代苯 | 1.19 | 0.72 | 0.84 | 1.38 |
| 1-溴-2-氯乙烷 | 1.10 | 0.59 | 0.91 | 1.69 | 间-溴-$a$,$a$,$a$-三氟代甲苯 | 1.45 | 0.52 | 0.68 | 1.92 |
| 1,1-二氯乙烷 | 1.03 | 0.81 | 0.97 | 1.23 | 氯代苯 | 1.16 | 0.80 | 0.86 | 1.25 |
| 1,2-二氯丙烷 | 1.12 | 0.77 | 0.89 | 1.30 | 邻氯代甲苯 | 1.28 | 0.79 | 0.78 | 1.27 |
| 顺1,2-二氯乙烯 | 1.00 | 0.81 | 1.00 | 1.23 | 氯代环己烷 | 1.20 | 0.79 | 0.83 | 1.27 |
| 2,3-二氯丙烯 | 1.10 | 0.77 | 0.91 | 1.30 | 溴代苯 | 1.24 | 0.62 | 0.81 | 1.61 |

# 附录12　一些物质在氢焰检测器上的质量响应值和质量校正因子

| 组分名称 | $s'_m$ | $f'_m$ | 组分名称 | $s'_m$ | $f'_m$ |
|---|---|---|---|---|---|
| 直链烷烃 | | | 2,3-二甲基戊烷 | 0.88 | 1.14 |
| 甲烷 | 0.87 | 1.15 | 2,4-二甲基戊烷 | 0.91 | 1.10 |
| 乙烷 | 0.87 | 1.15 | 3,3-二甲基戊烷 | 0.92 | 1.09 |
| 丙烷 | 0.87 | 1.15 | 3-乙基戊烷 | 0.91 | 1.10 |
| 丁烷 | 0.92 | 1.09 | 2,2,3-三甲基丁烷 | 0.91 | 1.10 |
| 戊烷 | 0.93 | 1.08 | 2-甲基庚烷 | 0.87 | 1.15 |
| 己烷 | 0.92 | 1.09 | 3-甲基庚烷 | 0.90 | 1.11 |
| 庚烷 | 0.89 | 1.12 | 4-甲基庚烷 | 0.91 | 1.10 |
| 辛烷 | 0.87 | 1.15 | 2,2-二甲基己烷 | 0.90 | 1.11 |
| 壬烷 | 0.88 | 1.14 | 2,3-二甲基己烷 | 0.88 | 1.14 |
| 支链烷烃 | | | 2,4-二甲基己烷 | 0.88 | 1.14 |
| 异戊烷 | 0.94 | 1.06 | 2,5-二甲基己烷 | 0.90 | 1.11 |
| 2,2-二甲基丁烷 | 0.93 | 1.08 | 3,4-二甲基己烷 | 0.88 | 1.14 |
| 2,3-二甲基丁烷 | 0.92 | 1.09 | 3-乙基己烷 | 0.89 | 1.12 |
| 2-甲基戊烷 | 0.94 | 1.06 | 2-甲基-3-乙基戊烷 | 0.88 | 1.14 |
| 3-甲基戊烷 | 0.93 | 1.08 | 2,2,3-三甲基戊烷 | 0.91 | 1.10 |
| 2-甲基己烷 | 0.91 | 1.10 | 2,2,4-三甲基戊烷 | 0.89 | 1.12 |
| 3-甲基己烷 | 0.91 | 1.10 | 2,3,3-三甲基戊烷 | 0.90 | 1.11 |
| 2,2-二甲基戊烷 | 0.91 | 1.10 | 2,3,4-三甲基戊烷 | 0.88 | 1.14 |

续表

| 组分名称 | $s'_m$ | $f'_m$ | 组分名称 | $s'_m$ | $f'_m$ |
|---|---|---|---|---|---|
| 2,2-二甲基庚烷 | 0.87 | 1.15 | 环己烷 | 0.90 | 1.11 |
| 3,3-二甲基庚烷 | 0.89 | 1.12 | 甲基环己烷 | 0.90 | 1.11 |
| 2,4-二甲基-3-乙基戊烷 | 0.88 | 1.14 | 乙基环己烷 | 0.90 | 1.11 |
| 2,2,3-三甲基己烷 | 0.90 | 1.11 | 1-甲基-反 4-甲基环己烷 | 0.88 | 1.14 |
| 2,2,4-三甲基己烷 | 0.88 | 1.14 | 1-甲基-顺 4-乙基环己烷 | 0.86 | 1.16 |
| 2,2,5-三甲基己烷 | 0.88 | 1.14 | 1,1,2-三甲基环己烷 | 0.90 | 1.11 |
| 2,3,3-三甲基己烷 | 0.89 | 1.12 | 异丙基环己烷 | 0.88 | 1.14 |
| 2,3,5-三甲基己烷 | 0.86 | 1.16 | 环庚烷 | 0.90 | 1.11 |
| 2,4,4-三甲基己烷 | 0.90 | 1.11 | 芳烃 | | |
| 2,2,3,3-四甲基戊烷 | 0.89 | 1.12 | 苯 | 1.00 | 1.00 |
| 2,2,3,4-四甲基戊烷 | 0.88 | 1.14 | 甲苯 | 0.96 | 1.04 |
| 2,3,3,4-四甲基戊烷 | 0.88 | 1.14 | 乙基苯 | 0.92 | 1.09 |
| 3,3,5-三甲基庚烷 | 0.88 | 1.14 | 对二甲苯 | 0.89 | 1.12 |
| 2,2,3,4-四甲基己烷 | 0.90 | 1.11 | 间二甲苯 | 0.93 | 1.08 |
| 2,2,4,5-四甲基戊烷 | 0.89 | 1.12 | 邻二甲苯 | 0.91 | 1.10 |
| 五元环烷烃 | | | 1-甲基-2-乙基苯 | 0.91 | 1.10 |
| 环戊烷 | 0.93 | 1.08 | 1-甲基-3-乙基苯 | 0.90 | 1.11 |
| 甲基环戊烷 | 0.90 | 1.11 | 1-甲基-4-乙基苯 | 0.89 | 1.12 |
| 乙基环戊烷 | 0.89 | 1.12 | 1,2,3-三甲苯 | 0.88 | 1.14 |
| 1,1-二甲基环戊烷 | 0.92 | 1.09 | 1,2,4-三甲苯 | 0.87 | 1.15 |
| 反 1,2-二甲基环戊烷 | 0.90 | 1.11 | 1,3,5-三甲苯 | 0.88 | 1.14 |
| 顺 1,2-二甲基环戊烷 | 0.89 | 1.12 | 异丙苯 | 0.87 | 1.15 |
| 反 1,3-二甲基环戊烷 | 0.89 | 1.12 | 正丙苯 | 0.90 | 1.11 |
| 顺 1,3-二甲基环戊烷 | 0.89 | 1.12 | 1-甲基-2-异丙苯 | 0.88 | 1.14 |
| 1-甲基反 2-乙基环戊烷 | 0.90 | 1.11 | 1-甲基-3-异丙苯 | 0.90 | 1.11 |
| 1-甲基顺 2-乙基环戊烷 | 0.89 | 1.12 | 1-甲基-4-异丙苯 | 0.88 | 1.14 |
| 1-甲基反 3-乙基环戊烷 | 0.87 | 1.15 | 仲丁苯 | 0.89 | 1.12 |
| 1-甲基顺 3-乙基环戊烷 | 0.89 | 1.12 | 叔丁苯 | 0.91 | 1.10 |
| 1,1,2-三甲基环戊烷 | 0.92 | 1.09 | 正丁苯 | 0.88 | 1.14 |
| 1,1,3-三甲基环戊烷 | 0.93 | 1.08 | 不饱和烃 | | |
| 反 1,2-顺-3-三甲基环戊烷 | 0.90 | 1.11 | 乙炔 | 0.96 | 1.04 |
| 反 1,2-顺-4-三甲基环戊烷 | 0.88 | 1.12 | 乙烯 | 0.91 | 1.10 |
| 顺 1,2-反-3-三甲基环戊烷 | 0.88 | 1.12 | 己烯 | 0.88 | 1.14 |
| 顺 1,2-反-4-三甲基环戊烷 | 0.88 | 1.12 | 辛烯 | 1.03 | 0.97 |
| 异丙基环戊烷 | 0.88 | 1.12 | 癸烯 | 1.01 | 0.99 |
| 正丙基环戊烷 | 0.87 | 1.15 | 醇类 | | |
| 六元环烷烃 | | | 甲醇 | 0.21 | 4.76 |

续表

| 组分名称 | $s'_m$ | $f'_m$ | 组分名称 | $s'_m$ | $f'_m$ |
| --- | --- | --- | --- | --- | --- |
| 乙　醇 | 0.41 | 2.43 | 甲　酸 | 0.009 | 1.11 |
| 正丙醇 | 0.54 | 1.85 | 乙　酸 | 0.21 | 4.76 |
| 异丙醇 | 0.47 | 2.13 | 丙　酸 | 0.36 | 2.78 |
| 正丁醇 | 0.59 | 1.69 | 丁　酸 | 0.43 | 2.33 |
| 异丁醇 | 0.61 | 1.64 | 己　酸 | 0.56 | 1.79 |
| 仲丁醇 | 0.56 | 1.79 | 庚　酸 | 0.54 | 1.85 |
| 叔丁醇 | 0.66 | 1.52 | 辛　酸 | 0.58 | 1.72 |
| 戊　醇 | 0.63 | 1.59 | 酯　类 | | |
| 1,3-二甲基丁醇 | 0.66 | 1.52 | 乙酸甲酯 | 0.18 | 5.56 |
| 甲基戊醇 | 0.58 | 1.72 | 乙酸乙酯 | 0.34 | 2.94 |
| 己　醇 | 0.66 | 1.52 | 乙酸异丙酯 | 0.44 | 2.27 |
| 辛　醇 | 0.76 | 1.32 | 乙酸仲丁酯 | 0.46 | 2.17 |
| 癸　醇 | 0.75 | 1.33 | 乙酸异丁酯 | 0.48 | 2.08 |
| 醛　类 | | | 乙酸丁酯 | 0.49 | 2.04 |
| 丁　醛 | 0.55 | 1.82 | 乙酸异戊酯 | 0.55 | 1.82 |
| 庚　醛 | 0.69 | 1.45 | 乙酸甲基异戊酯 | 0.56 | 1.79 |
| 辛　醛 | 0.70 | 1.43 | 己酸乙基(2)乙酯 | 0.64 | 1.56 |
| 癸　醛 | 0.72 | 1.40 | 乙酸 2-乙氧基乙醇酯 | 0.45 | 2.22 |
| 酮　类 | | | 己酸己酯 | 0.70 | 1.42 |
| 丙　酮 | 0.44 | 2.27 | 氮化物 | | |
| 甲乙酮 | 0.54 | 1.85 | 乙　腈 | 0.35 | 2.86 |
| 甲基异丁基酮 | 0.63 | 1.59 | 三甲基胺 | 0.41 | 2.44 |
| 乙基丁基酮 | 0.63 | 1.59 | 叔丁基胺 | 0.48 | 2.08 |
| 二异丁基酮 | 0.64 | 1.56 | 二乙基胺 | 0.54 | 1.85 |
| 乙基戊基酮 | 0.72 | 1.39 | 苯　胺 | 0.67 | 1.49 |
| 环己烷 | 0.64 | 1.56 | 二正丁基胺 | 0.67 | 1.49 |
| 酸　类 | | | 噻吩烷 | 0.51 | 1.96 |

# 附录 13　气压读数的温度校正值

| 室温/℃ | 气压计读数/hPa | | | | | | | |
| --- | --- | --- | --- | --- | --- | --- | --- | --- |
| | 925 | 950 | 975 | 1000 | 1025 | 1050 | 1075 | 1100 |
| 10 | 1.51 | 1.55 | 1.59 | 1.63 | 1.67 | 1.71 | 1.75 | 1.79 |
| 11 | 1.66 | 1.70 | 1.75 | 1.79 | 1.84 | 1.88 | 1.93 | 1.97 |
| 12 | 1.81 | 1.86 | 1.90 | 1.95 | 2.00 | 2.05 | 2.10 | 2.15 |
| 13 | 1.96 | 2.01 | 2.06 | 2.12 | 2.17 | 2.22 | 2.28 | 2.33 |

续表

| 室温/℃ | 气压计读数/hPa | | | | | | | |
|---|---|---|---|---|---|---|---|---|
| | 925 | 950 | 975 | 1000 | 1025 | 1050 | 1075 | 1100 |
| 14 | 2.11 | 2.16 | 2.22 | 2.28 | 2.34 | 2.39 | 2.45 | 2.51 |
| 15 | 2.26 | 2.32 | 2.38 | 2.44 | 2.50 | 2.56 | 2.63 | 2.69 |
| 16 | 2.41 | 2.47 | 2.54 | 2.60 | 2.67 | 2.73 | 2.80 | 2.87 |
| 17 | 2.56 | 2.63 | 2.70 | 2.77 | 2.83 | 2.90 | 2.97 | 3.04 |
| 18 | 2.71 | 2.78 | 2.85 | 2.93 | 3.00 | 3.07 | 3.15 | 3.22 |
| 19 | 2.86 | 2.93 | 3.01 | 3.09 | 3.17 | 3.25 | 3.32 | 3.40 |
| 20 | 3.01 | 3.09 | 3.17 | 3.25 | 3.33 | 3.42 | 3.50 | 3.58 |
| 21 | 3.16 | 3.24 | 3.33 | 3.41 | 3.50 | 3.59 | 3.67 | 3.76 |
| 22 | 3.31 | 3.40 | 3.49 | 3.58 | 3.67 | 3.76 | 3.85 | 3.94 |
| 23 | 3.46 | 3.55 | 3.65 | 3.74 | 3.83 | 3.93 | 4.02 | 4.12 |
| 24 | 3.61 | 3.71 | 3.81 | 3.90 | 4.00 | 4.10 | 4.20 | 4.29 |
| 25 | 3.76 | 3.86 | 3.96 | 4.06 | 4.17 | 4.27 | 4.37 | 4.47 |
| 26 | 3.91 | 4.01 | 4.12 | 4.23 | 4.33 | 4.44 | 4.55 | 4.66 |
| 27 | 4.06 | 4.17 | 4.28 | 4.39 | 4.50 | 4.61 | 4.72 | 4.83 |
| 28 | 4.21 | 4.32 | 4.44 | 4.55 | 4.66 | 4.78 | 4.89 | 5.01 |
| 29 | 4.36 | 4.47 | 4.59 | 4.71 | 4.83 | 4.95 | 5.07 | 5.19 |
| 30 | 4.51 | 4.63 | 4.75 | 4.87 | 5.00 | 5.12 | 5.24 | 5.37 |
| 31 | 4.66 | 4.79 | 4.91 | 5.04 | 5.16 | 5.29 | 5.41 | 5.54 |
| 32 | 4.81 | 4.94 | 5.07 | 5.20 | 5.33 | 5.46 | 5.59 | 5.72 |
| 33 | 4.96 | 5.09 | 5.23 | 5.36 | 5.49 | 5.63 | 5.76 | 5.90 |
| 34 | 5.11 | 5.25 | 5.38 | 5.52 | 5.66 | 5.80 | 5.94 | 6.07 |
| 35 | 5.26 | 5.40 | 5.54 | 5.68 | 5.82 | 5.97 | 6.11 | 6.25 |

# 附录 14 气压读数纬度重力校正值

| 纬度 | 气压计读数/hPa | | | | | | | |
|---|---|---|---|---|---|---|---|---|
| | 925 | 950 | 975 | 1000 | 1025 | 1050 | 1075 | 1100 |
| 0 | −2.48 | −2.55 | −2.62 | −2.69 | −2.76 | −2.83 | −2.90 | −2.97 |
| 5 | −2.44 | −2.51 | −2.57 | −2.64 | −2.71 | −2.77 | −2.84 | −2.91 |
| 10 | −2.35 | −2.41 | −2.47 | −2.53 | −2.59 | −2.65 | −2.71 | −2.77 |
| 15 | −2.16 | −2.22 | −2.28 | −2.34 | −2.39 | −2.45 | −2.51 | −2.57 |
| 20 | −1.92 | −1.97 | −2.02 | −2.07 | −2.12 | −2.17 | −2.23 | −2.28 |
| 25 | −1.61 | −1.66 | −1.70 | −1.75 | −1.79 | −1.84 | −1.89 | −1.94 |
| 30 | −1.27 | −1.30 | −1.33 | −1.37 | −1.40 | −1.44 | −1.48 | −1.52 |
| 35 | −0.89 | −0.91 | −0.93 | −0.95 | −0.97 | −0.99 | −1.02 | −1.05 |
| 40 | −0.48 | −0.49 | −0.50 | −0.51 | −0.52 | −0.53 | −0.54 | −0.55 |

续表

| 纬度 | 气压计读数/hPa | | | | | | | |
|---|---|---|---|---|---|---|---|---|
| | 925 | 950 | 975 | 1000 | 1025 | 1050 | 1075 | 1100 |
| 45 | −0.05 | −0.05 | −0.05 | −0.05 | −0.05 | −0.05 | −0.05 | −0.05 |
| 50 | +0.37 | +0.39 | +0.40 | +0.41 | +0.43 | +0.44 | +0.45 | +0.46 |
| 55 | +0.79 | +0.81 | +0.83 | +0.86 | +0.88 | +0.91 | +0.93 | +0.95 |
| 60 | +1.17 | +1.20 | +1.24 | +1.27 | +1.30 | +1.33 | +1.36 | +1.39 |
| 65 | +1.52 | +1.56 | +1.60 | +1.65 | +1.69 | +1.73 | +1.77 | +1.81 |
| 70 | +1.83 | +1.87 | +1.92 | +1.97 | +2.02 | +2.07 | +2.12 | +2.17 |

# 附录 15 沸程温度随气压变化的校正值（*CV*）

| 标准中规定的沸程温度/℃ | *CV*/(℃·$hPa^{-1}$) | 标准中规定的沸程温度/℃ | *CV*/(℃·$hPa^{-1}$) |
|---|---|---|---|
| 10～30 | 0.026 | 210～230 | 0.044 |
| 30～50 | 0.029 | 230～250 | 0.047 |
| 50～70 | 0.030 | 250～270 | 0.048 |
| 70～90 | 0.032 | 270～290 | 0.050 |
| 90～110 | 0.034 | 290～310 | 0.052 |
| 110～130 | 0.035 | 310～330 | 0.053 |
| 130～150 | 0.038 | 330～350 | 0.056 |
| 150～170 | 0.039 | 350～370 | 0.057 |
| 170～190 | 0.041 | 370～390 | 0.059 |
| 190～210 | 0.043 | 390～410 | 0.061 |

# 附录 16 常用有机溶剂的纯化

在化学实验中，经常使用各类溶剂作为反应介质或用来分离提纯粗产物。由于反应的特点和物质的性质不同，对溶剂规格的要求也不相同。有些反应（如格氏试剂的制备反应）对溶剂的要求较高，即使微量杂质或水分的存在，也会影响实验的正常进行。这种情况下，就需对溶剂进行纯化处理，以满足实验的正常要求。这里介绍几种实验室中常用的有机溶剂的纯化方法。

1. 无水乙醚

市售乙醚中常含有微量水、乙醇和其他杂质，不能满足无水实验的要求。可用下述方法进行处理，制得无水乙醚。

在 250mL 干燥的圆底烧瓶中，加入 100mL 乙醚和几粒沸石，装上回流冷凝管。将盛有 10mL 浓硫酸的滴液漏斗通过带有侧口的橡胶塞安装在冷凝管上端。

接通冷凝水后，将浓硫酸缓慢滴入乙醚中，由于吸水作用产生热，乙醚会自行沸腾。

当乙醚停止沸腾后，拆除回流冷凝管，补加沸石后，改成蒸馏装置，用干燥的锥形瓶作接收器。在接液管的支管上安装一支盛有无水氯化钙的干燥管，干燥管的另一端连接橡胶管，将逸出的乙醚蒸气导入水槽中。

用事先准备好的热水浴加热蒸馏，收集34.5℃馏分70～80mL，停止蒸馏。烧瓶内所剩残液倒入指定的回收瓶中（切不可向残液中加水!）。

向盛有乙醚的锥形瓶中加入1g钠丝，然后用带有氯化钙干燥管的塞子塞上，以防止潮气侵入并可使产生的气体逸出。放置24h，使乙醚中残存的痕量水和乙醇转化为氢氧化钠和乙醇钠。如发现金属钠表面已全部发生作用，则需补加少量钠丝，放置至无气泡产生，金属钠表面完好，即可满足使用要求。

2. 绝对乙醇

市售的无水乙醇一般只能达到99.5%的纯度，而许多反应中需要使用纯度更高的绝对乙醇，可按下法制取。

在250mL干燥的圆底烧瓶中，加入0.6g干燥纯净的镁丝和10mL 99.5%的乙醇，安装回流冷凝管，冷凝管上口附加一支无水氯化钙干燥管。

在沸水浴上加热至微沸，移去热源，立刻加入几粒碘（注意此时不要振荡），可见随即在碘粒附近发生反应，若反应较慢，可稍加热，若不见反应发生，可补加几粒碘。

当金属镁全部作用完毕后，再加入100mL 99.5%乙醇和几粒沸石，水浴加热回流1h。

改成蒸馏装置，补加沸石后，水浴加热蒸馏，收集78.5℃馏分，储存在试剂瓶中，用橡胶塞或磨口塞封口。

此法制得的绝对乙醇，纯度可达99.99%。

3. 丙酮

市售丙酮中往往含有甲醇、乙醛和水等杂质，可用下述方法提纯。

在250mL圆底烧瓶中，加入100mL丙酮和0.5g高锰酸钾，安装回流冷凝管，用水浴加热回流。若混合液紫色很快消失，则需补加少量高锰酸钾，继续回流，直到紫色不再消失为止。

改成蒸馏装置，加入几粒沸石，用水浴加热蒸出丙酮，用无水碳酸钾干燥1h。

将干燥好的丙酮倾入250mL圆底烧瓶中，加入沸石，安装蒸馏装置（全部仪器均须干燥!）。水浴加热蒸馏，收集55.0～56.5℃馏分。

4. 乙酸乙酯

市售的乙酸乙酯常含有微量水、乙醇和乙酸。可先用等体积的5%碳酸钠溶液洗涤，再用饱和氯化钙溶液洗涤，酯层倒入干燥的锥形瓶中，加入适量无水碳酸钾干燥1h后，蒸馏，收集77.0～77.5℃馏分。

5. 石油醚

石油醚是低级烷烃的混合物。根据沸程范围不同可分为30～60℃、60～90℃和90～120℃等不同规格。

石油醚中常含有少量沸点与烷烃相近的不饱和烃，难以用蒸馏法进行分离，此时可用浓硫酸和高锰酸钾将其除去。方法如下。

在150mL分液漏斗中，加入100mL石油醚，用10mL浓硫酸分两次洗涤，再用10%硫酸与高锰酸钾配制的饱和溶液洗涤，直至水层中紫色不再消失为止。用蒸馏水洗涤两次后，将石油醚倒入干燥的锥形瓶中，加入无水氯化钙干燥1h。蒸馏，收集需要规格的馏分。

6. 氯仿

普通氯仿中含有1%乙醇（这是为防止氯仿分解为有毒的光气，作为稳定剂加进去的）。除去乙醇的方法是用水洗涤氯仿5～6次后，将分出的氯仿用无水氯化钙干燥24h，再进行蒸馏，收集 60.5～61.5℃馏分。纯品应装在棕色瓶内，置于暗处避光保存。

7. 苯

普通苯中可能含有少量噻吩，除去的方法是用少量（约为苯体积的 15%）浓硫酸洗涤数次，再分别用水、10%碳酸钠溶液和水洗涤。分离出苯，置于锥形瓶中，用无水氯化钙干燥 24h 后，水浴加热蒸馏，收集 79.5～80.5℃馏分。

# 附录 17　有毒化学品及其极限安全值

许多化学品具有不同程度的毒性，轻者可引起人体慢性中毒，重者则能使人快速中毒甚至致死。使用这些化学品时，应注意其极限安全值（TLV）。有毒物质的极限安全值是指在空气中含有该物质蒸气或粉尘的浓度。在此限度以内，一般人即便重复接触也不致引起毒害。

1. 毒性气体

| 毒性物质 | 极限安全值/(μg/g) | 毒性物质 | 极限安全值/(μg/g) |
|---|---|---|---|
| 氟 | 0.1 | 氯化氢 | 3 |
| 光　气 | 0.1 | 二氧化氮 | 5 |
| 臭　氧 | 0.1 | 亚硝酰氯 | 5 |
| 重氮甲烷 | 0.2 | 氰化氢 | 10 |
| 磷化氢 | 0.3 | 硫化氢 | 10 |
| 三氟化硼 | 1 | 一氧化碳 | 50 |
| 氯 | 1 | | |

2. 毒性或刺激性液体

| 毒性物质 | 极限安全值/(μg/g) | 毒性物质 | 极限安全值/(μg/g) |
|---|---|---|---|
| 羰基镍 | 0.001 | 硫酸二甲酯 | 1 |
| 异氰酸甲酯 | 0.02 | 硫酸二乙酯 | 1 |
| 丙烯醛 | 0.1 | 四溴乙烷 | 1 |
| 溴 | 0.1 | 烯丙醇 | 2 |
| 3-氯丙烯 | 1 | 2-丁烯醛 | 2 |
| 苯氯甲烷 | 1 | 氢氟酸 | 3 |
| 苯溴甲烷 | 1 | 四氯乙烷 | 5 |
| 三氯化硼 | 1 | 苯 | 10 |
| 三溴化硼 | 1 | 溴甲烷 | 15 |
| 2-氯乙醇 | 1 | 二硫化碳 | 20 |

3. 毒性固体

| 毒性物质 | 极限安全值/($mg/m^3$) | 毒性物质 | 极限安全值/($mg/m^3$) |
|---|---|---|---|
| 三氧化锇 | 0.002 | 砷化合物 | 0.5 |
| 烷基汞 | 0.01 | 五氧化二钒 | 0.5 |
| 铊盐 | 0.1 | 草酸和草酸盐 | 1 |
| 硒化合物 | 0.2 | 无机氰化物 | 5 |

4. 其他有害物质

(1) 卤化物

| 有害物质 | 极限安全值/(μg/g) | 有害物质 | 极限安全值/(μg/g) |
|---|---|---|---|
| 溴 仿 | 0.5 | 1,2-二溴乙烷 | 20 |
| 碘化钾 | 5 | 1,2-二氯乙烷 | 50 |
| 四氯化碳 | 10 | 溴乙烷 | 200 |
| 氯 仿 | 10 | 二氯甲烷 | 200 |

(2) 胺类

| 有害物质 | 极限安全值/(μg/g) | 有害物质 | 极限安全值/(μg/g) |
|---|---|---|---|
| 对苯二胺 | 0.1(mg·$m^{-3}$) | 苯 胺 | 5 |
| 甲氧基苯胺 | 0.5(mg·$m^{-3}$) | 邻甲苯胺 | 5 |
| 对硝基苯胺 | 1 | 二甲胺 | 10 |
| *N*-甲基苯胺 | 2 | 乙 胺 | 10 |
| *N*,*N*-二甲基苯胺 | 5 | 三乙胺 | 25 |

(3) 酚类和硝基化合物

| 有害物质 | 极限安全值/(μg/$m^3$) | 有害物质 | 极限安全值/(μg/g) |
|---|---|---|---|
| 苦味酸 | 0.1 | 硝基苯 | 1 |
| 二硝基苯酚 | 0.2 | 苯 酚 | 5 |
| 对硝基氯苯 | 1 | 甲苯酚 | 5 |
| 间二硝基苯 | 1 | | |

5. 致癌物质

(1) 芳胺类

联苯胺(及其衍生物)　　α-萘胺

二甲氨基偶氮苯　　β-萘胺

(2) 亚硝基化合物

*N*-甲基-*N*-亚硝基苯胺　　*N*-亚硝基二甲胺

*N*-甲基-*N*-亚硝基脲　　*N*-亚硝基氢化吡啶

(3) 烷基化试剂

双(氯甲基)醚　　硫酸二甲酯

氯甲基甲醚　　碘甲烷

重氮甲烷　　β-羟基丙酸内酯

(4) 稠环芳烃

苯并[*a*]芘　　二苯并[*c*,*g*]咔唑

二苯并[*a*,*h*]蒽　　二甲基苯并[*a*]蒽

(5) 含硫化合物

硫代乙酰胺　　硫脲

(6) 石棉粉尘

# 参 考 文 献

[1] 李华民等．基础化学实验操作规范．北京：北京师范大学出版社，2010.
[2] 周瑞萼．中学化学实验技术与研究．芜湖：安徽师范大学出版社，2011.
[3] 王秀萍等．实用分析化验工读本．北京：化学工业出版社，2016.
[4] 雷和稳．化工实验技术实训．北京：化学工业出版社，2015.
[5] 北京大学安全技术教学组．化学实验室安全知识教程．北京：北京大学出版社，2011.
[6] 张振宇等．化工分析．北京：化学工业出版社，2015.
[7] 彭实等．中学化学实验绿色化的研究．北京：人民教育出版社，2011.
[8] 黄一石．仪器分析．3版．北京：化学工业出版社，2013.
[9] 初玉霞．化学实验技术基础．北京：化学工业出版社，2013.
[10] 初玉霞等．有机化学实验．4版．北京：化学工业出版社，2014.